华章科技
HZBOOKS | Science & Technology

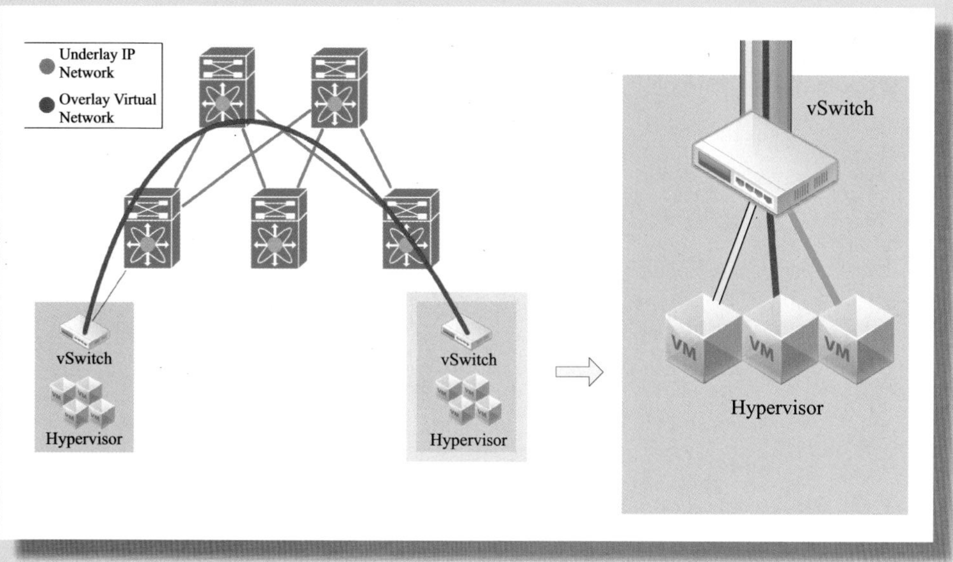

图 4-16　在共享物理网络的基础上实现隔离的逻辑网络

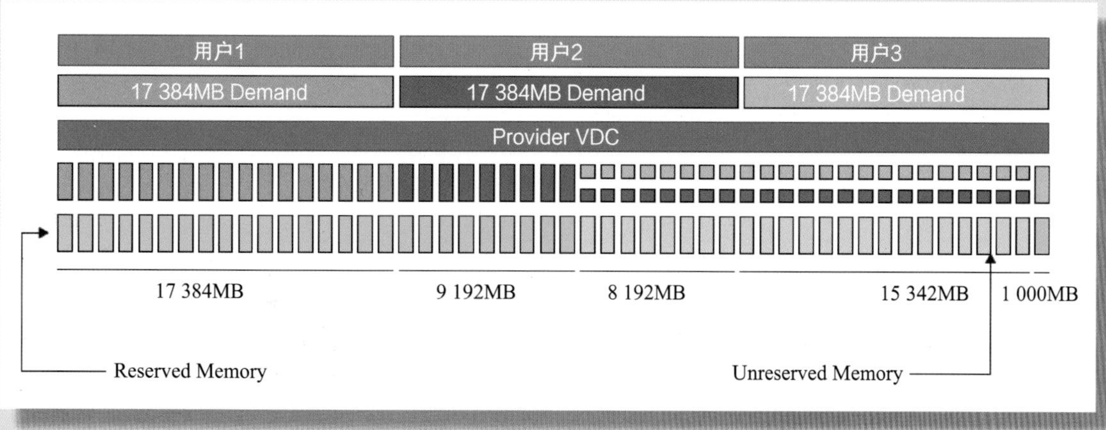

图 5-14　Provider VDC 内存分配

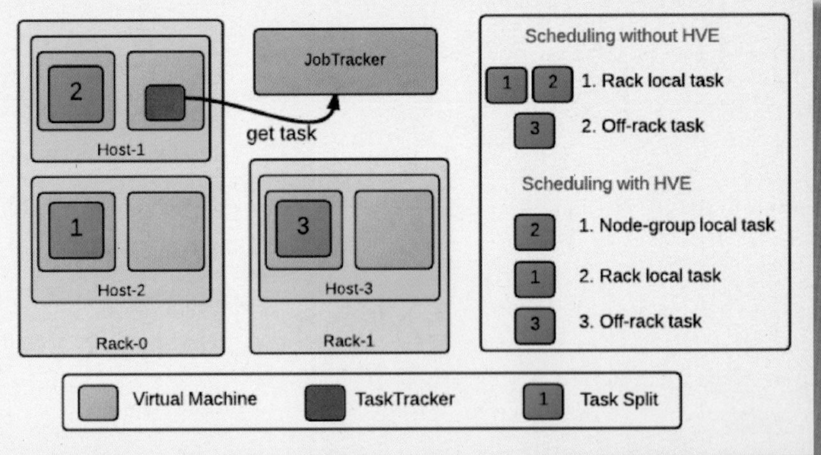

图 11-10　HVE 任务调度策略

图 13-3　系统架构

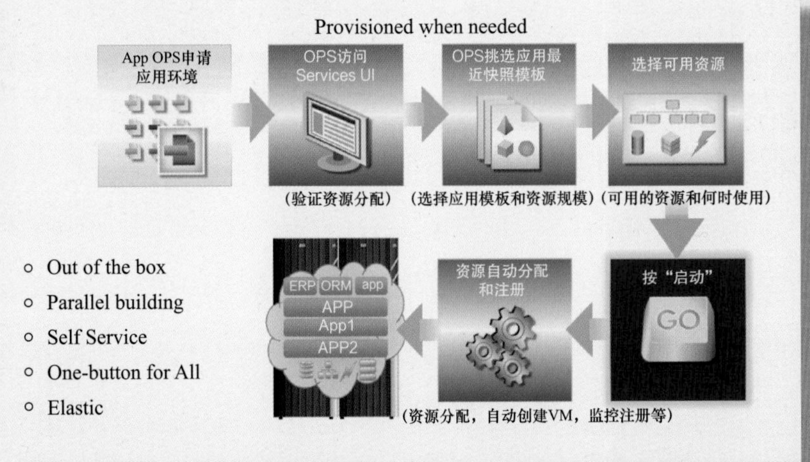

图 13-7　基于云的应用交付流程

软件定义数据中心

SOFTWARE DEFINED DATA CENTER

技术与实践

TECHNOLOGY AND APPLICATION

陈熹 Ricky Sun 主编

机械工业出版社
China Machine Press

图书在版编目（CIP）数据

软件定义数据中心：技术与实践 / 陈熹等主编．—北京：机械工业出版社，2014.12（2015.11 重印）

ISBN 978-7-111-48317-5

I. 软… II. 陈… III. 数据库系统 IV. TP311.13

中国版本图书馆 CIP 数据核字（2014）第 241862 号

本书从与软件定义数据中心有关的基本概念入手，通过实例介绍软件定义数据中心涉及的技术、应用、前景。在此基础上，深入介绍构建软件定义数据中心的计算、网络、存储、安全、自动化管理和高可用性等基本技术，并辅以解决方案和大型实例，力求使读者全面了解当前软件定义数据中心的技术动态和发展趋势，为实际构建软件定义数据中心提供必要的技术指导。

本书适于作为数据中心分析、设计、研发、管理工程师的技术普及读物，亦可作为高等学校相关专业课程的教材或参考书。

软件定义数据中心：技术与实践

出版发行：机械工业出版社（北京市西城区百万庄大街 22 号　邮政编码：100037）

责任编辑：朱　劼　　佘　洁	责任校对：董纪丽
印　　刷：北京市荣盛彩色印刷有限公司	版　　次：2015 年 11 月第 1 版第 2 次印刷
开　　本：186mm × 240mm　1/16	印　　张：21.5（含 2 面彩插）
书　　号：ISBN 978-7-111-48317-5	定　　价：69.00 元

凡购本书，如有缺页、倒页、脱页，由本社发行部调换

客服热线：（010）88379426　88361066	投稿热线：（010）88379604
购书热线：（010）68326294　88379649　68995259	读者信箱：hzit@hzbook.com

编委会

主编

陈　熹　　　　　　EMC 中国研发集团高级经理

Ricky Sun（孙宇熙）　EMC 首席技术官办公室技术总监

编写组（按姓氏拼音排序）: EMC 中国研究院

曹　逾　　陈　平　　董　哲　　范晨辉

郭小燕　　李三平　　刘　伟　　陶　隽

王俊元　　杨子夜　　赵丽媛　　周宝曜

特约编委

黄彦林　　金　昀　　陈文春

Ray Feng　　Ariel Duan

联合策划

朱　捷（EMC 中国研究院）

序

说到软件定义数据中心，我们要先从互联网说起。互联网在过去二十年里，更新了我们的沟通模式，加速了我们的信息获取，变革了我们的购物习惯，彻底地改变了我们的生活。不仅如此，互联网还颠覆了许多行业，而此颠覆仍是进行时。在企业级 IT 行业，云计算就是这场颠覆的名字。

由于互联网的远程商业服务模式与超大规模技术架构的推广与成熟，使得各行各业看到一个新的 IT 云服务模式和一个新的 IT 云基础架构。这个服务模式就是“as a Service”（即服务）的模式，包含了 IaaS、PaaS、SaaS，及总称 ITaaS。而这个新的基础架构就是这本书的主角——SDDC，即软件定义数据中心。

如果拜访任何一个成功的云服务商或任何一个大规模的互联网服务商的数据中心，我们会发现它们的创新与技术几乎完全是由软件来完成的。这些数据中心的硬件往往会非常统一，而不同的计算、存储、网络以及管理功能则由软件来实现。由于这个特性，使得它们的硬件使用率提高，伸缩规模相对简单，部署应用尤其迅捷。

而回头看现在的企业级数据中心，还不完全是这样。同时，大多数企业并不能摒弃自己的数据中心而完全依赖公有云的服务。但是，把云基础架构运用到企业级数据中心的时机已经成熟。企业可以在自己的数据中心搭起软件定义的私有云，并与公有云相通，形成混合云。

有了以软件定义数据中心为基础的混合云，企业就可以进退有度，游刃有余。加上成功管理新的移动终端技术，可轻松进入“云移动”时代！这也是为什么软件定义数据中心最近获得大家关注的根本原因。EMC 中国研究院编著的这本《软件定义数据中心：技术与实践》恰逢其时，它会向读者详细解说怎么实现软件定义数据中心。

从 2006 年开始，我与 EMC 中国研究院（ELC）的同事一起工作、合作，深深地被 ELC 的研究员们的踏实、专业与聪颖所打动。这八年是云计算和软件定义数据中心从无到有、从稚嫩到完善的一个激动人心的过程，也是 EMC 中国研究院从无到有、不断发展、日益成熟的过程。

我相信对所有前瞻性的正在迈入云移动时代的企业 IT 部门来说，这是一本有“干货”的好书；对业界与学界研究云计算与数据中心架构的专家、学者、学生来说，也是一本有参考价值的好书。

希望你会喜欢它。

Charles Fan

VMware 高级副总裁，EMC 中国卓越研发集团创始人

前 言

对于IT设备和服务厂商来说，“这是一个最好的时代，也是一个最坏的时代”。一方面，Amazon、Google和层出不穷的初创公司能轻而易举地从资本市场拿到源源不断的投资，似乎根本不用担心成本压力和盈利预期；另一方面，IBM、HP等传统IT巨头不得不焦头烂额地应对业绩的压力、对发展前景的质疑，希望通过转型继续在企业IT市场生存下来。外行人看来，还不是做着一样的生意吗？怎么前两年风生水起的大公司，这么快就裁的裁、撤的撤，纷纷转型自救了？俗话说得好：“形势比人强”。任由你是业界的“巨无霸”，也抵挡不住时代的大潮。这一波拍过来的浪潮无疑就是第三平台。在第三平台的大浪中，移动应用、社交应用、大数据应用是冒头的浪尖，而提供动力的是云计算。

作为第三平台的支柱，云计算吸引了IT厂商最多的资源。因为大家都对第二平台时代Windows操作系统+Intel CPU（简称Wintel）的联盟记忆犹新，谁占据了基础架构平台，谁就能主宰一个时代。在这个问题上，传统IT厂商和互联网背景的IT服务商是有重大分歧的。互联网公司没有老本可吃，也没有历史包袱，他们希望能让用户一步到位，直接上公有云；而传统IT厂商则多立足于现有的产品线，希望能让用户实现从On-premise（IT的本地运营）到off-premise（异地运营，如IDC）到私有云、混合云的过渡。然而无论是哪种云，都会碰到一系列共同的问题：硬件资源利用率、扩展性、自动化管理等。硬件的更新换代需要经年累月的时间，通常很难满足快速发展的业务需求，软件定义才是现实可行的出路。这也是为什么软件定义数据中心迅速成为IT产业的热门关键词的原因。

本书呈现了EMC中国研究院在这一领域多年的研究成果，并在此基础上总结梳理出软件定义数据中心的发展历程和未来方向。在内容组织上，全书分为四个部分：第一部分是总体介绍，试图回答一些关于软件定义数据中心的基本问题，告诉读者“什么是软件定义数据中心”、“为什么需要软件定义”；第二部分深入介绍了软件定义数据中心的关键技术，涵盖了计算、存储、网络、资源管理和调度、安全和高可用性；第三部分在了解了关键技术的基础上，向读者展示了软件定义数据中心可以提供的一些应用场景；第四部分选取了两个软件定义数据中心的实例，一个是面向公有云的AWS，另一个是面向流媒体的PPTV，希望能让读者更有临场感，能看一看现在业界的“大拿们”是怎么“玩”的。

在本书的编写过程中，我们得到了Pivotal公司技术总监Ray Feng先生、我们的前EMC同事的大力支持，Ray对第三平台的精辟论述也出现在了本书第1章。同时感谢PPTV的特约编委们、Ricky的前微软同事们、以PPTV研发副总裁Bill Huang为领导的研发团队的同事们，他们提供了大量第一手资料，并共同编写了一章大型实例。此外，还要感谢EMC中国研发集团总经理Wei Liu和EMC高级总监Xiaoye Jiang在本书编写的过程中给予的大力支持。最后，我们衷心感谢在本书的撰写和出版过程中对我们给予巨大帮助的机械工业出版社华章公司的编辑们，没有她们的辛勤工作和耐心配合，这本书不会成为现实。

由于时间有限，本书的内容难免存在错漏之处，还请各位读者和专家不吝赐教。

陈熹、Ricky Sun（孙宇熙）

目 录

第一部分

总 体 介 绍

Chapter1

第1章 基本概念

软件定义数据中心（Softwares Defined Data Center，SDDC）是个新概念。新到什么程度呢？ 2012年以前还没有人系统阐述它。随着软件定义计算、软件定义存储、软件定义网络等一系列“软件定义”新技术的蓬勃发展，已经有几十年发展历史的数据中心眼看着将要迎来另一场深刻的变革。原有的设备还可以继续运转，但是管理员不再需要频繁出入轰鸣的机房去照看它们；网络不需要重新连线也可以被划分成完全隔离的区域，并且不用担心IP地址之间会发生冲突；在数据中心部署负载均衡、备份恢复、数据库不再需要变动硬件，也不再需要动辄几天的部署测试，管理员只需点几下鼠标，几秒钟就能完成；资源是按需分配的，再也不会有机器长年累月全速运转，而没有人知道上面运行的是什么业务；软件导致的系统崩溃几乎总是不可避免的，但是在系统管理员甚至还没有发现这些问题的时候，它们已经被自动修复了，当然，所有的过程都被记录了下来……

在机房里汗流浃背地摆弄过服务器的网线、光纤线、串口线和各种按钮的系统管理员看到这种情景会是什么心情？回忆起往日给上百台服务器装系统、打补丁时手忙脚乱的画面，如今都已经成了过眼云烟，不免有些悲喜交加。不管是悲是喜，这些事情都正在发生。也许你所接触到的一些计算环境已经开始大规模应用计算虚拟化，但是还在使用传统的以太网和基于IP的网络划分；也许有人已经将存储资源全部抽象成了块存储、文件存储和对象存储，但是还需要大量的手工配置去设置一个备份服务……这不是一场风暴，原有的技术和架构不会在一夜之间被摧毁；这也不是海底火山喷发，信息孤岛不会转眼间就消失。SDDC所涉及的概念、技术、架构、规范都在迅速发展，但又并不同步。我们要展示给大家的是一个日新月异的领域。要想用一两句话为SDDC下一个准确的定义本身就不够严谨。

要了解什么是SDDC，至少要回答以下几个基本的问题：

- SDDC是在什么基础上发展而来的？
- 是什么驱动了SDDC的演化？（解决了什么问题？）

- SDDC 是由什么组成的?
- SDDC 将向何处发展?

接下来，我们先循着技术发展的脉络，看看在 SDDC 出现之前，已有的计算环境是什么样的。

1.1 数据中心的历史

顾名思义，数据中心（Data Center）是数据集中存储、计算、交换的中心。从硬件角度考虑，它给人最直观的印象就是计算设备运作的环境。因此，数据中心的发展是与计算机（包括分化出的存储和网络设备）的发展紧密联系在一起的。

从第一台电子计算机出现开始，这些精密的设备就一直处于严密周到的保护中。由于最早的电子计算机几乎都应用于军事，不对公众开放服务，而且每台计算机所需要的附属设施都是单独设计的，因此参考价值非常有限。

商用计算机的大量应用开始于 20 世纪 60 年代，其中最具代表性的是 IBM 的主机（Mainframe）系列，包括 700/7000 系列、System/360、System/370、System/390 和今天仍占据市场主要份额的 System Z。这些都是重达几十吨、占地数百平方米的“大家伙”，与之略显不相称的是这些机器缓慢的计算速度和较小的数据存储规模（仅指 20 世纪 60 年代，如今的 System Z 已经非常强大）。在当时，拥有这样一台计算机是非常奢侈的事，更不要说在一个机房同时部署几台这样的庞然大物。

图 1-1 中，是 20 世纪 60 年代的一个主机机房。一排排的机柜就是计算机的主体，而整个篮球馆一样大小的房间就是当时的数据中心。显而易见，这里仅有一台计算机，因此这个数据中心是不需要如今概念上的网络的，也没有专门的存储节点。从管理角度看，这时候数据中心的管理员是需要精细分工的，有专人管理电传打字机（Teletype），有专人管理纸带录入，有专人管理磁带……可以想象，要运行这台计算机不是一件容易的事情。

图 1-1 IBM 主机所在的机房

值得一提的是，尽管很多与那个年代的数据中心有关的东西都进入博物馆，我们还是可以在现在的计算机上找到一些痕迹。用过 UNIX/Linux 的读者也许会记得系统中的虚拟终端会用 TTY 来表示，这就来源于 Teletype。

随着大规模集成电路的发展，20 世纪 80 年代开始，大量相对廉价的微型计算机出现了。数据的存储和计算呈现一种分散的趋势，越来越多的微型计算机被部署在政府、公司、医院、学校……绝大多数微型计算机是互不联通的，信息的交换更多依靠磁盘、磁带等介质。到了 90 年代，计算的操作变得越来越复杂，原有的微型计算机开始扮演客户端的角色，而大型的任务如数据库查询被迁移到服务器端，著名的客户端 / 服务器模式开始大行其道，这直接推动了数据中心的发展。让我们看看，在经过 20 世纪 50 年代至 80 年代计算机科学理论发展的黄金年代后，计算机工业又经历了怎样的飞速发展。

- 1981 年 Hayes 出品了 300bps 的 Smartmodem 300，并发明了 AT 命令作为标准。
- 1983 年以太网作为 IEEE 802.3 标准出现。
- 1985 年 Intel 公司出品了 80386 处理器。
- 1986 年 IBM 公司在 Model 3090 中第一次应用了 1 兆主频的芯片。
- 1987 年 Sun 公司出品了第一块 SPARC 芯片。
- 1989 年 SQL Server 发布。
- 1991 年 Linux 登上历史舞台。
- 1994 年 Compaq 公司出品了第一款机架式服务器 ProLiant。

……

数据中心再也不是只有一台计算机，机架式服务器的出现，更加大幅度提升了数据中心中服务器的密度。随着越来越多的计算机被堆叠在一起，机器之间的互联就显得日益重要起来。无论是局域网还是广域网，网络技术都在这一时期取得了飞速的发展，为互联网时代打下了坚实的基础。数据中心里的网络设备也从计算机中分化出来，不再是“用于数据交换的计算机”。软件方面，UNIX 仍然是数据中心的主流操作系统，但是 Linux 已经出现，并且在这之后的岁月里展现出了惊人的生命力。

进入 21 世纪，伴随着互联网的出现和被公众迅速接受，数据中心从技术发展到运行规模，都经历了前所未有的发展高潮。几乎所有的公司都需要高速的网络连接与 Internet 相连，而且公司的运营对于 IT 设施的依赖性越来越高，需要不间断运行的服务器支撑公司的业务。试想，如果一家公司的电子邮件系统处于时断时续的状态，如何保证公司的正常运作？然而，每家公司都自行构建这样一套基础架构实在太不划算，也没有这个必要。于是，IDC（Internet Data Center）就应运而生了。这是第一次出现以运营数据中心为主要业务的公司。由于竞争的需要，IDC 竞相采用最新的计算机，采购最快速的网络连接设备和存储设备，应用最新的 IT 管理软件和管理流程，力图使自己的数据中心能吸引更多的互联网用户。不仅仅是 IT 技术，作为专业的数据中心运营商，IDC 为了提高整个系统的可靠性、可用性和安全性，对建筑规范、电源、空调等都做了比以往更详尽的设计。

一个普通的 IDC 可以有数千台服务器、几个 TB 的网络带宽、若干 PB 的存储。99.99%

的初级程序员和系统分析员都会觉得这已经够大了，只要把应用不断部署进去就可以了。而且，服务器、存储、网络带宽都还有扩充的余地，IDC 就像汪洋大海一样，永远不会被用尽。区别只是需要把应用部署在哪个 IDC 中。这就像当时设计 IPv4 协议时对待 IP 地址的态度：IP 地址太多了，足够了。IPv4 的主地址池好歹分了 30 年才分完，而孤立的 IDC 还没有撑过 10 年就已经进入了互连互通的时期。没办法，总有那么些新东西是我们预见不到的。IPv4 的地址会迅速枯竭，主要是因为设计者没有预见到互联网用户的激增和各种移动设备的出现。对于 IDC 来说，推动互连互通的主要是这样一些需求：

1）**跨地域的机构需要就近访问数据和计算能力**。例如，许多跨国公司在中国的研发中心，几千人不可能都远程登录到总部的数据中心工作，浪费昂贵的国际流量还在其次，关键是用户体验达不到要求。这些研发中心都有本地的数据中心，并且与公司位于其他国家的数据中心有统一的网络规划、管理流程。

2）**越来越大的分布式应用**。例如，作为谷歌存储系统核心的 GFS，运行在几乎所有的服务器中。较大的 GFS 跨数千台机器，看起来还可以勉强“塞”进某个数据中心，可惜这样的大文件系统不是一个两个……

3）**云计算的出现**。与前两个不同，云计算的出现是推动 IDC 向 CDC（Cloud Data Center）发展的最关键因素。提到云计算，就不能不提亚马逊的 AWS（Amazon Web Service）。亚马逊在以下地区都有大型数据中心，以支撑 AWS 的服务：

- 爱尔兰的都柏林
- 新加坡的新加坡市
- 美国的加利福尼亚州帕罗奥图（Palo Alto）
- 美国的弗吉尼亚州阿什本（Ashburn）
- 日本的东京
- 澳大利亚的悉尼

由于这些因素的推动，数据中心之间的联系变得更紧密。不同数据中心的用户不会觉得自己是在一个孤立的环境中，因为跨数据中心的计算资源、存储空间、网络带宽都可以共享，管理流程也很相近。这让所有用户感觉自己工作在一个巨大、统一的数据中心中。多么巨大的应用也不再是问题。需要更多服务器？扩展到下一个空闲的数据中心吧。不仅仅需要物理机器，而是需要把虚拟机在全球范围内迁移？这也能办到，亚马逊已经在这么做了。

回过头看看数据中心的发展历史，如图 1-2 所示，数据中心中机器的数量从一台到几千几万台，似乎是朝着不断分散的目标发展。但是从管理员和用户的角度看，访问大型机上的计算资源是从一个大的资源池中分出一块，访问云数据中心中的计算资源也是如此。用户体验经历了集中——分散——集中的发展过程。新的集中访问资源的模式和资源的质量都已经远远超越了大型机时代。从一台机器独占巨大的机房，到少量计算机同时各自提供服务，再到无数的机器可以高速互通信息、同时提供服务，可以分配的资源被越分越细，数据中心的密度也越来越高。有趣的是，管理数据中心的人员并没有增长得这么快。网络的发展让管理员可以随时访问数据中心中任何一台机器，IT 管理软件帮助管理员可以轻松管理数千台机器。

如果管理员不借助专业 IT 管理软件，一个人管理几十台机器就已经手忙脚乱了。从这个角度看，传统的数据中心是“软件管理的数据中心”。

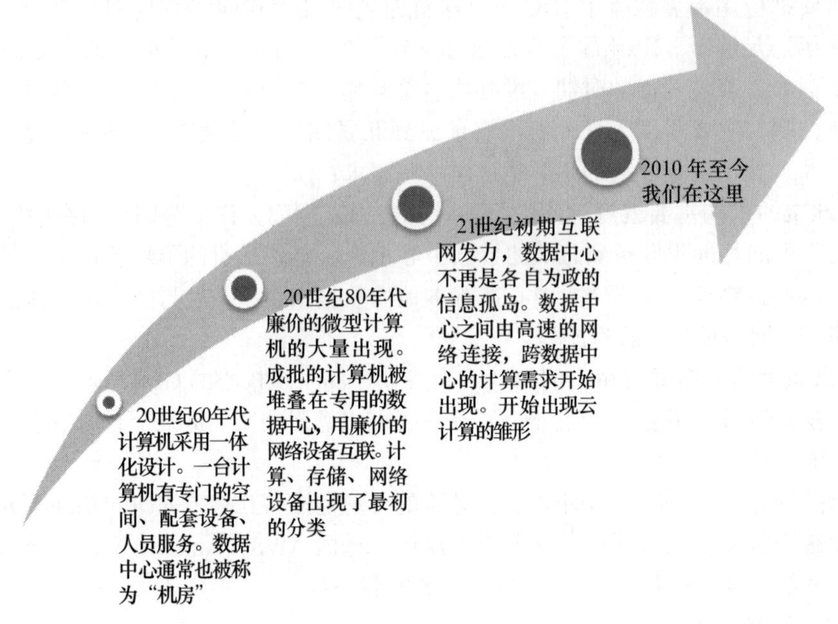
2010 年至今
我们在这里
21世纪初期互联网发力，数据中心不再是各自为政的信息孤岛。数据中心之间由高速的网络连接，跨数据中心的计算需求开始出现。开始出现云计算的雏形
20世纪80年代廉价的微型计算机的大量出现。成批的计算机被堆叠在专用的数据中心，用廉价的网络设备互联。计算、存储、网络设备出现了最初的分类
20世纪60年代计算机采用一体化设计。一台计算机有专门的空间、配套设备、人员服务。数据中心通常也被称为“机房”

图 1-2 数据中心的发展

1.2 继续发展的推动力

的确，“软件管理的数据中心”已经发展得非常完善了，仅就可管理的硬件数量而言并没有迅速发展的必要，场地维护、电力、空调等基础设施的管理也成熟到足够在一个数据中心容纳数万台机器。例如雅虎（Yahoo！）在美国纽约州建设的数据中心拥有约 2800 个机柜，足以容纳 5 万台到 10 万台服务器同时工作，DCIM（Data Center Infrastructure Management）系统会监控每一台服务器的运行状态，确保整个数据中心没有一台机器会热得烧起来（服务器自身也有温度控制系统，这种情况很少发生），确保 UPS 在风暴来临而突然断电的时候能正确切换到工作负载上。虽然亚马逊的数据中心在 2012 年出过一点小差错，但是绝大部分时间里，这些系统是工作得很好的。

照理说，数据中心的管理人员应该比以往任何时候都要轻松。如果没有什么需要继续改进，那就按照现在的模式，再多建几座数据中心，就能解决所有的问题了。这对于数据中心基础设施的管理员来说应该是好事，而系统管理员却并不这么想。让我们来看看有什么样的麻烦困扰着系统管理员。

1. 机器实在太多

如果只是把机器堆在机房里还好，可是想想看给 1000 台机器配置好操作系统、配置好

网络连接、登记在管理系统内、划分一部分给某个申请用户使用，或许还需要为该用户配置一部分软件……这看起来实在是劳动密集型任务。想想谷歌吧，它经常需要部署一个数千节点的 GFS 环境给新的应用，那么是不是需要一支训练有素、数量庞大的 IT 劳务大军？

2. 机器的利用率太低

Mozilla 数据中心的数据让人有些担心。据称，Mozilla 数据中心的服务器 CPU 占用率在 6% ~ 10% 之间。也许这与应用的类型有关，例如在提供分布式文件系统的机器上 CPU 就很空闲，与之对应的是内存和 I/O 操作很繁忙。如果这只是个例，就完全没有必要担心，但服务器利用率低下恰恰是一个普遍存在的问题。一个造价昂贵的数据中心再加上数额巨大的电费账单，最后却遗憾地发现只有不到 10% 的资源被合理利用了，剩下超过 90% 是用来制造热量的。别忘了，散热还需要花一大笔钱。

3. 应用迁移太困难

只要摩尔定律还在起作用，硬件的升级换代就还是那么快。对于数据中心来说，每隔一段时间就更新硬件是必须的。困难的不是把服务器下架，交给回收商，而是把新的服务器上架，按以前一样配置网络和存储，并把原有的应用恢复起来。新的操作系统可能有驱动的问题，网络和存储可能无法正常连接，应用在新环境中不能运行……最后很可能不得不请工程师到现场调试，追踪问题到底是出在硬件、软件上，还是哪个配置选项没有选中。

4. 存储需求增长得太快

2012 年全球产生的数据总量约为 2.7ZB（1ZB=1 万亿 GB），相比 2011 年增长了 48%。即使不考虑为了存储这些数据需要配备的空闲存储，也意味着数据中心不得不在一年内增加 50% 左右的存储容量。用不了几年，数据中心就会堆满了各种厂家、各种接口的存储设备。管理它们需要不同的管理软件，而且常常互相不兼容。存储设备的更新比服务器更关键，因为所存储的数据可能是我们每个人的银行账号、余额、交易记录。旧的设备不能随便换，新的设备还在每天涌进来。学习存储管理软件的速度也许还赶不上存储设备的增长。

问题绝不仅仅只有这么几点，但是我们已经可以从这些例子得到一些启示。像以往数据中心的发展一样，首先是应用的发展推动了数据中心的发展。之前提到的超大型分布式系统和云计算服务平台都是类似的应用。我们在后面还会介绍更多这样的应用场景。这些应用有一个共同的特点，没有任何悬念，它们需要比以往更多的计算、存储、网络资源，而且需要灵活、迅速的部署和管理。为了满足如此苛刻的要求，仅仅增加机器已经无济于事了。与此同时，人们"终于"发现数据中心的服务器利用率竟然只有不到 10%。但是应用迁移却如此困难，明知有些机器在 99.9% 的时间都空闲，却不得不为了那 0.1% 的峰值负荷而让它们一直空转着。如果说服务器只是有些浪费，还勉强说得过去的话，存储就更让人头疼了。数据产生的速度越来越快，存储设备要么不够，要么实在太多无法全面管理……

1.3 软件定义的必要性

正是因为有了上述挑战，无论是数据中心的管理员，还是应用系统的开发人员，或是最终用户，都意识到将数据中心的各个组成部分从硬件中抽象出来、集中协调与管理、统一提供服务的重要性。如图 1-3 所示，在传统的数据中心中，如果我们需要部署一套业务系统，例如文件及打印服务，就要为该业务划分存储空间，分配运行文件及打印服务的服务器，配置好服务器与存储的网络。

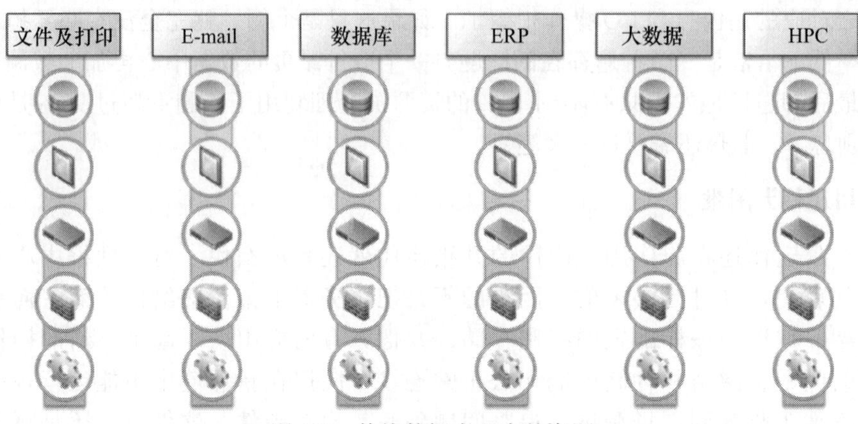

图 1-3　传统数据中心中的资源

这需要多长时间呢？这可没准。不同的计算中心都有各自的管理流程，大多数情况下都要先向 IT 管理员提交一个请求，注明需要哪些资源。IT 管理员拿到这个请求之后，会在现有的资源列表中寻找适合的服务器、存储、网络资源。假设运气很好，不需要额外采购就能满足文件服务器的要求，最快也需要 1 ~ 2 天的时间。如果碰到现有的资源数量和质量无法满足需求，那就继续等待吧，询价、采购、发货、配置上线……这么折腾下来，不经过十天半个月的等待，怕是根本没办法开始部署业务系统。对于一个文件及打印服务来说，等一下也无可厚非，实在不行可以把数据暂时存储在 U 盘里，再凑合使用旧的打印服务器。可是如果一家公司的核心业务系统紧急需要资源怎么办？ 2012 年开始在国内炒得火热的双十一促销是各个电商平台的整体较量，对它们来说都是重头戏。可万事开头难，就在 2012 年 11 月 11 日这一天，淘宝和京东的后台系统从飞速变成了“龟速”。京东的 CEO 刘强东微博回应：紧急采购服务器扩容！先不说业务系统的设计是否支持这样迅速的扩容，单就 IT 资源的管理角度，如果这样的业务需要等上几天，那双十一大战是必然要落败了。公司高层领导当然可以省却许多繁琐的流程，但是服务器也不可能“飞”到京东的机房来，无论如何都已太慢。

从图 1-3 还可以看到，如果有 6 个业务系统，就需要 6 套服务器，这很合理。在生产环境的服务器上再部署、调试其他业务只会带来更多的麻烦，而且实际上，文件打印这些服务需要的计算能力很弱，数据库系统需要很大的内存和非常好的 I/O 能力，高性能计算需要强大的 CPU。显而易见，为不同的业务采购不同配置的服务器是必需的，而且对于各项性能的要求几乎完全来自于估计，没有人会确切地知道是否需要 256GB 的内存而不是 128GB。因此，IT 管理员需要面对的就是千奇百怪的配置表和永远无法清楚描述的性能需求。因此 IT 管理员在采购硬件的时候自然而然会采取最安全的策略：尽量买最好的。这就出现了上文提到过的问题：服务器的利用率低得惊人。

高端的存储可以较好地实现存储资源池，并且理论上可以同时支持所有的应用。但是把 EMC 的高端存储用来支持打印服务器，似乎显得太奢侈了。实际情况下，这些业务系统会至少共享 2 ~ 3 种存储设备。每个子系统都使用各自的子网，但是一个网段分给了某项业务，即使并不会被用完，其他系统也不能再用了。

幸好虚拟化技术重新回到了人们的视野当中。在计算机发展的早期，虚拟化技术其实就已经出现了，当时是为了能够充分利用昂贵的计算机。数十年后，虚拟化技术再一次变成人们重点关注的对象，这依然跟提高资源的利用效率有密不可分的关系。而且这次虚拟化技术不仅在计算节点上被广泛应用，相同的概念也被很好地复制到了存储、网络、安全等与计算相关的方方面面。虚拟化的本质是将一种资源或能力以软件的形式从具体的设备中抽象出来，并作为服务提供给用户。当这种思想应用到计算节点，计算本身就是一种资源，被以软件的形式——各种虚拟机从物理机器中抽象出来——按需分配给用户使用。虚拟化思想应用于存储时，数据的保存和读写是一种资源，而对数据的备份、迁移、优化等控制功能是另一种资源，这些资源被各种软件抽象出来，通过编程接口（API）或用户界面提供给用户使用。网络的虚拟化也是这样，数据传输的能力作为一种资源，被网络虚拟化软件划分成互相隔离的虚拟网络，提供如 OpenFlow 这样的通用接口给用户使用。当主要的基础资源如计算、存储、网络被充分虚拟化之后，数据中心的逻辑结构将如图 1-4 所示。

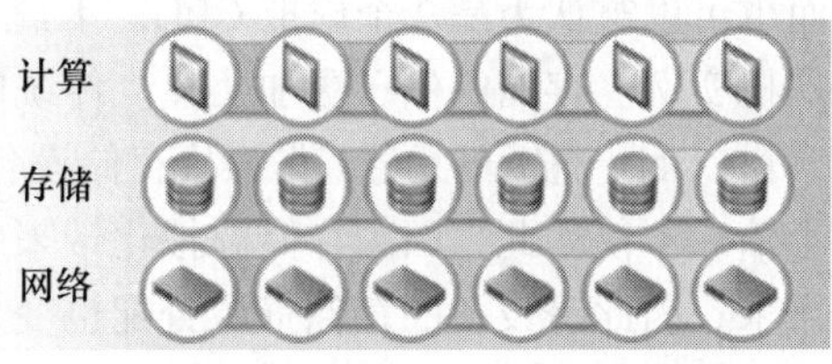

图 1-4　虚拟化的计算、存储、网络

资源的可用性是原生的，是买来这些设备时就已经具备的。但是如何发挥其使用效果，却要靠创新的思路和方法。我们可以看到，当服务器虚拟化之后，计算能力就可以真正做到“按需分配”，而不是必须给每种服务配置物理的机器。过去的 IT 管理员当然也希望能够做到“按需”而不是“按业务”分配，但是没有虚拟化技术，没有人会愿意冒风险把可能互相影响的系统放在同一台服务器上。存储也被虚拟化了。用户不用再关心买了什么磁盘阵列，每个阵列到底能够承载多少业务，因为他们看到的将是一个统一管理的资源池，资源池中的存储按照容量、响应时间、吞吐能力、可靠性等指标被分成了若干个等级。系统管理员可以“按需”从各个资源池中分配和回收资源。虚拟的网络可以“按需”增减和配置，而不需要动手配置网络设备和连线。能做到这一步，至少就能够解决以下问题：

- 资源的利用效率低下，不能充分利用硬件的能力。
- 资源的分配缺乏弹性，不能根据运行情况调整投入。
- 在提供基础设施服务时，必须考虑不同硬件的性能。
- 需要改变配置时，不得不重新连线和做硬件配置的调整。

需要特别注意的是，在虚拟化这一概念中，利用软件来抽象可用的资源这一点尤为重要，因为这样才能实现资源与具体硬件的分离（Decouple），从而使进一步发展数据中心成为可能。这也是“软件定义数据中心”的由来。

当主要的资源都已经虚拟化，“软件定义”还并没有实现，这是因为虚拟化在解决大量现有问题的同时，也带来一些新的挑战。

首先，虚拟化让资源得以按需分配和回收，这使得资源的管理更加精细。不仅如此，管理的对象也发生了变化。传统的数据中心资源管理以硬件为核心，所有的系统和流程根据硬件使用的生命周期来制定。当资源虚拟化之后，系统管理员不仅需要管理原有的硬件环境，而且新增加了对虚拟对象的管理。虚拟对象的管理兼有软件和硬件的管理特性。从用户的使用体验来说，虚拟对象更像硬件设备，例如服务器、磁盘、专有的网络等；而从具体的实现形式和收费来说，虚拟对象却是在软件的范畴里。为了适应这种改变，资源管理要能够将虚拟对象与硬件环境甚至更上层的业务结合起来，统一管理。

虚拟化令资源的划分更加细致，不仅带来了管理方式上的挑战，被管理对象的数量也上升了至少一个数量级。原本一台服务器单独作为一个管理单位，现在虚拟机变成了计算的基本管理单位。随着多核技术的发展，如今非常普通的一台物理服务器可以有 2 个 CPU，每个 CPU 上有 8 个物理计算核心（Core），每个计算核心借助超线程技术可以运行 2 个线程，因而也可以被认为是 2 个虚拟 CPU。因此，一台物理服务器上往往可以轻松运行 15 ~ 30 个虚拟机实例。存储的例子更加明显。传统的存储设备为物理机器提供服务，假设每台机器分配 2 个 LUN（逻辑单元号）作为块存储设备，如今虚拟化之后需要分配的 LUN 也变成原来的几十倍。不仅如此，因为存储虚拟化带来的资源的集中管理，释放了许多原来不能满足的存储需求，因此跨设备的存储资源分配也变成了现实。这使得存储资源的管理对象数量更加庞大了。网络的数量恐怕不用赘述了。想想看为什么大家不能满足于 VLAN，而要转向 VxLAN。一个很重要的因素是 VLAN tag 对虚拟网络有数量的限制，4096 个网络都已经不够了（详见第 4 章）。要管理数量巨大的虚拟对象，仅仅依靠一两张电子表格是完全应付不了的，连传统的管理软件也无法满足要求。例如，某知名 IT 管理软件在导航栏里有一项功能，用列表的方式列出所有服务器的摘要信息。在虚拟化环境中试用时，由于虚拟服务器数量太多，导致浏览器无法响应，不得不“恳请”用户不要轻易使用。

虚拟环境带来的另一个挑战是安全。这里既有新瓶装老酒的经典问题，也有虚拟化特有的安全挑战。应用运行在虚拟机上和运行在物理服务器上都会面临同样的攻击，操作系统和应用程序的漏洞依然需要用传统的方式来解决。好在如果某个应用在虚拟机上崩溃了，不会影响物理服务器上其他应用继续工作。从这点来看，虚拟化确实提高了计算的安全性。虚拟化的一个重要特点是多用户可以共享资源，无论是计算、存储、网络，共享带来的好处显而易见，然而也带来了可能互相影响的安全隐患。例如，在同一台物理服务器上的虚拟机真的完全不会互相影响吗？早期，亚马逊的 AWS 就出现过某些用户运行计算量非常大的应用，而导致同一台物理机器上的其他虚拟机用户响应缓慢的情况。存储的安全性就更关键了。如果你在一个虚拟存储卷上存放了公司的财务报表，即使你已经想尽办法删除了数据，你还是会担心如果这个卷被分配给一个有能力恢复数据的人，就会存在安全隐患。

可见，仅仅将资源虚拟化，只是解决问题的第一步。对虚拟对象的管理是下一步要完成的任务。如图 1-5 所示，新的资源管理和安全并不是着眼于物理设备的，而是把重点放在管理虚拟对象上，使虚拟环境能够真正被系统管理员和用户所接受。

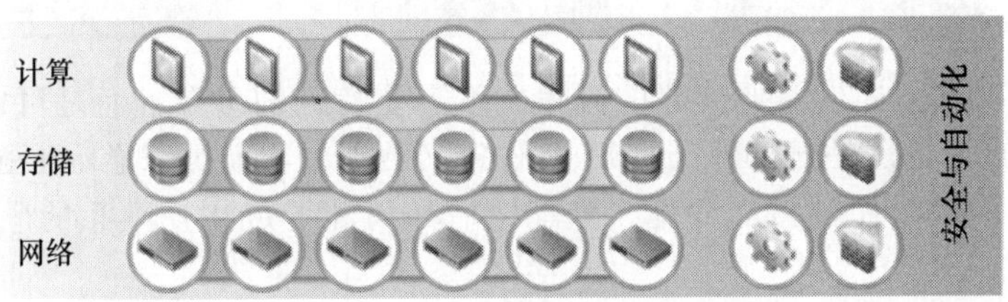

图 1-5　新的资源管理与安全

当虚拟资源各就各位，管理员动动鼠标就能够安全地分配、访问、回收任何计算、存储、网络资源的时候，数据中心就可以算得上是完全被软件接管了。可是这并不意味着软件定义数据中心已经能够发挥最大的作用。因为资源虽然已经虚拟化，纳入了统一管理的资源池，可以随需调用，但是什么时候需要什么样的资源还是要依靠人来判断，部署一项业务到底需要哪些资源还是停留在技术文档的层面。数据中心的资源确实已经由软件来定义如何发挥作用，但是数据中心的运行流程还没有发生根本改变。以部署 MySQL 数据库为例，需要 2 个计算节点、3 个 LUN 和 1 个虚拟网络。知道了这些还远远不够，在一个安全有保证的虚拟化环境中，管理员要部署这样一个数据库实例需要完成以下流程：

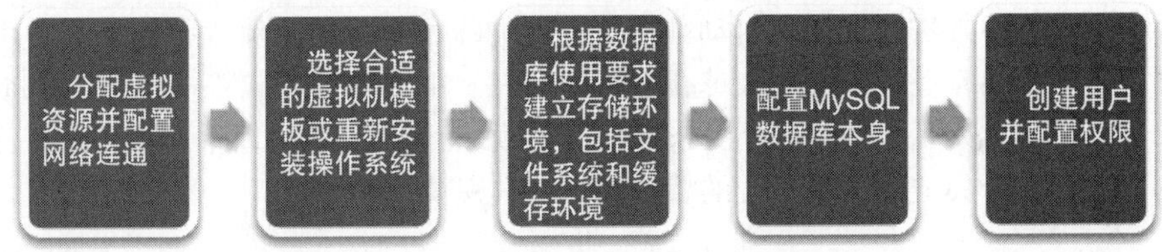

不难发现，除了使用的资源已经被虚拟化，这套流程并没有任何新意。当然，是否有新意并不重要，重要的是好用、能解决问题。看起来这样的流程并不复杂。那让我们再考虑一下，仅仅部署一个 MySQL 数据库常常不是最终的目标，要提供一个能面向用户的应用，还需要更多的组件加入进来。假设我们需要部署一个移动应用的后台系统，包括一个 MySQL 数据库、Django 框架、日志分析引擎，按照上面的流程，工作量就至少是原来的 3 倍。如果我们需要为不同的用户部署 1000 个移动应用的后台系统呢？

回过头来想想，既然资源都已经虚拟化并且置于资源池中，管理员对虚拟资源理应有更大的控制权，那么在部署虚拟机的时候，自然可以在模板中留下一些辅助配置的“后门”。不仅仅是虚拟机，存储和网络虚拟化提供的接口也提供了类似的配置功能。既然可以用“后门”间接控制虚拟资源被分配后的配置，那将整个流程自动化就是顺理成章的事情了。管理员需要做的是经过实验，事先定义一套工作流程，按照流程管理系统的规则将工作流程变成可重复执行的配置文件，在实际应用的时候配置几个简单的参数即可。经过自动改造的

MySQL 部署流程将变成：

在这个过程中，如果需要部署的流程并不需要特殊的参数，而是可以用预设值工作，甚至可以做到真正的“一键部署”，那么软件定义数据中心就可以显示出强大的优势了。不仅仅资源的利用可以做到按需分配，分配之后如何配置成用户熟悉的服务也将能够自动完成。

如果你需要的是几台虚拟机，现在已经能够轻松做到了；如果你需要的是同时分配虚拟机、存储和网络，现在也能够做到了；如果你还需要把这些资源包装成一个数据库服务，现在也只需要动动手指就能完成。程序员们应该已经非常满足，管理员也完全有理由沾沾自喜了。毕竟，之前要汗流浃背重复劳动几天的工作，现在弹指间就可以全部搞定。可是对于那些要使用成熟应用的终端用户来说，这和以前没有什么区别。例如，等待 CRM（Customer Relation Management）系统上线的用户，并不真正在意如何分配资源，如何建立数据库，唯一能让他们感到满意的是能够登录 CRM 系统，开始使用这个系统管理用户信息。

要解决这个问题，让应用真正能面向用户，可以有几种方法。在这个阶段，数据中心的资源已经不是单纯跟资源管理者有关系了，而是与用户的应用程序产生了交集。相应的，无论我们采用哪一种方法去建立应用程序的运行环境，也都必须视应用本身的特性而定。如表 1-1 所示，第一种方法是发展了自动部署数据库的流程，将这套流程扩展到部署用户的应用，同样还是利用自动化的流程控制来配置用户程序。第二种是部署一套 PaaS（Platform as a Service）的环境，将用户程序运行在 PaaS 之上。第三种看起来更简单，让用户自己设计自动部署的方法，是否集成到数据中心的管理环境中则视情况而定。

表 1-1 运行环境自动部署方法比较

自动部署应用	优 点	缺 点
利用 SDDC 的自动部署流程	“一键部署”，需要极少的人工干预，适合大批量部署	需要用户应用留有接口
利用 PaaS 环境	应用的开发环境与生产运行环境一致，避免额外的调试	需要额外部署 PaaS 环境，并且要求应用是为某 PaaS 环境设计的
完全交由应用开发者	应用开发者更了解部署细节	难与下层服务的部署整合，容易产生开发时难以预料的环境问题

各种方法都有其适用的场景，并不能一概而论，这是数据中心的基础架构面向用户的关键一步。如果说之前的虚拟化、资源管理、安全设置、自动化流程控制都还是数据中心的管理员关心的话题，那部署应用这一步已经实实在在把花了钱、买了这些服务的用户拉进来了。在成功部署了应用之后，软件定义数据中心才算是真正自底向上地建立了起来。

如图 1-6 所示，软件定义数据中心是一个从硬件到应用的完整框架。用户的需求永远是技术发展的原动力，软件定义数据中心也不例外。我们在上文中提到了数据中心在云与大数据的年代面临的诸多挑战，传统数据中心的计算、存储、网络、安全、管理都已无法应对日益变化的用户需求。在这种四面楚歌的状况下，软件定义计算（或称计算虚拟化）作为一种既成熟又新颖的技术，成为了解决困局的突破口。随之而来的是软件定义存储和网络技术。在资源的虚拟化已经完成之后，虚拟环境中的安全与管理需求变成了第二波创新的主题。在这之后，数据中心的自动化流程控制进一步释放了软件定义技术的潜在威力，让管理员不踏足机房就能够如同指挥千军万马一般调配成千上万的虚拟机配置数据库、文件服务、活动目录等服务，甚至可以更进一步，自动部署成熟的用户程序提供给用户使用。

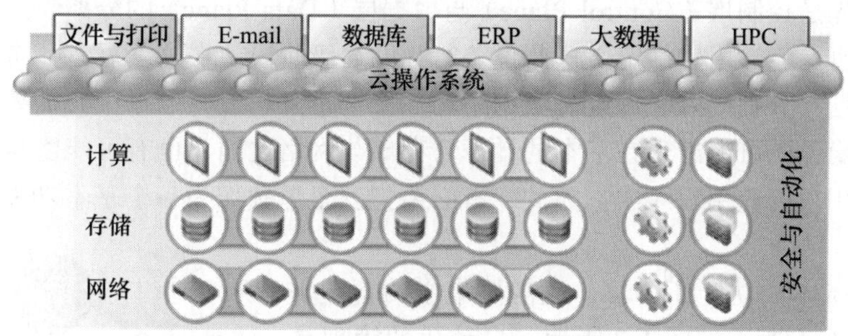

图 1-6　支持具体应用的软件定义数据中心

软件定义数据中心是应用户需求而发展的，但并不是一蹴而就地满足了用户的初始需求。“非不为也，实不能也”。软件定义数据中心是一项庞大的系统工程，基础如果不稳固，仓促地提供服务只会带来严重的后果。云计算服务就是个很好的例子。云计算服务的后端无疑需要强大的软件定义数据中心做支撑。国内有数家学习亚马逊的企业，本着“一手抓学习，一手抓运营”的精神，在技术并不成熟的情况下，“勇敢”地向大家提供云计算服务，但是计算的稳定性、存储的可靠性、网络的可用性都暴露出了许多问题，用户体验实在无法让人满意。

当然，并不是任何一个软件定义数据中心都需要完全如上文所述，搭建从硬件到用户的完整框架，也不是所有可以称为软件定义数据中心的计算环境都具备上文所述的所有功能。一切还是应用说了算。例如，用户可能仅仅需要虚拟桌面服务并不需要复杂的虚拟网络，但是安全和自动控制流程要特别加强；用户需要大规模可扩展的存储做数据分析，那软件定义存储将扮演更重要的角色，计算虚拟化就可以弱化一些。一切以满足用户需求为前提是软件定义数据中心发展的动力，也是目标。

1.4　架构分析

需求推动着软件定义数据中心一步步完善自己的体系架构，这也充分说明，“软件定义”的必要性不是凭空想象出来的，是由实际的需求推动产生的。回顾之前描述的发展路径，我们已经可以大致归纳出软件定义数据中心的层次结构，但是思路还不够清晰。因此，有必要从系统分析的角度，清楚地描述一下软件定义数据中心包括哪些部分或层次，以及实现这些组件需要的关键技术和整个系统提供的交互接口。

1.4.1 基本功能模块

软件定义数据中心最核心的资源是计算、存储与网络，这三者无疑是基本功能模块。与传统的概念不同，软件定义数据中心更强调从硬件抽象出的能力，而并非硬件本身。

对于计算来说，计算能力需要从硬件平台上抽象出来，让计算资源脱离硬件的限制，形成资源池。计算资源还需要能够在软件定义数据中心范围内迁移，这样才能动态调整负载。虽然虚拟化并不是必要条件，但是目前能够实现这些需求的，仍非虚拟化莫属。对存储和网络的要求则首先是控制层（Control Plane）与数据层（Data Plane）的分离，这是脱离硬件控制的第一步，也是能够用软件定义这些设备行为的初级阶段。在这之后，才有条件考虑如何将控制层与数据层分别接入软件定义数据中心。安全越来越成为数据中心需要单独考量的一个因素。安全隐患既可能出现在基本的计算、存储与网络之间，也有可能隐藏在数据中心的管理系统或者用户的应用程序中。因此，有必要把安全单独作为一个基本功能，与以上 3 种基本资源并列。

有了这些基本的功能还不够，还需要集中的管理平台把它们联系在一起。如图 1-7 所示，自动化的管理是将软件定义数据中心的各基本模块组织起来的关键。这里必须强调"自动化"管理，而不只是一套精美的界面。原因我们前面已经提到，软件定义数据中心的一个重要推动力是用户对于超大规模数据中心的管理，"自动化"无疑是必选项。

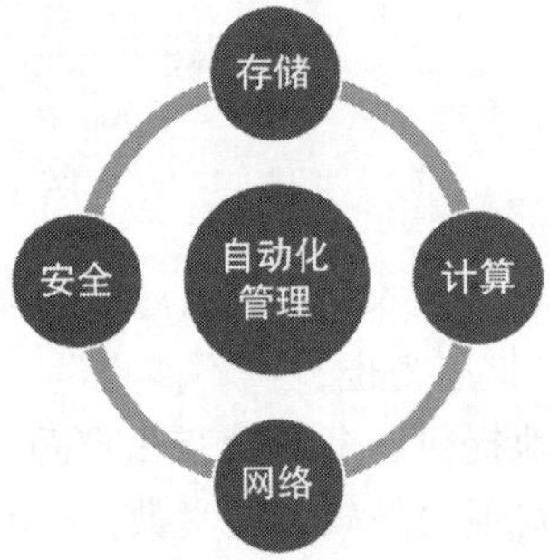

图 1-7 软件定义数据中心功能划分

1.4.2 层次细分

了解了软件定义数据中心有哪些基本功能后，我们再看一下这些基本功能是怎样按照层次化的定义逐级被实现并提供服务的。分层的思路其实已经出现在关于"软件定义的必要性"的探讨中，之所以出现这样的层次，并不是出于自顶向下的预先设计，而是用户需求推动的结果。现实中无数的例子告诉我们，只有用户的需求或者说市场的认可才是技术得以生存和发展的原动力。

如图 1-8 所示，在软件定义数据中心最底层是硬件基础设施，主要包括服务器、存储和各种网络交换设备。软件定义数据中心对于硬件并没有特殊的要求。服务器最好能支持最新的硬件虚拟化并具备完善的带内（In Band）、带外（Out of Band）管理功能，这样可以最大限度提升虚拟机的性能和提供自动化管理功能。但是，即使没有硬件虚拟化的支持，服务器一样可以工作，只是由于部分功能需要由软件模拟，性能会稍打折扣。这说明软件定义数据中心对于硬件环境的依赖性很小，新的旧的硬件都可以统一管理，共同发挥作用。另外，当更新的硬件出现时，又能够充分发挥新硬件的能力，也让用户有充足的动力不断升级硬件配置，以求更好的性能。

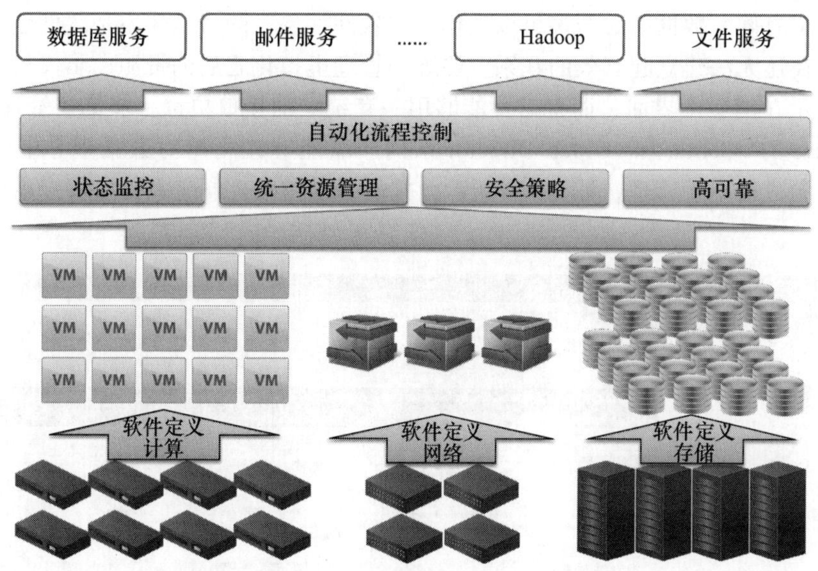

图 1-8 软件定义数据中心的分层模型

在传统的数据中心，硬件之上应该就是系统软件和应用软件了。但是在软件定义数据中心里，硬件的能力需要被抽象成为能够统一调度管理的资源池，因此，必须有新技术完成这一工作。计算、存储和网络资源的抽象方式各不相同，在这一层次，主要有以下一些关键技术可以帮助我们完成虚拟化和“池化”（Pooling）的工作。更多的技术细节在后续章节会有详细的介绍。

- **软件定义计算**：虚拟化是软件定义计算最主要的解决途径。虽然类似的技术早在 IBM S/360 系列的机器中已经出现过，但是其真正“平民化”、走入大规模数据中心还是在 VMware 推出基于 x86 架构处理器的虚拟化产品之后。随后，还有基于 XEN、KVM 等的开源解决方案。虚拟机成为计算调度和管理的单位，可以在数据中心甚至跨数据中心的范围内动态迁移而不用担心服务会中断。
- **软件定义存储**：主流的技术方案是管理接口与数据读写实现分离，由统一的管理接口与上层管理软件交互，而在数据交互方面，则可以兼容各种不同的连接方式。这种方式可以很好地与传统的软硬件环境兼容，从而避免“破坏性”的改造。例如 EMC 的 ViPR 既能够支持光纤通道（Fiber Channel）的连接，也支持基于以太网技术的 iSCSI 等多种不同的协议。如何最合理地利用各级存储资源，在数据中心的级别上提供分层、缓存也是需要特别考虑的。
- **软件定义网络**：同软件定义存储一样，管理接口与数据读写首先要分离。由软件定义的不仅仅是网络的拓扑结构，还可能有层叠的结构。前者可以利用开放的网络管理接口例如 OpenFlow 来完成，后者则可能是基于 VxLAN 的层叠虚拟网络。

当服务器、存储和网络已经被抽象成虚拟机、虚拟存储对象（块设备、文件系统、对象存储）、虚拟网络，回到图 1-8 我们可以发现各种资源在数量上和表现形式上都与硬件有明显的区别。这个时候，数据中心至多可以被称为“软件抽象”的，但还不是软件定义的。因为各种资源现在还无法建立起有效的联系。要统一管理虚拟化之后的资源，不仅仅是将状态信息汇总、显示在同一个界面，而是需要能够用一套统一的接口更进一步集中管理这些资源。例如 VMware 的 vCenter 和 vCloud Director 系列产品能够让用户对数据中心中的计算、存储、网络资源进行集中管理，如图 1-9 所示，并能提供权限控制、数据备份、高可靠等额外的特性。

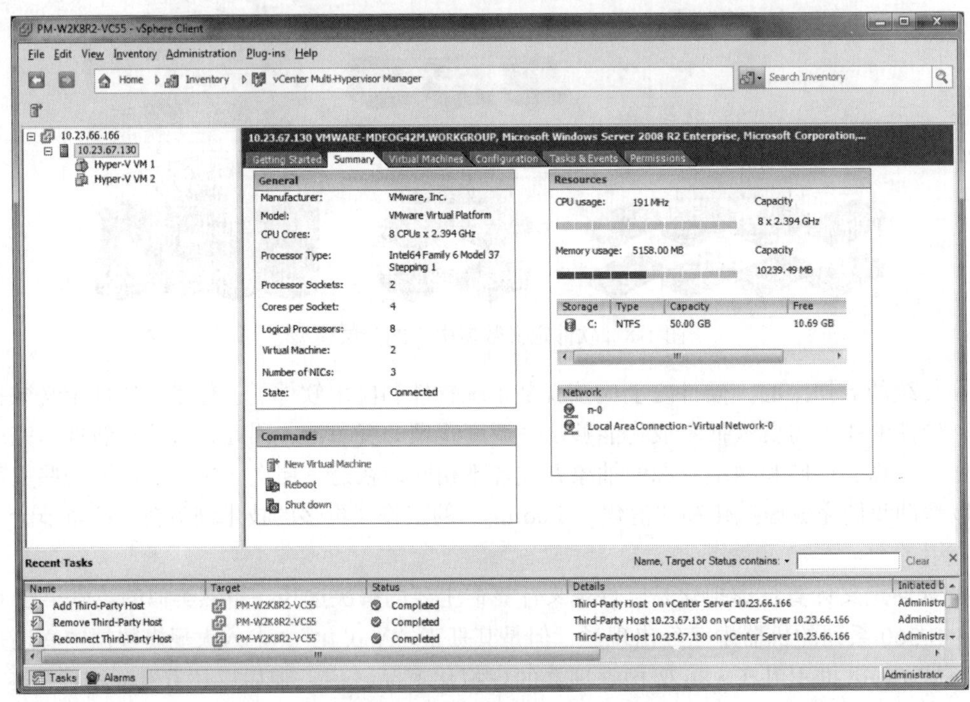

图 1-9　vCenter 对资源的集中管理

比资源管理更贴近最终用户的是一系列的服务，如图 1-8 所示，可以是普通的邮件服务、文件服务、数据库服务，也可以是针对大数据分析的 Hadoop 集群等服务。对于配置这些服务来说，软件定义数据中心的独特优势是自动化。例如 VMware 的 vCAC（vCloud Automation Center）就可以按照管理员预先设定的步骤，自动部署从数据库到文件服务器的几乎任何传统服务。绝大多数部署的细节都是预先定义的，管理员只需要调整几个参数就能完成配置。这对于在 Linux 环境中安装过 Oracle 数据库的工程师来说，简直如同梦幻一般。即使有个别特殊的服务（例如用户自己开发的服务）没有事先定义的部署流程，但也可以通过图形化的工具来编辑工作流程，并且反复使用。

从底层硬件到提供服务给用户，资源经过了分割（虚拟化）、重组（资源池）、再分配（服务）的过程，增加了许多额外的层次。从这个角度看，“软件定义”不是没有代价的，但层次化的设计有利于各种技术并行发展和协同工作。这与网络协议的发展非常类似。TCP/IP 协议簇正是因为清晰地定义了各协议层次的职责和互相的接口，才使参与各方都能协同发展。研究以太网的可以关注提高传输速度和链路状态的维护，研究IP层的则可以只关心与IP路由相关的问题。让专家去解决他们各自领域内的专业问题，无疑是效率最高的。软件定义数据中心的每一个层次都涉及许多关键技术。回顾一下上文的层次结构，我们可以发现，有些技术由来已久，但是被重新定义和发展了，例如软件定义计算、统一的资源管理、安全计算和高可靠等；有些技术则是全新的，并仍在迅速发展，例如软件定义存储、软件定义网络、自动化的流程控制。这些技术是软件定义数据中心赖以运转的关键，也是软件定义数据中心的核心优势。本书的第2章将对这些关键技术加以深入讨论。

1.4.3 接口与标准

任何一个复杂的系统都应该可以被划分成若干个模块，既方便开发也方便使用和维护。按照相同的逻辑，复杂的模块本身也是一个系统，又可以被继续细分。在模块和层次划分的过程中，只要清晰地定义了模块、层次之间的接口，就不必担心各部分无法联合成一个整体。我们已经列举了软件定义数据中心的模块和层次，下面再看看不同的具体实现采用了哪些接口。作为数据中心发展的新阶段，软件定义数据中心在快速发展，但还没有出现一种统一的或是占主导优势的标准。我们可以从成熟度和开放性两个方面，对一些接口标准作个比较，如表1-2所示。

表1-2 接口标准比较

	成熟度	开放性
VMware	成熟的API，涵盖了资源管理、状态监控、性能分析等各方面。API相对稳定，并有清晰的发展路线图	比较开放的接口标准，有成熟的开发社区和生态系统，是企业级厂商选择兼容的首选
OpenStack	软件定义计算的API相对成熟和稳定，但是存储、网络、监控、自动化管理等部分API比较初级，不适用于生产环境，需要进一步加强	完全开放的接口标准并且计算与存储服务能够兼容AWS的API
System Center	成熟的API	不够开放的标准，有开发社区做支撑
CloudStack	比较成熟的API，比较新的功能如自动化管理和网络管理由开源社区实现	原本作为单独的产品发布，接口与开发人员不完全开放。后转为由开源社区支持，大部分API均已开放。计算与存储服务兼容AWS的API

从对比我们可以看到，这几个可以用于构建软件定义数据中心的软件集在编程接口（API）的成熟度和开放程度上各有特点。作为针对企业级部署的成熟产品，VMware和微软的产品从接口上看都提供更丰富全面的功能，发展方向也有迹可循。作为开源解决方案代表的OpenStack则采用了“野蛮生长”的策略，例如Neutron（原名Quantum）最初发布的版本简陋得几乎无法使用，但是不到半年，提供的API就能够驱动NVP等强大的网络控制器。迅速迭代的代价就是用户始终难以预计下一版本是否会变动编程接口，影响了用户对OpenStack的接受度。

1.5 现状与发展

说了这么多数据中心发生的变化，固然激动人心，但是视角仍略显单一。单单从技术角度考量，历史上许多优秀的技术革新与发明创造都具有划时代的意义，但其中很多却没有如大家预期产生应有的影响，或者拖延了很久才重新被人们所认识。例如 RISC 架构的处理器设计、虚拟化技术、瘦客户机、分布式文件系统等，数不胜数。因此，我们不妨暂时走出纯技术的思路，站在旁观者的角度看一下产业界是如何看待和发展软件定义数据中心的。

在对待软件定义数据中心的态度上，用户是最积极的。这里所说的用户，并不是每天逛淘宝的买家，也不是拿着手机不停刷微博、微信的“准网瘾患者”，而是运行这些应用的服务提供商。这些“用户”传统上会租用成熟的数据中心，把自己的服务器、存储托管在数据中心的机房。这种模式的优势显而易见，数据中心会负责机房管理、日常维护、电力供应、防火、空调等自己擅长的工作，保证硬件设备的最大可用性；同时，应用服务提供商可以专注维护他们自己的应用系统。但是好景不长，数据中心的大客户们很快发现随着自己业务的增长，已经没有一个单独的数据中心能满足自己的需求了，而软件、硬件的采购与部署也日益成为业务发展的瓶颈。2012 年谷歌在全球有数十万台服务器为用户提供服务，并且每天在全球各地的数据中心都有以机柜计数的服务器上架运行，以至于谷歌的基础架构设计师也无法确切知道到底全球有多少台服务器在为它服务。

面临急剧增长的计算需求，这些往日数据中心的大客户不得不自己动手定制数据中心。谷歌是这一潮流的先行者。有趣的是，它将自己的数据中心技术作为公司的核心机密。据称，谷歌与接触数据中心技术的雇员签订了保密协议，即使这些雇员离职，一定期限内也不能透露其数据中心的技术细节。社交网络巨头 Facebook 也清楚地意识到下一代数据中心技术对于未来互联网乃至整个 IT 技术发展至关重要的意义。与谷歌不同，Facebook 并没有试图包揽从数据中心硬件到软件的所有设计，而是拉来了很多合作伙伴，并把自己数据中心的设计“开源”出来变成了“开放计算项目”（Open Compute Project，OCP）。OCP 并不仅限于软硬件设计，还包括数据中心的建筑规范、电力、制冷、机架机械设计等内容，是一份建设数据中心的蓝图。国内的互联网和 IT 巨头也在发展自己的数据中心技术。由 BAT（百度、阿里巴巴、腾讯）发起的“天蝎计划”（Scorpio）主要包括一套开放机架设计方案，目标是提供标准化的计算模块，能够迅速部署到数据中心提供服务。他们的共同特点是模块化的设计和为大规模迅速部署做出的优化。细心的读者可能会发现，在这些标准中，涉及软件的部分很少。这么大规模的硬件部署，是如何管理的呢？是不是在下一个版本的文档发布时就会说明了？非常遗憾，这正是互联网巨头们的核心机密。

系统集成商和服务提供商对于数据中心发展的看法与传统的数据中心用户略有不同，而且并不统一。IBM 和 HP 这类公司是从制造设备向系统和服务转型的例子。在对待下一代数据中心的发展上，这类公司很自然地倾向于能够充分发挥自己在设备制造和系统集成方面的既有优势，利用现有的技术储备引导数据中心技术的发展方向。

微软作为一个传统上卖软件的公司，在制定 Azure 的发展路线上也很自然地从 PaaS 入手，并且试图通过“虚拟机代理”技术（VM Agent and Background Info Extension）模糊PaaS和IaaS（Infrastructure as a Service）之间的界限，从而充分发挥自身在软件平台方面的优势来打造后台由System Center支撑、提供PaaS服务的数据中心。最后还有一个特例。几年以前，某家公司跟IT服务还不沾边，勤勤恳恳卖了多年的书，赚了些钱，又继续卖了许多年的百货商品，突然有一天，它开始卖计算和存储能力了。没错，这就是亚马逊。之所以不把亚马逊作为谷歌、Facebook一样的数据中心的用户，是因为AWS（Amazon Web Service）虽然脱胎于亚马逊的电子商务支撑平台，但是已经成为一套独立的业务发展了。作为特例的亚马逊有特别的思路：“需要数据中心服务吗？来用AWS公有云吧。”

最后还有传统的硬件提供商。Intel作为最主要的硬件厂商之一，为了应对巨型的、可扩展的、自动管理的未来数据中心的需要，也提出了自己全新架构的硬件——RSA（Rack Scale Architecture）。在软件、系统管理和服务层面，Intel非常积极地与OCP、天蝎计划、OpenStack等组织合作，试图在下一代数据中心中仍然牢牢地占据硬件平台的领导地位。从设计思路上，RSA并不是为了软件定义数据中心而设计，恰恰相反，RSA架构希望能在硬件级别上提供横向扩展（Scale-Out）的能力，避免“被定义”。有趣的是，对RSA架构很有兴趣的用户发现，硬件扩展能力更强的情况下，软件定义计算、存储与网络正好可以在更大的范围内调配资源。

通过概览未来数据中心业务的参与者，我们可以大致梳理一下软件定义数据中心的现状与发展方向。

- **需求推动，有先行者**。未来数据中心的需求不仅是巨大的，而且是非常迫切的，以至于本来数据中心的用户们等不及，必须自己动手建立数据中心。而传统的系统和服务提供商则显得行动不够迅速。这有些反常，但却又非常合理。以往用户对数据中心的需求会通过IDC的运营商传达给系统和服务提供商，因为后者对于构建和管理数据中心更有经验，相应的能提供性价比更高的服务。然而，新的、由软件定义数据中心是对资源全新的管理和组织方式，核心技术落在“软件”上，那些传统的系统和服务提供商在这一领域并没有绝对的优势。数据中心的大客户们，例如谷歌、Facebook、阿里巴巴本身在软件方面恰恰有强大的研发实力，并且没有人比他们更了解自己对数据中心的需求，于是他们干脆自己建造数据中心就是很自然的事了。
- **新技术不断涌现，发展迅速**。软件定义数据中心发端于服务器虚拟化技术。从VMware在2006年发布成熟的面向数据中心的VMware Server产品到本书编写只有短短的7年时间。在这段时间，不仅仅是服务器的虚拟化经历了从全虚拟化到硬件支持的虚拟化以至下一代可扩展虚拟化技术的发展，软件定义存储、软件定义网络也迅速发展起来，并成为数据中心中实用的技术。在数据中心管理方面，VMware的vCloud Director依然是最成熟的管理软件定义数据中心的工具。但是，以OpenStack为代表的开源解决方案也显现出惊人的生命力和发展速度。OpenStack从2010年出现到变成云计算圈子里人尽皆知的明星项目只用了不到两年时间。

- **发展空间巨大，标准建立中**。与以往新技术的发展类似，软件定义数据中心还处于高速发展时期，并没有一个占绝对优势的标准。现有的几种接口标准都在并行发展，也都有了自己的一批拥护者。较早接受这一概念和真正大规模部署软件定义数据中心的用户大多是VMware产品的忠实使用者，因为从性能、稳定性、功能的丰富程度各方面，VMware都略胜一筹。热衷技术的开发人员则往往倾向于OpenStack，因为作为一个开源项目，能在上面“折腾”出很多花样。而原来使用Windows Server的用户则比较自然地会考虑微软的System Center解决方案。就像在网络技术高速发展时期，有许多网络协议曾经是以太网的竞争对手一样，最终哪家会逐渐胜出还得看市场的选择。

1.6　第三平台：SDDC上的IT新浪潮

在VMware、OpenStack和AWS全速把传统数据中心朝SDDC迁徙的过程中，EMC、VMware和GE在2013年4月1日宣布成立Pivotal公司。这家总部办公室和特斯拉（Tesla）电动汽车隔街相望的公司，同样背负着一个巨大的使命——在SDDC时代打造一个新的平台，这个新平台就是第三平台（The 3rd Platform）。伴随着SDDC的扩张，第三平台成为SDDC的战略控制点。

1. 第三平台的特征

如果从计算机硬件架构、数据管理方式和应用程序特点来看计算机工业浪潮，计算机工业经历了如图1-10所示的三次变革。

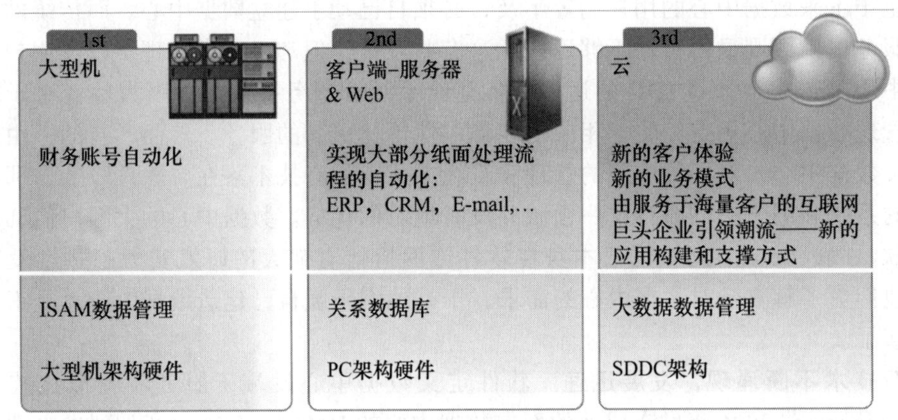

图1-10　计算机工业的三次变革

在以大型机模式为代表的第一平台年代，硬件以大型机（Mainframe）为主导。数据管理系统还是索引顺序访问方法（Indexed Sequential Access Method，ISAM），管理的数据一般在兆字节（MB）级别。索引顺序存取方法是IBM公司发展起来的一个文件操作系统，可以根据索引连续地或者任意地记录任何访问。在大型机年代，主要应用是对一些账号的自动化。例如在20世纪50年代，很多机票代理商还是通过电话和手工进行售票，这样的售票系统极易出错。使美国航空在大型机上实施的SABRE（Semi-Automatic Business-Related Environment）系统成功地使预订系统实现账号自动化。SABRE之后逐步演化为美国知名的旅行服务Travelocity公司。

在以客户端－服务器模式为代表的第二平台年代，硬件主要是PC架构的服务器，今天的主流硬件厂商都提供近乎商品化的服务器。数据管理方法主要是关系数据库，管理的数据量一般在太字节（TB）级别。关系数据库服务的主要代表厂商是Oracle和IBM。在第二平台年代，客户端－服务器模式的应用蓬勃发展。计算机基本上自动化了所有的纸面企业流程：电子邮件、客户管理系统（CRM）、企业资源计划系统（ERP）。

在以SDDC为代表的第三平台年代，我们基本把基础设施即服务（Infrastructure as a Service，IaaS）当作新的硬件平台。被称作大数据的新的数据管理方法需要管理拍字节（PB）级别的数据量。第三平台的应用，例如Gmail，相比第二平台具有全新的用户体验和商业模式。第三平台的应用具有连续发布功能，即用户无需安装或者升级软件，应用就能不断更新。第三平台的应用还具有极大的横向扩展能力，随着用户的数量不断上升或者数据量的不断上升，无须安装和升级软件，只需要在SDDC里面插入更多的计算资源。下面简单对比一下第二平台和第三平台的应用体验和商业模式的差别。

场景：X企业现在有2000个员工，有6台服务器支撑他们的Email系统。两年后X企业发展到6000员工，此时服务器的计算和存储能力翻倍。

第二平台应用：按2000人容量安装，方案的咨询和实施需要一个季度左右。两年中，他们需要不断升级和扩容；两年后，基本淘汰6台旧的服务器并引入9台新服务器（相当于18台旧的服务器）以支持6000个用户。期间需要不断支付给原厂维护和升级费用。由于计算资源有限，用户需要不断把Email数据备份到本地。

第三平台应用：直接向Gmail申请2000人账号，软件升级无须用户关心，几乎每天都能交付软件更新。两年中随着用户数量扩容和Email数据的扩大，企业用户只要向Gmail申请更多资源。Gmail只根据用户的数量和资源收费。Gmail应用借助第三平台的能力不断横向扩展系统，但是对用户完全不可见。所以用户承担的支持和维护费用大幅下降。

由此可见第三平台的应用带来了全新的应用体验和商业模式，所以也被称为现代应用。

2. 第三平台演进的动力

从第一平台过渡到第二平台的主要驱动力是CPU技术的发展导致剩余CPU周期的产生。在大型机年代，计算机刚发明不久。那个时候内存相当于今天缓存的概念。大型机主要处理的是输入和输出，被广泛应用于后台的批处理计算。大型机的CPU资源是很宝贵的，所以我们不太会考虑让CPU做I/O和计算以外的工作。使用计算机来提高商业竞争力的格局基本形成定局。但是技术的演进在悄悄进行。Intel公司的摩尔在20世纪60年代指出CPU的集成度每两年翻一番。慢慢地CPU的处理能力有富余。这些富余的CPU能力使得大型机可以有交互界面，可以有分时用户处理。为支持多用户，自然而然开始发展更多的终端（Terminal），有些终端开始使用PC技术。PC发展到一定程度，人们发现PC可以组合起来完成大型机的功能，而且价格要便宜很多。随着 PC 迅猛发展，第二平台兴起，围绕 PC 生产软件硬件的企业，例如 Oracle、Apple、Microsoft 占领了大量计算机和软件市场。

从第二平台过渡到第三平台的主要驱动力是 SDDC 技术发展导致所有计算机资源（CPU、内存、网络和存储）都可以商品化和横向动态扩展（Scale Out）。历史总会重演，正当第二平台逐步稳定，市场格局奠定，企业流程不断自动化，Email、CRM、ERP 系统如日中天的时候，SDDC 技术出现了。SDDC 的含义是软件和硬件分离，硬件完全被商品化，包括网络、CPU、内存和存储在内的计算资源和能力可以横向扩展。编写应用软件的时候，程序设计员默认可以向系统申请更多的资源。

3. 企业 PaaS：第三平台的操作系统

SDDC 作为向第三平台演进的驱动力，提供了可以横向扩展的计算资源。但是第三平台还有如图 1-11 所示的问题需要解决。

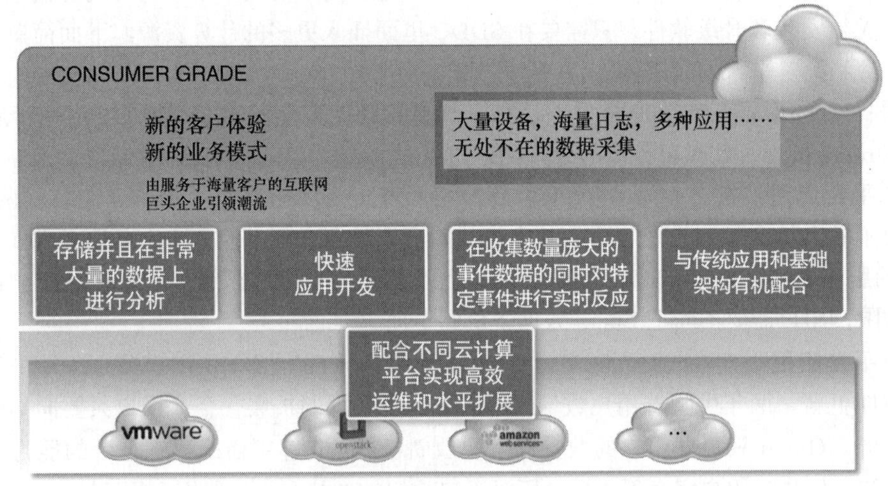

图 1-11　第三平台的需求

这些问题包括：

1）大数据和现代应用如何简单有效地利用 SDDC 提供的可以横向扩展的资源池？

2）大数据管理系统和现代应用如何运行在不同的 SDDC 平台上，如 VMware、AWS、OpenStack？

3）大数据如何支撑非常大量的数据和分析？如何允许物联网类应用的大量数据和事件的实时注入和处理？

4）现代应用如何支持敏捷开发和连续发布？现代应用如何兼容传统应用？

为了解决这些问题，工业界提出了企业 PaaS，企业 PaaS 也就成了第三平台的核心。Paul Maritz（原 Vmware 公司的 CEO）和 Scott Yara（Greenplum 公司的创始人，后随着并购加入 EMC 公司）为代表的领导团队率先看到了这个企业 PaaS 平台的必要性，GE

公司也认为其工业控制的软件服务需要从第二平台向第三平台迁移。在这个大背景下，EMC、VMware和GE三家公司联合投资和成立了Pivotal公司来迎接工业界的这一挑战和机遇。

4. PivotalOne：第三平台上的企业PaaS

Pivotal公司成立的时候，它从母公司EMC和兄弟公司VMware继承了第三平台所需的大量产品和知识产权以加快企业PaaS的建设。Pivotal公司提出的企业PaaS命名为PivotalOne，它包括如图1-12所示的三个子系统：Cloud Fabric、Data Fabric和Application Fabric。

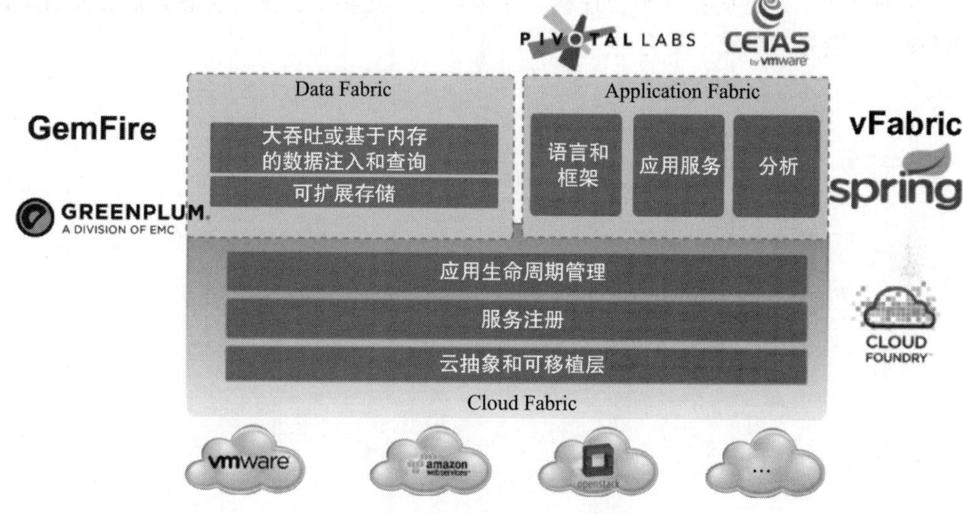

图1-12 PivotalOne结构图

Cloud Fabric主要继承了原VMware的Cloud Foundry项目。它的主要设计目标是对SDDC基础设施进行抽象，使得Cloud Fabric可以运行在任何SDDC上或者从一个SDDC技术迁移到另外一个SDDC技术。Cloud Fabric运行第三平台的服务注册并发布他们提供的应用开发服务，例如MySQL和Rabbit MQ。最后，Cloud Fabric对应用程序的生命周期进行管理，从应用程序的部署（Provisioning）到升级直至下线。

Data Fabric主要继承了Greenplum公司的数据库、Hadoop产品和GemStone公司的GemFire产品。Data Fabric部署和运行在Cloud Fabric上，提供Hadoop文件系统（HDFS）作为存储和计算的基础，并在HDFS进行批处理运算和实时事件注入和运算。HDFS文件系统可以支撑PB级别的存储和计算。Greenplum数据库的并行处理能力在HDFS上可以进行基于SQL的数据查询和计算。GemFire在HDFS上提供基于内存的快速查询和计算。

Application Fabric继承了原VMware公司的vFabric和Spring社区的Spring开发框架。Application Fabric的语言和框架支撑多种编程语言（例如Ruby、Groovy和Java），并支撑用这些语言编写的程序的动态运行容器。Application Fabric的Spring是为社区所广泛采用的、支持多种设计模式（Design Pattern）的编程框架。Spring 帮助用户极大提高编程的效率和程序的可维护性。最后，Application Fabric 提供分析开发库和模块帮助用户更好地编写大数据应用。在大数据时代，用户的程序需要很方便地抓取（Crawl）或者注入（Ingest）数据，分析模块提供了非常丰富的 API。另外，机器学习的算法对于一般应用编写者过于复杂，分析模块也提供一整套完整的机器学习的库，可以非常高效率地运行在 Data Fabric 上。

PivotalOne 的兴起，使得原来只被互联网先锋们（谷歌公司和 Facebook 公司等）掌握的第三平台技术也为大型传统企业（例如 GE 公司和 AT&T 公司）所用。PivotalOne 正在帮助这些传统企业从第二平台向第三平台迁移。在未来的十几年中，预计将有万亿美元价值的软件市场从第二平台迁移到第三平台。

第二部分

关键技术

Chapter2

第 2 章 软件定义的计算

2.1 虚拟化的定义与基本概念

2.1.1 虚拟化定义

“虚拟化”并不是一个新的技术，早在 20 世纪 60 年代的 IBM 大型机系统中就曾提出这个概念。当时“虚拟化”的含义局限于将大型机的资源在逻辑上划分给不同的应用程序，通过多任务处理，可在大型机上同时运行多个应用程序和进程。随着时间的推移，“虚拟化”一词的内涵已经扩展到对硬件平台、操作系统、存储设备与计算机网络资源的抽象、定义与资源的重新整合。

关于虚拟化的定义并没有严格的标准。下面给出一些典型定义：

- “虚拟化通常是指一种分离机制，即将服务请求从物理层提供的服务中分离出来。”——VMware 公司
- “虚拟化是资源的逻辑表示，它不受物理限制的约束。”——IBM 公司
- “虚拟化是对物理资源和位置的抽象，服务器、应用程序、桌面、存储与网络等 IT 资源不再与物理设施紧密耦合，而是呈现为逻辑资源，虚拟化技术就是对物理资源和逻辑资源之间的映射关系进行创建和管理。”——EMC 公司

综上，虚拟化技术的核心就是对物理资源的抽象。在实现上，通过提供类似于一个通用接口的操作集合来隐藏物理层不同属性的差异。

2.1.2 虚拟化产生背景

虚拟化技术的产生与发展是与大型机的发展和服务器的硬件成本变化息息相关的。20 世纪 50 年代至 70 年代正是大型机的黄金时期，但是大型机成本高昂，用户和厂商都在探索提

高硬件利用率和降低成本的方法。在这一背景下，IBM 公司的 CP-67 软件率先通过分区技术允许多个应用程序同时在大型机系统上运行。尽管这对大型机市场产生了巨大的影响，但是毕竟曲高和寡，这种早期虚拟化技术无法对当时的业界产生类似于今天的影响。随着分布式计算和多用户操作系统的逐渐普及，以及硬件成本的快速下降，成本低廉的服务器开始崭露头角，大型机上的虚拟化技术开始遇冷。到了 80 年代，大部分厂商基本放弃了虚拟化技术，与此同时发展起来的计算机架构自然就没有包括对于虚拟化的支持。

当进入 20 世纪 90 年代，Windows 和 Linux 操作系统的快速发展使得 x86 处理器在性能上不断得到提升，逐渐奠定了其行业标准地位。然而随着基于 x86 服务器和桌面部署的增长，人们开始发现：尽管服务器硬件设施的规模在不断扩大，但是绝大多数服务器上都仅仅运行一个应用程序。根据 IDC 统计，在一个典型的 x86 服务器上，CPU 利用率最高也不过 10% ~ 15%。伴随着低资源利用率，还有不断攀升的运维成本：供电、冷却以及复杂的维护管理开销。由于系统的复杂性随着系统的规模呈指数级增长，IT 维护逐渐成为企业的难题。特别是一些 7 × 24 小时不间断运营的业务模式，更加使得 IT 维护难度雪上加霜。

很显然，在 x86 服务器上又重现了 20 世纪 60 年代大型机所面临的同样的问题：物理服务器的资源没有被充分利用，而且不断变化的业务模式使得这种状况愈加复杂。

在这样的时代背景下，VMware 公司将虚拟化技术引入到 x86 平台上。1999 年，Vmware 公司发布了 VMware WorkStation 的第一个版本，该版本将 x86 32 位平台进行虚拟化。不久之后，Vmware 公司又发布了 ESX 系列产品，开创了 x86 平台虚拟化的格局。另一个虚拟化平台 Xen 也在同时期迅速发展。Xen 最初是剑桥大学实验室 20 世纪 90 年代末的一个内部研究项目，在获得了 Linux Foundation 的资助后，很快成为开源虚拟化系统的成功典范，目前诸如 IBM、Intel、Redhat 等公司都是 Xen 开源社区 Xen.org 的成员。而传统的桌面操作系统巨头微软公司也于 2008 年加入虚拟化的阵营，在推出 Windows Server 2008 的同时推出了 Hyper-V。Intel 与 AMD 等硬件厂商则在硬件虚拟化方面为虚拟化技术推波助澜，使得虚拟化技术得到进一步完善。

本章将介绍几种主要的虚拟化技术原理，以及 CPU 虚拟化、内存虚拟化与 I/O 虚拟化技术。最后会以 VMware 和 Xen 系统为例，具体介绍虚拟化技术的实现。

2.1.3 计算虚拟化

所谓计算虚拟化，从狭义角度可理解为对单个物理服务器的虚拟化，主要包括对服务器上的 CPU、内存、I/O 设备进行虚拟化，以实现多个虚拟机能各自独立、相互隔离地运行于一个服务器之上。从广义角度也可理解为对网络中的 CPU、内存、I/O 设备等资源进行整合、抽象和虚拟化。

本章我们主要介绍在单个服务器上基于 x86 平台的虚拟化技术。

如图 2-1 所示，一个完整的服务器虚拟化平台从下到上包括以下几个部分：

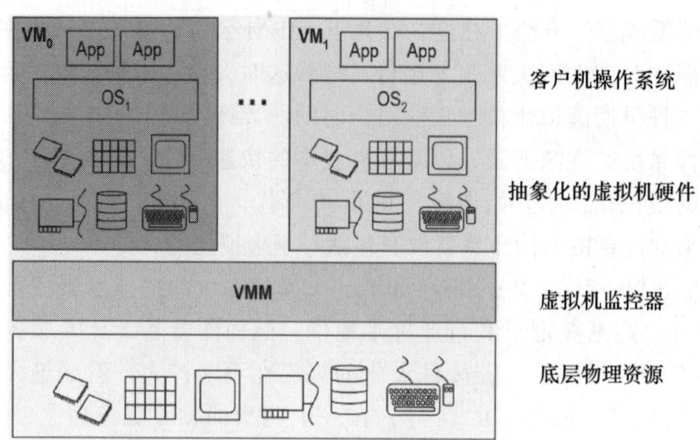

图 2-1　虚拟化系统架构

- **底层物理资源**：包括网卡、CPU、内存、存储设备等硬件资源，一般将包含物理资源的物理机称为宿主机（Host）。
- **虚拟机监控器**（Virtual Machine Monitor，VMM）：VMM 是位于虚拟机与底层硬件设备之间的虚拟层，直接运行于硬件设备之上，负责对硬件资源进行抽象，为上层虚拟机提供虚拟运行环境所需资源，并使每个虚拟机都能够互不干扰、相互独立地运行于同一个系统中。
- **抽象化的虚拟机硬件**：即虚拟机呈现的虚拟化的硬件设备。虚拟机能够"看到"何种硬件设施，完全由 VMM 决定。虚拟设备可以是模拟的真实设备，也可以是现实世界中并不存在的虚拟设备，如 VMware 的 vmxnet 网卡。
- **虚拟机**：相对于底层提供物理资源的物理机，也称为客户机（Guest）。运行在其上的操作系统则称为客户机操作系统（Guest OS）。每个虚拟机操作系统都拥有自己的虚拟硬件，并在一个独立的虚拟环境中执行。通过 VMM 的隔离机制，每个虚拟机都认为自己作为一个独立的系统在运行。

人们通常认为 VMM 就是 Hypervisor（超级管理程序），但是在不同的虚拟化系统中，VMM 和 Hypervisor 有着一定的区别。如图 2-2 中的 VMware ESX 的产品架构，Hypervisor 是位于虚拟机和底层物理硬件之间的虚拟层，包括 boot loader、x86 平台硬件的抽象层以及内存与 CPU 调度器，负责对运行在其上的多个虚拟机进行资源调度。而 VMM 则是与上层的虚拟机一一对应的进程，负责对指令集、内存、中断与基本的 I/O 设备进行虚拟化。当运行一个虚拟机时，Hypervisor 中的 vmkernel 会装载 VMM，虚拟机直接运行于 VMM 之上，并通过 VMM 的接口与 Hypervisor 进行通信。

在如图 2-3 和图 2-4 所示的 KVM 与 Xen 架构中，虚拟层都称为 Hypervisor，不再有类似于 ESX 中与虚拟机一一对应的专门提供虚拟化功能的进程。为了统一概念，我们在后文中将虚拟化系统中的虚拟层统称为 VMM。

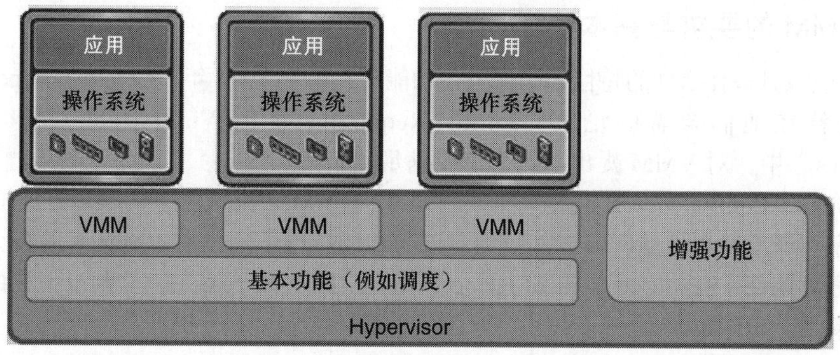

图 2-2 VMware ESX 产品架构

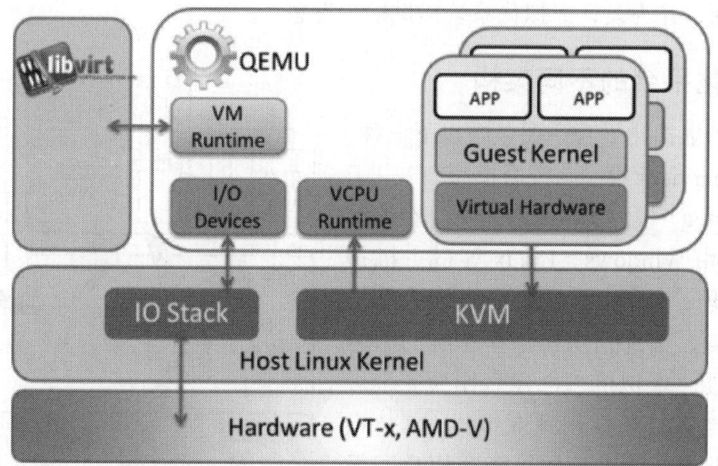

图 2-3 KVM 产品架构

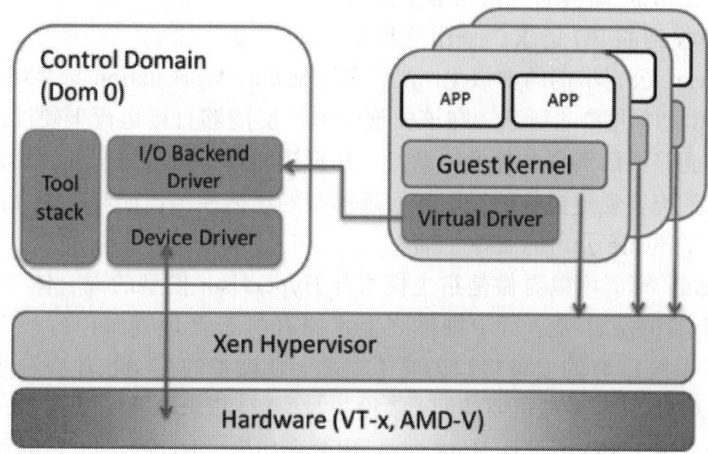

图 2-4 Xen 产品架构

2.1.4 VMM的要求与基本特征

VMM应该具备什么样的特性来确保上述功能呢？早在1974年，Gerald J. Popek与Robert P. Goldberg就在他们合著的论文《Formal Requirements for Virtualizable Third Generation Architectures》中，对VMM提出了三个需要满足的条件：

- **等价性**（Equivalence Property）：一个运行于VMM控制之下的程序（虚拟机），除了时序和资源可用性的影响，其行为应该与相同条件下而没有VMM时的行为一致。
- **资源可控性**（Resource Control Property）：VMM必须能够完全控制虚拟化的资源。
- **效率性**（Efficiency Property）：除了特权指令，绝大部分机器指令都可以直接由硬件执行，而无需VMM干涉控制。

自从这三个条件被提出以来，就一直被认为是判断一个VMM是否能够有效确保系统实现虚拟化的准则，并为设计虚拟化系统提供指导思想。

2.1.5 虚拟化平台的不同架构

目前主流的虚拟化平台主要包含以下三种：宿主模型、Hypervisor模型与混合模型。

宿主（Hosted）模型如图2-5所示，在该结构中所有资源由Windows、Linux等宿主机操作系统进行管理，VMM则是操作系统中的一个独立内核模块，借助宿主机操作系统的服务提供虚拟化功能。虚拟机被创建后作为一个进程进行调度。当VMM拦截到虚拟机对I/O设备的访问，会把I/O请求转发给一个用户态级别监控器（User Level Monitor，ULM）中的虚拟设备进行处理，ULM则会通过调用宿主机的设备接口来处理收到的I/O请求。采用这种架构的主要有Vmware公司早期的虚拟化产品，如VMware Workstation与VMware Server。

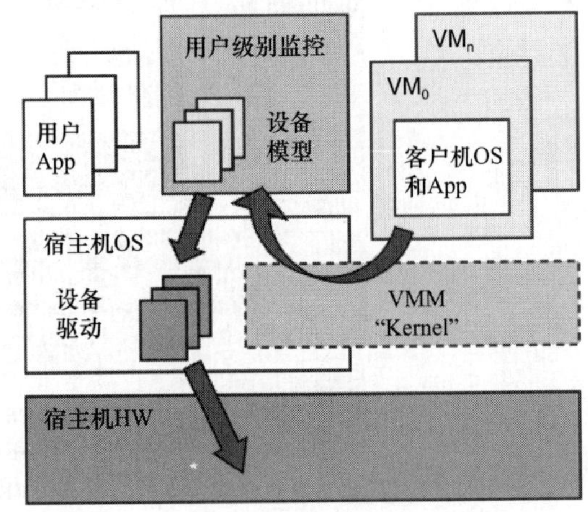

图2-5 宿主模型

Hypervisor模型如图2-6所示，在该模型中虚拟层能够直接运行于硬件设备之上，控制系统中所有资源能够灵活实现各种虚拟设备，并直接为虚拟机提供服务。相比于宿主模型必须借助传统操作系统实现虚拟化的局限性，该模型的灵活性与性能有了很大的提升。这种模型的典型代表是Vmware公司的ESX产品。

混合（Hybrid）模型可以看做是宿主模型与Hypervisor模型的混合体（如图2-7所示）。该模型一方面让虚拟层直接运行于硬件之上，拥有所有物理资源；另一方面借鉴了宿主模型中保留操作系统已有的设备接口的特点，将I/O设备的控制权放在一个特殊的虚拟机（Service VM）中。当其他虚拟机要访问I/O设备时，I/O请求会被转发给Service VM中的设备模型进行处理。由于I/O请求从Hypervisor中分离出来，Hypervisor只负责CPU与内存的虚拟化，因此整体系统性能较高。开源虚拟化系统Xen与Hyper-V是该模型的代表产品。

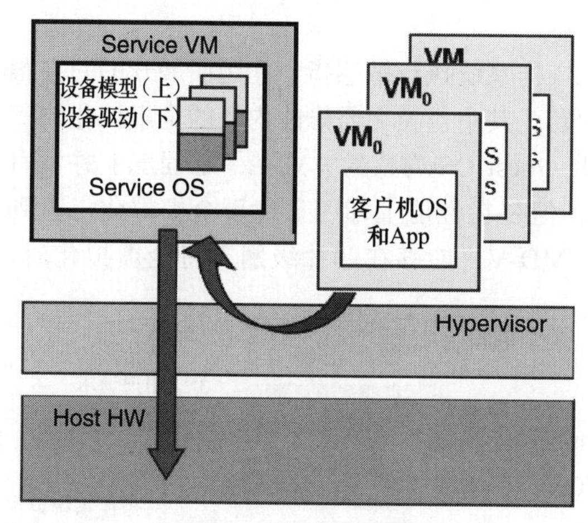
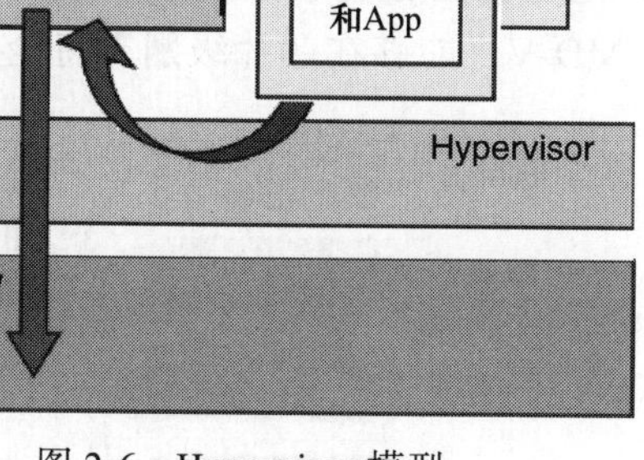

图 2-6 Hypervisor 模型

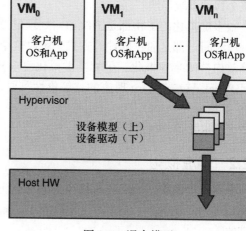

图 2-7 混合模型

2.2 虚拟化技术分类

2.2.1 x86 平台虚拟化面临的问题与挑战

在开始介绍计算虚拟化之前，我们有必要先了解 x86 平台体系结构与在虚拟化支持上的缺陷。之所以在 x86 平台上出现了众多种类的虚拟化技术，都是由于 x86 平台的先天缺陷所导致的。

基于 x86 的操作系统在一开始就被设计为能够直接运行在裸硬件环境之上，所以自然认为其拥有整个机器硬件的控制权限。为确保操作系统能够安全地操作底层硬件，x86 平台使用了特权级别的概念对用户应用程序与操作系统进行隔离。在这个模型下，CPU 提供了 4 个特权级别，分别是 Ring0、1、2 和 3。Ring 0 是最高特权级别，拥有对内存和硬件的直接访问控制权。Ring 1、2 和 3 权限依次降低，无法执行限于操作系统级别的指令集合。相应的，运行于 Ring 0 的指令称为“特权指令”；运行于其他级别的称为“非特权指令”。常见的操作系统如 Linux 与 Windows 都运行于 Ring 0，而用户级应用程序运行于 Ring 3。如果低特权级别的程序执行了特权指令，会引起“陷入”(Trap）内核态，并抛出一个异常。

当这种分层隔离机制应用于虚拟化平台上，为了满足上述 Popek 与 Goldberg 理论的“资源可控性”原则，VMM 必须控制所有的硬件资源并且执行最高特权系统调用，因此 VMM 要运行于最高特权级别上，而原先运行于 Ring 0 级别的虚拟机操作系统则要被降级运行。因此，虚拟机操作系统在执行特权指令时都会引起“陷入”，如果 VMM 能够正常捕获异常，模拟虚拟机操作系统发出的指令并进行执行，就达到了虚拟化操作系统的目的。这就是 IBM 的 Power 系列所采用的特权解除和陷入模拟的机制，支持这种特性的指令集合通常被认为是“可虚拟化的”。

然而，x86 平台上却存在着特殊的指令集：“敏感指令”。敏感指令是一组可影响系统关键状态的指令集，可在低特权级别执行，但却并不引起“陷入”，这使得 VMM 无法捕获虚拟机操作系统的这类指令。如果不对这种情况加以特殊处理，就会导致虚拟机系统异常，甚至整个物理系统崩溃。

很多虚拟化的工作都是围绕如何处理虚拟机操作系统执行敏感指令问题而展开的。在很长一段时间，都是通过软件的方式来解决这个问题，其中包括无需修改内核的全虚拟化与需要修改内核的半虚拟化。尽管半虚拟化要求修改 Guest OS 内核的方式在一定程度上并没有满足 Popek 与 Goldberg 理论的“等价性”要求，但是在性能上却明显优于全虚拟化。直到 2005 年 Intel 与 AMD 公司分别推出了 VT-d 与 AMD-V，能够在芯片级别支持全虚拟化时，虚拟化技术才得到彻底完善。

2.2.2 全虚拟化

全虚拟化（Full Virtualization）与半虚拟化（Para-Virtualization）的划分，是相对于是否修改 Guest OS 而言的。

如图 2-8 所示，全虚拟化通过一层能够完整模拟物理硬件环境的虚拟软件，使得 Guest OS 与底层物理硬件彻底解耦。因此，Guest OS 无需任何修改，虚拟化的环境对其完全透明。在实现上，通常是结合特权指令的二进制翻译机制与一般指令的直接执行的方式。具体来说，对于 Guest OS 发出的特权指令，VMM 会进行实时翻译，并缓存结果以提高性能；对于一般级别的指令，则无需 VMM 干涉，可以直接执行。

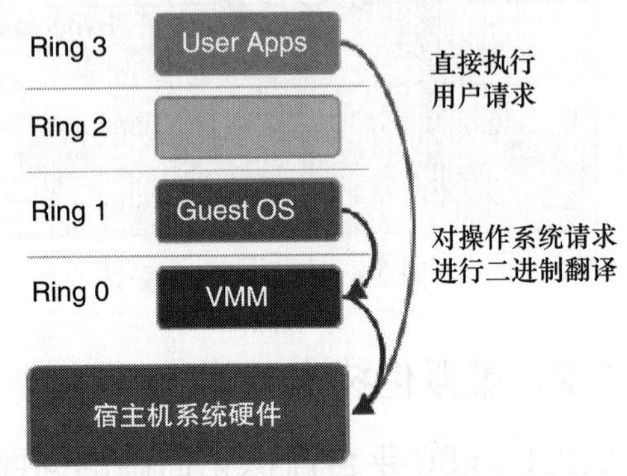

图 2-8 x86 架构下的全虚拟化

由于虚拟化环境对于运行其上的 Guest OS 全透明，全虚拟化模式对于虚拟机的迁移以及可移植性是最佳的解决方案，虚拟机可以无缝地从虚拟环境迁移到物理环境中。VMware 的 ESX 系列产品是全虚拟化产品的代表。

2.2.3 半虚拟化

如前所述，x86 平台上一直存在一些 Ring 3 级别可以执行的特殊敏感指令，尽管全虚拟化模式通过实时翻译这些特殊指令解决了这一问题，但是实现开销较大，性能并不如在实际物理机上运行。为了改善性能，半虚拟化技术应运而生。英文“Para-”来源于希腊语，意为“旁边的”或者“伴随的”。因此“Para-Virtualization”可理解为通过某种补充的方式以实现虚拟化。

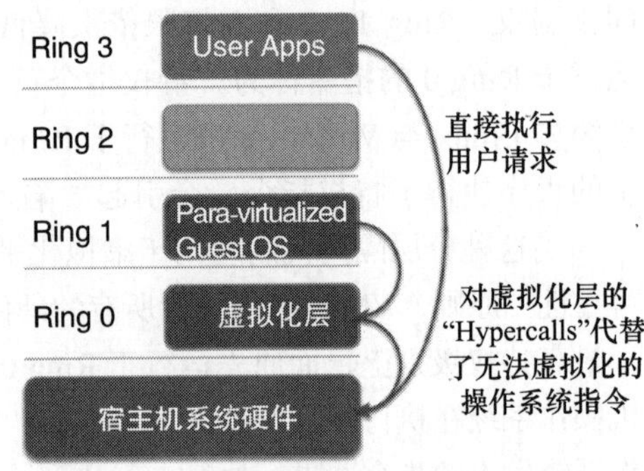

图 2-9 x86 架构的半虚拟化

如图 2-9 所示，半虚拟化在 Guest OS 和虚拟层之间增加了一个特殊指令的过渡模块，通过修改 Guest OS 内核，将执行特殊敏感指令替换为对虚拟层进行 hypercall 的调用方式来达到这一目的。同时，虚拟层也对其他内存操作诸如内存管理、中断处理、时间同步提供了 hypercall 的调用接口。通过这种方式，虚拟机运行的性能得以显著提升。但是对于某些无法修改内核的操作系统，则不能使其运行于虚拟化环境中，由于需要修改操作系统内核，无法保证虚拟机在物理环境与虚拟环境之间的透明切换。开源项目 Xen 就是这种技术的代表：通过修改 Linux 内核以及提供 I/O 虚拟化操作的 Domain 0 的特殊虚拟机，运行于 Xen 之上的虚拟机性能可以接近运行于物理环境的性能。

2.2.4　硬件虚拟化

所谓“解铃还须系铃人”，针对敏感指令引发的一系列虚拟化问题，硬件厂商最终给出了自己的解决方案。2005 年 Intel 与 AMD 公司分别推出 VT-x 和 AMD-V 技术。

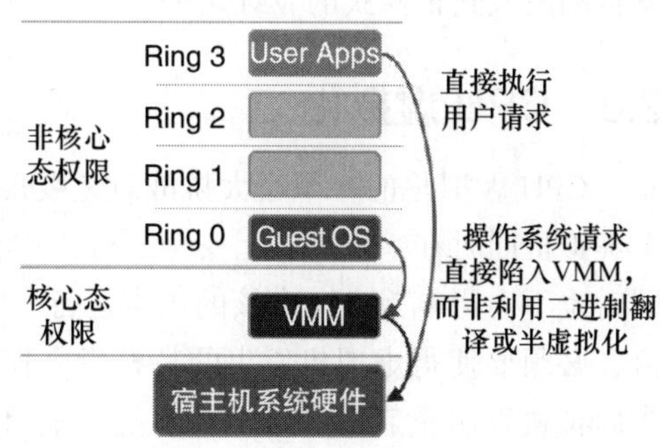

图 2-10　x86 架构的硬件虚拟化

如图 2-10 所示，第一代 VT-x 与 AMD-V 都试图通过定义新的运行模式，使 Guest OS 恢复到 Ring 0，而让 VMM 运行在比 Ring 0 低的级别。例如 VT-x 中，运行于非根模式下的 Guest OS 可以像在非虚拟化平台下一样运行于 Ring 0 级别，无论是 Ring 0 发出的特权指令还是 Ring 3 发出的敏感指令都会被“陷入”（Trap）到根模式的虚拟层。这样就无需二进制翻译和半虚拟化来处理这些指令。同时，VT-x 与 AMD-V 都提供了存放虚拟机状态的模块，这样使得虚拟机上下文切换的开销大大降低。硬件虚拟化（Hardware-Assisted Virtualization）技术大大降低了 x86 的虚拟化复杂度。VT-x 与 AMD-V 推出之后，各个虚拟化产品皆采用这种技术，如 KVM-x86、Xen 3.0 与 VMware ESX 3.0 之后的虚拟化产品。

2.2.5　小结

本节讨论 x86 平台下的三种虚拟化技术，正如本节开始所述，这三种技术都是围绕 x86 在虚拟化上的一些缺陷而产生的。图 2-11 对三种虚拟化技术进行了比较。从图中可以看出，全虚拟化与半虚拟化的 Guest OS 的特权级别都被压缩在 Ring 1 中，而硬件虚拟化则将 Guest OS

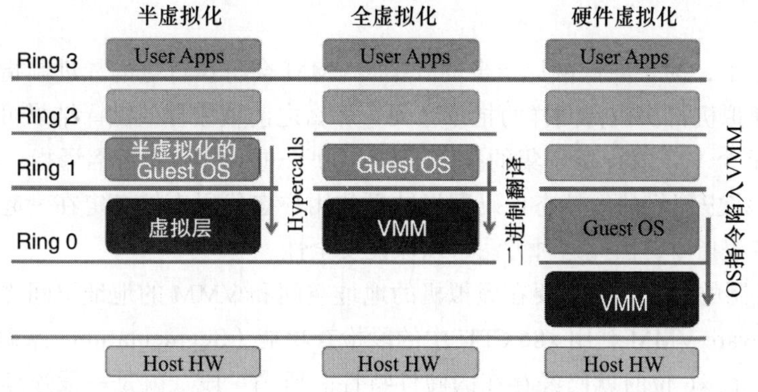

图 2-11　x86 平台上的全虚拟化、半虚拟化与硬件虚拟化比较

恢复到了 Ring 0 级别；在半虚拟化中，Guest OS 的内核经过修改，所有敏感指令和特权指令都以 Hypercall 的方式进行调用，而在全虚拟化与硬件虚拟化中，则无需对 Guest OS 进行修改；全虚拟化中对于特权指令和敏感指令采用了动态二进制翻译的方式，而硬件虚拟化由于在芯片中增加了根模式的支持，并修改了敏感指令的语义，所有特权指令与敏感指令都能够自动陷入到根模式的 VMM 中。

2.3 CPU 虚拟化

CPU 虚拟化的一个很大挑战就是要确保虚拟机发出 CPU 指令的隔离性，即为了能让多个虚拟机同时在一个主机上安全运行，VMM 必须将各个虚拟机隔离，以确保不会相互干扰，同时也不会影响 VMM 内核的正常运行。尤其要注意的是：由于特权指令会影响到整个物理机，必须要使得虚拟机发出的特权指令仅作用于自身，而不会对整个系统造成影响。例如，当虚拟机发出重启命令时，并不是要重启整个物理机，而仅仅是重启所在的虚拟机。因此，VMM 必须能够对来自于虚拟机操作硬件的特权指令进行翻译并模拟，然后在对应的虚拟设备上执行，而不在整个物理机硬件设备上运行。

2.3.1 二进制翻译

二进制翻译（Binary Translation，BT）是一种软件虚拟化技术，由 VMware 在 ESX 产品中实现，在最初没有硬件虚拟化的年代里，是全虚拟化的唯一途径。由于 BT 最开始是用来虚拟化 32 位平台的，因此也称为 BT32。

二进制翻译，简言之就是将那些不能直接执行的特权指令进行翻译后才能执行。具体来说，当虚拟机第一次要执行一段指令代码时，VMM 会将要执行的代码段发给一个称为“Just-In-Time”的 BT 翻译器。这就像 Java 代码在执行时要被 Java 虚拟机实时地翻译为本机指令，翻译器将虚拟机的非特权指令翻译成可在该虚拟机上安全执行的指令子集，对于特权指令，则翻译为一组在虚拟机上可执行的特权指令，而不是运行在整个物理机上。这种翻译二进制指令的机制实现了对虚拟机的隔离与封装，同时又使得 x86 指令的语义在虚拟机的层次上得到保证。

在执行效率上，为了降低翻译指令的开销，VMM 会将执行过的二进制指令翻译结果进行缓存。如果虚拟机再次执行同样的指令序列，那么之前被缓存的翻译结果可以被复用，这样就可以均衡整个 VM 执行指令集的翻译开销。为了进一步降低由翻译指令导致的内存开销，VMM 还会将虚拟机的内核态代码翻译结果和用户态代码直接绑定在一起。由于用户态代码不会执行特权指令，因此这种方法可以保证安全性。

采用 BT 机制的 VMM 必须要在虚拟机的地址空间和 VMM 的地址空间之间进行严格的边界控制。VMware VMM 利用 x86 CPU 中的段检查功能（Segmentation）来确保这一点。段功能是 x86 平台在 16 位时就已经存在的硬件特性。所谓“段”就是一段连续的内存，包括一个起始地址和相应的长度范围。当一个 x86 指令要访问内存时，内存的地址空间会与一个特定的段空间进行比较，段检查功能就负责比较要访问的内存地址与段的地址是否冲突。如果要访问的内存地址没有越界，那么内存地址加上基地址后会被允许访问；如果地址越界，那么对该内存的访问就会被放弃，并引发一个保护错误（Protection Fault）。

由于现代操作系统例如 Windows、Linux 以及 Solaris 都很少使用段检查功能，因此 VMM 可以使用段保护机制来限制虚拟机和 VMM 之间的地址空间边界控制。在极少数情况下，当虚拟机的确使用了段保护机制并且引发了 VMM 冲突，VMM 可以转而使用软件的段检查机制来解决这一问题。

2.3.2 硬件解决方案

2003 年，当 AMD 公司将 x86 从 32 位扩展到 64 位时，也将段检查功能从 64 位芯片上去除。同样的情况也出现在 Intel 公司推出的 64 位芯片上。这一变化意味着基于 BT 的 VMM 无法再在 64 位机上使用段保护机制保护 VMM。换句话说，BT32 可以很好地对 x86 32 位平台进行虚拟化，而针对 64 位的 BT64 却不能再在 64 位平台正常工作。

尽管后来 AMD 公司为了支持虚拟化又恢复了 64 位芯片的段检查功能，并一直延续到目前所有的 AMD 64 位芯片，但是 Intel 公司却并没有简单地恢复它，而是研发了新的硬件虚拟化技术 VT-x。AMD 公司紧随其后也推出了 AMD-V 技术来提供 CPU 指令集虚拟化的硬件支持。

VT-x 与 AMD-V 尽管在具体实现上有所不同，但其目的都是希望通过硬件的途径来限定某些特权指令操作的权限，而不是原先只能通过二进制动态翻译来解决这个问题。

VT-x 与 AMD-V 在设计理念上都不约而同向经典致敬：采用与 IBM360 大型机实现虚拟化相同的思路。两者都允许 VM 直接执行 CPU 的指令集，但当虚拟机要执行一条特权指令时，会引发一个中断，虚拟机会被挂起并且 CPU 会被分配给 VMM。VMM 接下来会检查引发虚拟机中断的 CPU 指令，并根据被挂起时所保存的相关信息，模仿虚拟机的状态并执行相应特权指令，操作完毕 VMM 会恢复虚拟机的状态继续执行。

这里以 Intel VT-x 为例（如图 2-12 所示），阐述 CPU 硬件虚拟化的解决方案。

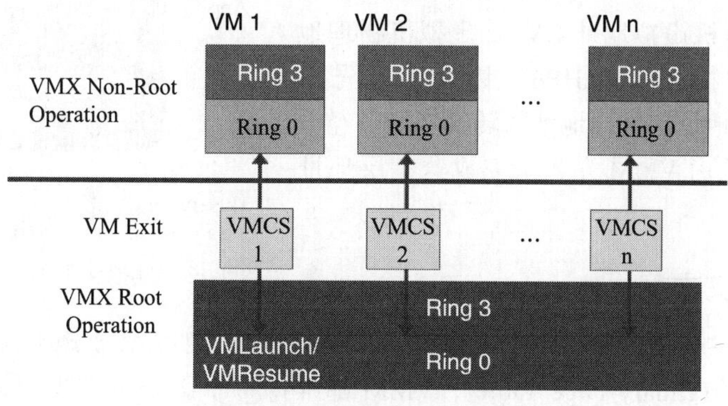

图 2-12 Intel VT-x 架构图

首先VT-x定义了两种新的操作模式，分别是VMX根模式与VMX非根模式，其中VMX根模式即VMM运行时所处模式；VMX非根模式则是虚拟机运行时模式。这两种模式又都进一步按照传统的Ring0 ~ 3划分运行级别，其中非根模式下所有敏感指令都被重新定义。当Guest OS试图运行敏感指令时，除了要检查运行级别，还要检查当前根模式，如果在非根模式下运行敏感指令，就会“陷入”到根模式下由VMM来模拟运行，这在VT-x称为“VM Exit”。相应的，VT-x也定义了“VM-Entry”，表示CPU从根模式切换到非根模式，通常由VMM调度某个虚拟机而触发。

其次，VT-x引入了一个新的数据结构：虚拟机控制结构（Virtual Machine Control Structure，VMCS）。VMCS主要用于在CPU进行VM Entry/Exit切换时，保存CPU所需状态。使用VMCS能够大大提高上下文切换效率。

最后，VT-x还引入了一组新的命令：VMLanch/VMResume用于调度Guest OS，发起VM Entry；VMRead/VMWrite则用于配置VMCS。

2.4 内存虚拟化

内存虚拟化即如何在多个虚拟机之间共享物理内存以及如何进行动态分配。事实上，现代操作系统已经在这方面有了很多探索。分配给虚拟机内存非常类似于操作系统中关于虚拟内存的实现。操作系统负责维护虚页号到实页号的映射，并将这一映射信息保存到页表（Page Table）。在x86 CPU中，内存管理单元（Memory Management Unit，MMU）与TLB（Translation Lookaside Buffer）这两个模块就负责实现并优化虚拟内存的性能。

为了能让多个虚拟机同时运行于一个物理机上，还需要额外一层内存虚拟化。换句话说，就是让VMM负责将MMU进行虚拟化，为虚拟机操作系统提供一段连续的“物理”地址空间，而操作系统本身不会意识到这种变化，仍能够将虚拟机虚拟地址（Guest Virtual Address，GVA）映射到虚拟机物理地址（Guest Physical Address，GPA），但是需要VMM将虚拟机物理地址映射到物理机物理地址（Host Physical Address，HPA）。这样一来，如图2-13所示，虚拟化系统中包括三层内存：虚拟机虚拟地址GVA、虚拟机物理地址GPA和物理机物理地址HPA。因此，原先由MMU完成的逻辑地址到物理地址的转换功能已经不能发挥作用，必须由VMM介入来完成这三层地址的映射维护和转换。

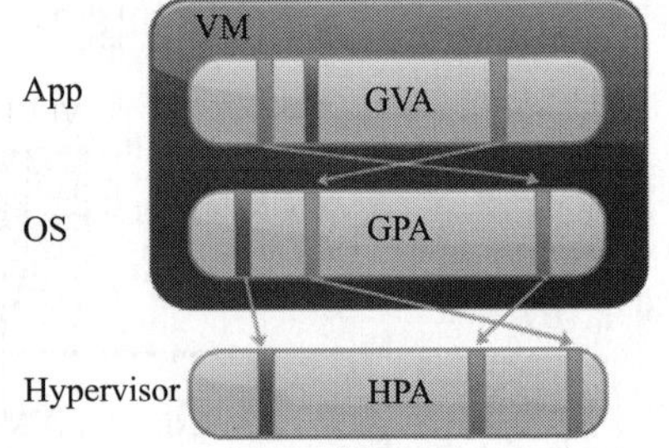

图2-13 虚拟化下的三层内存映射关系

2.4.1 软件解决方案

VMM使用了一种称为影子页表（Shadow Page Table）的方式实现上述功能。对于每个虚拟机的主页表（Primary Page Table），VMM都维持一个影子页表来记录和维护GVA与HPA的映射关系。影子页表包括以下两种映射关系：

1）GVA → GPA，虚拟机操作系统负责维护从虚拟机虚拟地址到虚拟机物理地址的映射关系，VMM 可以从虚拟机主页表中获取。

2）GPA → HPA，VMM 负责维护从虚拟机物理地址到物理机物理地址的映射关系。

通过这种二级映射的方式，使用影子页表即可获得 GVA → HPA 的映射关系，这样就使得虚拟机能够访问到物理机的实际内存，同时又对虚拟机可访问的内存边界进行了有效控制。同时，使用 TLB 缓存影子页表的内容可以大大提高虚拟机访问内存的速度。如图 2-14 所示为影子页表维持的内存映射关系。

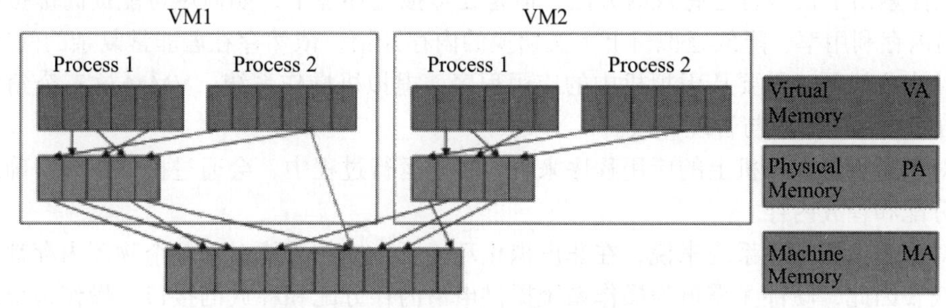

图 2-14　影子页表维持的内存映射关系

然而，使用影子页表也会带来如下开销：

- 当虚拟机要更新主页表时，VMM 必须捕获这种更新，并且将更新消息同步到相应的影子页表。这会对虚拟机的内存映射以及创建新进程等操作造成延迟。
- 当虚拟机第一次访问某个内存时，影子页表也要按需创建相应的映射关系，同样会对内存的第一次访问造成延迟。
- 当虚拟机发生进程的上下文切换时，TLB 需要切换到新进程的影子页表，同样需要 VMM 介入。
- 最后，影子页表也消耗额外的内存。

2.4.2　硬件解决方案

为了解决实现影子页表导致的上述开销问题，Intel 与 AMD 公司都针对 MMU 虚拟化给出了各自的解决方案：Intel 公司在 Nehalem 微架构 CPU 中推出扩展页表（Extended Page Table，EPT）技术；AMD公司在四核皓龙 CPU 中推出快速虚拟化索引（Rapid Virtualization Index，RVI）技术。

RVI 与 EPT 尽管在具体实现细节上有所不同，但是在设计理念上却完全一致：通过在物理 MMU 中保存两个不同的页表，使得内存地址的两次映射都在硬件中完成，进而达到提高性能的目的。具体来说 MMU 中管理了两个页表，第一个是 GVA → GPA，由虚拟机决定；第二个是 GPA → HPA，对虚拟机透明，由 VMM 决定。根据这两个映射页表，CPU 中的 page walker 就可以生成最近访问过的 <GVA，HPA> 对值，并缓存在 TLB 中。

另外，原来在影子页表中由 VMM 维持的 GPA → HPA 映射关系，则由一组新的数据结构扩展页表（Extended Page Table，也称为 Nested Page Table）来保存。由于 GPA → HPA 的映射关系非常稳定，并在虚拟机创建或修改页表时无需更新，因此 VMM 在虚拟机更新页表的时候无需进行干涉。VMM 也无需参与到虚拟机上下文切换，虚拟机可以自己修改 GVA → GPA 的页表。

2.4.3 内存虚拟化管理面临的挑战

在虚拟化环境中，内存是保证虚拟机工作性能的关键因素。尽管传统操作系统对于内存管理已经探索出了很多行之有效的方法，但是在虚拟化环境中，如何尽可能提高虚拟机的性能、提高内存利用率、降低虚拟机上下文切换的内存开销，依然存在着非常复杂的问题。

针对这些问题，需要从虚拟机中的应用程序、虚拟机操作系统、VMM 这三个角度来理解其各自对内存的需求与管理方法。

- 对于运行于虚拟机上的应用程序来说，在其运行过程中，会通过操作系统明确地请求分配和释放内存。
- 对于虚拟机操作系统来说，在非虚拟化环境下，操作系统对于整个物理内存都有控制权。因此，硬件无需再为操作系统提供申请内存分配和释放的接口。操作系统通过自己的方式来区分哪些内存是已经分配出去的，哪些是可用的，比如操作系统可以分别维护“已分配”内存列表和“未分配”内存列表来管理内存页面的分配。
- 对于 VMM 来说，由于其管理的虚拟机操作系统不能通过特定接口申请内存，因此 VMM 需要监测虚拟机对内存的访问，并在其第一次访问内存时进行一次性内存分配。为了避免虚拟机之间信息泄露，VMM 会在内存分配之前将内容清零。

尽管 VMM 可以很容易地知道何时该给虚拟机分配物理内存，却并不知道何时将其回收。这是因为虚拟机在刚刚启动并要访问内存页面时，会引发一个页面错误（Page Fault），而这个错误可以很容易被 VMM 所捕获，因此 VMM 可以在虚拟机启动时分配内存。然而，尽管虚拟机运行过程中会不断释放内存，但由于操作系统维持的“未分配”内存列表并不能直接访问，所以 VMM 很难确定虚拟机何时释放了内存，以及哪些内存是回收的。

尽管 VMM 无法获知哪些内存已经被虚拟机操作系统释放，这并不意味着物理机的内存会被虚拟机频繁的内存申请与释放操作所消耗。因为 VMM 不会在虚拟机每次申请内存时都满足其请求，而只有在虚拟机访问了之前从未访问过的内存页面时，VMM 才会给其分配内存。如果虚拟机一直在频繁地申请分配和释放内存，实际上是在其可见的物理内存范围内进行的。这就意味着 VMM 仅需一次性分配给虚拟机内存，虚拟机操作系统就完全可以通过自身内存管理机制重用它。

关于具体内存虚拟化管理的机制我们会在 2.6 节结合 ESX 与 Xen 的实例进行阐述。

2.5 I/O 虚拟化

2.5.1 背景介绍

随着 CPU 在虚拟化平台上的利用率越来越高，从部署虚拟化之前的 10% 跃进至 70%，人们发现，I/O 成为制约系统性能进一步扩展的瓶颈。更高的 CPU 利用率意味着虚拟机中的应用程序能够被更快地处理，但同时也会使得数据的产生速率越来越快，并有越来越多的数据等待处理，最终导致物理平台有限的 I/O 通道上出现严重的拥塞。可以想象，网络通信、存储数据流量以及服务器内部各个虚拟机通信产生的消息都会导致服务器 I/O 通道的负载越来越重。I/O 拥塞最终成为系统的短板，CPU 经常因为等待数据而进入空闲状态。

尽管可以为物理平台装上更多的网卡、HBA 卡，配置更高的网络带宽或者线缆，但是有限的插槽个数也严重限制了系统的可扩展性，同时也使得虚拟化环境中 IT 管理变得更为复杂，维护成本也随之上升，而且这并不符合虚拟化的最初目标：实现逻辑设备与物理设备的分离，提高资源利用率；简化 IT 管理；降低 IT 运维成本。

因此，如何将服务器上的物理设备虚拟化为多个逻辑设备，并将物理设备与逻辑设备解耦，使虚拟机可以在各个虚拟化平台间无缝迁移，正是 I/O 虚拟化的目标。

I/O 虚拟化在具体实现上与 CPU 和内存虚拟化一样，分为软件与硬件虚拟化；在被虚拟机访问的方式上，又分为共享模式与直接访问模式。软件 I/O 虚拟化通过软件模拟设备的方式，使得 I/O 设备资源能够被多个虚拟机共享，该方式可使 I/O 设备的利用率得到极大的提高，并且可以做到物理设备与逻辑设备分离，具有良好的通用性，但由于该方式需要 VMM 的介入而导致多次上下文切换，使得 I/O 性能受到影响。为了改善 I/O 性能，旨在简化 I/O 访问路径的设备直接访问方式又被提了出来。代表技术为 Intel 公司提出的 VT-d 与 AMD 公司的 IOMMU 技术。尽管这两种技术在一定程度上提高了 I/O 访问性能，但代价却是限制了系统的可扩展性。目前 PCI-SIG 提出的 SR-IOV 与 MR-IOV 是平衡 I/O 虚拟化通用性、访问性能与系统可扩展性的很好的解决方案。

接下来我们分别讨论基于软件的 I/O 虚拟化与基于硬件的 I/O 虚拟化。

2.5.2 基于软件的 I/O 虚拟化

在介绍软件 I/O 虚拟化之前，先分析一下完成一个典型的 I/O 访问需要的操作流程。

首先，虚拟机的操作系统必须能够识别出 VMM 允许其可发现的虚拟设备。在虚拟机运行中，其上的某个应用程序通过内部驱动程序发起了一个 I/O 请求，VMM 会以某种方式截获这个 I/O 请求，然后通过软件的方式模拟真实设备对于 I/O 请求的响应效果。这个过程中，虚拟机对于设备是否真实存在并不关心，底层细节对于虚拟机的操作系统和驱动程序完全透明。

概括上面的流程，我们会发现完成一个 I/O 操作需要以下几个关键环节：

1. 设备发现

所谓设备发现就是 VMM 必须采取某种方式，使得虚拟机能够发现虚拟设备，这样，虚拟机才能够加载相应的驱动程序。

在没有虚拟化的系统中，由 BIOS 或者操作系统通过遍历 PCI 总线上的所有设备完成设备发现过程，而在虚拟化系统中，则由 VMM 决定向虚拟机呈现哪些设备。具体过程要根据设备是否存在于物理总线上来进行。

对于一个真实存在于物理总线的设备，如果是不可枚举的类型，例如PS/2键盘，由于这类设备是硬编码固定的，驱动程序会通过其特定的访问方式来检查设备是否存在，因此VMM只要在相应端口上模拟出该设备，虚拟机即可成功检测到它；如果是可枚举的类型，譬如PCI设备或者PCI-Express设备，这种设备通常定义了完整的设备发现方法，并允许BIOS或者操作系统在设备枚举过程中通过PCI配置空间对其资源进行配置。因此VMM不仅要模拟这些设备本身的逻辑，还要模拟PCI总线的一些属性，包括总线拓扑关系及相应设备的PCI配置空间，以便虚拟机OS在启动时能够发现这些设备。

VMM不仅可以模拟真实设备，还可以模拟真实世界中并不存在的虚拟设备。由于这类设备并没有现实中的规范与之相对应，因此完全由VMM决定它们的总线类型。该虚拟设备可以挂载在已有PCI总线上，也可以完全自定义一套新的总线。使用已有PCI总线的好处是保持了兼容性，虚拟机操作系统可以重用已有的总线驱动程序发现虚拟设备；若使用自定义的新总线，则必须在虚拟机中加载特殊的总线驱动程序，这无形中增加了虚拟机在不同类型虚拟化平台迁移的复杂性。

2. 访问截获

虚拟机操作系统发现虚拟设备之后，虚拟机上的驱动程序就会按照特定接口访问这个虚拟设备。驱动程序对于接口的调用必须能够被VMM截获，并能按照真实设备的行为进行模拟。

以分配到端口I/O资源的设备为例，由于CPU对于端口I/O资源的控制与指令流所处的特权级别和相关的I/O位图有关，而在虚拟化环境中虚拟机OS又被降级到非特权级别，因此OS能否访问设备的I/O端口就完全由I/O位图决定。对于没有直接分配给虚拟机的设备，VMM就可以把它的I/O端口在I/O位图中关闭，当虚拟机操作系统在访问该端口时，就会抛出一个保护异常，VMM即可获得异常原因，并进而将请求发送给底层设备模拟器进行模拟；如果该设备是直接分配给虚拟机，那么VMM就可以在I/O位图中打开它的I/O端口，这样虚拟机驱动程序就可以直接访问该设备。

同理，对于分配到MMIO（Memory Mapped I/O）资源的设备，由于MMIO是系统物理地址空间的一部分，物理地址空间由页表管理，因此VMM同样可以通过控制MMIO相应的页表项是否有效来截获虚拟机操作系统对于MMIO资源的访问。

3. 设备模拟

至于模拟设备的功能，则十分灵活。对于像PS/2键盘、鼠标这样的设备，VMM需要根据设备的接口规范模拟设备的所有行为，才能够无需修改驱动就在虚拟机上展现出设备应有的效果。而对于磁盘存储系统，则不必受限于实际的磁盘控制器以及具体磁盘类型和型号。举例来说，对IDE虚拟化时，底层可以是一块磁盘，可以是一个分区，也可以是不同格式的文件；然后在其上实现一个专门的块设备抽象层；最后在块设备上使用文件格式，并引入一些真实硬件没有的高级特性，例如加密、备份、增量存储等。

上述三个环节仅是 VMM 处理一个虚拟机所发出 I/O 请求的流程，然而，系统的物理设备需要同时接受来自多个虚拟机的 I/O 请求。因此，VMM 还要将多个虚拟机的 I/O 请求合并为单独一个 I/O 数据流发送给底层设备驱动。当 VMM 收到来自底层设备驱动完成 I/O 请求的中断时，VMM 还要能够将中断转发给正确的虚拟机，以通知其 I/O 操作结束。同时 VMM 在调度各个虚拟机发送来的 I/O 请求处理时，必须依据一定的算法确保虚拟机 I/O 的 QoS 与设备共享的公平性。

在实现架构上，软件 I/O 虚拟化技术主要包括 Hypervisor 架构和前端 / 后端架构：

（1）Hypervisor 架构

如图 2-15 所示，Hypervisor 架构的 I/O 模型主要包括客户端驱动程序、虚拟设备、虚拟 I/O 协议栈以及真正与底层设备交互的驱动程序和物理设备。在这个架构中，VMM 需要在虚拟设备中完全模拟各种 I/O 设备的所有接口，I/O 虚拟协议栈则负责将客户机的端口 I/O 或者 MMIO 地址映射到物理机的地址空间，当虚拟机发起 I/O 操作时，VMM 会截获 I/O 请求，同时将来自于多个虚拟机的 I/O 请求按照优先级调度并进行复用（Multiplexing）再转发给底层驱动程序。

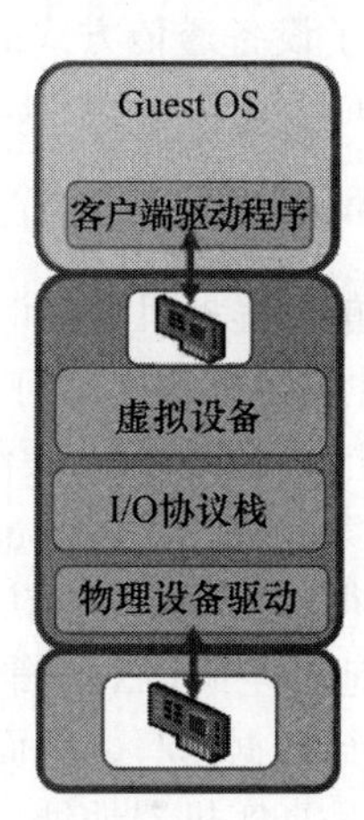

图 2-15　Hypervisor 架构

通过这种方式，虚拟设备可以和物理设备在逻辑上分离，虚拟机可以透明地在不同的物理机之间迁移。由于 I/O 设备需要在多个客户机之间共享，因此需要 VMM 介入来保证多个虚拟机对设备访问的合法性和一致性，这就导致了虚拟机的每次 I/O 请求都需要 VMM 的介入。

采用这种架构的典型代表就是 VMware ESX 与 Workstation。

（2）前端 / 后端架构

前端 / 后端架构也称为“ Split I/O”，即将传统的 I/O 驱动模型分为两个部分（如图 2-16 所示），一部分是位于客户机 OS 内部的设备驱动程序（前端），该驱动程序不会直接访问设备，所有的 I/O 设备请求会转发给位于一个特殊虚拟层的驱动程序（后端），后端驱动可以直接调用物理 I/O 设备驱动访问硬件。前端驱动负责接收来自其他模块的 I/O 操作请求，并通过虚拟机之间的事件通道机制将 I/O 请求转发给后端驱动。后端在处理完请求后会异步地通知前端。相比于 Hypervisor 架构中 VMM 需要截获每个 I/O 请求并多次上下文切换的方式，这种基于请求 / 事务的方式能够在很大程度上减少上下文切换的频率，并降低开销。

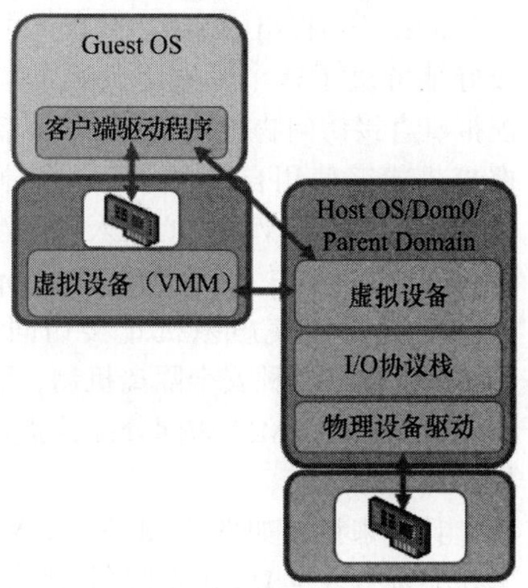

图 2-16　前端 / 后端架构

但是，这种方式也存在着明显的缺点，即需要修改虚拟机的操作系统和驱动程序，以达到前后端协同工作的效果，因此无法支持不开源的操作系统。

采用这种架构的虚拟化产品代表是 Xen、KVM 及支持半虚拟化的 VMware ESX 与 Workstation。

2.5.3 基于硬件的 I/O 虚拟化

由于软件设备模拟导致了频繁的上下文切换，致使整个系统的性能下降，因此人们希望能够绕过 VMM 让虚拟机直接访问底层物理设备以提高 I/O 性能。这就是“设备透传”方式，如图 2-17 所示。由于虚拟机驱动程序可以无缝地操作目标设备，VMM 再无需模拟设备，因此 I/O 访问性能得到很大的提高。

采用了设备透传方式的技术主要有：Intel 公司提出的 VT-d 与 PCI-SIG 公司提出的 SR-IOV 和 MR-IOV。

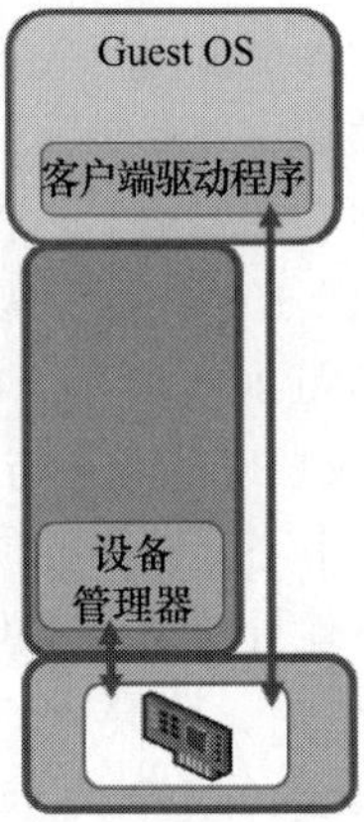

图 2-17 设备透传的方式

1. VT-d：I/O 设备的直接分配

为了能使虚拟机直接访问设备，有以下两种方式可以选择：

1）让虚拟机直接访问物理设备的 I/O 地址空间（包括端口 I/O 和 MMIO）。

2）让设备的 DMA 操作直接映射到虚拟机的内存空间。

对于第一种方式，Intel 公司的 CPU 虚拟化技术 VT-x 可以在 VMCS 中通过适当配置 I/O 位图，使得虚拟机的 I/O 访问不引发 VM-Exit 而陷入 VMM 中，从而虚拟机可以直接访问设备的 I/O 地址空间。对于第二种方式，设备进行 DMA 操作时，完全按照驱动程序告知的物理地址进行数据读写，然而驱动程序中的地址却是虚拟机的物理地址，设备 DMA 操作的地址空间则是真实机器地址，因此对于第二种方式需要解决的问题就是在 DMA 操作时能将虚拟机物理地址转换为物理机机器地址。

Intel 公司提出的 VT 系列技术中 VT-d 较好地解决了这个问题。其目的就是让虚拟机直接访问物理机底层 I/O 设备，使虚拟机能够使用自己的驱动直接操作 I/O 设备，而无需 VMM 的介入和干涉。通过引入 DMA 重映射（DMA Remapping），VT-d 不仅可以使虚拟机直接访问设备，同时还提供了一种安全隔离机制，防止其他虚拟机或者 VMM 访问分配给指定虚拟机的物理内存。

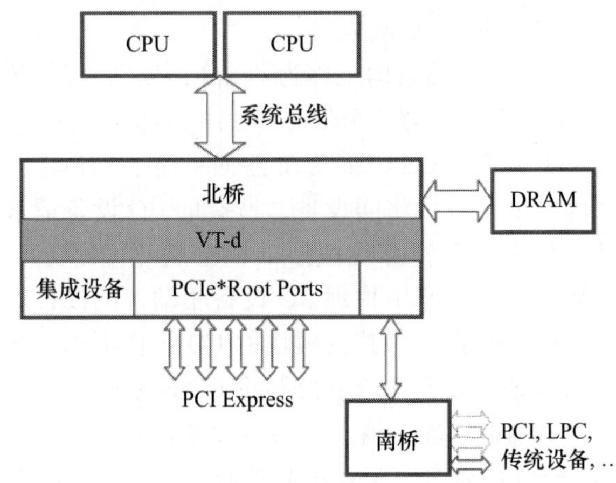

图 2-18 VT-d 中北桥 DMA 重映射方式

具体来说，如图 2-18 所示，VT-d 技术在北桥引入了 DMA 重映射技术，并通过两种数据结构（Root Entry 和 Context Entry，详见本节后面的介绍）维护了设备的 I/O 页表。

设备上的 DMA 操作都会被 DMA 重映射硬件截获，并根据对应的 I/O 页表对 DMA 中的地址进行转换，同时也会对要访问的地址空间进行控制。

VT-d 还为 DMA 重映射提供了安全隔离的保障。图 2-19 是没有 VT-d 技术与有 VT-d 技术的虚拟化平台的对比。可以看出，图 2-19a 没有 VT-d 虚拟化技术的平台中，物理设备的 DMA 操作可以访问整个系统内存。而图 2-19b 有 VT-d 技术的平台中，对设备 DMA 操作的地址范围进行了限制，只能访问指定的地址空间。

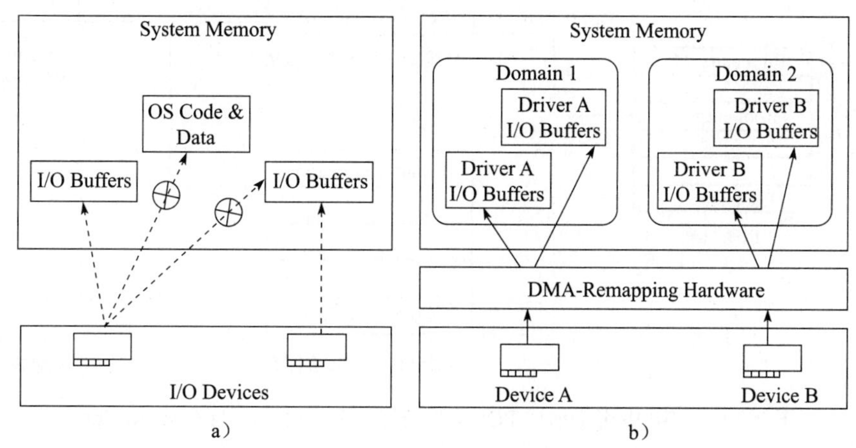

图 2-19　没有 VT-d 与有 VT-d 的 DMA 访问方式

在具体实现上，VT-d 使用 PCI 总线中的设备描述符 BDF（Bus Device Function）来标示 DMA 操作发起者的标示符。其次，VT-d 使用两种数据结构来描述 PCI 总线结构，分别是根条目（Root Entry）和上下文条目（Context Entry），如图 2-20 所示，其中根条目用于描述 PCI 总线。由于 PCI 总线个数可以达到 256 个，因此根条目的范围是 0 ~ 255，其中每个根条目的一个指针字段都指向该总线的所有 PCI 设备的上下文条目表指针（Context Table Pointer，CTP）。由于一个 PCI 总线可以包含 256 个设备，因此上下文条目表的范围是 0 ~ 255。在每个上下文条目中都包含两个重要字段：地址空间根（Address Space Root，ASR）指向该设备的 I/O 页表；域标示符（Domain ID，DID）可以理解为唯一标示一个虚拟机的标示符。

基于这种方式，当某一个设备发起 DMA 操作及被 DMA 重映射硬件截获时，通过该设备的 BDF 中的 Bus 字段，可以找到其所在的根条目，根据 device 和 function 字段，可以索引到具体设备的上下文条目。这样就可根据上下文条目中的 ASR 字段找到该设备的 I/O 页表，再通过 DMA 重映射硬件将 I/O 请求的 GPA 转换为 MPA，从而达到设备直接访问虚拟机内存的目的。

使用 VT-d 将设备直接分配给虚拟机的 I/O 访问性能十分接近无虚拟化环境下的 I/O 访问性能，然而 VT-d 事实上是一种 I/O 设备被虚拟机独占的方式，这种方式牺牲了虚拟化平台中的设备共享能力，设备利用率大大降低，而且系统的可扩展性受到物理平台插槽个数的限制。举例来说，假定一个服务配置 4 个 CPU，每个 CPU 为 8 核，按照经典分配方式每个虚拟机一个核，则可以创建 32 个虚拟机，如果按照设备直接访问的方式分配网卡，则需要 32 个物理插槽。

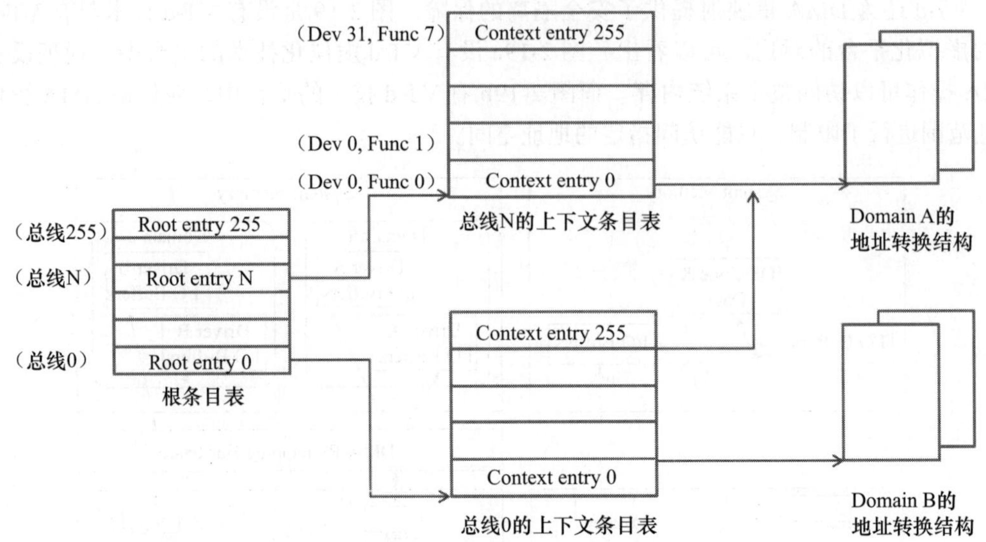

图 2-20 VT-d 中用于描述 PCI 总线结构的 Root Entry 与 Context Entry

2. SR-IOV 与 MR-IOV：PCIe 的虚拟化

如前所述，软件设备模拟尽管实现了物理与逻辑的分离，但是性能受到影响；VT-d 或者 IOMMU（I/O Memory Management Unit）技术则以牺牲系统扩展性为代价获得近似于直接访问设备的 I/O 性能，而且其中任何一种都不是基于现有的工业标准。因此，工业界希望重新设计一种可以原生共享的设备。具有原生共享特性的设备可同时为多个虚拟机提供单独的内存空间、工作队列、中断与命令处理，使得设备的资源能够在多个虚拟机之间共享。同时，这些设备能够从多个源端同时接收命令，并将其合并再一起发送出去。因此，原生共享设备不需要 VMM 模拟设备，同时也在硬件层次上使得多个虚拟机同时访问设备，很好地兼顾了虚拟化系统的性能与可扩展性。

针对如何创建原生共享设备，PCI-SIG 组织提出了一个新的技术规范：SR-IOV（Single Root I/O Virtualization）。该规范定义了一个单根设备（如一个以太网卡端口）如何呈现为多个虚拟设备。在 SR-IOV 中，定义了两个功能类型：

- 物理功能（Physical Function，PF）：能够支持 SR-IOV 扩展功能的 PCIe 功能，PCIe 扩展功能用于配置和管理 SR-IOV 功能。
- 虚拟功能（Virtual Function，VF）："轻量级" 的 PCIe 功能，这些功能包含了用于数据传输所必须但同时被精简过的配置资源。

图 2-21 给出了一个支持 SR-IOV 的网卡配置。其中左侧三个 VM 是通过 VF 可以直接分配到的网卡资源，而该网卡的 PF 所具有的完整资源仍能用于最右侧两个虚拟机对模拟设备

的访问路径。

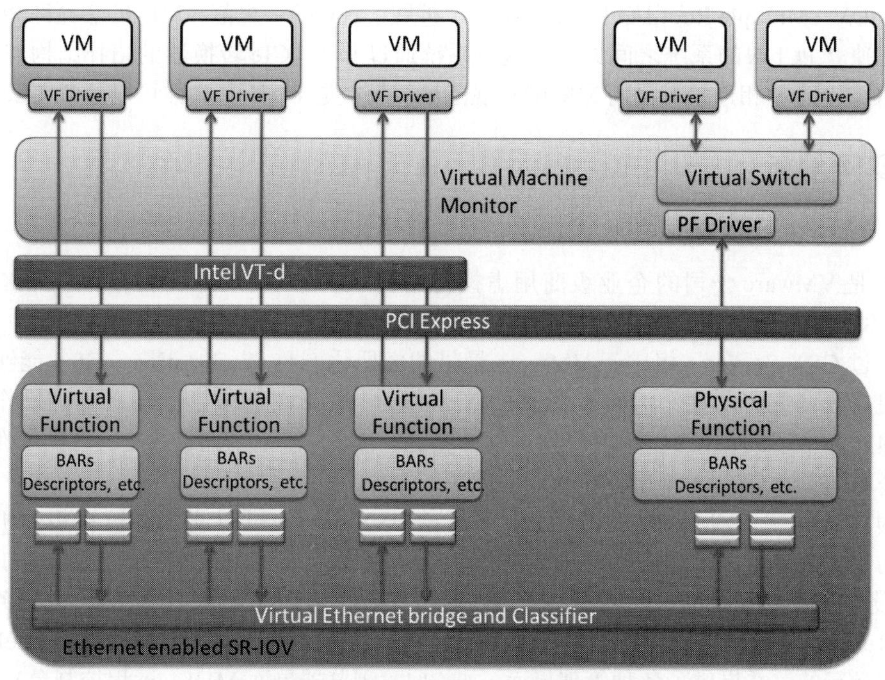

图 2-21 支持 SR-IOV 的网卡配置示例

如图 2-22 所示，一个具备 SR-IOV 特性的设备通过 VMM 配置可以在 PCI 配置空间中呈现为多个 VF，每个 VF 都有配置了基地址寄存器（Base Address Register，BAR）的完整配置空间。VMM 通过将一个或多个 VF 的配置空间映射到虚拟机的 PCI 配置空间中实现 VF 的分配。结合 Intel VT-d 内存映射等技术，虚拟机可以直接访问 VF 的内存空间，这就能绕过 VMM 直接访问 I/O 设备了。

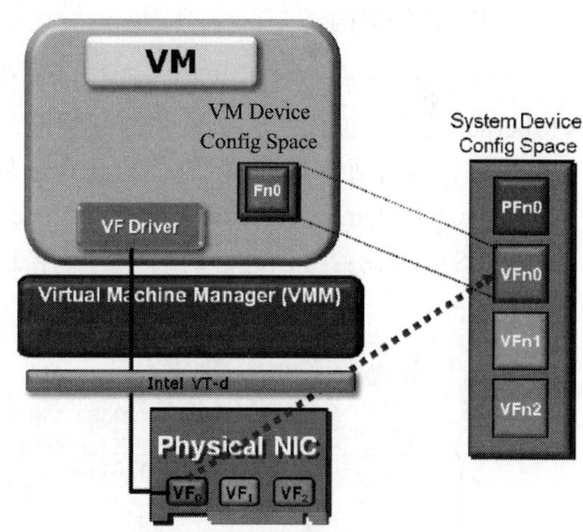

图 2-22 SR-IOV 的 PF 与 VF 的映射

SR-IOV 还实现了地址转换服务（Address Translation Service，ATS）来提供更好的性能。通过缓存 TLB 到本地，I/O 设备可以在发起 PCI 事务之前直接对 DMA 地址进行转换，这样就避免了在 IOMMU 中进行地址转换时可能发生的缺页情况。通过这种方式，绑定到 VF 的虚拟机可以获得与基于硬件 I/O 虚拟化虚拟机接近的性能。但是与基于硬件 I/O 虚拟化较低的可扩展性相比，一个 SR-IOV 设备可以具有几百个 VF，因此 SR-IOV 具有更好的可扩展性。目前 SR-IOV 规范的最新版本是 1.1 版，

具体可以参考文献 [14]。

MR-IOV（Multiple Root I/O Virtualization）扩展了 SR-IOV 规范。MR-IOV 允许 PCIe 设备在多个有独立 PCI 根的系统之间共享，这些系统通过基于 PCIe 转换器的拓扑结构与 PCIe 设备或者 PCIe-PCI 桥相连接。目前 MR-IOV 规范最新版本是 1.0 版，具体可以参考文献 [15]。

2.6 实例剖析

2.6.1 VMware ESX

ESX 是 VMware 公司的企业级商用虚拟化平台 vSphere 的一个关键产品。ESX 来源于“Elastic Sky X”的缩写，负责对服务器硬件资源进行虚拟化。在 ESX 出现之前，VMware 曾经推出过 GSX Server，相比于 VMware 最早的虚拟化产品 Workstation，GSX 能够提供远程虚拟机管理与配置功能，然而，由于 GSX 是作为一个软件包安装于服务器的操作系统之上，必须通过物理机 OS 来管理底层物理硬件资源，因此大大限制了 GSX 的可扩展性。同时期微软公司的 Virtual Server 也存在相同的问题。

针对这一问题，VMware 推出了 ESX 产品。ESX Server 可以直接运行在物理机上，能够直接访问服务器上的物理硬件，成为一个真正原生架构的虚拟化平台（Bare-Metal）。ESX 2.x 的服务控制平台（Console OS 或 VMnix）基于 Red Hat Linux 7.2。ESX 3.0 的服务控制平台源自 Red Hat Linux 7.2 经过修改的一个版本——它是作为一个用来加载 vmkernel 的引导加载程序运行的，并提供了各种管理界面（如 CLI、浏览器界面 MUI、远程控制台）。

VMware 在 2011 年的 vSphere 5.0 中停止了 ESX 的新版本发布，而是用去除了 Service Console 的 ESXi 替代原先的 ESX。目前 ESXi 的最新版本是 5.5 版。

1. ESXi 的架构

如图 2-23 所示，ESXi 主要由底层的操作系统 VMkernel 与运行于其上的一些进程构成。VMkernel 负责虚拟化平台中最关键的功能，诸如物理层硬件资源的虚拟化和管理、虚拟机的调度、存储与网络 I/O 的协议栈，还有分布式 VM 文件系统。进程主要包括：

- DCUI（Direct Console User Interface）：提供较低层次的配置和管理接口，用户通过 ESXi 控制台可以进行访问。主要用于初始化时的基本配置。

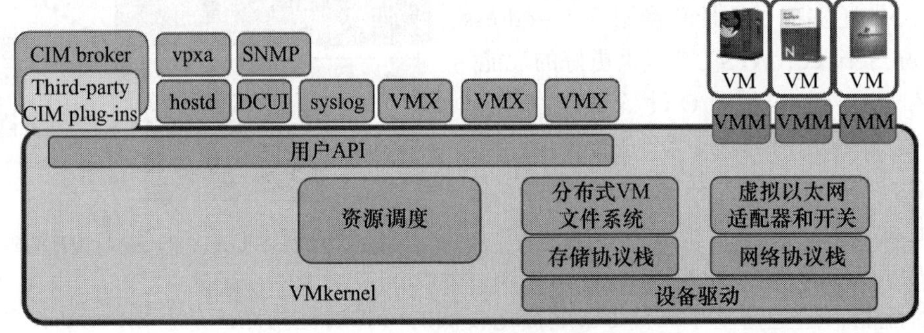

图 2-23 ESXi 的架构

- 虚拟机监控器：负责为虚拟机提供运行环境，与虚拟机一一对应；同时每个虚拟机还有一个帮助进程 VMX。
- vpxa 与 SNMP：用于提供高级远程 VMware 云基础架构管理的代理进程。
- CIM（Common Information Model）：用来提供远程硬件管理的接口。

2. ESXi 的虚拟化技术与资源管理

ESXi 中对于 CPU、网络、磁盘、内存和外设的虚拟化，都是在一个称为“虚拟层”（Virtualization Layer）的模块中完成。虚拟层使得每个虚拟机都能够感知到属于自己的虚拟设备，并且与运行同一物理机的其他虚拟机相互隔离。在实现上，VMkernel 负责对物理设备进行虚拟化并进行资源管理，进程 VMM 则负责为每个虚拟机呈现一个虚拟 CPU。

ESXi 支持全虚拟化、半虚拟化和硬件辅助的虚拟化。ESXi 对于全虚拟化和硬件辅助虚拟化的支持在此不再赘述，对于半虚拟化，ESXi 通过实现 VMI（Virtual Machine Interface）接口可以支持操作系统内核修改过的客户机与 VMM 之间进行通信，设置了 VMI 特性的虚拟机的操作系统 PCI 插槽个数减少到一个。在操作系统方面，它支持绝大部分的 Linux 版本，编译内核通过设置选项 CONFIG_PARAVIRT 和 CONFIG_VMI 可以支持 VMI，具体请参考文献 [19]。

（1）CPU 虚拟化

在 Intel 公司没有推出 VT-x 技术之前，ESX/ESXi 采用了直接执行与二进制翻译相结合的方式来实现 x86 平台上 CPU 的虚拟化，即对于用户态的非特权指令采用直接执行的方式来提高运行效率，而对于特权指令则翻译为一组在虚拟机上可执行的特权指令，而不是运行在整个物理机上。这种翻译二进制指令的机制实现了对虚拟机的隔离与封装，同时又使得 x86 指令的语义在虚拟机的层次上得到了保证。同时利用了 x86 CPU 中的段功能对 VMM 和虚拟机之间的内存空间进行保护，确保虚拟机之间的相互隔离。二进制翻译在没有硬件虚拟化的情况下是实现全虚拟化技术的唯一途径，但这种方式的一个明显缺点就是存在频繁的 VMM 与虚拟机的上下文切换开销，这使得性能大打折扣。

在 Intel 公司推出针对 CPU 虚拟化的 VT-x、AMD 公司推出 Pacifica 之后，解决了上述二进制翻译方案性能较低的缺陷。目前包括 ESX/ESXi 在内的主流虚拟化产品都采用了 CPU 硬件虚拟化方案。这部分需要加上 CPU 调度算法。

（2）内存虚拟化

在没有出现硬件支持的内存虚拟化技术之前，ESX/ESXi 采用影子页表来实现虚拟机的虚拟地址到物理机物理地址的快速转换。当 Intel 和 AMD 公司分别推出了 EPT 与 RIV 技术之后，ESX/ESXi 很快转向硬件支持来提高内存虚拟化的性能。

在虚拟化内存管理上，ESX/ESXi 实现了内存过载配置（Memory Overcommitment）的目标：多个虚拟机总的内存分配量大于物理机的实际内存容量。如图 2-24 所示，一个物理内存只有 4GB 的系统，可以同时运行三个内存配置为 2GB 的虚拟机。

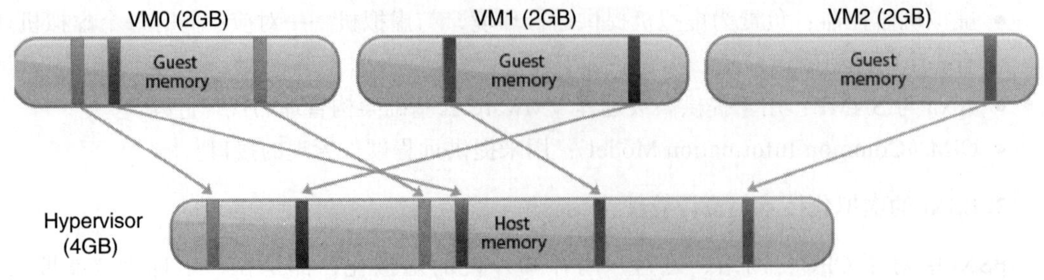

图 2-24 ESX/ESXi 中的内存过载配置

内存过载功能意味着 VMM 必须能够有效地回收虚拟机中不断释放的内存，并在有限的内存容量中尽可能地提高内存利用率。ESX/ESXi 采用了以下三种技术：透明页共享、气泡回收法以及内存换出，它们都从不同的角度实现了这项功能。

1）透明页共享（Transparent Page Sharing）。当运行多个虚拟机时，有些内存页面的内容很可能是完全一样的。这就为虚拟机之间甚至在虚拟机内部提供了共享内存的可能。例如，当几个虚拟机都运行相同的操作系统、相同的应用程序或者包含相同的用户数据时，那些包含相同数据的内存页面完全可以被共享。基于这个原理，VMM 完全可通过回收冗余数据的内存页面，仅维持一个被多个虚拟机共享的内存拷贝来实现这个功能。

在 VMware ESX/ESXi 中，检测页面数据是否冗余是通过散列的方法来实现的，如图 2-25 所示。首先 VMM 会维持一个全局散列表，其中每个表项都记录了一个物理页面数据的散列值与页号。当对某一个虚拟机进行页面共享扫描时，VMM 会针对该虚拟机物理页面的数据计算散列值，并在全局散列表中进行遍历及匹配是否有相同的散列值的表项。当找到了匹配的表项，还要对页面数据内容逐位比较，以避免由于散列冲突而导致的页面内容不一样的可能性。一旦确定页面数据完全一致，则会修改逻辑地址到物理地址的映射关系，即将从逻辑地址对应到包含冗余数据的物理地址的映射关系（图 2-25 中虚线所示）改为对应到要被共享物理地址的映射关系，并回收冗余的物理页面。这一过程对于虚拟机操作系统是完全透明的，因此，共享页面中含有敏感数据的部分不会在虚拟机之间泄露。

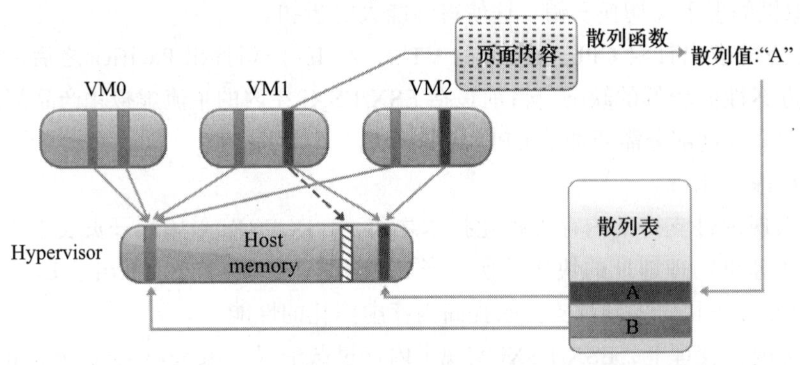

图 2-25 内存透明页共享

当虚拟机对共享页面发生写操作时，一项“写时拷贝”（Copy-on-Write）技术被用来处理这种情况。具体来说，任何一个对共享页面的写操作都会引发页面错误（Minor Page Fault）。当 VMM 捕获到这个错误时，会给发起写操作的虚拟机创建一个该页面的私有拷贝，并将被写的逻辑地址映射到这个私有拷贝页面。这样虚拟机就可以安全地进行写操作，并且不会影响到其他共享该页面的虚拟机。相比于对非共享页面的写操作，尽管这种处理方法的确导致了一些额外的开销，但是却在一定程度上提高了内存页面的利用率。

2）气球回收法（Ballooning）。基于气球回收法的内存管理机制与页面共享完全不同。在虚拟化环境中，VMM 会一次性在虚拟机启动后分配给虚拟机内存，由于虚拟机并没有意识到自己运行于虚拟化平台上，之后它会一直运行在分配好的内存空间，而不主动释放分配的物理内存给其他虚拟机。因此 VMM 需要一种机制使得虚拟机能够主动将释放的内存归还给物理机，再由 VMM 分配给其他有需求的虚拟机。

气球回收法很巧妙地解决了这一问题。原理就是：虚拟机的操作系统中会被嵌入一个假的 Balloon 驱动，该模块与虚拟机操作系统并没有交互，而是通过一个私有通道与 VMM 进行通信。所谓“气球回收”即指该模块会像在虚拟机内部吹气球一样申请内存，进而达到让虚拟机释放内存的目的。

图 2-26 给出了采用该方法释放内存的过程。在图 2-26a 中，VMM 有四个页面被映射到虚拟机的内存页面空间中，其中左侧两个页面被应用程序占用，而另两个被打上星号的页面则是在内存空闲列表中。当 VMM 要从虚拟机中回收内存时，比如要回收两个内存页面，VMM 就会将 Balloon 驱动的目标膨胀大小设置为两个页面。Balloon 驱动获得了目标膨胀值之后，就会在虚拟机内部申请两个页面空间的内存，并如图 2-26b 所示，调用虚拟机操作系统的接口标示这两个页面被“钉住”，即不能再被分配出去。内存申请完毕后，Balloon 驱动会通知 VMM 这两个页面的页号，这样 VMM 就可以找到相应的物理页号并进行回收。图 2-26b 中虚线就标示了这两个页面从虚拟机分配出去的状态。

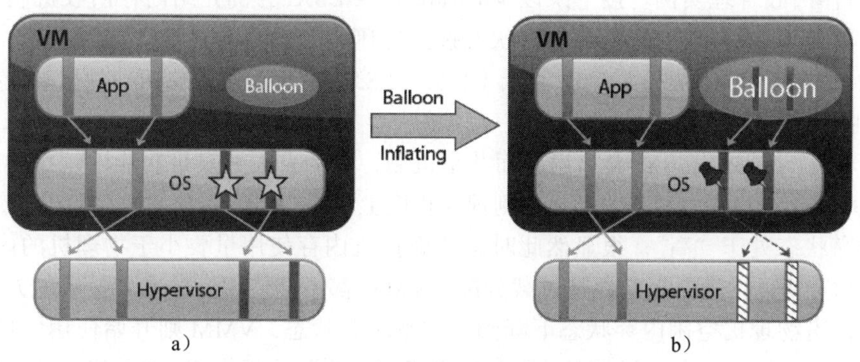

图 2-26 气球回收法

由于被释放的页面在释放前已经在虚拟机的空闲列表里，因此没有进程会对该页面进行读写操作。如果虚拟机的进程接下来要重新访问这些页面，那么 VMM 可以像平常分配内存一样，再分配新的物理内存给这台虚拟机。当 VMM 决定收缩气球膨胀大小时，通过设置更小的目标膨胀值，balloon 驱动会将已经被“钉住”的页面归还给虚拟机。

通过气球回收法，尽管虚拟机的负载略微增加，但 VMM 却成功地将系统内存压力转移到各个虚拟机上。当 balloon 驱动发起申请内存的请求时，由虚拟机操作系统决定了是否要将虚拟机物理内存换出来满足 balloon 驱动的申请内存请求。如果虚拟机有充足的空闲内存，那么 balloon 驱动申请内存并不会对虚拟机的性能造成影响；如果虚拟机内存已经吃紧，那么就需要由虚拟机的操作系统决定换出哪些内存页面，满足 balloon 驱动的请求。因此，气球回收法巧妙地利用了各个虚拟机操作系统的内存换页机制来确定哪些页面要被释放给物理机，而不是由 VMM 来决定。

气球回收法要求虚拟机操作系统必须安装 balloon 驱动，在 VMware 的 ESX/ESXi 产品中，就是 VMware Tool，另外，气球回收法回收内存需要一段时间，不能马上满足系统的需求。

3）内存换出（Swapping）。页面共享机制与气球回收法都从不同的角度尽可能地提高虚拟机的内存利用率，从虚拟机中收回可以复用或者空闲的内存。然而这两种方法都不能在短时间内满足系统内存回收的要求：页面共享依赖于页面的扫描速度，以及是否有页面可共享；气球回收法则取决于虚拟机操作系统对于 balloon 驱动申请内存的响应时间。如果这两种温和的方法都不能满足需求，VMM 则会采取内存换出机制，即强制性地从虚拟机中夺回内存。

具体来说，VMM 会在每个虚拟机启动时创建一个单独的换页文件（Swap File）。在必要的时候，VMM 会主动将虚拟机的物理内存页面换到这个换页文件上，释放给其他虚拟机使用。

内存换出机制是 VMM 需要在短时间内缓解内存压力的一种有效方法，然而这种方法却很可能严重导致 VMM 的性能下降。由于 VMM 对于虚拟机的内存使用状态并不了解，强制内存换出可能触发虚拟机操作系统内部的一些换页机制。举例来说，虚拟机操作系统永远都不会将内核的内存页面换出，而 VMM 并不知道哪些页正在被内核使用，一旦这些页面被换出，会使得虚拟机性能严重受损。

4）内存回收管理实例。接下来以 VMware ESX/ESXi 为例介绍内存回收机制。一般来说，ESX/ESXi 会对物理机的空闲内存状态按照空闲内存的百分比设置四种状态，分别是：高（6%）、平缓（4%）、繁重（2%）和低（1%）。ESX/ESXi 会按照这四种状态来选择前述三种内存回收机制。

缺省状态下，ESX/ESXi 会启用页面共享机制，因为页面共享机制能以较小的开销提高内存利用率。何时启用气球回收和换页则很大程度上取决于当前系统的内存状态。

当内存状态处于“高”，很显然此时总的虚拟机内存使用量要小于物理机的内存容量，因此不管物理机的内存是否已经被过载分配，VMM 都不会使用气球或者换页的方法回收内存。然而，当物理机空闲内存状态下降到了“平缓”状态，VMM 则开始使用气球回收法。事实上，气球回收法是在空闲内存的百分比高于“平缓”的阈值 6% 之前启动的，这是因为该方法总是需要一段时间才能在虚拟机内申请到一些内存。通常气球回收法都能够及时将空闲内存比的阈值控制在“平缓”状态之上。

一旦气球回收法不能够及时回收内存，并且空闲内存下降到“繁重”状态，即空闲内存比低于 2%，那么 VMM 就会再启动内存换出机制强制从虚拟机回收内存。使用这种办法，

VMM 能够很快回收内存，并将空闲内存比控制回“平缓”状态。

在最坏的情况下，万一空闲内存状态低于“低”状态，即空闲内存比低于 1%，那么 VMM 会继续使用内存换出法，同时将那些消耗内存值超过内存配置值的虚拟机挂起。

在某些情况下，VMM 可能不会考虑物理机空闲内存状态，而仍然启动物理机内存回收机制。举例来说，即使整个系统的物理机空闲内存状态为“高”，如果某个虚拟机的内存使用量超过了其指定的内存上限，那么 VMM 会启动气球回收法，如有必要，也会启动内存换出机制从虚拟机回收内存，直到该虚拟机的内存低于指定的内存上限。

（3）设备虚拟化

在 ESXi 中，VMkernel 负责管理虚拟机对于网络和存储设备的访问。通过设备模拟技术，不同的物理设备对于虚拟机可以呈现为某种特定的虚拟设备，甚至并不存在的虚拟设备。对于存储，物理服务器上部署的可能是某种 SCSI 设备、磁盘阵列甚至是 SAN 存储网络，但是 ESXi 能够模拟出 BusLogic 或者 LSILogic 的 SCSI 适配器，因此对于虚拟机总是呈现为 SCSI 设备。而对于网络，ESXi 则模拟为 AMD Lance 适配器或者一个并不存在的自定义接口 vmxnet，来帮助虚拟机对网络的访问。

图 2-27 以一台虚拟机对网络或者存储发起访问为例，显示了在 ESXi 服务器内部经过的 I/O 路径。其中，虚拟机分别使用 vmxnet 虚拟网络适配器与 LSI Logic 虚拟 SCSI 适配器对网络和存储进行访问，而物理层服务器则使用 Intel e1000 网卡连接到 SAN 网络的 QLogic 光纤 HBA 卡。

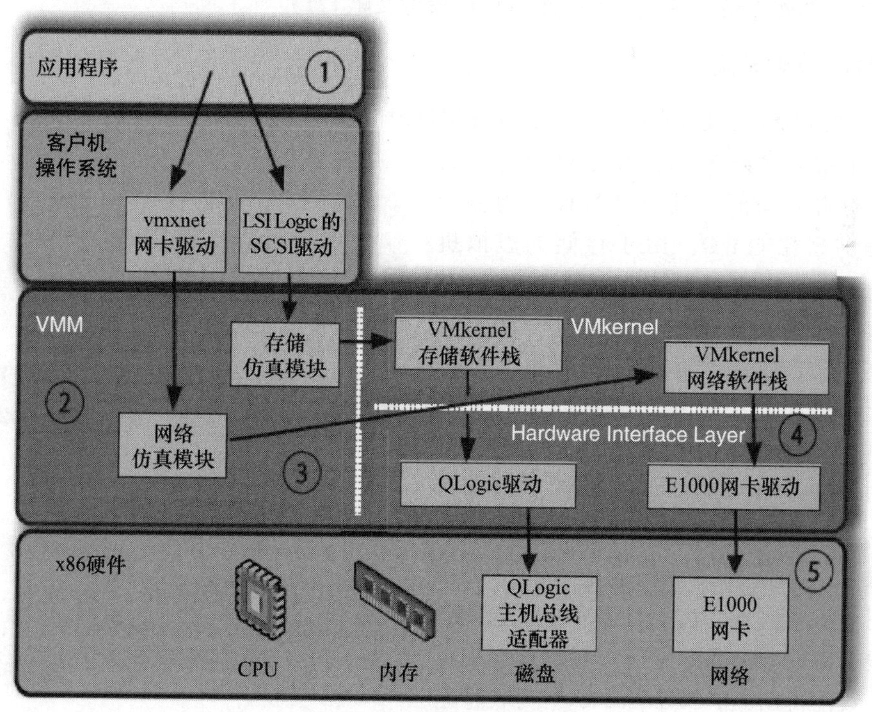

图 2-27　ESXi 中 I/O 访问路径

首先，如图 2-27 中①所示，虚拟机中的某个应用程序通过操作系统发起 I/O 访问，比如发送一个网络数据包或者向磁盘写入一个文件；接下来，②表示操作系统对其进行处理，并调用设备驱动处理相应的 I/O 请求；③表示当设备驱动试图访问外设时，VMM 拦截到该操作并将控制权切换到 Vmkernel；④为 VMkernel 获得控制权后，I/O 请求会被转发到与设备无关的网络或者存储抽象层进行处理；⑤表示 VMkernel 还会同时接收到来自其他虚拟机的多个 I/O 请求，并对这些 I/O 请求按照特定算法进行优先级调度处理。I/O 请求最终会被转发到具有物理设备驱动程序的硬件接口层进行处理。

当 I/O 请求的完成中断到达时，I/O 处理过程则与上述路径完全相反。VMkernel 中设备驱动会将到达的中断保护起来，并调用 VMkernel 来处理该中断；接下来 VMkernel 会通知相应虚拟机的 VMM 进程，VMM 进程会向虚拟机发起中断，以通知 I/O 请求处理完毕；同时 VMkernel 还要确保 I/O 处理完毕的相关信息与其他虚拟机的数据相互隔离。

由于上述过程需要 VMkernel 处理 I/O 请求，因此从虚拟机到 VMkernel 上下文的切换过程会导致一定的开销。为了降低开销，vmxnet 在收发数据包之前，会收集一组数据包再转发给各个虚拟机或者一起发送出去。由于采用了软件模拟设备驱动，ESX/ESXi 也提供调节设备驱动内部的 I/O 队列长度等方式来优化性能。

至于多个虚拟机之间的设备资源管理方面，对于网络，ESXi 采用了流量整形（Traffic-Shaping）的方式限制每个虚拟机的总带外流量；对于存储，ESXi 实现了比例公平的算法平衡多个虚拟机之间磁盘访问带宽。具体细节可以参考文献 [21]。

3. VMFS 文件系统

VMFS 是 ESXi 的文件系统，用于存储虚拟机镜像文件。如图 2-28 所示，VMFS 是一个分布式文件系统，允许多个服务器对同一个卷的文件进行并发访问。其设计目标是为多个虚拟机提供高性能 I/O。由于存储的虚拟机虚拟文件大小通常超过 1GB，因此 VMFS 专门对挂起状态虚拟机的内存镜像这样的大文件的存储和访问进行了优化，同时也为数量较少的大文件进行了优化。通过使用较大的文件系统块（如 1MB ~ 256MB），VMFS 可以将虚拟磁盘文件所必需的元数据总量保持在较低水平。这样，所有的元数据都能够在主存中被缓存，所有文件系统的读写都可以无需访问磁盘就实现。需要注意的是，VMFS 不会对虚拟机的 I/O 操作进行缓存，这也确保了完全一致性（Crash Consistency）与较稳定的 I/O 性能。

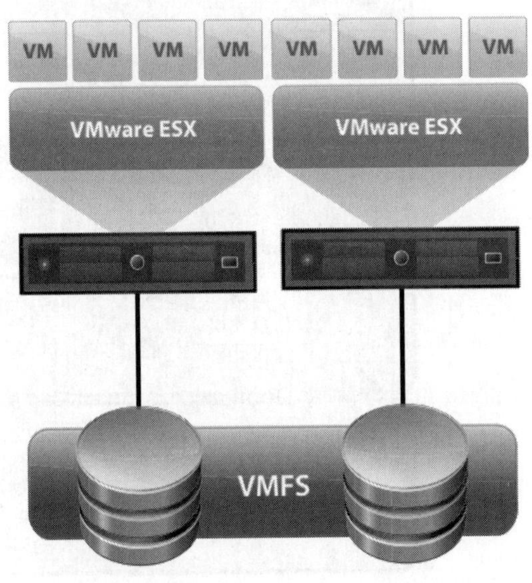

图 2-28　ESXi 中 VMFS 架构

2.6.2 Xen

Xen是一个开源虚拟机监视器，最初作为剑桥大学计算机实验室的一个开发项目，其设计目标是在一台服务器上运行约100个具有完全功能的操作系统。Xen是一个利用半虚拟化技术达到整个虚拟化平台低耗高效的典型例子。目前由Xen.org社区负责维护和开发。

1. Xen的架构

Xen的架构如图2-29所示。

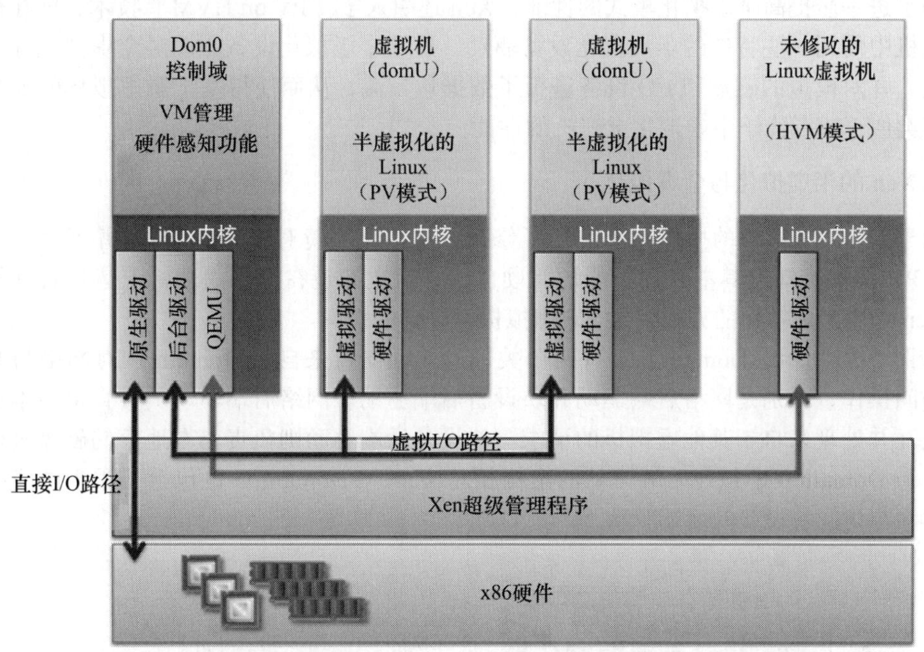

图2-29 Xen的架构

1）**Xen监控器（Hypervisor）**：从图2-29中可以看出，Xen监控器是一个直接运行于硬件之上的“超瘦”软件层，负责对CPU、内存和中断等关键资源的管理。它是系统启动时引导程序退出后第一个运行的程序，其上运行多个虚拟机，称为Domain或Guest。Xen监控器本身并不负责I/O设备的虚拟化。

2）**控制域（Domain 0）**：图2-29中运行于Xen监控器之上最左侧的虚拟机是Xen中的控制域，通常称为Domain 0，其包括了所有系统设备的驱动程序，同时也包括了用于管理虚拟机创建、销毁和配置等任务的控制栈（Control Stack）。Domain 0具有其他虚拟机所没有的特权：直接访问硬件、处理所有与I/O有关的操作以及与其他虚拟机相互交互，所有半虚拟化的虚拟机对于I/O的访问都要经过Domain 0。该虚拟机是Xen系统启动后运行的第一个虚拟机，并暴露出一些接口以便能被监控器所控制。

3）**客户域（Domain U）/虚拟机**：Xen监控器之上的各个虚拟机构成了运行不同操作

系统以及应用程序的虚拟化环境。Xen 支持两种虚拟化模式：半虚拟化与硬件辅助的全虚拟化。在 PV 虚拟机上可运行的 OS 包括 Linux、Solaris、FreeBSD 与其他 UNIX 操作系统；在 HVM 虚拟机上可运行的 OS 包括标准的 Windows 与其他不可修改的操作系统。在一个 Xen 系统上可以同时运行基于这两种虚拟化模式的不同虚拟机。从图 2-29 中可以看出，运行于 Hypervisor 之上的中间两个虚拟机是 PV 虚拟机，而最右侧则是运行 Windows OS 的 HVM 虚拟机。另外，Xen 的客户机与底层硬件完全隔离开来，因此，它们没有对硬件访问的权限，因此也称为非特权客户机（Unprivileged Domain，Dom U）。

为了进一步提高全虚拟化模式的性能，Xen 还引入了"PV on HVM"技术，即在全虚拟化虚拟机中使用一些特殊的半虚拟化设备驱动。这些半虚拟化设备驱动对全虚拟化环境进行了优化，并对模拟的磁盘和 I/O 设备进行了数据包分流，从而使得基于全虚拟化的虚拟机能够获得类似于或者优于半虚拟化虚拟机的性能。

2. Xen 的半虚拟化与全虚拟化

由于对 PV 虚拟机的操作系统进行了修改，虚拟化环境对于 PV 虚拟机并不透明。具体来说，PV 虚拟机知道其本身并不能访问硬件，并且也知道在同一物理机上运行着其他虚拟机。Xen 采用半虚拟化的方式提供 PV 虚拟机对硬件的访问。

如图 2-30 所示，Domain 0 中有两个关键的驱动支持来自于 Domain U 对网络与本地磁盘的访问操作，分别是网络后端驱动和块设备后端驱动。网络后端驱动负责直接与本地网络设备交互并处理来自于其他虚拟机的请求。块设备后端驱动则负责与本地存储磁盘进行读写交互。与 Domain 0 中包含后端驱动的架构相对应，PV Domain U 也包含了用于访问网络的前端驱动与访问块设备的前端驱动。

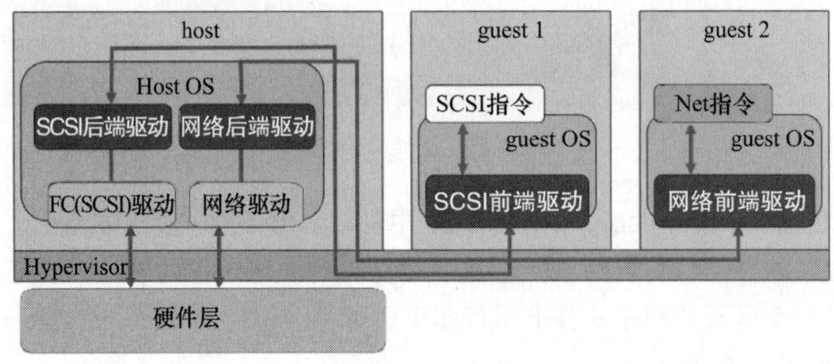

图 2-30 Xen 的前端 / 后端驱动模型

具体来说，前端驱动接收来自上层应用层的 I/O 请求，I/O 请求并没有被 Xen 的监控器处理，而是发给了 Domain 0 的后端驱动，后端驱动在处理了前端 I/O 请求后，会将处理结果直接发送给前端驱动。在这一过程中，Domain U 和 Domain 0 之间经过一个通道直接进行通信，而完全绕过了 Xen 的监控器。

图 2-31 是网卡设备的前端驱动和后端驱动的示例。从中可以看出，Domain U 中包括了一个用于访问网卡的虚拟接口，例如在 Linux 下，这个前端虚拟接口会与驱动程序 xennetfront 绑定，并创建一个虚拟设备 ethN；而在 Domain 0 中的网卡后端驱动，则会有一个与该虚拟机对应的后端虚拟接口，这个虚拟接口的命名通常会包括 Domain ID 与设备 ID。前端与后端的通信通过一个特殊的虚拟通道实现数据包的转发。后端驱动会通过多种方式与最终的物理网络相连，例如桥接、转发或者 NAT 等方式。

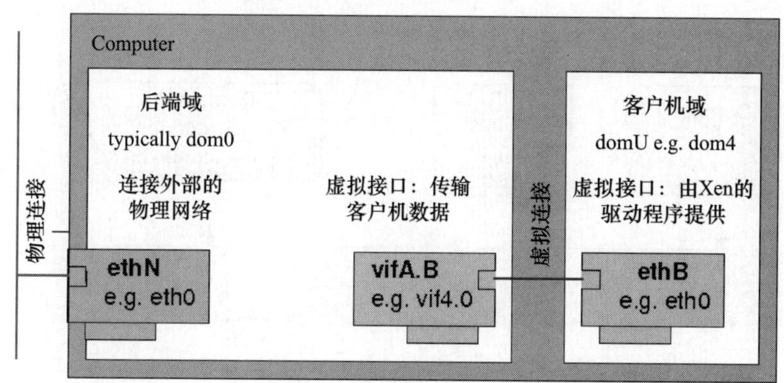

图 2-31　Xen 中使用前端 / 后端 I/O 模型的网卡设备

而对基于全虚拟化的 HVM 虚拟机，虚拟化环境完全透明。HVM 虚拟机既不会知道自己与其他虚拟机共享物理机的硬件资源，也不会了解到同时还有其他虚拟机的存在。

HVM Domain U 并没有采用前端驱动的方式访问硬件，而是在 Domain 0 中有一个专门的守护进程，即 Qemu-dm 来实现硬件设备的虚拟化。Qemu-dm 是基于开源项目 QEMU 的一个改进版本，类似于 Domain 0 中的后端驱动模拟硬件设备的功能。这就意味着 HVM 虚拟机可以得到功能非常完整的模拟硬件环境。

PV 虚拟机并不需要访问硬件和进行 I/O 操作，因此去掉了所有与硬件和固件有关的管理服务功能，这使得 PV 虚拟机运行起来更为轻量级。相反，HVM 虚拟机中则保留了下来，因此，Xen 监控器需要为 HVM 虚拟机模拟 PCI 配置空间、I/O 端口来提供 I/O 地址空间。这些功能是通过 HVM 虚拟机启动时的“virtual firmware”完成的。通过选择性地拷贝物理机上的 BIOS 配置到 HVM 虚拟机的地址空间，以及提供启动服务与运行时服务，virtual firmware 为 HVM 虚拟机提供了可访问的 I/O 空间。在 Xen3.3 版本中，新增了 HVM Device Model Domain 功能，即将原先运行于 Domain 0 中的 Qemu-dm 放在一个专门用于处理各个 Domain U 的 Stub Domain 中。通过将 I/O 处理从 Domain 0 中分离出来，可以缓解处理 I/O 请求的进程与其他服务进程竞争资源，更好地提高 I/O 处理性能，并实现安全隔离。如图 2-32 所示，HVM 虚拟机可以直接通过 Domain 0 中的 Qemu-dm 进行 I/O 访问，也可以通过专门的 Stub Domain 中 Qemu-stubdom 进行 I/O 访问。

3. Xen 工具栈（Toolstack）

Xen 有着丰富的工具栈帮助用户完成虚拟化环境中的各种任务。图 2-33 列出了 Xen 可用的工具栈以及基于 Xen 的商用虚拟化平台所选择的不同工具栈。

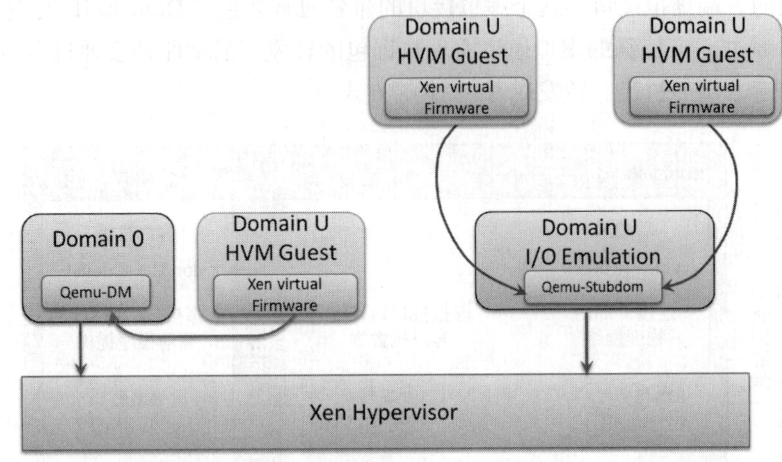

图 2-32 Xen 中 HVM 的 I/O 访问模型

图 2-33 Xen 的工具集合

1）Libxenlight：缩写为 libxl，是用 c 编写的一个底层库，易于理解，容易修改和扩展。由于 libxl 具有简单且可靠的 API，并且提供了常见的管理功能，因此所有 Xen 的工具栈都是基于 libxl 开发的。

2）XL：一个轻量级的命令行形式的工具栈。Xl 随着 Xen 一起发布，是 Xen4.1 之后的缺省工具栈。

3）XAPI：即 Xen 管理 API（Xen Management API）。它是 Xen 产品级别、目前功能最完备的工具栈。许多云平台都基于这个 API 进行管理，例如：CloudStack 和 OpenStack。

4. Xen 的通信机制

正如前面所介绍的，Xen 监控器并没有提供网络与磁盘访问的 I/O 功能，而 Domain 0 则具有网络和磁盘的驱动程序，因此对于 PV 虚拟机来说，必须提供某种机制借助 Domain 0 完成。Xen 采用以下三种技术完成 I/O 操作：

1）**事件通道**：Xen 采用事件机制通知 Domain U 某个事件的发生。Domain U 为了能够在事件发生时及时被通知，需要为该事件注册一个回调函数。另外，正在等待多个事件的 Domain U 在一个事件通知到达时，还需要多个标志位来区分是哪一个事件。事件可以来自于 Xen 监控器，也可以来自于虚拟中断或者其他虚拟机。

2）**I/O 共享环**：在不同 Domain 中共享的、用来管理 I/O 请求的环形队列。如图 2-34 所示，每个域仅包含 I/O 请求的指针，并不包含 I/O 请求的真正数据。利用生产者和消费者的原理，I/O 共享环维护两对指针，分别是 I/O 请求的生产者 / 消费者、I/O 处理结果的生产者和消费者。

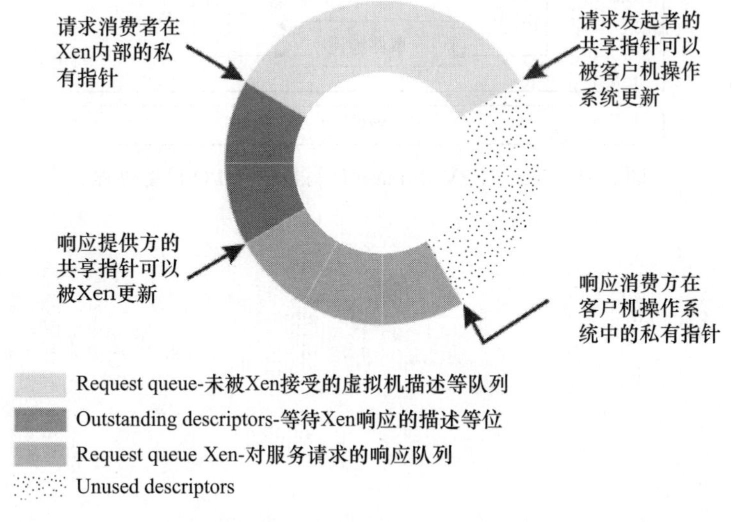

图 2-34 Xen 的 I/O 共享环

3）**Grant Table**：如上所述，在发起 I/O 请求时 I/O 共享环并没有包含要被传输的数据。Xen 采用 Grant Table 传输数据。Grant Table 有三种方式：页映射方式、页传送方式和页拷贝方式。其中页映射和页传送可以避免数据拷贝开销。

图 2-35 是一个 PV Domain U 向 I/O 设备写入数据的示例，结合这个示例可以说明 Xen 如何使用上述三种机制完成 I/O 操作。

如图 2-35 所示，①表示 Domain U 的前端驱动收到来自于上层应用程序的写数据请求，然后生产 I/O 请求，并将该请求写入 I/O 共享环；②表示前端驱动将数据写入与 Domain 0 共享的 Grant Table；③表示前端驱动通过 Xen 监控器的事件通道通知 Domain 0；④表示 Xen 监控器发现事件通道中有新的事件，通知后端驱动对其处理；⑤表示后端驱动从 I/O 共享环中取出 I/O 请求；⑥表示后端驱动根据 I/O 请求从 Grant Table 中取出要写入的数据；⑦表示后端驱动通过调用真正的驱动完成写数据操作；⑧表示完成写数据操作后，后端驱动通过 Xen 监控器的事件通道通知前端驱动完全 I/O 请求；⑨表示 Xen 监控器发现有新的 I/O 响应事件，为 Domain U 产生模拟中断；⑩表示中断处理函数检查事件通道，并回调前端驱动的 I/O 响应处理函数；⑪表示前段驱动从 I/O 共享环中读出 I/O 响应，并处理 I/O 响应结果。

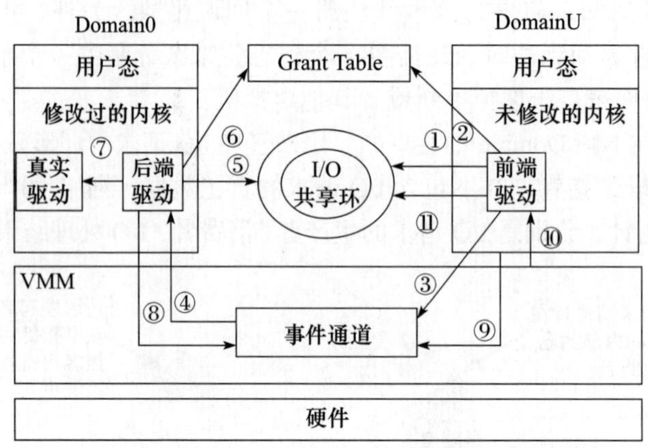

图 2-35 Xen 的 PV Domain U 写数据到 I/O 设备过程

第 3 章 软件定义存储

Chapter3

软件定义存储（Software-Defined Storage，SDS）是软件定义数据中心（SDDC）的一个核心组件。有别于传统的存储，软件定义存储提出了一种新的存储管理模式，使其能够满足软件定义数据中心以及云计算平台对存储提出的全新需求。

3.1 新的存储管理模式

3.1.1 传统存储面临的挑战

传统的数据中心里，存储的类型大致可分为以下几种：服务器内置磁盘、直接附加存储、存储区域网络及网络附加存储。

服务器内置磁盘（Internal Disk）包括 SCSI、SATA 及 IDE 磁盘（历史遗留问题）等，这些磁盘可能直接由操作系统管理，也可能通过阵列（RAID）管理器进行配置使用（常见的有 RAID 5、RAID 6 等）。内置磁盘作为最简单直接的存储方式，在很多现代数据中心里仍然到处可见。

直接附加存储（Directed Attached Storage，DAS）作为一种最简单的外接存储方式，通过数据线直接连接在各种服务器或客户端扩展接口上。它本身是硬件的堆叠，不带有任何存储操作系统，因而也不能独立于服务器对外提供存储服务。DAS 常见的形式是外置磁盘阵列，通常的配置就是 RAID 控制器 + 一堆磁盘。DAS 安装方便、成本较低的特性使其特别适合于对存储容量要求不高、服务器数量较少的中小型数据中心。

存储区域网络（Storage Area Network，SAN）是一种高速的存储专用网络，通过专用的网络交换技术连接数据中心里的所有存储设备和服务器。在这样的存储网络中，存储设备与服务器是多对多的服务关系：一台存储设备可以为多台服务器同时提供服务，一台服务器也可以同时使用来自多台存储设备的存储服务。不同于 DAS，SAN 中的存储设备通常配备智能管理系统，能够独立对外提供存储服务。

典型的 SAN 利用光纤通道（Fiber Channel，FC）技术连接节点，并使用光纤通道交换机（FC Switch）提供网络交换（参见图 3-1）。不同于通用的数据网络，存储区域网络中的数据传输基于 FC 协议栈。在 FC 协议栈之上运行的 SCSI 协议提供存储访问服务。与之相对的 iSCSI 存储协议，则提供了一种低成本的替代方式，即将 SCSI 协议运行于 TCP/IP 协议栈之上。为了区别这两种存储区域网络，前者通常称为 FC SAN，后者称为 IP SAN。

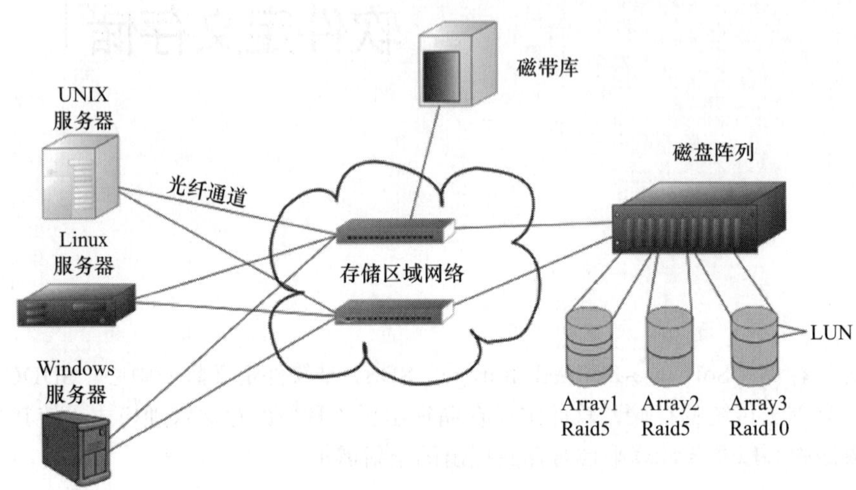

图 3-1 存储区域网络

SAN 的优势包括：①网络部署容易。服务器只需要配备一块适配卡（FC HBA）就可以通过 FC 交换机接入网络，经过简单的配置即可使用存储。②高速存储服务。SAN 采用光纤通道技术，所以它具有更高的存储带宽，对存储性能的提升更加明显。SAN 的光纤通道使用全双工串行通信原理传输数据，传输速率高达 8 ~ 16Gbps。③良好的扩展能力。由于 SAN 采用了网络结构，扩展能力更强。

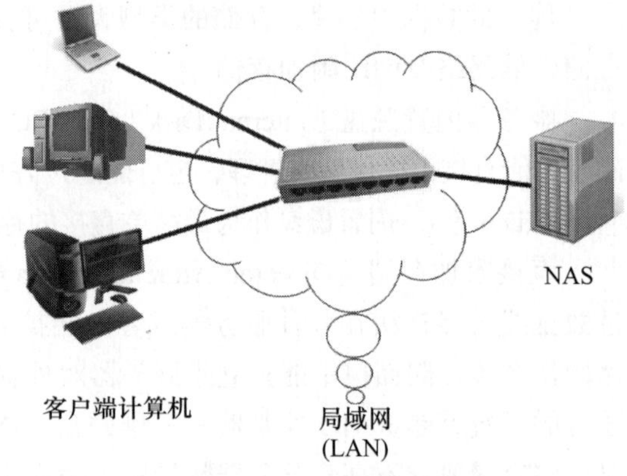

图 3-2 网络附加存储

网络附加存储（Network Attached Storage，NAS）提供了另一种独立于服务器的存储设备访问方式（相对于内置存储与 DAS）。类似于 SAN，NAS 也是通过网络交换的方式连接不同的存储设备与服务器（参见图 3-2）。同样，存储设备与服务器之间也是一种多对多的服务关系。NAS 服务器通常也具有智能管理系统，能够独立对外提供服务。与 SAN 不同的是，NAS 基于现有的企业网络（即 TCP/IP 网络），不需要额外搭建昂贵的专用存储网络（FC）。此外 NAS 通过文件 I/O 的方式提供存储，这点也不同于 SAN 的块 I/O 访问方式。

NAS 的优点包括：①真正的即插即用。NAS 是独立的存储节点存在于网络之中，与用户的操作系统平台无关。②存储部署简单。NAS 不依赖通用的操作系统，而是采用一个面向用户设计的，专门用于数据存储的简化操作系统，内置了与网络连接所需要的协议，因此使整个系统的管理和设置较为简单。③共享的存储访问。NAS 允许多台服务器以共享的方式访问同一存储单元。常见的 NAS 访问协议有 NFS（Network File System）和 CIFS（Common Internet File System）。④管理容易且成本低（相对于 SAN 来说）。

随着云计算与软件定义数据中心的出现，对存储管理有了更高的要求，传统存储也面临着诸多前所未有的挑战：

- 对于服务器内置存储和 DAS 来说，单一磁盘或阵列的容量与性能都是有限的，而且也很难对其进行扩展。另外这两种存储方式也缺乏各种数据服务，例如数据保护、高可用性、数据去重等。最大的麻烦在于这样的存储使用方式导致了一个个的信息孤岛，这对于数据中心的统一管理来说无疑是一个噩梦。
- 对于 SAN 和 NAS 来说，目前的解决方案首先存在一个供应商绑定的问题。与服务器的商业化趋势不同，存储产品的操作系统（或管理系统）仍然是封闭的。不仅不同供应商之间的系统互不兼容，而且一家供应商的不同产品系列之间也不具有互操作性。供应商绑定的问题，也导致了技术壁垒和价格高企的现状。此外，管理孤岛的问题依旧存在，相对于 DAS 来说只是岛大一点，数量少一点而已。用户管理存储产品的时候仍然需要一个个单独登录到管理系统进行配置。最后，SAN 与 NAS 的扩展性也仍然是个问题。
- 另外，一些全新的需求也开始出现，例如对多租户（Multi-Tenancy）模式的支持、云规模（Cloud-Scale）的服务支持、动态定制的数据服务（Data Service）以及直接服务虚拟网络的应用等。这些需求并不是通过对现有存储架构的简单修修补补就可以满足的。

3.1.2　新的管理模式：软件定义存储

在这样的背景下，一种新的存储管理模式开始出现，这就是软件定义存储（SDS）。SDS 历史上也曾被称作存储管理器（Storage Hypervisor）、存储操作系统（Storage OS）等，但要注意的是这些概念之间并不能简单地划等号。SDS 也不同于存储虚拟化（Storage Virtualization）——另一个历史更悠久的概念，这一点将在下一节详细阐述。现在的名字最早来源于软件定义网络（SDN），从 SDN 到 SDDC 再到 SDS（参见图 3-3），SDS 的设计理念也与 SDN 有着诸多相似之处。软件定义存储旨在开辟这样一个新世界：

软件定义的数据中心，所有基础架构是虚拟化的，并且以服务的形式提供，数据中心的操控完全由软件自动完成

软件定义的存储，虚拟化了的控制和数据平面，用于提供存储资源，存储资源通过管理策略驱动得虚拟机接口，以服务的形式提供给用户

图 3-3　从 SDDC 到 SDS

- 把数据中心里所有物理的存储设备转化为一个统一、虚拟、共享的存储资源池。其中存储设备包括专业的SAN/NAS存储产品，也包括内置存储和DAS。这些存储设备可以是同构的，也可以是异构的、来自不同厂商的。
- 把存储的控制与管理从物理设备中抽象（Abstract）与分离（Decouple）出来，并将其纳入统一的集中化管理之中。换言之，就是将控制模块（Control Plane）和数据模块（Data Plane）解耦合。
- 基于共享的存储资源池，提供一个统一的管理与服务/编程访问接口，使得SDS与SDDC或者云计算平台下其他的服务之间具有良好的互操作性。
- 把数据服务从存储设备中独立出来，使得跨存储设备的数据服务成为可能。专业的数据服务甚至可以运行在复杂的、来自不同提供商的存储环境中。
- 让存储成为一种动态的可编程资源，就像我们现在在服务器（或者说计算平台）上看到的基于服务器虚拟化的软件定义计算（SDC）一样。
- 让未来的存储设备采购与选择变得像现在的服务器购买一样简单直接。
- 存储的提供商必须要适应并精通于为不同的存储设备提供关键的功能与服务，即使他们并不真正拥有底层的硬件。

1）**以应用为中心的部署模型**：不同的应用对存储有不同的要求，有些可能需要大容量和顺序读写的高带宽，有些可能需要低延时和较高的数据保护级别，不一而足。对于今天的存储设备来说，为了满足不同的需求，通常需要部署多个不同配置的存储硬件，即多个硬件资源池。问题是随着软件定义数据中心与云计算的流行，用户的需求可能千差万别，这样的部署模式显然已经很难适应现状。有了软件定义存储，情况就会大不相同：所有的硬件都在一个资源池里，池子里的资源可以动态划分并灵活管理，硬件资源的规划与调度也变得更加有效率，不需要再在规划的时候留出很大的余量，避免浪费。

2）**按需动态部署的存储软件功能**：除了性能以外，用户对存储功能的需求也在不断变化，包括更高的灵活性以及一些全新的功能。对于传统存储厂商来说，需要不断努力开发新功能，并将软件与硬件进行整合。不幸的是，由于这些软件通常与硬件紧密耦合，使得集成与测试的成本居高不下。软件定义存储试图把这些功能都抽象出来，成为独立的软件服务。一方面使得存储厂商对新功能的开发、测试、维护都变得更加简单，另一方面也为用户提供更加便捷、更具灵活性的功能部署模式。

在过去的十多年中，服务器虚拟化（计算虚拟化、软件定义计算）已经彻底改变了我们对计算能力的理解。现在同样的概念开始逐渐被应用到存储世界中，不过这次也许用不了那么久，因为虚拟化的理念早已深入人心。真正的挑战来自传统存储设备提供商内部，因为他们已经习惯把所有的硬件、软件、管理、功能、服务全部打包到一个盒子（机架）里，除了持续改进现有的存储产品之外，他们也要开始适应并积极拥抱虚拟化、抽象、虚拟资源池等新理念。

当然，目前的存储设备仍将存在很长一段时间，不管是内置存储、DAS还是SAN/NAS。

将存储功能与数据服务整合在物理设备上的方式仍然有其存在的理由：现有的功能不需要额外开发；功能与硬件有着很好的整合；性能优化已经有成熟的解决方案；有完整的技术支持等。软件定义存储作为一种新事物，仍然有相当长的一段路要走，大家对一种新技术的接受，也不是一蹴而就的（不是 0 或 1）。

然而，软件定义存储所带来的全新理念及其所展现的美好愿景，仍然让人眼前一亮。即使我们并未准备好接受新的产品或者解决方案，也依然值得开始关注其发展。在下一节中，让我们一起来看看软件定义存储与存储虚拟化的关系，随后将展开对软件定义存储的软件架构、核心理想、设计原则等的详细分析。

3.2　与存储虚拟化的比较

近几十年，存储及其管理大致经历了如下三个阶段：软件与硬件紧耦合；软件与硬件半耦合；软件与硬件松耦合。随着软件与硬件耦合程度的降低，存储硬件设备的管理越来越自动化，而存储服务也越来越灵活。自动化是指存储服务的管理屏蔽了硬件设备的异构性，集中管理和分配。基于硬件自动化的管理，存储服务的灵活性表现在可扩展性好、可靠性高、安全性强。

1）**第一阶段：软件与硬件的紧耦合**。这一阶段，特定的硬件需要特定的软件支持，提供服务时软件管理硬件的逻辑不一样。根据存储对象不同，分为文件存储、块存储、对象存储。根据存储连接不同，包括直连存储（Direct-Attached Storage，DAS）、存储区域网（Storage Area Network，SAN）等。不同的业务使用的存储对象不同，存储连接不同。软件和硬件的紧耦合不仅给管理软件带来困难，而且服务的开销较高，可扩展性也不高。例如，某业务当前只需要使用 5T 的存储，而购买时往往考虑到扩展性的问题，购买了 15T。在业务开展阶段，有 10T 的存储资源处于闲置状态。而后由于业务扩展的需要，可能需要 20T 的存储资源。此时需要重新购买设备，而旧的存储由于很难与新设备兼容或者现有软件无法共享两种资源，因此旧的设备很有可能被弃置。这样，不仅成本较高，而且不利于后续扩展。基于以上不足，存储厂商开始研发存储虚拟化工具，其目的是将现有的存储资源进行整合，使其提供统一的硬件资源接口，供上层业务使用，而此时业务使用资源的接口是虚拟化存储设备，不需要直接管理硬件资源。

2）**第二阶段：软件与硬件的半耦合**。这一阶段，虚拟化技术对存储硬件作了一层抽象，可分为两种，盒子内（in-box）虚拟化，盒子外（out-of-box）虚拟化。盒子内虚拟化是指对某个硬件设备进行存储抽象，根据不同的抽象方法对硬件资源进行动态划分，包括 RAID、LVM、storage pooling、tiering 等。例如 LVM 是一个运行在物理存储设备上的存储空间抽象化工具，如图 3-4 所示，LVM 可以将大的存储设备划分成小的虚拟存储设备供用户使用。盒子外虚拟化是指对一些硬件资源池进行抽象和虚拟化管理。将物理设备的数据管理和控制管理进行抽象，物理设备的数据读写控制以及数据存储均通过虚拟化软件实现。典型的例子如

EMC公司的VPLEX，如图3-5所示，VPLEX可以针对不同的存储硬件资源提供新的抽象层，通过这个抽象层，用户可以透明地使用LUN，但是这些LUN的物理位置是动态可变的，VPLEX可以使数据在不同公司存储产品甚至不同的数据中心之间移动。存储虚拟化可以将现有的存储资源进行整合，不同公司、不同容量的存储资源形成资源池供用户使用。这样不仅节省成本，而且硬件资源也可以十分方便透明地扩展。存储虚拟化不仅定义了数据的管理、存储方式和策略，而且定义了存储数据具体存放的位置。然而存储虚拟化发展过程中发现，其对控制层（Control Plane）和数据层（Data Plane）进行虚拟化处理后，性能却较硬件存储大大降低。由于不同的用户和服务需要的存储控制服务不同（对象、文件、块存储，结构化和非结构化存储），这些服务有时还需要根据需求的变化灵活地配置硬件资源。存储虚拟化对数据层进行虚拟化实现，会增加用户使用资源访问的时间；控制层虚拟化实现则不能使用户灵活地使用资源，以适应服务动态变化的需要。

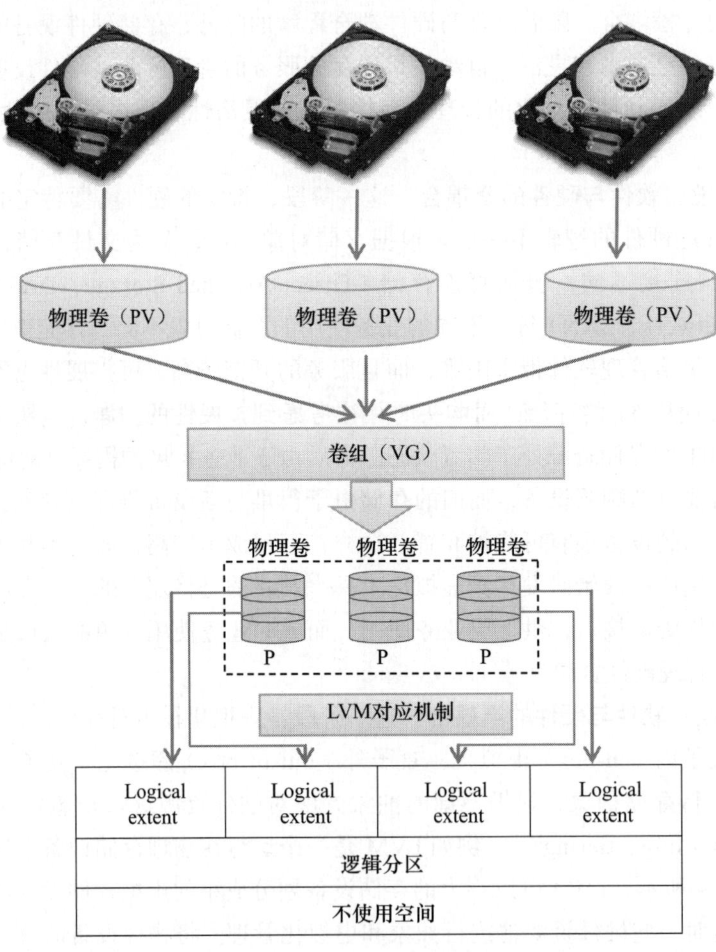

图3-4　LVM工作原理

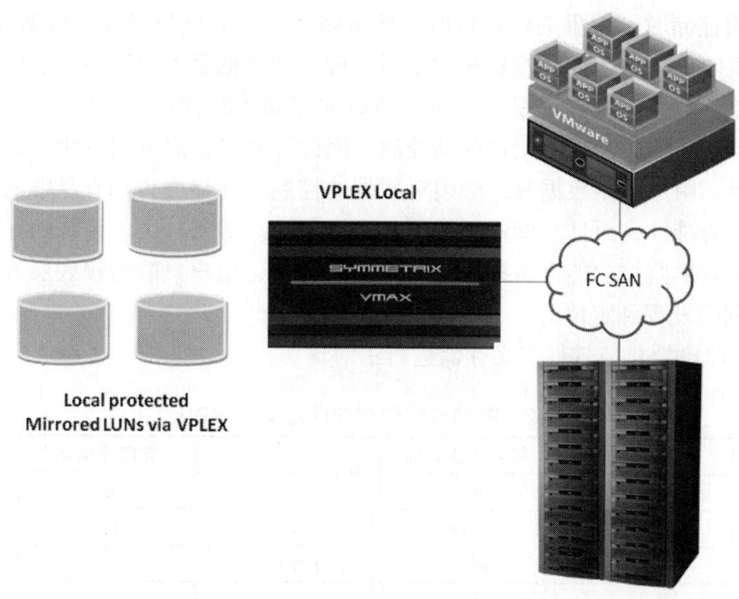

图 3-5　存储虚拟化：VPLEX Local

3）**第三阶段：软件与硬件的松耦合**。这一阶段，软件定义存储技术被提出，该技术关注控制层（Control Plane）的抽象，而数据层（Data Plane）实现留给下层的存储软件和硬件。特别地，控制层（Control Plane）的抽象实现提供了可编程的接口，而这些接口可以供用户使用进行自定义存储控制，从而使得控制层与硬件完全分离。典型的例子如 EMC 公司的 ViPR，EMC ViPR 是一个轻量的、软件实现的产品可以将现有的存储产品整合成一个简单、可扩展、开放的平台，它可以提供全自动的存储服务并且帮助实现软件定义的数据中心。ViPR 将物理存储阵列（EMC 及其他公司产品）抽象为单一的虚拟化存储资源池，并提供自动化、有效的存储管理，对用户需求集中的自动化分配，端对端资源监控、测量等。提供工业化的应用编程接口（API）和全局数据服务（Global Data Services）解放了数据和软件对存储的依赖，并帮助实现了在数据中心中灵活高效的数据和软件迁移。

存储虚拟化与软件定义存储的本质区别是：存储虚拟化对控制层（Control Plane）和数据层（Data Plane）进行了抽象，并且控制层抽象依赖于数据层抽象；而软件定义存储将控制层进行抽象，将抽象的控制层与数据层进行分离，并提供接口给用户，用户可以使用接口定义自己的数据控制策略。首先我们定义控制层和数据层。如表 3-1 所示，控制层是指对数据的管理策略，它不需要知道数据具体的存储方式，如块、文件或者对象存储，它的时间损耗级别是毫秒级；数据层是指具体读写硬件方式，如块、文件或者对象读写，速度是微秒级。

表 3-1　存储控制层和数据层

	存储控制层	存储数据层
速度级别	毫秒级	微秒级
例子	数据服务的策略	Block，NAS，Object I/O

用户在使用存储时，着重关注数据服务的策略，这些策略与具体的数据存储方式无关。而当今的存储虚拟化产品将存储控制和数据层结合，即数据服务的策略紧密依赖于数据存储的方式。事实上，数据存储速度是微秒级，而数据存储控制较慢。当实现数据服务策略时，传统的存储虚拟化技术不能灵活配置存储控制，因此针对某个服务的变化，响应时间主要是控制开销。再者，用户存储数据时，必须对数据的控制和存储方式都有足够的了解，这增加了使用存储资源的难度，而且存储资源的可扩展性不高。此外，由于传统的存储虚拟化技术缺少标准的存储数据监控功能，当某个设备出现问题时，用户只能依赖底层的一些存储机制（如日志）进行问题发现和定位。

表 3-2 对存储虚拟化与软件定义存储进行了对比。

表 3-2 存储虚拟化与软件定义存储对比

	存储虚拟化	软件定义存储		存储虚拟化	软件定义存储
控制层	抽象	抽象	可扩展性	低	高
数据层	抽象	不抽象	数据监控	低	高
隔离性要求	高	低	数据安全	低	高
时间开销	高	低			

相比于存储虚拟化，软件定义存储有如下优点：

- 时间开销减少，控制层与数据层分离，使得用户能够更加关注控制层，减少了数据层虚拟化的开销，而且使得用户操作更加灵活和方便。
- 数据层的可扩展性高，由于软件定义存储不需要关注数据存储方式，因此可扩展性更高，不仅可以跨不同的存储产品，而且可以跨数据中心。
- 数据监控性和数据安全性高，由于软件定义存储提供了足够的 API 调用底层的信息，因此数据监控更加方便，而且控制层不能影响数据层访问方式，数据存储的安全性增强。
- 隔离更易实现，当数据动态传递以及共享时，由于同一物理设备有其不同的数据层和对应的控制层，存储虚拟化对不同虚拟用户访问同一物理设备做隔离时不仅要在数据层做隔离，而且要在控制层隔离；而软件定义的存储由于共享同一个控制层，因此隔离操作时在控制层相对容易，主要精力放在数据层隔离。

3.3 架构、功能与特性

从某个角度来说，可以把现有的存储产品（SAN/NAS）看成是业界标准硬件（磁盘、RAID 控制卡、处理器、内存、缓存等），以及在这基础之上运行的软件层（提供存储访问、各种管理功能和数据服务等）；对于内置存储或 DAS 来说则只是一堆硬件的集合，不存在附加的软件层。类似于软件定义网络，软件定义存储首先要把其中的软件（管理功能与数据服务）层分离出来，通过集中化的控制管理，形成一个统一的虚拟化的新层。软件定义存储的关键特征包括：

- 将存储设备的功能抽象为控制模块与数据模块，并把控制模块从硬件中分离出来。

- 控制模块以纯软件实现，能够适用于不同类型的数据模块，从而适配现有的存储设备（Bring Your Own Device，BYOD）。不同于SDN的是，这里的存储设备差异性更大，我们将看到各种不同程度的软件实现。
- 有一个集中的存储控制器，通过存储设备上的控制模块建立对所有设备的控制。需要注意的是，这里的集中控制是逻辑上的，实现的时候基于良好的性能和高可用性的考虑，可能采用分布式集群化的设计。
- 数据服务从存储设备中抽象与分离出来，作为可编程的资源，通过控制模块提供的接口（API）对外提供。
- 适合软件定义数据中心和云计算平台的新特性，包括多租户模式、数据服务动态定制等。
- 规范的组件设计与灵活的编程接口，与系统中其他组件具有良好的互操作性。

3.3.1 数据模块与控制模块

对于存储来说，目前还缺少一个类似于OpenFlow的业界标准，即一种支持动态编程的统一接口（API），可以用来定义从存储的“数据模块”（Data Plane）分离出来的“控制模块”（Control Plane），从而实现对各种数据服务的定义与管理。对于目前的数据中心来说，通常存在各种不同的存储产品，其规划与使用并不是整齐划一的。不同的存储产品有着不同的管理和控制接口，其功能或多或少，其性能（服务级别）也不尽相同，这就使得存储的管理变得十分繁琐。对于软件定义存储来说，需要做的就是实现一个存储控制器（Controller），通过统一的接口对存储设备上分离出来的控制模块进行管理。

常见的存储设备数据模块，也就是数据访问接口，包括①块设备（Block）访问方式：光纤通道（Fibre Channel）、iSCSI、Inifiniband等；②文件（File）访问方式：NFS、CIFS等；③对象（Object）访问方式：Amazon S3、OpenStack Swift等。不同于存储虚拟化，软件定义存储并不寻求将数据模块虚拟化从而提供统一的访问接口，而是让服务器直接连接底层的存储设备。这样的设计很大程度上是出于性能的考虑，因为数据模块通常需要低延时（微秒级到毫秒级）和高带宽（Gbps）。

存储设备的控制模块，也就是管理与配置接口，包含但不限于管理界面（GUI/CLI）、编程接口（API）、监控、日志、安全等，简而言之就是除了数据模块以外的其他功能模块。控制模块对延时（毫秒级到秒级）和带宽通常都没有特别的要求，因此将控制模块分离出来，并通过集中的控制器进行统一管理，并不会成为性能上的瓶颈。

需要指出的是，存储API的统一化的努力并不是刚刚开始的，其中一个例子就是SMI-S（Storage Management Initiative Specification）。SMI-S是由全球存储网络工业协会（Storage Network Industry Association，SNIA）发起并主导、众多存储厂商共同参与开发的一种标准管理接口（参见图3-6），其目标是在存储网络中的存储设备和管理软件之间提供标准化的通信方式，从而使存储管理实现厂商无关性，提高管理效率，降低管理成本，促进存储网络的发展。但是SMI-S的发展一直比较保守，十多年来被公众接受的程度一直处于不温不火的状态。而且这一标准也缺乏对服务抽象、多租户模式等新特性的支持，并不符合软件定义数据中心以及云计算平台的新需求。

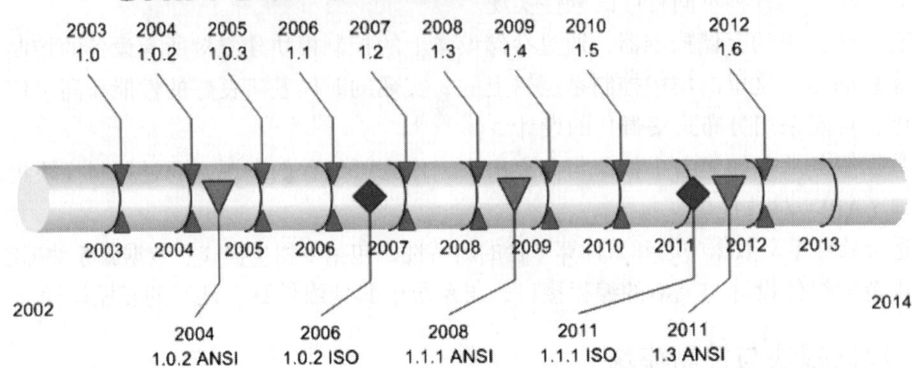

图 3-6 SMI-S 时间表

3.3.2 系统架构设计

就软件定义存储而言，目前业界有很多不同的解决方案。相对于软件定义网络解决方案的同质化，软件定义存储的方案彼此之间可能存在相当大的不同。例如有些产品是针对数据中心里已有的存储设备（SAN/NAS）进行管理，而另外一些则基于商业化（Commodity）服务器上的内置磁盘与 DAS；有一些是通用的解决方案，另外一些则专为虚拟化平台优化。虽然这些解决方案之间可能存在诸多的差异，但大致上仍然可以把软件定义存储分成三个层次：数据保持、数据服务与数据消费（如图 3-7 所示）。

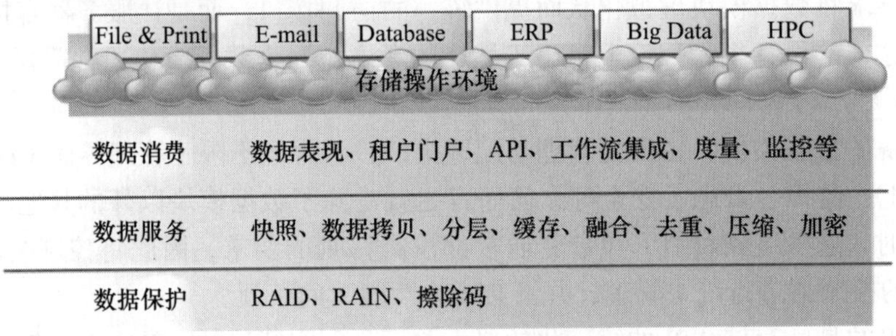

图 3-7 SDS：将存储功能解放出来

最底层是数据保持层，这是存储数据最终被保存的地方。这一层负责的工作相对比较简单：将数据保存到存储媒介中（通常是各种磁盘或者固态硬盘（Flash 存储）），并保证之后能够完整地读取出来。保持数据的方式有很多种，具体的选择取决于你对成本、效率、性能、冗余率、可扩展性等指标的需求，也取决于你需要 SATA 磁盘、SCSI 磁盘还是固态磁盘等不同的因素。此外，由于这部分功能经过了虚拟化的抽象，我们可以根据需要选择各种不同的方案。这样的选择并不会影响到上层数据服务和数据消费的选择与实现。常见的数据保持方法包括：磁盘阵列（RAID）、基于廉价节点的冗余阵列（RAIN）、纠删码（Erasure Coding）及简单副本（Replica）等。其中简单副本（Replica）由于实现简单直接（通常不够经济），在一些实验性的工作或者是一些产品的早期版本中，采用较多，适用于对冗余率（≥ 2）不是特别敏感的场合。

磁盘阵列（Redundant Arrays of Independent Disks，RAID）是我们最熟悉的数据保持方法，也是传统存储设备上普遍采用的经典方案。RAID 将多块磁盘组成一个逻辑单元，用于提供数据冗余以及更好的读写性能。根据不同的实现方案，用户数据被分布在多个磁盘上，通常称之为 RAID 级别。具体的 RAID 级别选择取决于对可靠性与性能的需求（参见图 3-8）。其中比较常见的有① RAID 0：数据分条（Striping），数据按固定大小分割，被平均分配到多个磁盘中，拥有并发读写带来的性能提升，但没有任何可靠性保证（无冗余）；② RAID 1：完全镜像，数据被完全复制到每一个磁盘上，具有最高的可靠性（冗余率）但不具经济性；③ RAID 5：需要一块额外的磁盘提供冗余，但是校验数据是平均分配到每一块磁盘上的，可以容忍 / 修复最多一块磁盘的错误。RAID 5 一个常见的变种是 RAID 6，需要两块额外的磁盘提供冗余。除此之外还有一些组合使用的 RAID 级别，例如 RAID 0+1。

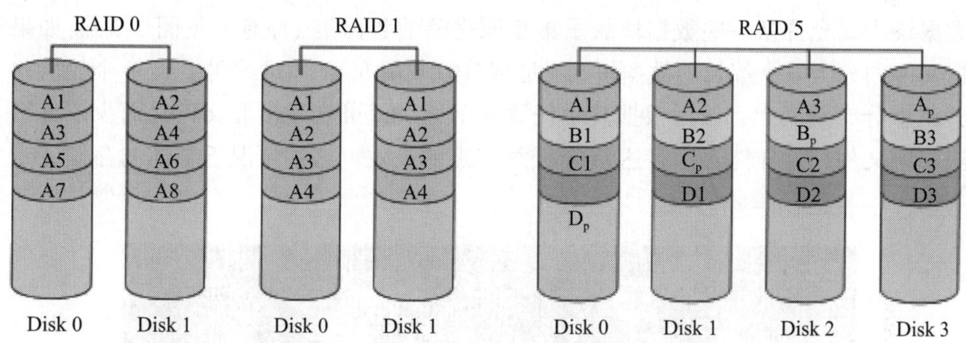

图 3-8 常见的磁盘阵列配置

基于廉价节点的冗余阵列（Redundant Arrays of Inexpensive Nodes，RAIN）。VMware 的软件定义存储产品 VSAN 就是基于 RAIN 架构的。RAIN 来源于 RAID 技术，与其不同的是，RAIN 并不服务于单一系统，而是将存储扩展到网络中多个节点。换言之，RAIN 就是一个由网络连接的存储集群。RAIN 的冗余机制能够保证自动化的数据恢复，即使局域网或广域网中的多个成员节点出现问题。相对于 RAID 而言，RAIN 有着更好的可扩展性，理论上一个 RAIN 集群可以容纳任意多个节点。当有新节点加入的时候，原存储集群仍会继续工作，不需要额外的下线维护等操作。RAIN 采用了一种开放性的体系架构，充分利用了网络、分布式计算、智能的管理与数据恢复等多种技术。基于 RAIN 的存储系统一般包括以下组件：

- **存储节点**：任何普通的商业化服务器都可以成为存储节点。简而言之，服务器上的磁盘用于提供存储空间，网卡用于数据传输，CPU 运行管理软件。用户数据被分散存储在多个节点上，并通过冗余机制与数据恢复机制保证其可靠性。

- **TCP/IP 网络**：RAIN 节点之间可以通过任何基于 TCP/IP 协议的网络连接，不管是局域网、广域网还是因特网。这样存储管理员甚至可以创建一个跨数据中心（不同地理位置）的存储集群，只要保证网络连通性以及一定的服务质量即可。
- **管理软件**：通过运行在存储节点上的管理软件，节点之间可以持续地互相交换信息，包括容量、性能、健康数据等。此外管理软件可以自动探测到新节点的加入，并引导其完成自配置过程。管理软件将所有的存储节点转化为一个虚拟的存储池，并负责所有的数据恢复过程。
- **数据生命周期管理软件**：数据生命周期管理软件用于增加系统整体的可靠性。以创新性的虚拟化、压缩、版本控制、加密、自动修复和复制算法取代了传统的快照、备份、镜像等数据管理工具。为保证用户数据的可靠性，存储节点会周期性地检查本地数据的健康状况。当探测到文件损坏的时候，当前的存储节点会向所有其他节点发出复制请求；收到请求的节点会验证本地副本的完整性，并启动数据修复机制替换损坏的文件。

纠删码（Erasure Coding，EC）是源于通信领域的一种前向纠错编码，可以用较低的冗余率换取较高的可靠性。这种编码是将数据分割成多个数据块，并把额外的信息追加到每个数据块中，允许从一些数据块的子集复原完整的数据集（原理参见图 3-9）。如果将一个数据文件划分为 n 个等长的数据块（不足部分以 0 填充），通过编码生成 m 个校验块，并将校验信息分布到其中，然后根据其中任意 n 个分块就可恢复出原文件，而少于 n 个分块无法获取原文件，这样能容忍多达 m 个任意节点的失效。这种情况下整体的存储冗余率为 $(m+n)/n$。

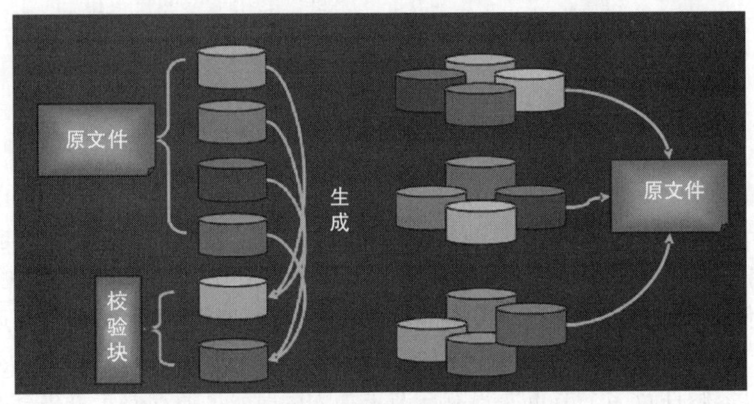

图 3-9 纠删码工作原理

纠删码在面对自然灾难或技术故障时具有很好的恢复能力，只需要数据块的一个子集（只关心数量，可选取任意节点）就可以恢复原始数据。纠删码更适合用于大数据集，特别适合云计算和分布式存储，因为它不用复制数据集就可以跨多个地理位置分布数据。一个典型的编码就是里德—所罗门码（Reed-Solomon），被广泛应用于各种商业用途。EMC 的云存储产品 Atmos 就采用了 Erasure Code 技术。

在数据保持层之上为数据服务层。这一层组件的主要职责就是数据的移动：快照（Snapshot）、复制（Replication）、分层（Tiering）、备份（Backup）、缓存（Cache），其他的职责还包括去重（Deduplication）、压缩（Compression）、加密（Encryption）、病毒扫描（Virus Scan）等。在某些软件定义存储的解决方案中，把一些新兴的存储类型也归入数据服务中，例如对象存储（Object Storage）和 Hadoop 文件系统（HDFS）等。

细心的读者可能已经发现这里的复制（Replication）看上去很像数据保持层的副本（Replica），其实不然。副本只是最简单的一种数据冗余机制，防止硬件问题引起的数据丢失，对用户来说是完全透明的；而复制作为一种附加的数据服务（数据保护），多用于高可用性的实现、远程数据恢复（Data Recovery）等场景，其中一个非常有特色的产品就是 EMC 的 RecoverPoint，有兴趣的读者可以详细了解一下，这里不再展开介绍。

在理想的情况下，数据服务独立于下层（数据保持）和上层（数据消费），与其具体技术实现不存在依赖关系。同样，由于经过了虚拟化和抽象，数据服务得以从存储设备（物理盒子）中分离出来，可以按需动态创建（Provisioning），具有很大的灵活性。创建出来的数据服务可以根据软件定义存储控制器的统一调度，运行在任何一个合适的服务器或者存储设备上（当然也可以部署在数据所在的设备上）。

最上面是数据消费层，是最贴近用户的一个层次。这里首先展现给用户的是一系列数据访问接口（Presentation），包括块存储（Block）、文件存储（File）、对象存储（Object）、Hadoop 文件系统（HDFS）以及其他随着云计算与大数据出现的新兴访问接口。数据消费层的另一个重要组成部分是展现给用户 / 租户的门户（Tenant Portal），也就是每个用户的管理平台（GUI/CLI）。这是一个专属的环境，可以由每个用户自己动态定制，它的功能包括但不限于：部署（Provisioning）、监控（Monitoring）、事件 / 警报管理、资源的使用、报表生成、流程管理等。此外用户也可以在专属门户内定制所需的数据服务，可管理的服务参见前文介绍。

灵活的编程接口（API）也是这一层的核心组件，用于更好地支持存储与用户应用的整合。与普通的编程接口相比，软件定义存储的接口有着更高的标准和更多的功能需求。软件定义存储作为软件定义数据中心的一个核心组成部分，与系统中的其他组件（软件定义计算、软件定义网络）存在大量的交互，因此对互操作性（Interoperability）有着很高的要求。关于组件之间互操作与协同工作的详细内容可参见后续章节。此外，随着云计算平台（如 OpenStack）和大数据的流行，也需要这一层次提供相应的接口，满足一系列的新兴需求（如多租户模式的支持与管理、接入虚拟网络的支持等）。

最后，得益于虚拟化的支持，数据消费层同样也相对独立于底部各层。这里的各种实体，包括前面提到的用户专属的门户，都可以动态按需部署，具有相当高的灵活性（参见图 3-10）。从这一视角来看，底部各层提供的是一个统一的虚拟化资源池，所有实体都基于此分配、创建与管理。

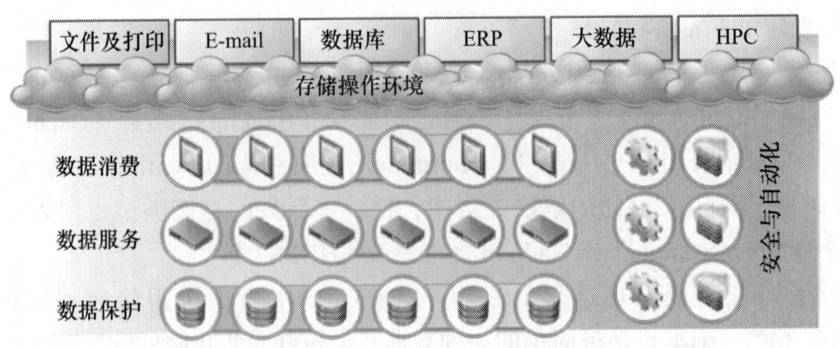

图 3-10　软件定义存储：功能重组

3.4　解决方案：分类与比较

在本小节中，首先会介绍一些分类方法，包括业界提出的和笔者提出的；然后会对目前市场上林林总总的产品和解决方案作一个概括介绍；最后根据其中一些分类方法进行产品映射，以表格的形式为读者作简单的产品比较。

3.4.1　分类方法

这些分类方法中，分类项可能并不会完全区分一个存储平台，也可能一个软件定义存储平台同时属于几个类中。

1. 业界分类方案

（1）数据组织形式（Data Organization）

数据的组织形式对任何一个存储平台来说都是最关键的架构属性，对于软件定义存储来说也是这样。每个软件定义存储平台所支持的以及对外所能提供的数据访问形式都不一样，根据这点，软件定义存储可以分为以下三类：

1）文件存储：利用文件系统组织数据。文件系统可以只限定被某一节点或者控制器访问，也可以被多个节点或控制器共享访问。

2）对象存储：对象存储不像文件存储中利用目录层次树结构，而是完全扁平化存储，即可以根据对象的 id 直接定位到数据的位置。

3）块存储：块存储是指数据以块的形式进行组织，像逻辑卷管理器中的机制一样。物理资源先组织成磁盘或者 RAID 组，然后再组织成逻辑结构比如卷（Volume），卷之后会以逻辑单元（LUN）的形式向用户提供。

（2）数据持久存储（Persistent Data Store）

数据持久存储是指软件定义存储平台用来持久化存储数据的物理或逻辑存储单元。软件定义存储平台既可以有效利用低延时、高带宽的物理资源，又可以利用高延时、低带宽的逻辑资源。根据存储资源的不同，软件定义存储平台可以分为以下四类：

1）服务器内部存储：这些资源是指服务器内部的磁盘、闪存卡等。基本上，任何服务器内部的非易失数据存储都可以充当这类系统的存储资源。此外，服务器直连存储（DAS）通常也被包括在这一类别中。

2）外部存储系统：指的是 SAN 和 NAS 这些传统存储系统。SDS 平台并不区分不同的外部存储系统，只需要按照 SDS 平台的要求进行数据持久化存储。

3）对象存储：目前，在对象存储系统上面构建 SDS 平台正成为趋势。在这样的系统里面，对象存储系统充当持久化数据仓库的作用，里面的数据通过编程接口（如 REST API）进行访问。

4）云存储：就像使用对象存储系统充当持久数据存储一样，公有云或者私有云也可以充当这个角色，使数据可以被远程存储或者访问。目前，Panzura、TwinStrata 和 CTERA 等厂商的方案都利用开放的 API 访问云资源。这类方案里面通常会有一个本地持久存储层充当缓存的作用。

（3）发布模式（Delivery Model）

发布模式是指存储厂商以何种形式向用户提供软件定义存储平台。传统的发布模式都是捆绑硬件为主的，这样大多数用户并没有在自己的硬件平台上安装软件定义存储平台的机会。在新的时代，这种情况正在变化，供应商们正在以各种不同的形式向用户发布他们的软件定义存储平台：

1）纯软件：这种模式下，供应商将 SDS 平台定义为可以下载或者购买的软件，用户可以自由将它安装在硬件平台或者虚拟机上面。这种软件模式也正在快速流行它的 DIY 的方式使得用户可以经济地构建大型的数据存储环境。具体如 ScaleIO、DataCore SANsymphony-V 和 Coraid 等。

2）一体化虚拟机（Virtual Appliance）：在这种模式下，供应商以虚拟机的形式向用户发布 SDS 平台。大多数供应商都支持市场上主流的虚拟化平台（VMware/XEN/KVM）。这一类别的典型例子就是 EMC ViPR。

3）嵌入式组件（Embedded Connector）：尽管这并不是一种新的模式，但是它经常被供应商利用，从而将他们的 SDS 平台嵌入到物理服务器或虚拟机上运行的虚拟化平台或操作系统中。VMware vSAN 和 Atlantis Computing 的产品采用这种模式。

（4）存储服务（Storage Services）

软件定义存储平台具体能提供哪些存储服务也是区分这些平台的一种方式，另外对于不同的平台，它提供这些服务的实现方式也是不一样的。下面我们就列举几个对于软件定义存储平台必须满足的服务：

1）自动化编排（Orchestration）：在服务层和数据组织层之间的一个抽象层，可以提供很多功能。对于支持多路径的软件特别是支持多个存储系统的软件来说是必须的。

2）服务质量（Service Quality）：对于存储平台来说，服务质量包括弹性、扩展性、灵活性、可用性和可靠性等。换句话说，软件定义存储平台对这些特征所能提供的服务质量是有区别的。

3）数据移动性（Data Mobility and Federation）：代表软件定义存储平台对于不同资源的数据迁移和联动的能力。

4）元数据与属性管理（Metadata/Attribute Management）：软件定义存储平台极大地依赖于元数据仓库来管理数据。对于分布式文件系统和对象平台来说，它们可以智能地存取数据，这些系统更加依赖元数据管理。元数据仓库记录了数据的管理和维护属性，可以集中存储也可以分布式存储。

5）编程接口（API）：很多软件定义存储平台提供了 inbound（外部应用控制 SDS）和 outbound（SDS 访问其他存储）的 API 访问。这些 API 访问接口越来越重要，它们可以将软件定义存储平台链接到一个更大的生态系统（例如 SDDC 与云计算平台）上面，使得软件定义存储平台可以被数据中心上的自动化编排工具访问、控制和管理。

2. 我们倾向的分类方案

对于软件定义存储，我们倾向于如下两种分类方法：对上所担当的角色（North Bound）和所管理的资源类型（South Bound）。

（1）所管理的资源类型

按照其所管理的存储资源的不同，可以分为以下几类。这一分类在前面介绍数据持久存储时已有所描述，这里再简单列出。

1）服务器（Server）：其所管理的是服务器上的资源，如内置磁盘等，典型的产品有 EMC 的 ScaleIO 和 VMware 的 VSAN 等。

2）外置存储（Storage Array）：其所管理的是专门的存储系统，比如 SAN、NAS 等。典型产品有 EMC 的 ViPR。

3）混合（Mixed）：既管理服务器内的存储，又管理专门的存储系统。比如 IBM 的 Virtual Storage Center。

4）对象存储（Object）：其所管理的是对象存储平台。

5）云资源（Cloud）：这类系统管理的是公有云或者私有云上的存储资源。

（2）对上所担当的角色

根据该软件定义存储平台对上提供的功能来说，可以大致分为以下两类：

1）通用的存储平台（General Purpose）：该平台是为了实现一个通用的存储平台，将各种不同的存储资源进行整合，提供通用的存储服务。典型实例如 EMC 的 ViPR 和 DataCore 的 SANsymphony-V。

2）专门为虚拟化优化（Optimized for Virtualization）：专门为了对虚拟化进行优化而实现该平台。比如说 VMWare 公司的 VSAN 产品。

3.4.2 现有产品简介

目前很多存储提供商都声称它们的产品是软件定义存储。根据前面的分类，我们在这一小节会罗列目前市场上主要的软件定义存储平台，对每个平台我们并不详细介绍，有些平台只会附上相应的链接，有兴趣的读者可以自行了解。在 3.6 节中我们会详细介绍两个典型的软件定义存储方案：ViPR 和 ScaleIO。

1. NetApp（Data ONTAP）

对于 NetApp 公司来说，它使用以下方式来实现所谓的软件定义存储：

1）对于传统的文件存储和块存储，NetApp 公司会使用 ONTAP 模式创建一个资源池从而可以分配给不同的应用；

2）如果有第三方存储，NetApp 公司会将 V-series 控制器作为 JBOD 使用。

但是对于 NetApp 公司的产品，支持文件存储和块存储的产品并不支持对象存储，反之亦然。对于 NetApp 公司的软件定义存储来说，它们本质上是存储虚拟化的产品，它可以虚拟化已有的外置存储阵列，将它们加入一个存储资源池（通过 ONTAP，参见图 3-11）。有关 Data ONTAP 的内容读者可以参见文献 [43]。

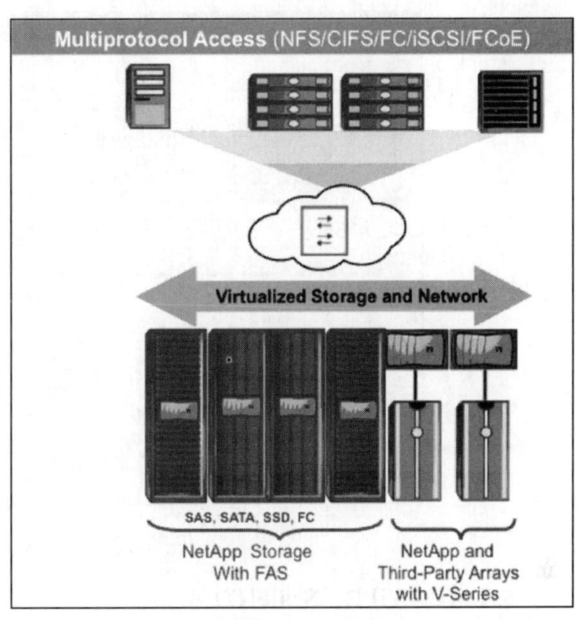

图 3-11　ONTAP 集群架构图

2. IBM（Virtual Storage Center）

对 IBM 公司来说，主要的软件定义存储产品是 IBM SmartCloud Virtual Storage Center（VSC）。它可以在异构的存储系统中提供有效的虚拟化和管理（参见图 3-12）。VSC 可以让用户方便快速地迁移到一个敏捷的云架构中，从而优化存储的可用性和性能，并降低开销成本。简单来说，Virtual Storage Center 产品有以下的特征：

1）内置的性能工具，可以有效降低存储管理时间和开销；

2）自优化的存储，可以随着工作负载的改变进行自动优化和调整；

3）接近实时的备份和恢复功能。

具体有关 VSC 的详细介绍，可以参见文献 [45]。

3. HP（StoreVirtual）

HP 公司的产品 StoreVirtual 主要针对远程办公的市场。通过 StoreVirtual，你可以虚拟化 VSA 和 DAS。对于 StoreVirtual 系列产品来说，它可以对用户提供以下功能：利用已有的服务器和存储创建一个虚拟的 SAN，支持企业级远程办公或者独立的公有云，适合于小公司；在刀片机或者商用机上面部署存储平台。StoreVirtual 对于不同的用户，有不同的产品可供选择。具体内容请参见文献 [46]。

4. Nexenta

Nexenta 公司和软件定义存储有关的产品有 NexentaStor 和 Nexenta MetroHA。NexentaStor 是一个全功能的针对 NAS 和 SAN 的软件平台，可以利用各种存储软硬件创建存储共享池；可以提供诸如实时去重、无限快照、cloning 和 full HA 的支持；还可以无缝地和各种 hypervisor 进行集成。NexentaStor 支持统一的块和文件访问协议。具体可以参见

文献 [47]。

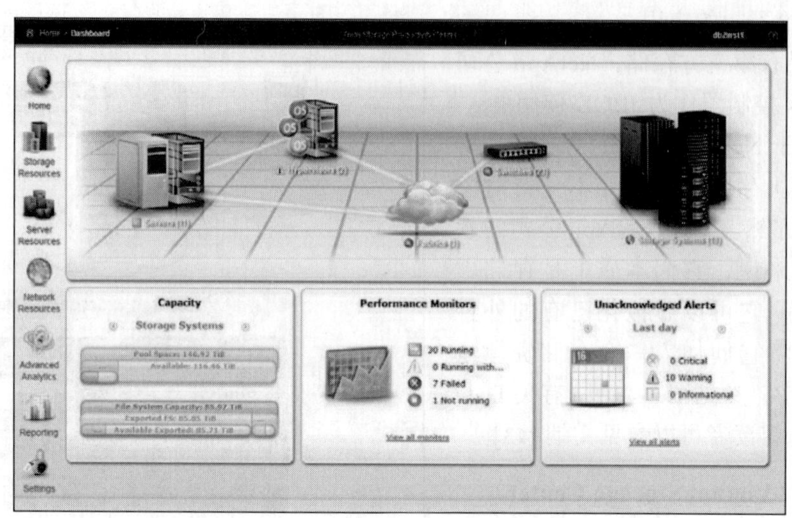

图 3-12　IBM VSC 管理界面

5. EMC（ViPR，ScaleIO）

ScaleIO 由 EM 公司在 2013 年收购。ScaleIO 是可以在普通的 x86 服务器集群上创建弹性、可扩展的虚拟 SAN 的软件。ViPR 是一个轻量级的软件解决方案，可以很方便地把已存在的存储环境转化成为一个简易、可扩展、开放以及全自动的软件定义存储平台。

6. VMWare（VSAN）

VSAN 是在 VMworld 2013 大会上由 EMC 公司和 VMWare 公司共同发布的。vSAN 主要关注于 SMB 和 SME 市场，比如 VDI、test/dev 或者灾难恢复，使用商用服务器集群组成了软件定义的存储阵列，存储和计算都在同一个资源池中被分配。vSAN 的一些关键特性参见图 3-13。一个 VSAN 的集群开始由 3 ~ 8 个计算节点组成，每个节点都配置了至少一个 SSD 和一个 SAS 硬盘，SSD 用来充当分布式读写的缓存，并不用来持久化数据。对 vSAN 来说，它可以提供以下服务：snaps、linked clones、replication、vSphere HA、DRS、VDP。具体细节可以通过官方网站了解。

7. DataCore（SANsymphony-V）

DataCore 公司其实是一个存储虚拟化公司，它的 SANsymphony-V 是一个纯软件的存储虚拟化产品。对于用户的存储资源，它可以进行自动、实时调优，还可以同步映射不同类型的存储系统，从而使这些存储系统可以相互通信并进行数据迁移。有关内容可以参考官方网站。

8. Coraid（EtherCloud）

Coraid 公司也有它的软件定义存储平台 EtherCloud。该产品使得数据中心架构师和管理员可以方便地发布敏捷、简易的存储基础架构，同时可以方便地对存储部署和管理进行维护。通过非并行的控制层功能，EtherCloud 可以提供完全的数据路径上的可视性，并且可以通过软件控制整个存储环境。有关内容可以参见文献 [50]。

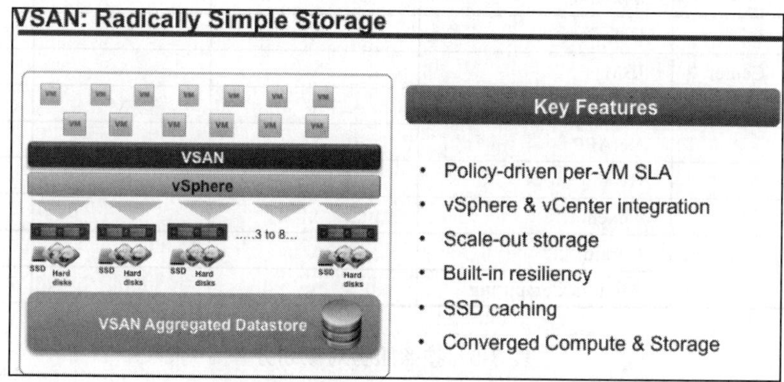

图 3-13 VMware vSAN 功能特性

9. Atlantis Computing（ILIO USX）

Atlantis 公司的 ILIO USX 产品是第一个全内存（in-memory）的软件定义存储解决方案。它可以管理已有的 SAN、NAS、DAS，并且可以跨数据中心。它还可以优化服务应用和虚拟机对存储的使用，将存储池和有效的优化进行组合，使得用户可以在同一存储上有效部署 5 倍以上的虚拟机。有关该产品的介绍可以参见文献 [51]。

3.4.3 分类映射

为了方便读者理解，我们将上一小节所讲的软件定义存储的解决方案按照不同的分类方法进行了总结，具体见表 3-3 ～表 3-5。从中读者可以对这些产品的特性进行直观的了解。

表 3-3 按照管理的存储类型划分

产 品	厂 商	服务器内置存储	外置存储（SAN/NAS）
ScaleIO	EMC	√	
vSAN	VMWare	√	
SANsymphony-v	DataCore	√	
Virtual Storage Center	IBM	√	√
ViPR	EMC		√
Data ONTAP	NetAPP		√
StoreVirtual	HP		√
NexentaStor	Nexenta		√
EtherCloud	Coraid	√	
ILIO USX	Atlantis Computing		√

表 3-4　按照对外提供的数据访问接口划分

产　品	厂　商	文件存储	对象存储	块存储
ScaleIO	EMC	√		√
vSAN	VMware			√
SANsymphony-v	DataCore	√		√
Virtual Storage Center	IBM	√	√	√
ViPR	EMC	√	√	√
Data ONTAP	NetAPP	√		√
StoreVirtual	HP			√
NexentaStor	Nexenta	√		√
EtherCloud	Coraid	√		√
ILIO USX	Atlantis Computing	√		√

表 3-5　按照服务对象划分

产　品	厂　商	通用存储	为虚拟化优化的存储
ScaleIO	EMC	√	
vSAN	VMware		√
SANsymphony-v	DataCore	√	
Virtual Storage Center	IBM	√	
ViPR	EMC	√	
Data ONTAP	NetAPP	√	
StoreVirtual	HP	√	√
NexentaStor	Nexenta	√	
EtherCloud	Coraid	√	
ILIO USX	Atlantis Computing	√	√

3.5　市场现状与分析

目前许多用户已经认识到过去将所有数据集中存放在高性能存储的做法是不经济也是不必要的，实际上，更好的做法是只利用高端存储阵列存放少量的关键数据，而将大量的低附加值或者没被利用的数据分散存放在较低端和较便宜的存储系统中。为了方便高效地管理跨存储设备或跨地理分散存放的数据，用户需要一个高度自动化和策略驱动的统一存储管理平台，而软件定义存储的构架恰恰能很好地满足这一需求。软件定义存储的出现和初步流行主要由以下几个技术和市场方面的因素所驱动：

- **正在改变的用户需求**。保证用户数据中心管理大规模数据的能力；更多的敏捷性；7×24 小时的数据可用性，以及更长计划服务时效的更大规模存储系统的部署；维持由多家厂商产品构成存储构架的习惯做法。在存储基础构架层面上的优化能带来的好处可以比拟存储所有权从服务器转向 SAN 所带来的好处。
- **网络规模级的 IT**。由拥有超大规模数据中心的公司（例如 Facebook）实现的网络规模级的 IT 系统使得存储采购者认识到，不依赖硬件的文件系统无论是现成的还是定制化的，都可以被用作实现基于横向扩展型硬件的存储机制。网络规模级 IT 数据中心对高度可扩展公有云环境的成功支撑激发了企业去寻找可以模拟高度定制化的超大规模数据中心环境的商业软件产品。尤其，特大型企业（比如全球性投资银行和电信运营商）正在尝试一种新的建造自有存储（Build-Your-Own-Storage）的场景，即利用自身技术力量对存储软件进行创新和利用采购杠杆实现硬件成本控制。

- **新型文件系统的出现**。NetApp 公司和 Oracle 公司之间关于 ZFS 文件系统的专利官司于 2010 年完结，使得 ZFS 成为未来存储构架中的基础文件系统的可能性大大提高。当前，在存储产品中使用开源 ZFS 文件系统的厂商包括 Nexenta、CloudByte、Tcgilc Systems、IceWeb、GreenBytes 和 Coraid。除此之外，基于其他文件系统的存储产品，例如 Nutanix（基于 Nutanix 分布式文件系统）、Red Hat Storage Server（基于开源 GlusterFS 文件系统）和 Inktank（基于 Ceph 文件系统），都宣称自己是针对特定存储应用需求的新型存储构架。
- **基于外部控制器（External Controller-Based，ECB）的存储厂商的商业模式**。自 20 世纪 90 年代初起，当第一批商业 ECB 存储阵列开始被广泛部署在开放式系统市场，开放式系统存储产业便已成为一个高利润产业。ECB 存储厂商在持续不断地提供创新的数据管理、压缩和优化技术的同时，也对存储管理软件（和硬件）收取高额的费用。当存储采购者意识到建造自有存储的可能性，他们便开始探索如何在企业环境中部署自有存储构架并使之与现有存储构架并存。

特别地，三类组织机构在软件定义存储的发展上起到了显著的推动作用：

- **社交媒体和公有云提供商**。诸如谷歌、Facebook、亚马逊和 Linkedin 之类的云和社交媒体公司通过自主开发和维护整套基于开源软件和商业硬件的软件定义存储方案来降低自身的 IT 开销。一些公司将他们的（部分）方案贡献给开源运动，使得其他公司也得以从中收益。值得注意的是，几乎所有的公司都还没有打算将他们的方案作为独立的产品出售。
- **基于开源社区的生态系统**。来自开源社区的系统（计算、网络和存储）堆栈，例如 CloudStack、OpenStack 和 Ceph，开始和商业系统堆栈竞争。新一代的管理服务与云提供商，例如 Racksapce 和 Salesforce，很大程度地利用这些开源系统堆栈构造他们的公有云服务；一些企业组织机构也开始利用这些开源系统堆栈构造他们的私有云环境；一些创业公司开始尝试将这些开源系统堆栈打包成现成的产品卖给那些自身没有足够技术资源或者资金进行完全自主开发的小型服务提供商。

事实上，开源社区和新一代的社交媒体和公有云提供商正在通过类似于 Open Compute 的运动积极推动硬件标准化，而这又将会对软件定义数据中心的发展有所帮助。

3.5.1 技术影响

软件定义存储的趋势将在近期（三至五年内）影响以下技术用户和市场的诸多方面：

- **云基础构架提供商** 一方面，软件定义存储技术有潜力直接帮助云管理平台实现（公有、私有或者混合）云中存储资源的整合与管理自动化；另一方面，云基础构架提供商也会意识到在云中协调异构存储设备的价值和重要性（特别是针对私有云环境下自建存储的用户需求），从而加大对相关功能的实现投入。

- **中端存储市场** 对于某些特定的用户应用，例如虚拟桌面基础设施（VDI），软件定义存储可能会在不久的将来取代更昂贵的基于外部控制器（ECB）存储。而软件定义存储全面取代ECB存储的时机，只有在软件定义存储达到以下要求之后才有可能到来：低成本，高性能；硬件升级所引发的软件平台升级与存储服务中断代价足够小；对存储硬件的锁定依赖足够小。
- **大型企业** 针对有部署混合云环境的大型企业，现有的存储管理/虚拟化产品会提供基于API的公有云访问机制。特大型企业（比如全球性投资银行和电信运营商）会对软件定义存储有较高的兴趣，既是为了降低庞大的IT开销，也是为了间接驱使现有的ECB厂商改变他们死板的产品授权策略。对于IT服务提供商来说，利用现有技术或者定制专用工具来帮助这些特大型企业实现真正的软件定义存储将会带来很多商机。

3.5.2 软件定义存储的商业价值

- **更短的价值生成时间**（Time to Value）。软件定义存储最大程度地避免了重复耗时的存储分配管理工作，使得应用和服务能更快上线。因此，商业组织可以更敏捷地对不断变化的市场状况做出及时反应。
- **更高回报的IT投入**。IT技术更新的周期一般为三至五年。因此，存储的采购往往需要考虑诸多性能指标上的冗余以满足未来可能的新需求。在这种情况下，存储资源往往得不到充分利用，而且资源的利用情况也往往不得而知。软件定义存储在很大程度上可以改善这种现状。在软件定义存储中，所有的存储资源都被整合到一个大的资源池中，并按需分配给不同的用户和应用；同时，集中式的存储资源监控、报告和管理也使得用户能更方便地追踪当前资源使用情况，更有效地预测未来存储资源的采购需求。
- **解除供应商锁定**。软件定义存储平台能够接入来自不同存储供应商的（同构或异构的）物理存储设备，并以统一的经过抽象化的虚拟存储池的方式呈现给用户。用户并不直接对底层的物理存储设备进行操作，而是通过平台的“控制模块”（Control Plane）进行数据访问和管理。因此，不像过去，用户的应用不再需要绑定运行在特定供应商的特定物理存储设备上。
- **更专注的IT人员**。软件定义存储平台能够自动化处理许多重复性的繁琐的存储分配管理工作，从而使得IT人员只需投入较少的精力去满足下游用户的存储资源需求，而把更多的精力投入到存储采购的计划以及优化存储资源的使用。
- **更高的效率**。在软件定义存储中，大多数存储服务（动态分配、监控、报告和认证等）都被集成在软件实现的“控制模块”。“控制模块”可以帮助应用更迅速地定位最合适的存储资源，也可以实现存储资源在不同应用之间的动态按需切换。通过对“控制模块”的完善和增加新的智能，平台可以持续提高数据服务的质量以及满足新型应用的需求。

3.5.3 市场展望

IDC 预计基于文件和对象的存储市场将于 2016 年达到 340 亿美元的市场规模，其中基于软件定义的横向扩展的存储系统将占据三分之二的市场份额；再加上基于块的软件定义存储系统，总的软件定义存储的市场将会变得更大。

用户将逐渐把软件定义存储系统作为一种经济的数据存储媒介。相应地，未来的数据中心也将因为软件定义存储的繁荣而变得很不一样。

- 廉价持久数据存储。用户将拥有许多关于数据存储的选择权，从计算层到磁盘存储机制，从本地开放对象接口到基于云的接口。一开始，用户会把非商业或者性能敏感的应用迁移到软件定义存储平台；最终，则会将所有的应用都迁移过来。
- 基于服务的基础构架。软件定义存储平台将允许存储资源从不同的地点被分配，无论是本地还是远程；将会提供一个无缝统一的数据展示层，无关于访问数据的设备或地点。

软件定义存储平台的成功将离不开以下关键因素：

- **开放性**。软件定义存储平台应该支持开放标准和接口。
- **支撑的解决方案**。从以往商业经验可以知道，软件定义存储平台的价值直接体现在它所能支撑的解决方案的数量和多样性。
- **性能**。软件定义存储平台必须在性能上匹配甚至超越基于硬件的平台。只有这样，更多的归档以外的应用场景才变得有意义。
- **可扩展性**。软件定义存储平台应该支持一定程度的跨地理的分布式部署。对于一个软件定义存储平台来说，它对跨地理部署的支持越强，就越适用于云的环境。
- **对应用的感知**。在大数据时代，一个最佳实践是尽可能地使得计算和应用靠近数据存放的位置，而数据中心的计算层与数据存储层的融合也将成为未来的一大趋势。因此，软件定义存储平台应该加强对应用的感知，从而最大化数据和计算的本地化和共生关系。

3.6 典型实现

本节中，我们将介绍两个软件定义存储的典型实现：ViPR 和 ScaleIO。这两个产品基于完全不同的基础设施，面向不同的用户群体，却有着相似的理念与设计原则。

3.6.1 基于传统外置存储：ViPR

EMC ViPR 是一款轻量级纯软件的解决方案，可将现有存储转变为一个简单、可扩展的开放式平台。ViPR 可扩展当前存储投资以满足新的云规模的工作负载，并可将数据和应用程序从公共云轻松地迁移回 IT 的控制之下（反之亦可）。ViPR 使 IT 部门能够提供内部部署的完全自动化的存储服务，并且价格与公共云提供商相当甚至更低。

使用 ViPR，控制路径（管理存储的位置）与数据路径（存储数据的位置）完全分离。此方法使 ViPR 能够将存储从物理阵列抽象化成单个存储池，并且此存储池仍保留各个阵列的各自特征和价值。它使管理员能够定义一个自动化的基于策略的虚拟存储池，通过一个自助目录即时向用户提供存储资源，并跨物理和虚拟存储集中管理存储资源、性能和利用率，包括计量和按存储容量使用计费（参见图 3-14）。

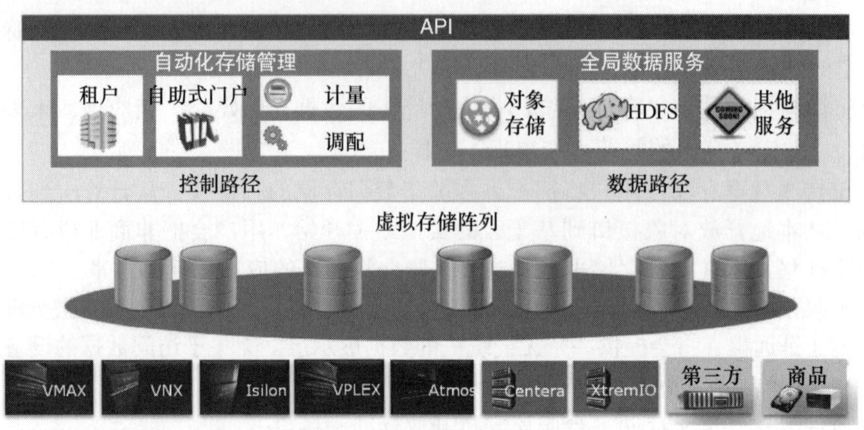

图 3-14　ViPR 软件定义存储

ViPR 是目前唯一一款软件定义的可扩展的开放式存储平台。所有 API（包括"南向"和"北向"）都有详细记录并且都是开放式的这使得任何人都可以扩展 ViPR 来支持任何存储平台，包括商用平台和云堆栈。它还为开发人员提供了单个入口点来编写完全独立于底层存储平台的应用程序和全局数据服务，因而提供了动态的新存储方法。凭借众多的开放式标准 API，ViPR 提供了无与伦比的灵活性，使用户可以灵活选择适当的平台、云堆栈和交付模式来匹配业务和工作负载要求。

1. 集中化和自动化存储

ViPR 控制器自动集中执行存储管理、配置和资源调配。它与数据路径完全分离，这意味着底层阵列的所有功能都得以保留。凭借 ViPR，可以在虚拟层进行存储管理，从而使用户能够将存储分区为虚拟存储阵列或池，并以服务的形式提供存储。ViPR 控制器将物理存储资源抽象化成单个虚拟存储池；存储池像资源一样分为多个虚拟存储阵列，它们是物理存储阵列的逻辑呈现，具有类似的特征，例如存储类型、大小、性能和位置；使用通过服务目录提供给用户的预定义存储功能来创建基于策略的虚拟存储池，自动执行资源调配。

2. 跨存储的单个管理视图

ViPR 按虚拟存储池和虚拟存储阵列提供数据中心存储拓扑的单个复合视图。现在，管理员们不必再拼凑各种报告和电子表格，而可以使用 ViPR 跨整个基础架构集中管理存储资源、性能和利用率，包括计量和按存储容量使用计费。为了实现跨软件定义的数据中心的端到端完全可见性和控制，ViPR 与以下产品无缝集成：

1）EMC Storage Resource Management Suite 为虚拟和物理存储资源提供存储资源规划，以提高存储利用率。

2）EMC Storage Service Assurance Suite 使运营团队能够获得跨计算、网络和存储资源的单个视图，并具备事件关联和根本原因分析，以提高可用性并降低死机时间。

3）ViPR VASA 提供程序使 vCenter 管理员在调配虚拟机（VM）时能够在 vCenter 中选择与应用程序兼容的存储并接收来自 ViPR 的事件。

4）vCenter Operations 向 vCenter 添加 ViPR 支持的存储指标和警报。

5）vCenter Orchestrator 为计算工作流添加存储资源调配。

或者，拥有现有存储管理、工作流编排和更改管理系统的组织可以通过一系列有详细记录的开放式 API 轻松将 ViPR 集中至其现有环境中。

3. ViPR 体系结构

ViPR 使多供应商存储环境看起来就像一个大的虚拟阵列，它使用连接到底层阵列的软件适配器，类似于设备驱动程序使通用设备与 PC 兼容所采用的方式。ViPR 提供了开放式 API，因此，任何供应商、合作伙伴或客户都可以构建新的适配器以添加新阵列，这创建了可扩展的“即插即用”存储环境，从而可以自动连接、发现和映射阵列、主机和 SAN 结构（见图 3-15）。

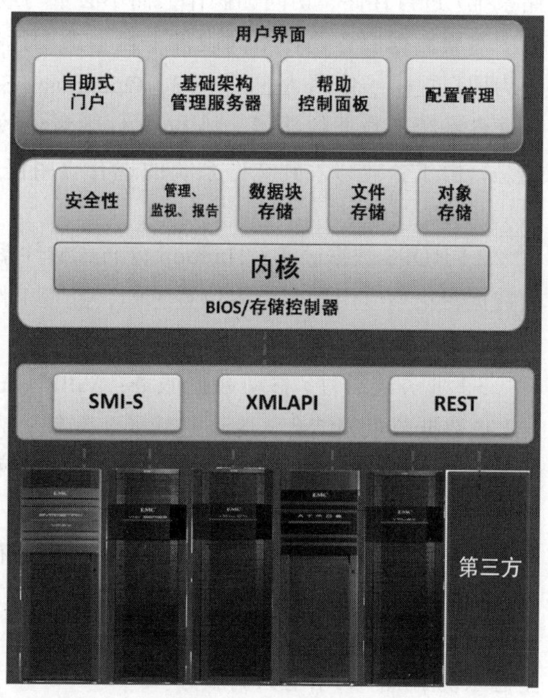

图 3-15　ViPR 体系结构

存储管理员添加阵列后，ViPR 会发现阵列及其所有相应的存储池和端口；添加光纤通道交换机后，ViPR 会自动发现和映射光纤通道网络。而且，ViPR 可以针对 EMC 和非 EMC 阵列（包括 EMC VMAX、EMC VNX、EMC Isilon、EMC VPLEX、EMC Atmos 和 NetApp）完成此虚拟化和映射。除发布 API 外，ViPR 还将支持其他 EMC 和商品磁盘。

ViPR 隐藏了所有底层存储阵列的复杂性，并展示了其作为数据服务的核心功能，同时还保留了阵列的特有属性。存储管理员然后可以在 ViPR 中创建代表特有应用程序工作负载所需的功能集的虚拟存储池。例如，具有高性能块存储特征的虚拟存储池（EMC VMAX）最适合事务性工作负载。诸如在线文件和内容共享等云应用程序对性能不敏感，在能够更经济地提供必要的数据保护和可用性级别的普通廉价硬盘上就能运行得很好。对于上述任意一种情况，用户都可以根据其工作负载需求订购虚拟存储池，而不需要了解将为其应用程序提供数据服务的底层硬件和软件。

ViPR 不是在特定阵列中调配空间，而是让存储管理员能够提供独特的、可自定义的硬件和软件资源组合作为可使用的数据服务。

4. 全局数据服务

ViPR 的可扩展性使它在某种程度上不同于存储虚拟化和其他软件定义存储的解决方案，管理员和开发人员可以开发可跨阵列并支持混合数据类型的新全球数据服务。全局数据服务属于存储抽象化，反映数据类型（文件、对象、数据块或混合数据类型）、访问协议（iSCSI、NFS、REST 等）以及持久性、可用性和安全性特征（快照、复制等）的组合。数据服务的示例包括：

1）文件中对象数据服务：ViPR 文件中对象数据服务提供了将非结构化数据（例如图像、视频、音频、联机文档）作为基于文件中对象的存储（例如 EMC VNX、Isilon 和 NetApp 存储系统）进行存储、访问和操作，而不必重写或重新处理现有基于文件的应用程序。ViPR 文件中对象数据服务是在不同硬件平台上透明运行的软件层。最初，ViPR 文件中对象数据服务为用户提供了使用 Amazon S3、OpenStack Swift 和 EMC Atmos API 管理对象数据以及访问文件系统上数据的功能。ViPR 文件中对象数据服务提供对文件阵列的直接路径访问。特别是，由于企业写入到文件系统的现有应用程序不必重新编码即可利用 ViPR，因此他们可以从此功能受益。

2）HDFS 数据服务：Hadoop 分布式文件系统（HDFS）支持对使用对象和文件数据服务的数据密集型应用程序应用位置感知，处理工作在数据所在的执行器节点上执行，而不必再遍历网络，从而减少了主干的流量。

3）业务连续性 / 移动数据服务：ViPR（虚拟）块控制器与 VPLEX 和 RecoverPoint（物理）块数据节点相结合，为通过快照、复制、高可用性和城域内的移动性支持任何工作负载的 VMAX 和 VNX 块存储提供全球业务连续性和移动数据服务，而所有这一切都通过一个管理控制点进行管理。

通过在软件中虚拟化和定义的存储资源，存储管理员不再受制于物理存储约束，可以为用户提供异构存储环境，并将应用程序作为用户可以订购的服务集提供。ViPR 的开放式可扩展平台作为开发创新型数据服务的基础，让企业和服务提供商有能力吸引开发人员和为 ISV 生态系统添加新的增值数据服务。

5. 可扩展性

ViPR 开放式体系结构提供了一个通用的平台，可与任何 EMC 存储或第三方存储以及应用程序和云堆栈集成。ViPR 提供简单而强大的表述性状态转移（REST）API，以便连接多供应商存储和构建其他的存储适配器以连接、发现和映射阵列，包括商用存储、主机和 SAN 结构。ViPR 的可扩展性让组织能够创建新的适配器以支持其他阵列，并创建在 ViPR 上运行的新全球数据服务。任何客户、合作伙伴或服务提供商都可以支持更多阵列或者开发新的数据服务。

使用 ViPR，存储层现在可以成为 SDDC 中的另一个可编程虚拟资源。ViPR 托管的所有数据和资源都可以通过开放式 API 进行访问，该开放式 API 还可与 VMware、Microsoft 和 OpenStack 云环境集成在一起。组织可以轻松地将 ViPR 集成到现有的数据中心操作中。ViPR 提供特定的 VMware 集成，通过接口可以集成到 VMware vStorage API for Storage Awareness（VASA）、vCenter Orchestrator 和 vCenter Operations 中。例如，vCenter 管理员可以获得从虚拟机到物理存储的端到端可见性。

6. 开放性

ViPR 支持众多的行业标准 API，包括数据块和文件协议，例如 CIFS、NFS 和 iSCSI；以及对象 API，包括 Amazon Simple Storage Service（S3）、EMC Atmos 和 OpenStack Swift。凭借这些 API，ViPR 为开发人员提供了单个入口点编写应用程序和全局数据服务，而完全不必考虑存储依赖性。开发人员可以将应用程序写入多个云 API，并在企业数据中心或服务提供商的云中的 ViPR 上执行这些工作负载。ViPR 的文件中对象数据服务使得还能将对象存储在现有文件系统中，并实现从传统应用程序访问这些对象，而不必修改应用程序或者进行重新编码。

3.6.2　基于服务器内置存储：ScaleIO

ScaleIO 是由一家始于 2011 年的以色列创业公司开发的面向软件定义存储（SDS）和聚合基础设施（Converged Infrastructure，CI）的新型存储产品，并于 2013 年 6 月被 EMC 收购。这是一个基于运行在商业化服务器上的纯软件实现，软件定义分布式共享存储系统。ScaleIO 将服务器里空闲的内置磁盘（或外接的直连存储，即 DAS）利用起来，组成一个统一的虚拟存储池，并提供给所有的服务器使用。这款产品旨在充分利用廉价的闲置硬件，为用户提供接近于传统 SAN（块存储）的体验（参见图 3-16）。

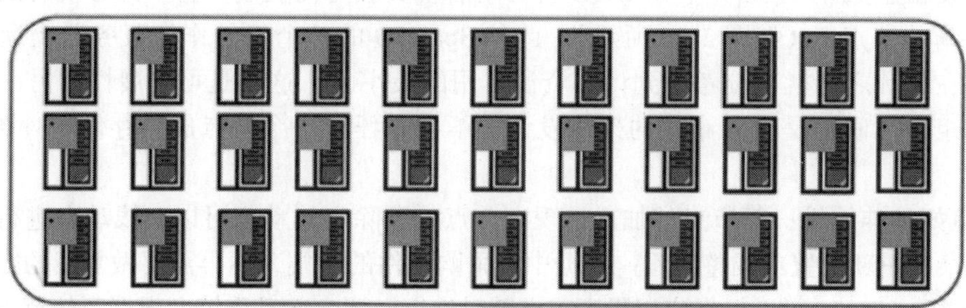

减少对僵化、昂贵的外部存储系统的依赖

图 3-16　ScaleIO 的目标：替代 SAN

有一些用户尽管采购了昂贵的SAN存储阵列，但使用率却并不高，有时候甚至没有足够的供电、冷却设施或网络端口。与此同时在数据中心里的服务器上有着成百上千的内置磁盘，虽然有着不小的存储容量（几百GB直至TB级别），却只用了几十GB来存储操作系统和应用程序。大量的闲置能力被浪费的同时，却仍然持续消耗着电力、冷却和空间资源。ScaleIO最初的动机就是解决这个问题，基于聚合后者（服务器磁盘），提供堪比前者（SAN）的能力，而且不需要引入太多额外的成本与复杂性。

ScaleIO将应用所需的存储资源与计算资源整合到一起，即在同一个服务器集群中，然后提供给集群中所有的应用程序分配使用。数据中心每一个服务器既是存储集群的模块，也是计算机群的组成部分。通过这种方式，ScaleIO可以整合所有服务器上的存储容量和性能，以及提供简化的统一管理，在提高运维效率的同时降低成本。这种架构设计具有良好的可扩展性，通过简单地增加节点（服务器）就可以很方便地构建几千个节点的集群。所有的维护操作都可以在线进行，不会影响到运行中的应用程序。此外ScaleIO还具备数据自我修复（Self-Healing）的能力，可以轻松应对服务器故障或磁盘故障。最后ScaleIO通过完全分布式的设计以及数据访问的高度并发性保证了良好的性能。

ScaleIO的典型用例包括：①虚拟服务器（Virtual Server Infrastructure，VSI），需要大容量、易管理、易扩展、低成本的存储；②虚拟桌面（Virtual Desktop Infrastructure，VDI），需要高性能（峰值）、大容量、易扩展的存储；③数据库，需要支持高性能写操作、保证高可用性、快速恢复的存储；④开发测试环境，需要适应硬件快速变化、具有适中的容量与性能、低成本的存储。

1. 功能与特性

1）**高度可扩展性**：最多可支持数千个节点（服务器）；得益于高度的I/O并发性，系统的存储吞吐量（带宽/IOPS）可以随着节点数线性增长。当新的存储或计算资源（如额外的服务器或磁盘）加入集群后，ScaleIO会自动启动负载均衡机制，将一部分现有的存储数据搬运到新的节点上（如图3-17所示）。此外ScaleIO的各个组件作为服务器上运行的应用程序，在设计之初就充分考虑到计算资源占用的最小化，这也是可扩展性的另一重要保障。最后组件之间也是全分布式的架构设计，不会有任何一个节点成为存储（网络）流量的瓶颈。

2）**良好的伸缩性**：新节点的加入、现有节点的删除和移动都可以在线动态进行，不需要任何复杂的重新配置或调整过程。数据中心采购硬件的时候，不再需要做复杂的容量计划（Capacity Planning），可以根据应用程序需求随时进行微调。而且系统会根据新的节点数自动发起数据迁移，从而达到自动负载均衡的目的（如图3-18所示）。

对于各种类型的基础设施，ScaleIO都有着很好的兼容性。首先，ScaleIO可以管理各种不同类型的存储，包括机械磁盘（HDD）、固态磁盘（SSD）和PCIe接口的闪存（Flash）卡等，通过将其纳入不同的存储池，可以为用户提供多种服务级别（性能/价格）的存储。其次，ScaleIO可以运行在多种架构的服务器上，包括x86架构、ARM架构以及其他一些芯片组。最后，ScaleIO 对操作系统也有着广泛的支持，涵盖所有主流的 Linux 与各种虚拟化平台（VMware/XEN/KVM），对 Windows 也即将提供支持。

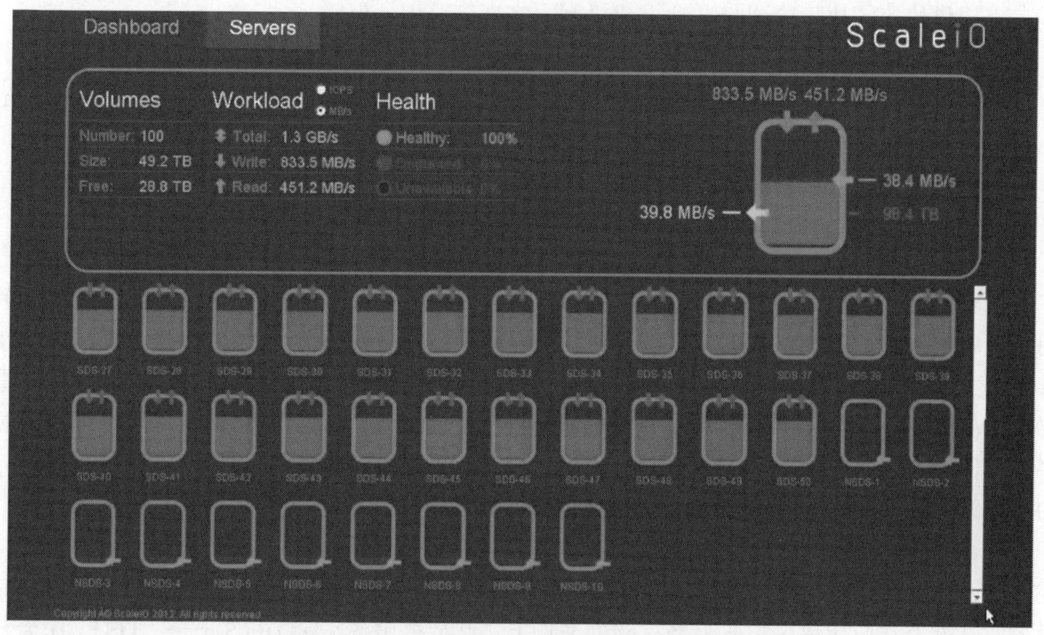

图 3-17　ScaleIO 可扩展性：新节点加入

图 3-18　ScaleIO 自动负载均衡与数据重建

除了前面提到的多存储池与平台兼容性，ScaleIO 还具有以下功能与特性：

- **数据保护** 为每份数据创建两个副本并随机选择存储节点。当某个节点失效时，系统提供快速的故障检测与自动重建机制，实现高可用性保障。
- **存储快照** 运行对用户卷进行快照保护，并支持可写（Writeable）模式的快照。
- **多租户模式** 支持服务质量（QoS）控制，提供针对某个特定用户卷的带宽（Bandwidth）与 IOPS 的限速机制。同时还支持不同保护域（Protection Domain）的划分。
- **管理便捷** 友好的图形化管理界面，可以让管理员方便地配置与监控整个存储集群。

2. 架构与组件

ScaleIO 将每一个用户存储卷（或 LUN）按照固定的大小分块（Chunk），然后将其分散到集群中的一些节点上；数据分发的决策充分考虑到整个存储系统的负载均衡。这样的设计首先大大减少了访问热点（Hot Spot）出现的可能性，是系统性能随着节点数线性增长的重要保障。从另一个角度来说，单个应用程序访问单个存储卷的性能也能大大提高，得益于对多个存储节点访问的全并发访问。同时存储节点的选择也会考虑到邻近原则（类似与 Hadoop 的分配策略），这也是聚合基础设施带来的另一个好处。

ScaleIO 本身也作为普通的应用程序运行在各个服务器上，其系统架构如图 3-19 所示。在 ScaleIO 的架构设计中，有三个主要的组件：①数据客户端（Data Client，DC），作为存储设备驱动部署在应用程序需要消费存储的节点上；②数据服务端（Data Server，DS），作为系统服务（Service/Daemon）部署在提供闲置存储能力的服务器上；③元数据管理器（Metadata Manager，MDM），也作为系统服务选择性地部署在一部分节点上。

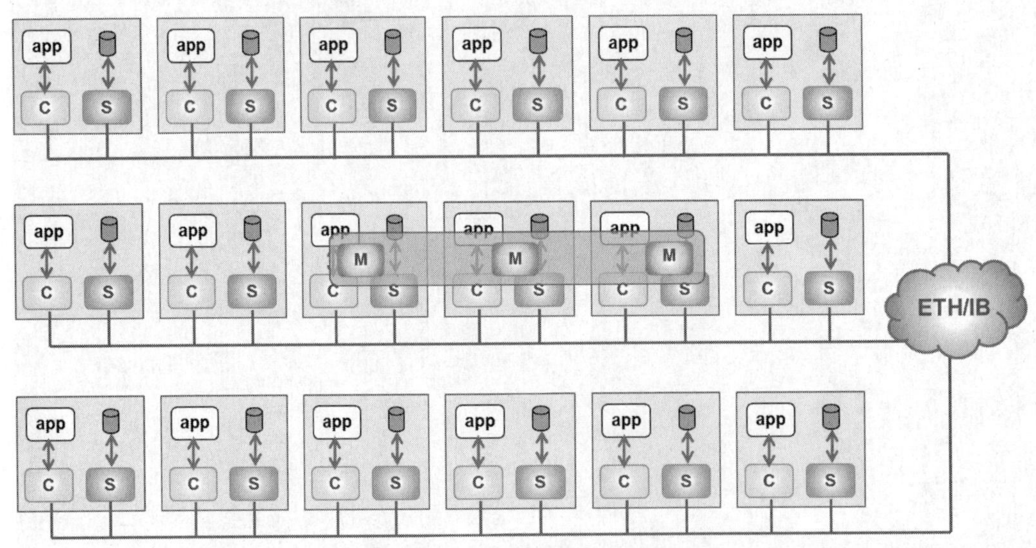

图 3-19 ScaleIO 架构与组件

第一个组件是 ScaleIO 数据客户端（SDC），作为块存储设备的驱动程序存在于需要访问存储的服务器上。SDC展现给应用程序的块存储设备实际上可能发布在整个ScaleIO集群的任何存储节点上，然而对于本地应用程序来说，有着访问本地磁盘一样的用户体验。在后端，SDC负责与其他节点（SDS）进行通信；ScaleIO通信协议的实现基于TCP/IP协议。应用程序发起的存储读写操作会通过文件系统和卷管理器（如LVM），然后传递给SDC（如图3-20所示）。SDC从已保存的元数据中查询必要的访问信息，然后将操作分发到对应的目标节点（即SDS所在的节点）。

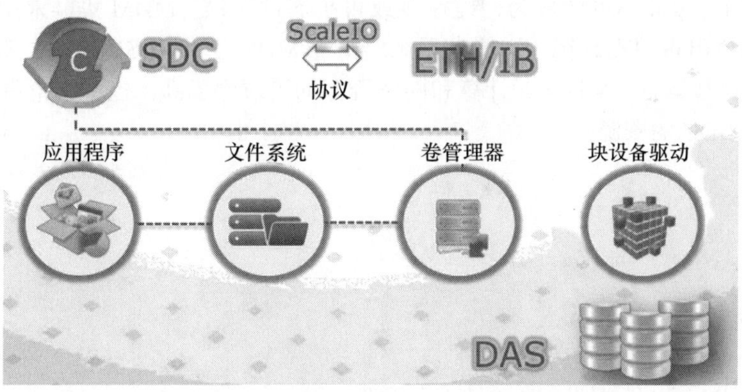

图3-20 ScaleIO数据客户端（SDC）

下一个组件是ScaleIO数据服务器端（SDS），作为系统服务运行于所有贡献存储的服务器上。SDS负责管理本地的存储设备（HDD、SSD、PCIe闪存卡），并将其加入到ScaleIO的各个存储池中；本地的存储形式可以是磁盘、分区或文件。接收到（通过ScaleIO通信协议）来自SDC的存储请求后，SDS负责在本地执行实际的I/O操作，即通过普通的块存储设备驱动本地存储进行操作（如图3-21所示）。一台服务器上可以同时部署SDC和SDS，两者都运行在存储访问的数据链路（Data Path）上，其运行完全互相独立。

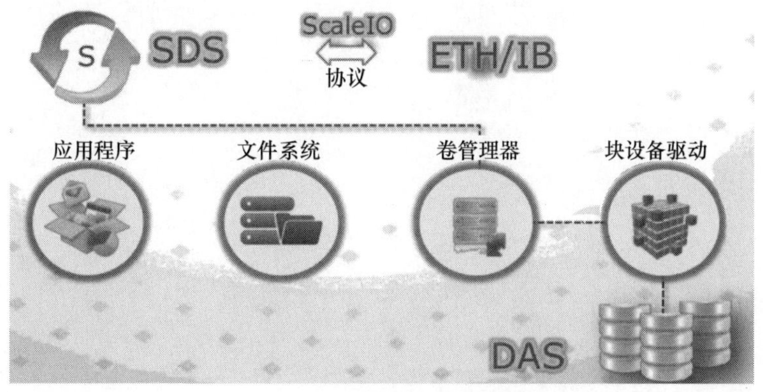

图3-21 Scale IO数据服务器端（SDS）

控制链路（Control Path）上的组件就是ScaleIO的元数据管理器（MDM），作为负责整个系统的监控与配置的关键角色。稍有不同的是部署方式，MDM 只需运行在少数几个服务器上，也是作为系统服务的形式存在（类似于 SDS）；当然 MDM 的数量也会随着集群规模增长。MDM 维护了整个存储集群中所有用户卷（Volume）与 SDS 之间的映射关系，还负责所有与数据移动（迁移）相关的决策，包括自动负载均衡、节点故障后数据自动修复等。此外 MDM 还负责其他一些系统功能，例如给 ScaleIO 的管理界面提供监控数据。MDM 与 SDS/SDC 之间的交互是超轻量级（Extremely Light）和延迟执行（Lazy）的，所有的用户数据都不会流经 MDM，因此不可能成为性能瓶颈或可扩展性瓶颈。MDM 集群采用了高可用性的设计，保证不会出现单点故障（详情参见 8.5 节）。MDM 可以与 SDS/SDC 部署在同一服务器上，也可以单独运行，MDM 对计算和网络资源的需求都不高，也不会抢占（Preempt）应用程序和 SDS/SDC 的资源。

第 4 章 软件定义网络

Chapter4

数据中心作为企业 IT 资源的集中地，是数据计算、网络传输、存储的中心，为企业和用户的业务提供 IT 支持。网络作为提供数据交换的模块，是数据中心中最为核心的基础设施之一，并直接关系到数据中心的性能、规模、可扩展性和管理性。随着云计算、物联网、大数据等众多新技术和应用的空前发展以及智能终端的爆炸式增长，以交换机为代表以传统网络设备为核心的数据中心网络已经很难适应企业和用户对业务和网络的快速部署、灵活管理和控制，以及开放协作的需求，网络必须能够像用户应用程序一样可以被定制和编程，也就是软件定义网络（Software-Defined Networking，SDN）。

4.1 概述

SDN 毫无疑问是近几年 IT 领域的大热词。在各种场合下出镜率极高，网络、杂志对 SDN 的介绍随处可见。那 SDN 到底是什么，能做什么？业界众说纷纭，莫衷一是。有人说 SDN 是网络界类似于 Linux 的运动，是接替 UNIX 与 Windows 的第三代代表；有人说 SDN 像是网络领域如之前服务器与存储领域中所经历的虚拟化浪潮；也有人说 SDN 不过是一个炒作的概念，离实际的应用还相差甚远……这些观点反映出不同立场的各方对 SDN 的不同理解，原因是 SDN 的出现对 IT 产业乃至科技界的各方面产生了巨大影响，甚至会在一定程度上重新划分当今的 IT 生态利益格局。对网络用户，特别是互联网厂商和电信运营商而言，SDN 意味着网络的优化和高效的管理，可以利用 SDN 提高网络的智能性和管控能力，大幅降低网络建设与运维成本，还可以促进运营商真正开放底层网络，大大推动互联网业务应用的优化和创新。对一些初创厂商而言，SDN 是获得快速发展的机遇。首先 SDN 是新兴技术，本身就是一个巨大的“金矿”，孕育着巨大的市场机会，对 SDN 的投入能够获得巨大的收益，根据来自 IDC 与 Infonetics 的数据显示，SDN 市场规模在未来两三年内将超过 30 亿美元。IDC 表示到 2016 年 SDN 市场规模将达到 37 亿美元，而 Infonetics 则相对保守，预测在 2017 年将实现 31 亿美元的市场贡献。然后 SDN 让传统厂商和自己重新站在同一条起跑线上，初创厂商不受既有产品和利益的约束，轻装上阵，有实现弯道超车的机会；而对传统厂商而言，SDN 则是机遇和挑战并存。一方面，SDN 的兴起为产业注入了新的活力，带来了新的需求和增长点，可以抓住 SDN 的机遇扩大市场，增加收入和利润；另一方面，SDN 意味着目前网络设备软硬件一体的架构将被打破，软硬件解耦，网络设备只负责数据的转发，这样会让网络设备愈发标准化、低廉化，网络功能将逐渐由软件实现，设备利润转移到软件领域，自己的传统地盘和利益将会受到威胁。在这种背景下，传统厂商对 SDN 的态度各不相同，有的处于观望甚至是抵制的态度，有的则积极探索 SDN 相关技术和产品，利用自己的江湖地位制定标准，掌握话语权，并准备在合适的时候收购一些初创厂商，继续维护自己的领地。

正因为 SDN 搅动了当前各方利益的格局，使得当今 SDN 产业处于混战状态，各个厂商、各个组织你方唱罢我登场，新老势力为了能够在未来的竞争中立于不败之地，都积极参与到 SDN 的讨论、研发乃至标准的制定中，新标准、新架构、新产品不断出现，使 SDN 产业呈现出蓬勃发展的态势。

如上所述，SDN 是一种新兴的技术，也是一种新兴的产业，那 SDN 的准确定义是什么？SDN 发展的驱动力是什么？ SDN 和传统网络架构有什么不同？为了让读者对 SDN 有全方面的认识，我们会首先介绍什么是 SDN，然后介绍 SDN 的框架和特点，最后介绍与 SDN 相关的组织和各大厂商对 SDN 的支持及其观点。

4.1.1 什么是 SDN

SDN 是一种全新的网络技术，它通过分离网络设备的控制平面与数据平面，将网络的能力抽象为应用程序接口（Application Programming Interface，API）提供给应用层，从而构建了开放可编程的网络环境，在对底层各种网络资源虚拟化的基础上，实现对网络的集中控制和管理。与采用嵌入式控制系统的传统网络设备相比，SDN 将网络设备控制能力集中至中央控制节点，通过网络操作系统以软件驱动的方式实现灵活、高度自动化的网络控制和业务配置。

1. SDN 发展的背景和驱动力

当前 IT 领域正经历着巨大的变化，云计算、虚拟化、大数据、物联网、移动互联网、社交网络等新技术、新模式、新应用的爆发式增长改变着我们每个人的生活，根据 IDC 的报告，2011 年有 80% 的企业应用是在云平台上开发的，到 2014 年，将有 30% 的企业应用费用花在云计算供应的业务上；另一方面，IDC 称 2013 年全球移动互联用户达到了 13.6 亿，并且将以 13.7% 的年增长率增长，到 2017 年，全球移动互联用户将高达 22.7 亿。伴随着移动互联的爆发式增长的同时是数据量的急速增长，根据 IDC 数字世界研究项目的统计，2010 年全球数字世界的规模首次达到了 ZB（1ZB=1 万亿 GB）级别，即 1.227ZB；而 2005 年这个数字只有 130EB，基本上 5 年增长了 10 倍。这种增长意味着到 2020 年我们的数字世界规模将达到 40ZB，即 15 年增长 300 倍。可以说，云计算、大数据和移动互联时代已经来临。

随着云计算兴起，利用虚拟化和面向服务技术，能够为智能轻便设备提供广泛的业务服务。在这种计算模式下，计算和存储能力向网络中心迁移，形成数据中心，大量的计算请求、信息请求依托网络向数据中心发送，网络成为数据中心和用户的纽带。

在这种计算、网络、存储资源的整合下，云计算对网络的要求由连接转变为服务，原因是云计算本身就是一种服务，能按需、弹性、共享、灵活地为用户提供云业务和基础资源，其中基础资源包含计算、存储和网络等。网络作为一种资源被云计算整合到基础架构中，提供快速连接的服务，这需要网络能够以服务方式交付，可以灵活定制，可以按照用户的需求和业务的变化动态调整；而且，云计算是以服务的方式呈现给用户，用户要能够以一个集中、统一的管理平台对云资源进行配置和管理，这同样包括网络资源。

但是，传统网络在面对这种需求的时候遇到了瓶颈。这是因为当前网络中存在着各种各样互不相干的协议，它们被用来在不同间隔距离、不同链接速度、不同拓扑架构的网络主机之间建立网络连接。因为历史原因，这些协议的研发和应用通常是彼此隔离的，每个协议通常只是为了解决某个专门的问题而缺少对共性问题的抽象，这就导致了当前网络的复杂性。而且传统网络中，网络的状态分布在大量的网络设备上，是一个无中心的结构。要完成一个网络功能，则需要连接每一个相关设备进行设置；如果网络出现了故障，同样需要连接每一个相关设备逐个排查才能定位问题。

例如，用户需要为某一个业务部署 5 个虚拟机，每个虚拟机有两个 vCPU（4G RAM，100GB 存储资源），虚拟机的网址是 192.168.10.0/24，属于 166 虚拟子网（VLANID 为 166）。在传统网络中，用户在为虚拟机分配网络资源的时候，需要首先检查物理网络拓扑是否支持，如果不支持则首先到数据中心机房调整物理拓扑，调整的时候要考虑机房机架、电源、端口、制冷，设备之间的兼容性、安全性、软件版本、权限等问题，而且不能影响其他正在运行的服务器。接下来通过 CLI 登录到虚拟机连接的物理交换设备上设置端口 VLAN、子网的路由。如果虚拟机对网络防火墙、QoS 或者网络协议方面有要求，则同样需要在相应的设备上做设置和调整。可以看出，这一整个过程全是手工完成，非常复杂和繁琐，耗时耗力，而且极其容易出错。由于这种设置是网络局部的调整，没有从全网的角度来考虑，很容易造成对全局网络的负面影响。

正是由于以上几个方面原因，当前网络逐渐向动态、协同、可编程、整合优化的网络转变，这种转变推动 SDN 软件定义网络的兴起，即一种灵活开放的网络架构，一种将部分或全部网络功能软件化和服务化，更好地开放给用户和业务，让用户和业务更好地使用和部署网络，以适应快速变化的云计算业务。所以，面向云计算的下一代数据中心的客户业务对网络开放的诉求才是能真正推动数据中心 SDN 发展的驱动力。

2. SDN 的起源和发展状况

2006 年，斯坦福大学启动了名为“Clean-Slate Design for the Internet”项目，该项目旨在研究提出一种全新的网络技术，以突破目前互联网基础架构的限制，更好地支持新的技术应用和创新。该项目中，来自斯坦福大学的学生 Martin Casado 和他的导师 Nick McKeown 教授等研究人员提出了 Ethane 架构，即通过一个集中控制器向基于流的以太网交换机发送策略，实现对流的控制、路由的统一管理。受到其研究项目Ethane的启发，Martin Casado和Nick McKeown教授随后提出了OpenFlow概念，其核心思想是将传统网络设备的数据转发（Data Plane）面和路由控制（Control Plane）面相分离，通过集中控制器（Controller）以标准化接口对各种网络设备进行配置管理。这种网络架构为网络资源的设计、管理和使用提供了更多的可能性，从而更容易推动网络的革新与发展。由于OpenFlow开放了网络编程能力，因此Ethane被认为是SDN技术的起源。

4.1.2 SDN的架构和特征

SDN可以用如图4-1所示的逻辑架构来定义，一个SDN网络中包含三个架构层级：数据层（Data Plane），控制层（Control Plane）以及顶层的应用层（Application Plane）。

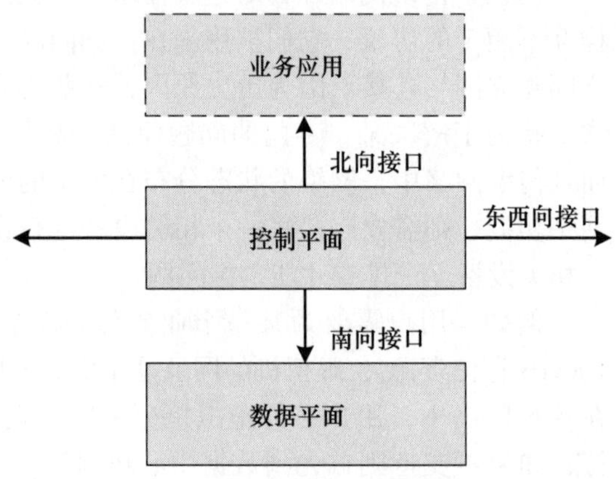

图4-1 SDN的逻辑架构

数据层主要由网络设备（Network Device）即支持南向协议的SDN交换机组成，它们可以是物理交换机或者虚拟交换机，保留了传统网络设备数据转发的能力，负责基于流表的数据处理、转发和状态收集。在当前SDN方法中，供应商只是把应用和控制器作为单独产品提供。例如，Nicira/VMware将其应用和控制器打包到一个单独的专属应用堆栈中，思科则通过把控制器嵌入IOS软件的方式把控制器打包到OnePK产品中。

控制层主要包含控制器及网络操作系统（Network Operation System，NOS），负责处理数据层资源的编排、维护网络拓扑、状态信息等；控制器是一个平台，该平台向下可以直接使用OpenFlow协议或其他南向接口与数据层会话；向上，为应用层软件提供开放接口，用于应用程序检测网络状态、下发控制策略。大多数SDN控制器都提供了图形界面，这样可以将整个网络以可视化的效果展示给管理员。

顶层的应用层由众多应用软件构成，这些软件能够根据控制器提供的网络信息执行特定控制算法，并将结果通过控制器转化为流量控制命令，下发到基础设施层的实际设备中。事实上，应用层是SDN最吸引人的地方，原因是SDN实现了应用和控制的分离，开发人员可以基于控制器提供的API来自定义网络，自身只需专注于业务的需求而不需要像传统方式那样从最底层的网络设备开始部署应用，这大大简化了应用开发的过程，而且，大部分SDN控制器向上提供的API都是标准化、统一化的，这使得应用程序不用修改就可以自由在多个网络平台移植。

1. SDN的北向、南向及东西向接口

SDN网络控制器与网络设备之间通过专门的控制层和数据层接口连接，该接口是支持

SDN 技术实现的关键接口。

（1）北向接口

SDN 北向接口是 SDN 控制器和应用程序、管理系统和协调软件之间的应用编程接口，通过控制器向上层业务应用开放的接口，业务应用能够便利地调用底层的网络资源和能力。通过北向接口，网络业务的开发者能以软件编程的形式调用各种网络资源；同时上层的网络资源管理系统可以通过控制器的北向接口全局掌控整个网络的资源状态，并对资源进行统一调度。比如 OpenStack 项目中的 Neutron（Quantum）API 就是一个典型的北向接口，通过与多种 SDN 控制器集成对外开放，租户或者应用程序可以利用这组接口自定义网络、子网、路由、QoS、VLAN 等，并且可以通过这些接口查看当前网络的状况。

当前的北向接口并没有完全的标准，更多的是跟平台相关，SDN 组织正致力定义统一规范的北向接口，比如 ONF。ONF 执行总监 Dan Pitt 曾经指出，实在不行就开发一个标准北向 API。但通过一定规范来控制其潜在用途，供网络运营商、厂商和开发商使用。

北向接口的设计对 SDN 的应用有着至关重要的作用，原因是这些接口是为应用程序所直接调用的，应用程序的多样性和复杂性对北向接口的合理性、便捷性和规范性有着直接的要求，这直接关系到 SDN 是否能获得广泛应用。

（2）南向接口

南向 API 或协议工作在两个最底层（交换 ASIC 或虚拟机）和中间层（控制器）之间。它主要用于通信，允许控制器在硬件上安装控制层决策从而控制数据层。包括链路发现、拓扑管理、策略制定、表项下发等，其中链路发现和拓扑管理主要是控制其利用南向接口的上行通道对底层交换设备上报信息进行统一监控和统计；而策略制定和表项下发则是控制器利用南向接口的下行通道对网络设备进行统一控制。

OpenFlow 是最典型的南向协议，目前的最新版本是 1.4，OpenFlow 定义了非常全面和系统的标准来控制网络，因而是目前最具发展前景的南向协议，也是获得支持最多的网络协议，甚至有人认为 OpenFlow 就是 SDN，本章后面的部分将会对 OpenFlow 进行更详细的介绍。

还有其他一些南向通信实现方式正在研究中，比如 VXLAN。VXLAN 规范记录了终端服务器或虚拟机的详细框架，并把终端节点（end point）的连接定义为网络。VXLAN 的关键假设是交换网络（交换机、路由器）不需要指令程序，而是从 SDN 控制器中提取。VXLAN 对 SDN 的定义是通过控制虚拟机以及用 SDN 控制器定义基于这些虚拟机通信的域和流量而实现的，并不是对以太网交换机进行编程。

（3）东西向接口

SDN 发展中面临的一个问题就是控制层的扩展性，也就是多个设备的控制层之间如何协同工作，这涉及 SDN 中控制层的东西向接口的定义问题。如果没有定义东西向接口，那么 SDN 充其量只是一个数据设备内部的优化技术，不同 SDN 设备之间还是要还原为 IP 路由协议进行互联，其对网络架构创新的影响力就十分有限。如果能够定义标准的控制层的东西向接口，就可以实现 SDN 设备“组大网”，使得 SDN 技术走出 IDC，走出数据设备，成为一种有革命性影响的网络架构。目前对于 SDN 东西向接口的研究还刚刚起步，IETF 和 ITU 均未涉及这个研究领域。通常 SDN 控制器通过控制器集群技术来解决这个问题，比如 Hazelcast 技术，控制器集群能提供负载均衡、故障转移，提高控制器的可靠性。

2. SDN 的特征

SDN 的出现打破了传统网络设备制造商独立而封闭的控制平面结构体系，将改变网络设备形态和网络运营商的工作模式，对网络的应用和发展将产生直接影响。从技术层面和应用层面来看，SDN 的特点主要体现在以下几个方面：

1）数据层与控制层的分离，在控制平面对网络集中控制。通过控制平面功能的集中以及数据平面和控制平面之间接口的规范，实现对不同厂商的设备统一、灵活、高效的管理和维护。数据平面和控制平面的分离，并且支持集中控制，这是 Clean Slate 项目组最早赋予 SDN 的特征，就是把原来 IP 网络设备上的路由控制层集中到一个控制器上，网络设备根据控制器下发的控制表项进行转发，自身不具备太多智能性。

2）网络接口开放是 SDN 技术的本质特征，是目前 SDN 主要价值的体现。SDN 通过北向接口开放给应用程序的应用和业务可以通过调用 API 获取网络的能力，实现业务和网络的精密融合；通过南向接口的开放，实现网络控制层面和数据层面的分离，使得不同厂商的设备可以兼容；通过对东西向接口的开放，可以实现控制层的扩展，使多个控制器协同工作，提高控制器的可用性。

3）实现网络的虚拟化，利用以网络叠加技术为代表的网络封装和隧道协议，让逻辑网络摆脱物理网络隔离，实现物理网络对上层应用的透明化，逻辑网络和物理网络分离后，逻辑网络可以根据业务需要进行配置、迁移，不再受具体设备物理位置的限制。同时，逻辑网络还支持多租户共享，支持租户网络的定制需求。目前，网络虚拟化的应用场景主要用于数据中心，以近年来数据中心内的虚拟网络设备为代表：vSwitch、vRouter、vFirewall 等这些产品类似于服务器资源的虚拟化，就是在通用服务器虚拟机平台上，通过软件的方式，模拟实现传统设备功能，从而实现最灵活的设备能力，带来最方便的部署和管理。网络虚拟化将传输、计算、存储等能力融合，在集中式控制的网络环境下，有效调配网络资源支持业务目标的实现和用户需求，提供更高的网络效率和良好的用户体验。

4）支持业务的快速部署，简化业务配置流程。传统网络由于网络和业务割裂，大部分网络的配置是通过命令行或者网络管理员手工配置的。由于本身是一个静态的网络，当遇到需要网络及时做出调整的动态业务时，就显得非常低效，甚至无法实施。SDN 的集中控制和可编程能力使得整个网络可在逻辑上被视作一台设备进行运行和维护，无需对物理设备进行现场物理分散配置，开放的 API 使得用户业务可以利用编排工作流实现业务部署和业务调整的自动化实施，让用户的业务部署和调整摆脱了手工分散配置的约束，降低了设备配置风险，提高了网络部署的敏捷性。

5）更好地支持用户个性化定制业务的实现，为网络运营商提供便捷的业务创新平台。SDN 的核心是软件定义，其本质是网络对业务的快速灵活响应和快速业务创新。

4.1.3　SDN 相关组织介绍

1. ONF

2011 年，在雅虎、谷歌、德国电信等几家公司的倡议下，开放网络基金会（Open Networking Foundation，ONF）成立，其致力于软件定义网络及其核心技术 OpenFlow 的标准化（规范制订）以及商业化。ONF 的成员由董事会成员及普通会员两部分组成，董事会成员包括德国电信、日本 NTT 电信、Facebook、谷歌、微软、Verizon、雅虎以及知名投行高盛公司 8 家公司；普通会员则包括网络设备商、网络运营商、服务器虚拟化厂商、网络虚拟化厂商、芯片商、测试仪表厂商等在内的 80 多家公司。

ONF 组织架构如图 4-2 所示。组织架构包括扩展性组、配置和管理组、测试和互操作组、混合模式组、市场培育组、架构组、北向 API 组 7 个工作组。ONF 根据对 SDN 技术方案的研究成果，不定期发布技术报告、技术白皮书以及相关的标准规范制订和维护。

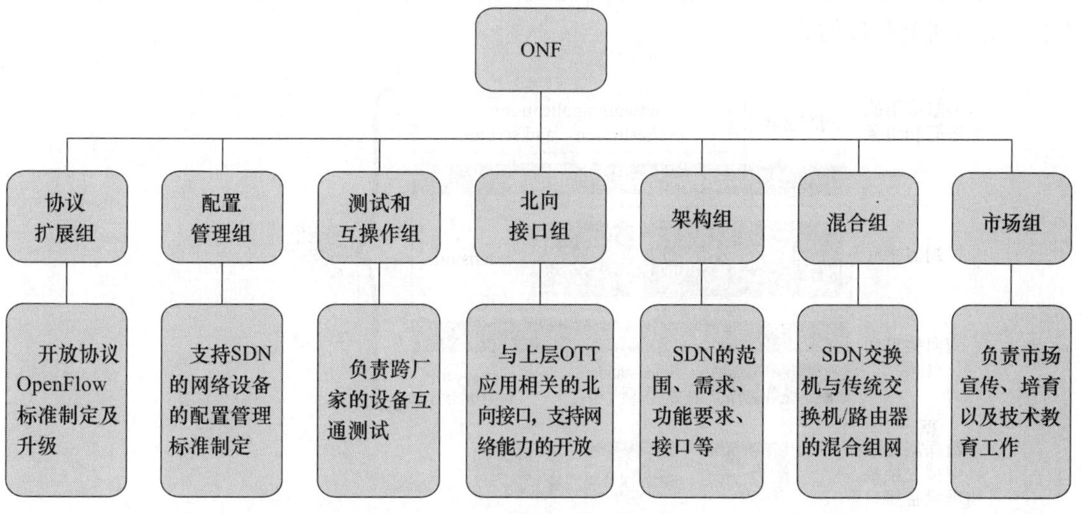

图 4-2　ONF 组织结构

ONF 是 SDN 技术领域的推动者，其主要的研究成果包括定义 SDN 基本架构、OpenFlow 标准和 OpenFlow 配置与管理协议。国际互联网工程组成立了 SDNBOF，并且提出了他们所认为的 SDN 架构。其早期的两个研究工作组之一 ForCES 已经发布了 9 个 RFC，主要涉及需求、框架、协议、转发单元模型、MIB 等；另一个工作组 ALTO 主要通过为应用层提供更多的网络信息来完成应用层的流量优化。国际电信联盟在 SG13 组明确了 SDN 的研究任务，相关工作在 WP5 组 Q21 研究，目前成立了 Y.FNsdn-fm 和 Y.FNsdn 两个项目，分别面向 SDN 的需求和框架。中国通信标注化协会也成立了多个 SDN 研究组，主要涉及应用场景及需求、问题分析、术语定义、互通规范和测试规范等。SDN 技术还处于起步阶段，各方面还都处于尝试探索阶段，但是各国都积极参与到这场网络改良工作中来，有朝一日 SDN 必将付诸实施，真正达到其优化网络的目的。

2. ODL

ODL（OpenDayLight）是 2013 年 4 月由多家业界著名的 IT 厂商发起的开源项目，厂商包括思科、IBM、VMware、惠普、英特尔、Juniper 等 18 家 IT 巨头。该项目和 Linux 基金会合作，致力于打造一个开源的基于 SDN 的平台框架，这个框架从上到下包括网络应用和服务、北向接口、中心控制器平台、南向接口，但是不包括数据层，几乎可以看成是一个网络操作系统。

ODL SDN 框架如图 4-3 所示，北向接口使用了现在很流行的 REST API 接口，可以很灵活地支持各种应用；控制层提供网络服务和平台服务功能，而且支持功能的扩展；南向接口包括 OpenFlow 以及很多其他接口，比如 SNMP、LISP、XMPP、OF-Config、Net-Config 等，包括我们后面要介绍的 NVP 使用的 OVSDB 南向接口。和 ONF 主要是由网络用户，比如微软、Facebook 发起不同，ODL 的发起者主要是设备商和软件商，所以 ODL 更强调 SDN 南向接口的多样性和自主性，而不是标准性，它认为除了北向接口，其他的各个层面都是允许在标准之外进行扩展的。

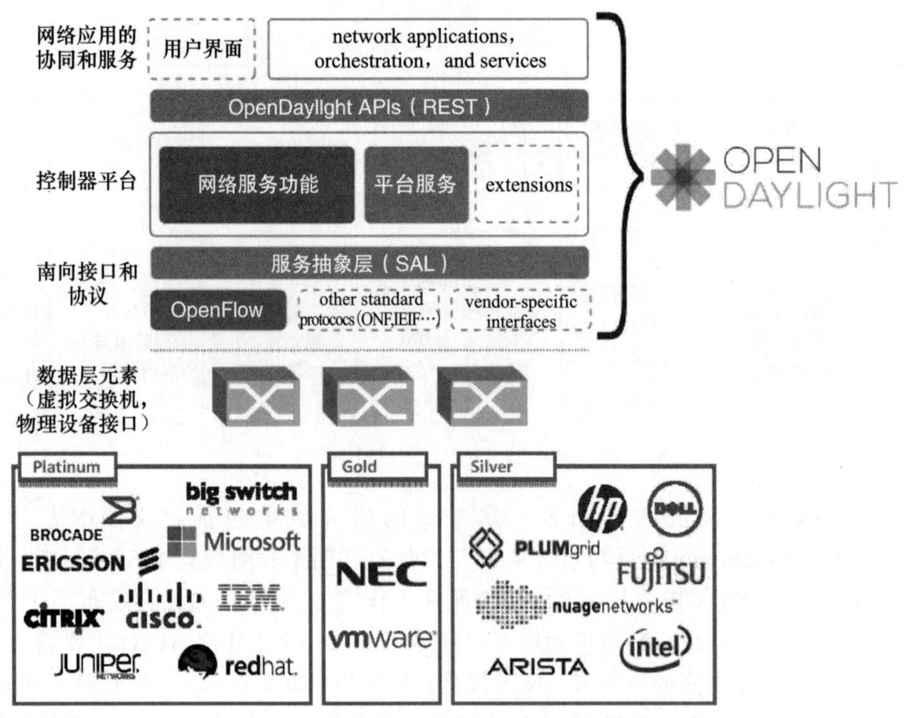

图 4-3 ODL SDN 框架

出于跨平台的考虑，ODL 采用 Java 语言编写，可以部署在多种系统平台上，理论上甚至可以安装在手机上，让网络管理员的移动网络管理梦想变为现实。

从 ODL 的成立可以看出 SDN 为产业的发展带来了新机会和新方向，也可以看到各个厂商为了在这波 SDN 浪潮中占有一席之地，都在努力参与到各种组织中发出自己的声音，力求使自己的利益最大化。

3. IETF

互联网工程任务组（Internet Engineering Task Force，IETF）成立于 1985 年底，是全球互联网最具权威的技术标准化组织，主要任务是负责互联网相关技术规范的研发和制定，当前绝大多数国际互联网技术标准都出自 IETF。

与 ONF 相比较，IETF 的相关工作更多的是由网络设备厂商主导，聚焦于 SDN 相关功能和技术如何在网络中实现的细节上。IETF 重点研究项目包括基于 XML 的 SDN(XML-based SDN)、路由系统接口（Interface to Routing System，I2RS）及转发和控制分离（Forwarding and Control Element Separation，ForCES）。

IETF ForCES 的目标是定义一种架构和相关机制，用于在逻辑上分离的控制层和转发层之间交互信息，实际上是定义了 SDN 中转发与控制分离的一种可行的实现机制。该工作组从 2003 年至今共发布了 9 篇 RFC 文稿，内容涉及需求、框架、协议、转发单元模型以及管理信息库（MIB）等多个领域。

在 IETF 第 84 次、85 次会议期间，IETF 成立了路由领域公开的研究组，重点研究路由系统接口（I2RS）的问题描述、需求、应用场景和架构模型等。I2RS 主张在现有的网络层协议基础上增加插件（plug-in），并在网络与应用层之间增加 SDN Orchestrator 进行能力开放的封装，而不是直接采用 OpenFlow 进行能力开放，目的是尽量保留和重用现有的各种路由协议和 IP 网络技术。I2RS 的路由系统需要发布网络拓扑和状态，通过网络元数据进行计算选路，并将相关结果传递给各设备的控制层。I2RS 接口的使用者可能是管理应用、网络控制器或者对网络定制的用户应用，目前 I2RS 工作组还没有形成 RFC 和工作组文稿。I2RS 的研究草案显示的支持 SDN 的体系架构如图 4-4 所示。

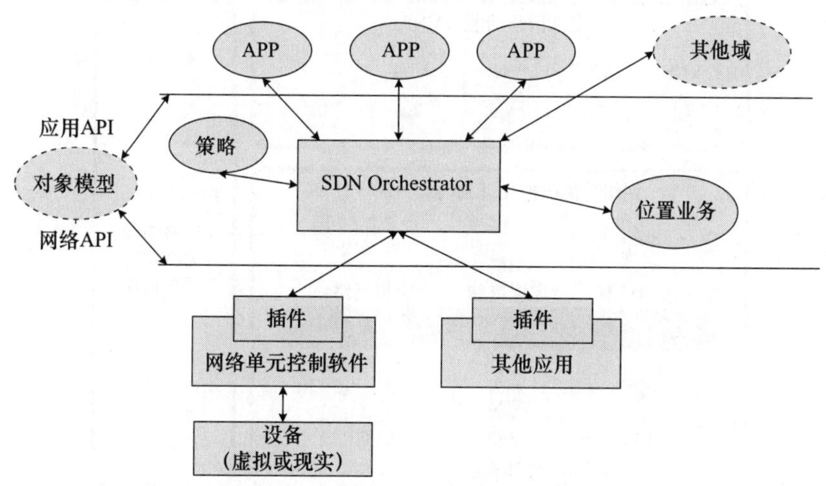

图 4-4　IETF 支持 SDN 的 I2RS 架构

4. ETSI

欧洲电信标准化协会（European Telecommunications Standards Institute，ETSI）是独立的非营利性信息和通信技术（ICT）标准化组织，创建于1988年，总部位于法国尼斯。ETSI现有来自欧洲和其他地区共63个国家的750名成员，其中包括：制造商、网络运营商、政府、服务提供商、研究实体以及用户等ICT领域内的重要成员。ETSI作为欧洲对世界ICT标准化工作的贡献在制定一系列标准和其他技术文件的过程中起了十分重要的作用。互用性测试服务和其他专门服务共同构成了ETSI的活动。ETSI的首要目标是通过提供一个所有重要成员都能积极参与到其中的论坛支持全球的融合。

2012年10月，AT&T、英国电信BT、德国电信等7家运营商在ETSI发起了一个新的网络功能虚拟化标准工作组NFV ISG（Networking Functions Virtualization Industry Specification Group），目前已经有52家网络运营商、电信设备供应商、IT设备供应商以及技术供应商参加。

NFV工作的主要目的是将SDN的理念引入电信业，解决电信运营商多年来的“痛点”，包括高昂的网络成本，封闭的网络功能，专用设备类型多、数量多、生命周期短，新业务开发困难、周期长、营运成本高等问题。这从NFV ISG的主要成员是电信运营商就可以看出来，NFV认为，只有“软硬件解耦”的方式才能真正打破电信设备多年来高耸的“围墙”，才能让电信网络摆脱“黑盒子”的宿命，并以此进一步降低每年不断攀升的建设和维护网络的成本，同时为电信网络功能注入新的活力。在这样的架构下，网络功能需要能够动态、灵活地进行部署，不受限于物理网络。

NFV主要侧重于网络7层协议中上层部分（4～7层）应用的虚拟化（如图4-5所示），通过软件实现多种多样的网络功能，如虚拟的运营级NAT、虚拟的广域网优化、虚拟的接入路由器等。

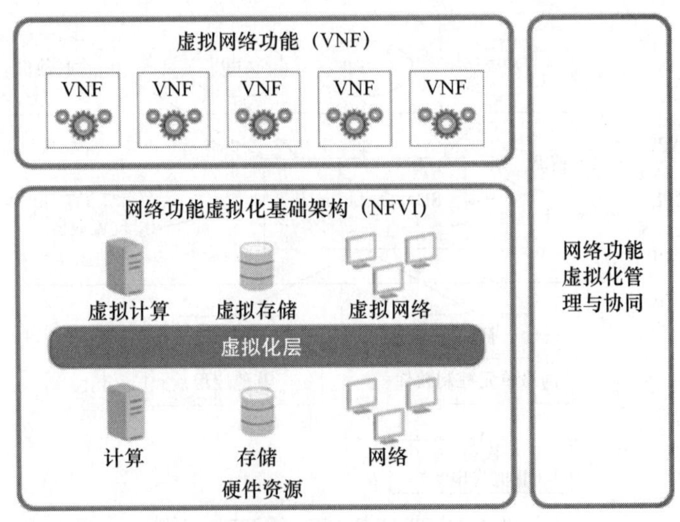

图4-5 NFV框架

NFV 说明 SDN 的触角已通过传输网、融合接入、未来移动网以及智能管道业务等领域伸向整个电信网络。

5. OCP

开放计算项目（Open Compute Project，OCP）是由 Facebook 发起的开放计算项目，与英特尔、AMD、惠普、戴尔等进行合作开发数据中心，Facebook 会对外公布其数据中心规格。OCP 的目标是用 PC 的模式来做网络设备。它们会定义一套标准，硬件设备只需要按照这些标准去做，就可以像 PC 一样在市场上卖，最终用户可以任意选择网络设备，自行安装操作系统、协议栈和一些管理应用程序，设备底层驱动由设备商提供，或者可以在网上自由下载，就像 PC 驱动一样。这些标准包括但不限于以下几点：①一个标准的 BootLoader 用于系统引导；②硬件相关的信息，比如 MAC 地址、序列号等；③软件安装程序和卸载程序；④一个最小的 Kernel；⑤一些通用部件的标准化，比如串口、带外管理口等。

OCP 若能做成，对 SDN 的发展会有举足轻重的意义，因为这将是最彻底的 SDN，对整个产业链格局的改变也是显而易见的。对整个行业来说，它绝对是积极的、正面的，会极大地促进网络的创新。但这件事情的阻力和难度也是可想而知的。

4.1.4　各大厂商对 SDN 的态度和应用

1. 思科

作为传统网络设备商的领导和代表，思科对 SDN 的态度对整个 IT 界具有举足轻重的影响和作用。实际上，它也经历了从强烈排斥到被迫布局，最后变为积极参与并创新发展的过程，这几乎是 SDN 对业界影响过程的一个缩影，可以看出 SDN 在一步步影响整个 IT 生态圈，也可以看出传统网络厂商在 SDN 大潮中的转型和革新。

SDN 对思科影响是多方面的。一方面，SDN 会直接影响思科的盈利。据说，思科 CEO 钱伯斯曾经在一次高层会议上向公司其他高管发问："如果思科进军 SDN 市场会怎么样？"最终讨论的结果是，思科自己进军 SDN 市场会使现有硬件业务规模从 430 亿美元下降至 220 亿美元，这意味着思科在斩断自己的盈利动脉。可是如果不选择 SDN，结果会怎样呢？思科可能会失去网络设备市场的绝对优势地位，这从痛失亚马逊价值 10 亿美元大单事件就可以看出来，亚马逊直接选择了更廉价的硬件配合 SDN 技术来满足自己的业务需求，让思科感到了 SDN 带来的真正威胁。另一方面，SDN 迫使思科加快从设备供应商向软件和服务提供商的转型，加快对 SDN 的深度布局和积极参与，思科推出的 Cisco ONE（Open Network Environment）可以视为基于专用接口的 SDN 产品。Cisco ONE 将平台 API（应用编程接口）、Agent、控制器、网络虚拟化和多种网络覆盖技术进行一体化完备整合，不仅涵盖了从传输到管理和协调的整套解决方案，而且补充了当前的软件定义网络方法。利用思科的开放式网络环境，用户可以通过跨多层的网络可编程性和抽象性驾驭智能网络，提供丰富的协议、行业标准以及基于使用的部署模型选项。

Cisco ONE 包含了思科推出的多方面技术创新（如图 4-6 所示）。其中平台软件开发套件

（One Platform Kit，onePK）可跨越 IOS、IOS-XR 和 NX-OS 等思科操作系统，为开发人员提供应用程序编程接口。思科还宣布推出用于 SDN 研发的概念验证控制器软件和概念验证 OpenFlow Agent。此外，思科通过 Cisco Nexus 1000V 虚拟交换机帮助构建可扩展的虚拟覆盖网络，以便进行多租户云部署。其他创新包括 OpenStack 支持、可编程性、多虚拟机管理程序功能以及 VXLAN 网关功能。

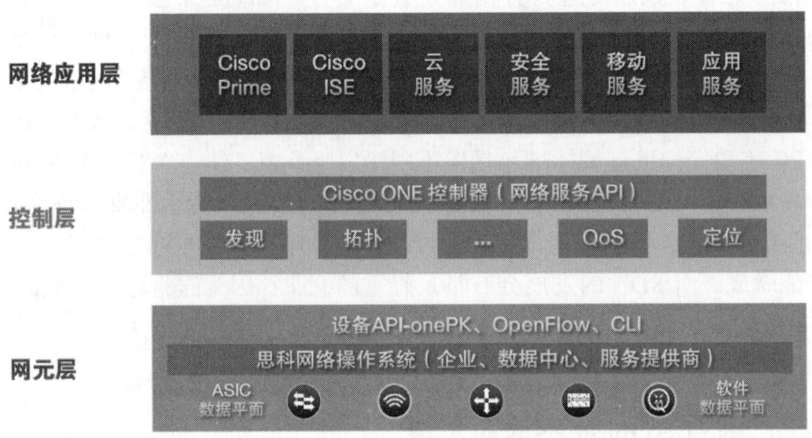

图 4-6　Cisco ONE 架构

同时，为了继续保持自己在未来的优势地位，能够和谷歌、Facebook 主导的 ONF 分庭抗礼，思科和 IBM 联合其他厂商筹建和发起了开源项目 ODL（OpenDayLight），目前思科是 ODL 的白金会员，而且是这一项目的主要领导者之一。思科向 ODL 贡献了基于 Java 的 BGP/ 路径计算单元协议库，主导了 SDN 控制器的开发，并且负责和共同负责了 ODL 内部的大部分项目，目的就是将自己的标准发展为实际标准，控制 SDN。

2013 年 11 月，思科宣布完成对孵化公司 Insieme Networks 的完全收购，并推出 Insieme 应用中心基础设施（Application Centric Infrastructure，ACI），包括核心交换机 Nexus 9508，声称可以通过软件控制一切应用程序政策基础设施控制器（Application Policy Infrastructure Controller，APIC）和新操作系统 NX-OS。Nexus 9000 交换机结合了商用芯片和思科的定制芯片，使其既可以运行于商用芯片的独立模式，也可以运行于 ACI 模式。商用芯片为用户提供开源支持，支持 OpenFlow、OpenDayLight 控制器以及思科的 onePK 可编程性，而定制芯片则可以获得反 SDN 功能：ACI 和 APIC 控制器具有硬件加速功能、对应用程序交互和行为的深入可视性以及细粒度服务水平指标。APIC 为自动化和管理 ACI 矩阵、进行策略编程和监控状态提供了一个统一平台，它能够优化性能，支持任意地方的应用，并统一物理和虚拟基础设施的管理工作。APIC 是一个高度可扩展的集群软件控制器，能够管理 100 万个终端。与传统 SDN 控制器不同，它不受交换机数据和控制层的影响，因此即使 APIC 离线，网络也能够对终端变化做出响应，此外，APIC 还支持灵活地定义和自动化应用网络，并提供了出色的可编程性与强大的集中管理能力。经过优化后的新版 NX-OS 操作系统，能够在高性能数据中心网络中实现无与伦比的“零接触”运行，可为客户节省数百万美元的资本支出和运营支出，而且获得了一大串合作伙伴的支持，包括 BMC、CA、Citrix、EMC、Emulex、F5、IBM、微软、NetApp、RedHat、SAP、赛门铁克以及竞争对手 VMware。

Insieme ACI 的推出说明思科正在认真对待 SDN 威胁，并且做出了积极的响应，按照钱伯斯的说法就是：“接受 SDN 理念，但探讨超越目前市场水平的实现方式”，“ ACI 是目前实现 SND 的最佳实践方案”。思科通过软硬结合的方式实现网络的灵活性，同时保持对现有市场的维护，真正做到了一石二鸟。

2. VMware

2012 年 7 月，虚拟化技术和云基础架构厂商 VMware 以 10.5 亿美元现金，收购软件定义网络（SDN）先驱者、开源政策网络虚拟化私人控股企业 Nicira，以扩大网络虚拟化产品组合。按照协议，VMware 还将承担 Nicira 已确定未发放的 2.1 亿美元股票奖励。

Nicira 近来成为网络行业议论最多的新创公司之一，这是因为该公司开发的技术完全改变了企业建造网络的方式。其对网络的用途如同 VMware 软件对服务器的用途，使用的是“虚拟化”技术。Nicira 开发了网络虚拟平台（Network virtualization platform，NVP)，该技术被描述为 25 年才会出现一次。

VMware 通过对 Nicira 的收购和整合，基于 VMware ESX 的虚拟化技术，推出了其 NSX 网络虚拟化平台，该平台号称网络版的 VMware ESX。在 VMworld2013 大会上，VMware 提出了“ DEFY CONVENTION（颠覆传统)”主题，据 VMware 介绍，其不仅仅是一个 SDN 的解决方案或物联网的解决方案，而是利用虚拟化技术覆盖整个网络结构的平台，并利用能够创建一个资源池的 VMware ESX 服务器虚拟化技术，对内存和 CPU 进行虚拟化，动态分配资源，以响应用户请求。另外，VMware 的 NSX 物理交换机和路由器，可以通过负载平衡及防火墙动态分配虚拟化之后的网络资源。

VMware 的 SDN 和网络虚拟化技术紧密集成，它具有两种网络叠加方案 VXLAN 和 STT，STT 只能用于虚拟交换机，NVP 3.2 版本中已经能够同时支持两种协议。

VMware NSX 方案是网络虚拟化和软件定义网络的结合体，它同时具有网络虚拟化和软件定义网络的要素，理论上，VMware NSX 可以部署在任何 Hypervisor 上，不过目前主要还是应用在 VMware 自家的 vSphere 上。

NSX 方案如图 4-7 所示，其虚拟化层包含三个逻辑平面：数据层（DATA 层)、控制层（CONTROL 层）和管理层（MGMT 层)。管理层和控制层对应 ONF 架构中的控制层，通过北向接口向应用程序提供 API 进行编程和控制，通过南向接口控制数据层，主要由虚拟交换机，比如传统的 VDS 交换机、运行于其他 Hypervisor 的 Open vSwitch 交换机以及 NSX ESR（Edge Service Router）路由器等构成，其中 NSX ESR 路由器提供 WAN/Internet 通路，数据层受到控制层的控制器集群管理，控制器集群受到管理层的 NSX Manager 管理，NSX Manager 还可以集成第三方插件以实现特定功能，NSX Manager 还提供 NSX API 给更上层应用程序调用。

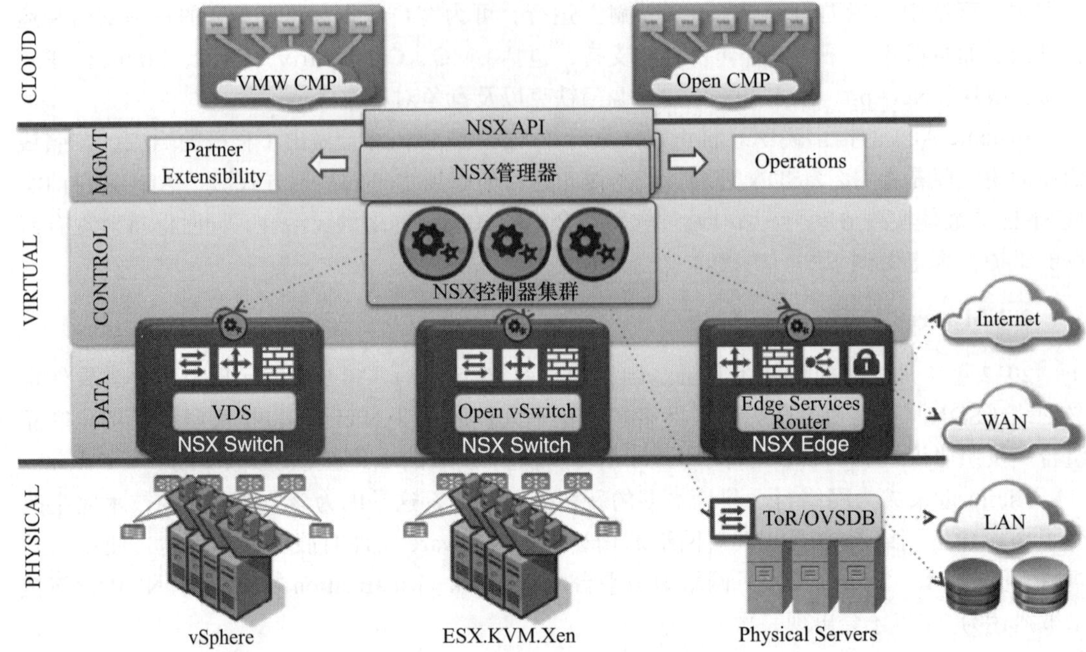

图 4-7 VMware NSX 架构

NSX 方案最底层的虚拟交换机居于 VXLAN 协议，在 VMware vCNS（VMware vCloud Networking and Security）环境中，由运行在 ESXi 上的一个内核模块 VTEP（Virtual Tunnel End Point）实现 VXLAN 的封装和解封。VTEP 维护一张映射表，能够知道目标虚拟机所在的 EXSi 的位置，VTEP 会自动创建 VMkernel port 并为其分配 IP 地址与物理网络通信。

VMware NSX 方案为 VMware 布局软件定义数据中心奠定了坚实的基础，弥补了其在计算、存储、网络虚拟化布局的最后一块缺口，使 VMware 在数据中心虚拟化和云计算管理平台的领先地位得到了进一步的加强。

3. Juniper（瞻博网络）

2012 年 12 月，Juniper 公司宣布斥资 1.76 亿美元收购了主要制造 SDN 控制器的初创公司 Contrail Systems，值得一提的是，这是一家正式运营两天就被收购的公司。Juniper 对 Contrail 的收购兴趣部分源于其是思科目前最大的竞争对手，但是更大的兴趣来自于对 SDN 市场的布局。在获得了 Contrail SDN 控制器后，Juniper 在 2013 初宣布了其 SDN 战略，简称为“六四一”策略，即六个原理、四个步骤，最后通过一个软件 license 模式落实到真正的软件平台上。Juniper 的六个原理包括：

- 将网络软件清晰地划分为管理、服务、控制和推进四个层次——提供支撑架构来实现网络内每一层的优化。
- 将管理、服务和控制软件的相应部分进行集中化处理，以简化网络设计并降低运营成本。

- 使用云来获得弹性扩展和灵活部署，推动基于使用的定价机制以降低维护时间，并将成本与价值关联。
- 创建一个平台，用于网络应用、服务以及与管理系统的整合，推动新的业务解决方案。
- 推动协议标准化，实现供应商之间的互操作和多样化支持，提供更多选择并降低成本。
- 将 SDN 原则广泛应用于所有的网络和网络服务中，包括网络安全——从数据中心、企业园区到服务供应商使用的移动和有线网络。

四个步骤包括：

- **第一步** 将网络管理、分析、和设置功能集中化，通过总体控制来设置所有的网络设备。
- **第二步** 建立业务虚拟机（VM），将网络和安全业务从底层硬件中抽取出来。
- **第三步** 采用集中化控制器，将多重网络和安全业务设备进行串联。
- **第四步** 优化网络使用和安全硬件以实现更高性能。

一个软件就是 Juniper 在 2013 年 9 月推出的商业版本 SDN 控制器 Contrail 以及开源版本的 Open Contrail。Juniper Contrail 的 SDN 方案也是采用三层架构，采用三层层叠网络方案。尽管同样基于 L3 Overlay 技术，Juniper 提供的 SDN 方案在数据层和其他厂商很不一样，它采用的是 MPLS Over GRE，除了支持 MPLS Over GRE 的硬件交换机之外，也支持虚拟交换机。目前，Juniper 为 KVM 虚拟化平台提供了 vSwitch，针对其他 Hypervisor 的 vSwitch 也在开发中。

Juniper 的 Contrail 控制器的南向接口和其他厂商很不一样，它基于独特的拓展的消息和展现协议（Extensible Messaging and Presence Protocol，XMPP）。Juniper 通过 XMPP 协议管理各种 Juniper SDN 软件 / 硬件网络基础设备，包括交换机和路由器等。XMPP 是一种通用的面向消息的中间协议层，本来是为即时而通信开发，Juniper 已向 ODL 组织提议使用 XMPP 作为南向 API，这样可以避免绑定在一家 SDN 厂商上。Juniper 同时也支持 OpenFlow。

Juniper 对传统交换机的支持，通过 BGP 和 Netconf 协议实现。多个 Juniper Contrail 控制器之间通过 BGP 协议互相通信。由于使用了 MPLS 和 GRE 两种通用的 WAN 协议，Juniper Contrail SDN 在交换效率和跨越 WAN 部署上具有一定的优势。

4. Brocade（博科网络）

作为网络硬件厂商的 Brocade 主要提供 SDN 中数据层的设备，Brocade 的 SDN 方案称为虚拟集群交换矩阵（Virtual Cluster Switching Fabric，VCS Fabric）。Brocade 是 ONF 和 ODL 的成员，它的交换机主要支持南向协议 OpenFlow，Brocade 也提供了三层层叠网络协议方案，支持 VXLAN 和 NVGRE 等协议。

Brocade VCS Fabric 由三个部分组成：以太网 Fabric（Ethernet Fabric）、分布式智能（Distributed Intelligence）和逻辑机架（Logical Chassis）。其中以太网 Fabric 可以看做一种网络虚拟化产品，它将传统的数据中心的三层架构变成大而平的二层架构，在二层网络上提供了 Any-to-Any 特性，使用 TRILL 和 IS-IS 协议，允许建立 64 条二层 ECMP（Equal-Cost

MultiPathing）路径，为二层网络提供了极为强大的性能和高可靠性；分布式智能化以太网Fabric是“自我形成”的，当两个交换机与博科VCS连接，Fabric自动创建，和交换机共同发现Fabric配置的，缩放Fabric中的带宽就像在交换机之间连接另一个链路，或按需添加一个新交换机那样简单；以太网Fabric交换机表现为一个逻辑的机架，并作为一台交换机管理，而不是对单独Fabric中的每个交换机进行管理，就好像它是在一个机箱的端口模块，这使用户无需手动配置结构的可扩展性。

Brocade VCS Fabric的另外一个重要特点是其交换机/网络设备的端口可以选择为SDN模式或者传统模式，从而提供一种迁移到SDN之前的混合架构。

5.Big Switch

Big Switch是成立于2010年的SDN创业公司，它的创始人之一也是目前公司CEO的Guido Appenzeller是斯坦福大学毕业的计算机科学博士，他也曾在斯坦福大学工作过，主要负责OpenFlow v1.0及相关交换机和控制器的开发。

Big Switch提出了Open SDN的架构。该架构主要包括了三个层次：基于标准的南向协议、开放的核心控制器及北向开放的API。其中，架构的核心是控制器Floodlight，它已经获得了广泛的认可，拥有业界最大的SDN控制器开发社区支持。Floodlight的模块化结构使得其功能易于扩展和增强，它既能够支持以Open vSwitch为代表的虚拟交换机，又能够支持众多OpenFlow物理交换机，并且可以对由OpenFlow交换机和非OpenFlow交换机组成的混合网络提供支持。

Big Switch除了控制器之外，还提供网络应用平台Big Network Controller及运行在其上的网络虚拟化应用Big Virtual Switch、统一网络监控应用Big Tap等产品。另外，Big Switch于2013年3月推出了交换机软件平台Switch Light，能够便捷地为物理交换机和虚拟交换机提供OpenFlow支持。

Big Switch是OpenDayLight的主要发起者之一，而且一度是该项目的铂金成员。但是，项目运行了还不到3个月时间，Big Switch就退出了OpenDayLight，主要原因是在控制器代码等方面和思科产生了严重分歧。这一情况显示出新兴的创业公司和传统的产业巨头在SDN领域的激烈竞争，同时也使得OpenDaylight项目的前景更加引人关注。

6. 谷歌

谷歌的B4网络是目前最有影响的利用SDN搭建的商业网络之一，在2013年ONS峰会上，谷歌著名工程师Amin Vahdat发表了题为“SDN在谷歌怎么做？”的演讲。他分享了谷歌把Quagga开源软件和OpenFlow结合起来优化数据中心内部连接以及在自有数据中心使用OpenFlow的细节。谷歌称自己的SDN网络为B4。

谷歌的网络分为数据中心内部网络（IDC Network）及骨干网（Backbone Network，也可以称为WAN网）。WAN网按照流量方向由两张骨干网构成，分别为：数据中心之间互联的网络（Inter-DC WAN，即G-scale Network），用来连接谷歌位于世界各地之间的数据中心，属于内部网络；面向Internet用户访问的网络（Internet-facing WAN，即I-Scale Network）。

谷歌选择使用 SDN 来改造数据中心之间互联的 WAN 网（即 G-scale Network），因为这个网络相对简单，设备类型及功能比较单一，而且 WAN 网链路成本高昂（比如很多海底光缆），所以对 WAN 网的改造无论建设成本、运营成本收益都非常显著。

谷歌的部署分为三个阶段。第一阶段在 2010 年春天完成，把 OpenFlow 交换机引入到网络里面，但这时 OpenFlow 交换机对同网络中的其他非 OpenFlow 设备表现得就像是传统交换机一样，只是网络协议都是在控制器上完成。第二阶段是到 2011 年中完成，这个阶段引入更多流量到 OpenFlow 网络中，并且开始引入 SDN 管理，让网络开始向 SDN 网络演变。第三个阶段在 2012 年初完成，整个 B4 网络完全切换到了 OpenFlow 网络，引入了流量工程，靠 OpenFlow 规划流量路径，对网络流量进行极大的优化。

谷歌的 B4 网络架构如图 4-8 所示，这个网络一共分为三个层次，分别是物理设备层（Switch Hardware）、局部网络控制层（Site Controller）和全局控制层（Global）。一个 Site 就是一个数据中心。第一层的物理交换机和第二层的控制器在每个数据中心的内部出口处都有部署，而第三层的 SDN 网关和 TE 服务器则是在一个全局统一的控制层。

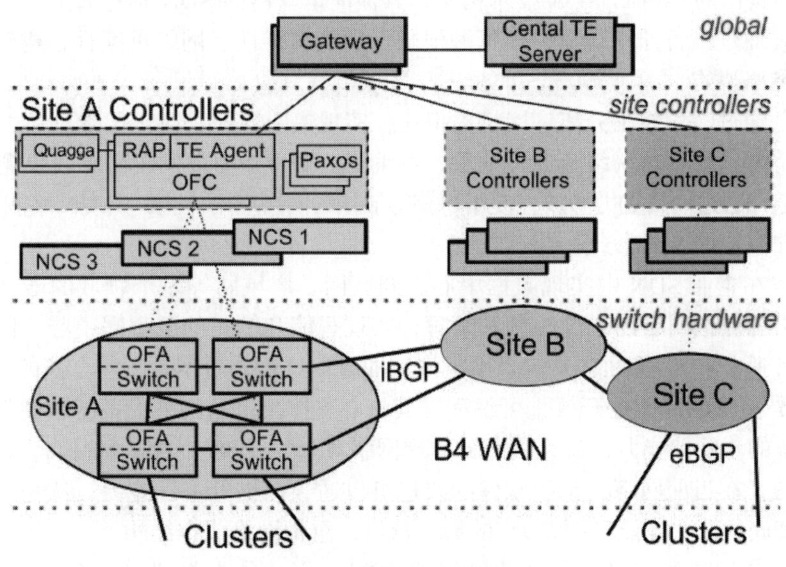

图 4-8　谷歌 B4 网络架构

作为 ONF 官网上仅有的几个用户案例之一，谷歌的 B4 网络对 SDN 的推广有很好的示范作用：一方面证明了 SDN 在实际应用中带来的巨大价值，据谷歌的测试，SDN 部署后，网络的容错能力、网络带宽利用率及网络的管理能力大大提高；另一方面，该案例为其他用户部署 SDN 提供了很好的借鉴和参考作用。

7. 华为

作为国内和世界领先的信息和通信解决方案供应商，华为同样积极参与了 SDN 的研究和开发，并且在 2013 年 6 月加入了 ODL 组织。在 2013 年 3 月举办的 CeBIT 2013（汉诺威消费电子、信息及通信博览会）大会上，华为发布了其在企业业务领域的软件定义网络（SDN）方案。这是继 2013 年 2 月份华为面向电信运营商发布 “SoftCOM” SDN 战略之后，再次阐释其在企业业务领域的 SDN 战略构想。华为致力于以“云化、全层次开放、融合演进以及简单可控”为核心的企业 SDN 战略，让企业用户的 ICT 基础设施能够“随您所愿”，它面向运营商和企业分别提出了不同的 SDN 战略：

（1）面向运营商的 SoftCOM 战略

SoftCOM 战略，致力于帮助运营商建立一个完整系统的网络架构。华为表示相比传统、封闭、复杂和以控制为主的通信架构，新一代的通信网络是开放、简单和以使能为主的。这样的网络可以通过将控制平面和数据平面分离的 SDN 技术，诸如会晤边界控制器 SBC 等网络元素的虚拟化、支持云业务的数据中心内的 OSS 和 BSS 功能、大规模部署云业务等来实现。

华为表示整个网络分布式的云 / 寄宿（hostling）体制将是未来网络的架构。这些技术和架构将会最小化运营商的设备投资成本，降低网络运营复杂性，提高网络效率和灵活性，大大加快新业务推出的进度。

透过华为提出的 Carrier SDN 技术构架，其面向运营商的 SDN 构想如下：

- **弹性** 通过设备通用化、处理资源池化、功能多样性、网络可编程，构建弹性而不僵化的网络架构。
- **简单** 通过转发控制分离、网络虚拟化，实现集中管理、简化运维。
- **敏捷** 通过端到端网络资源可抽象、可编程，实现新业务发放简单、快捷。
- **可增值** 通过网络能力开放，使用户获得最佳的网络应用体验，实现网络能力的再增值。

（2）面向企业的 SDN 方案

华为期望在企业 SDN 中实现数据中心、园区网、广域网等多个领域的端到端融合；通过对物理网络和虚拟网络的融合控制和管理，实现智能和敏捷的云数据中心。同时，华为认为从现有网络到未来 SDN 网络是一个平滑演进的改革过程，而不是一场全新的革命。

SDN 对外呈现的能力是开放、可编程，其核心支撑技术是网络设备的软硬件灵活性。没有可在线重塑的软硬件能力，就无法充分体现网络对外的开放、可编程价值。

从近期看，在当前网络上基于软件的改造可以适当提供可编程能力；从长远看，需要对网络设备更彻底的改变才能发挥 SDN 的最大价值，重构网络成本结构。

不管是面向运营商网络还是企业网络的 SDN 方案，华为都把在现有设备上提供开放、可编程能力作为主线。从长远的网络架构的规划上，华为 SDN 将如何走我们拭目以待！

4.2 SDN 的技术实现

虽然不同的组织和厂商对 SDN 提出了不同的架构和解决方案，不过都是秉承着 SDN 控制和转发分离，集中控制的核心思想。总体来说，目前 SDN 的实现方案主要存在两种：一种强调以网络为中心，主要是利用标准协议 OpenFlow 实现对网络设备的控制，可以看成是对传统网络设备（交换机、路由器等）的改造和升级；另外一种以主机为中心，以网络叠加技术实现网络虚拟化，应用场主要是数据中心。

4.2.1 以网络为中心的实现

以网络为中心（Network Dominant）的SDN的技术核心是OpenFlow技术，OpenFlow技术最早由斯坦福大学于2008年提出，它是一种通信协议，用来提供对网络设备诸如交换机和路由器的数据转发层（Data Forwarding Plane）的访问控制。OpenFlow旨在基于现有的TCP/IP技术条件，以创新的网络互联理念解决当前架构在面对新的网络业务和服务时所遇到的各种瓶颈。全球权威科技商业杂志《MIT Technology Review》2009年将基于OpenFlow的SDN技术评为当年十大突破性技术之一。

OpenFlow技术通过将网络设备的控制层（Control Plane）与数据层（Data Plane）分离开来，从而实现对网络流量的灵活控制，为核心网络及应用创新提供良好的平台。它的核心思想很简单，就是将原本完全由交换机/路由器控制的数据包转发过程，转化为由控制服务器（Controller）和OpenFlow交换机（OpenFlow Switch）分别完成的独立过程。也就是说，使用OpenFlow技术的网络设备能够分布部署、集中管控，使网络具有软件可定义的形态，对其进行定制、快速建立、实现新的特征和功能。ONF创立董事会成员和加州大学伯克利分校的Scott Shenker教授对此有很中肯的评价："OpenFlow并不能让你做以前在网络上不能做的事情，但它提供了可编程接口，使你可以编程决定要在网络上发生的事情，如何对数据包进行路由、如何实现负载均衡以及如何进行访问控制。这种通用性的确会推动发展。"

1. OpenFlow起源与发展

OpenFlow起源于斯坦福大学的Clean Slate项目组，其最终目的是重新构建互联网，旨在改变设计已显不合时宜且难以进化发展的现有网络基础架构。2006年，斯坦福大学计算机科学系启动了一个关于企业网络管理模型和安全保证的项目Ethane。该项目试图通过一个集中式控制器，让网络管理员使用简单的策略语言定义基于网络流的控制策略，并将这些策略应用到各种网络设备中。Nick McKeown教授进一步泛化Ethane的设计，将传统网络设备中的数据转发和路由控制两个功能模块分离，通过集中式控制器以标准化接口对网络设备进行管理和配置，从而为网络资源的设计、管理和使用提供更多的可能性与灵活性，最终推动网络架构的革新与发展。

项目组在ACM SIGCOMM 2008年会议上发表论文，首次提出了OpenFlow的概念与设计。在文中，作者指出传统网络中的网络设备，诸如路由器和交换机，依据指定的转发规则进行数据包的交换，不涉及流（Flow）的概念。而使用OpenFlow技术的网络，数据包在网络中的传输路径由统一的控制器决定。OpenFlow交换机会在本地维护一个与转发表不同的流表（Flow Table），如果要转发的数据包在流表中有对应项，则直接进行快速转发；若流表中没有此项，数据包会被发送到控制器进行传输路径的识别，新的规则继而被写入交换机的流表之中。

除了阐述OpenFlow的工作原理之外，文中还列举了OpenFlow的应用场景，诸如校园网络中对实验性通信协议的支持；网络管理和访问控制；网络隔离；无线网络中的移动VOIP客户；对非IP网络的支持；基于网络包的处理。当然，目前关于OpenFlow的研究和应用已远远超出了这些领域。

OpenFlow 技术的提出对网络的创新和发展起到了巨大的推动作用，也得到了广泛的关注和支持。由美国国家科学基金会（NSF）支持的 Global Environment for Network Investigations（GENI）项目同年对 GENI Enterprise 项目进行了资金支持，该项目成功展示了如何在商用交换机和路由器上运行 OpenFlow 协议。基于 OpenFlow 所带来的网络可编程的特性，OpenFlow 技术研究团队进一步提出了“软件定义网络”（Software-Defined Networking，SDN）的概念。

2009 年 12 月，具有里程碑意义的可用于商业化产品的 OpenFlow 交换机规范 1.0 版本发布，主要描述了控制器和交换机之间交互信息的协议标准，以及控制器和交换机的接口标准。2011 年 2 月发布规范的 1.1 版本（由 ONF 发布，包括后续版本），同年 12 月发布 1.2 版本。2012 年 6 月发布 1.3 版本，并在 2012 年 9 月、2013 年 4 月和 12 月先后发布 1.3 的改进版本以及基于 1.3 版本的 OpenFlow 扩展包。2013 年 10 月发布 1.4 版本。1.5 版本也已经接近完成。

ONF 基金会除了发布 OpenFlow 交换机规范，还发布了 OpenFlow 配置和管理协议（OF-Config，2013 年 3 月发布 1.1.1 版本）。该协议描述了在包含 OpenFlow 交换机的网络环境中，除 OpenFlow 协议之外的接口规范和配置协议规范。2012 年 4 月发布 SDN 白皮书，提出了三层模型的 SDN 架构，定义了基于 OpenFlow 的 SDN。2012 年基金会建立了首个美国一致性测试实验室（Conformance Testing Lab），2013 年在中国建立了首个国际认证测试实验室。截至 2012 年，ONF 成员公司也已经向市场推出了 64 款支持 OpenFlow 协议的网络产品。

2012 年举办的第二届 Open Networking Summit 会议上，谷歌在主题演讲中指出 OpenFlow 帮助他们改善了骨干网性能，降低了骨干网的复杂性和成本，并宣布已经在其全球各地的数据中心骨干网络中大规模使用 OpenFlow 和 SDN 技术，从而证明 OpenFlow 不再仅仅停留在学术领域的研究模型，而已经具备了在商业环境中部署的技术成熟度。之后，Facebook 也宣布其数据中心中使用了 OpenFlow/SDN 的技术。

2. OpenFlow 技术原理

斯坦福大学 Nick McKeown 教授等人在 ACM SIGCOMM 2008 年会议上发表的论文《OpenFlow：Enabling Innovation in Campus Networks》是了解 OpenFlow 技术原理的首选读物。由 ONF 不断修订推出的 OpenFlow 交换机规范中则定义了 OpenFlow 交换机作为转发设备所具有的基本组件与功能要求，以及 OpenFlow 控制器用来与交换机进行交互的通信协议。因此我们将结合这篇论文与 OpenFlow 交换机规范，对其技术原理进行详细阐述。

OpenFlow 论文的初衷主要是针对重新设计校园互联网的实验环境问题。在单纯的实验网上总是难以有足够多的实际用户数或者足够复杂的网络拓扑来测试新协议的性能和功能，方法之一是将运行新架构新协议的实验网络嵌入到实际运营的网络中，利用真实的网络环境验证新协议的可行性和存在的问题。因而科研人员提出了 OpenFlow 中控制层与转发层相互分离的架构，将控制逻辑从网络设备中抽象出来，研究者可以通过对其编程实现新的网络协议和拓扑架构而无需改动网络设备本身。

OpenFlow 技术基本架构主要包括 OpenFlow 交换机、控制器，以及交换机与控制器之间进行交互的通信信道，如图 4-9 所示。OpenFlow 交换机根据流表对数据包进行转发，对应数据转发层；控制器负责流转发规则的生成与删除，对应控制层。控制器通过 OpenFlow 协议接口对交换机中的单个（或多个）流表进行控制，从而实现对整个网络在逻辑上的集中式控制。

1）OpenFlow 端口是 OpenFlow 处理进程和网络的其余部分之间传递数据包的网络接口。OpenFlow 交换机之间通过 OpenFlow 端口在逻辑上相互连接。OpenFlow 的端口组可能与交换机硬件中提供的网络端口不完全相同，因为有些硬件网络接口可能被 OpenFlow 禁用，OpenFlow 交换机也可以定义额外的端口。

OpenFlow 的数据包从入端口接收，经过 OpenFlow 的流水线处理，可将它们转发到一个出端口。入口端口是数据包的属性，它贯穿了整个 OpenFlow 流水线，并代表数据包是从哪个 OpenFlow 交换机的端口上接收的。匹配报文的时候会用到入端口。OpenFlow 流水线可以决定数据包通过输出行动发送到出端口，它定义了数据包怎样传回到网络中。

OpenFlow 交换机必须支持三种类型的 OpenFlow 的端口：物理端口、逻辑端口和保留端口。

- 物理端口，即设备上物理可见的端口。
- 逻辑端口，在物理端口基础上由交换机抽象出来的逻辑端口，如为 tunnel 或者聚合等功能而实现的逻辑端口。
- 保留端口。OpenFlow 目前总共定义了 ALL、CONTROLLER、TABLE、IN_PORT、ANY、LOCAL、NORMAL 和 FLOOD 8 种端口，其中后 3 种为非必需的端口，只在混合型的 OpenFlow Switch（OpenFlow-hybrid Switch，即同时支持传统网络协议栈和 OpenFlow 协议的 Switch 设备，相对于 OpenFlow-only Switch 而言）中存在。

2）如图 4-10 所示，OpenFlow 交换机在本地拥有一个或多个流表（Flow Table）和一个组表（Group Table）执行分组查找和转发。每个流表中都包含多个流表项，每个流表项中包含：

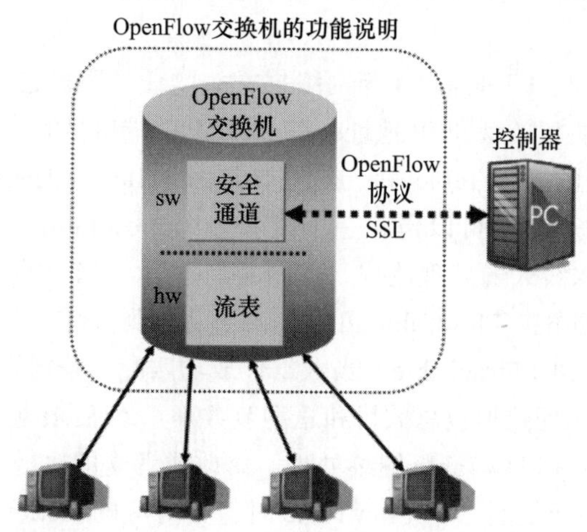

图 4-9 OpenFlow Switch 基本架构

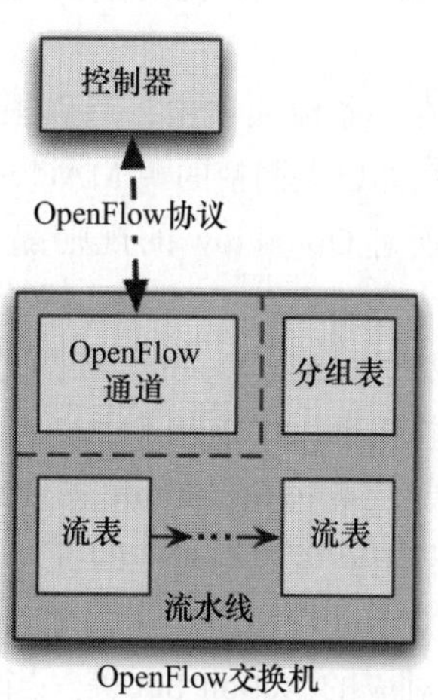

图 4-10 OpenFlow 交换机

- 匹配字段 对数据包进行匹配。包括入端口（Ingress Port）、数据包报头以及由前一个表指定的可选的元数据。
- 优先级 流表项的匹配优先顺序。
- 计数器 更新匹配数据包的计数。
- 指令 修改动作集或流水线处理。
- 超时 最大时间计数或流的超时时间。
- Cookie 由控制器选择的不透明数据值。可由控制器用来过滤流统计信息、流更改或者流删除，处理数据包时并不使用该值。

当接收到数据包后，交换机开始在第一个流表中执行查找，而且基于流水线处理，也会在其他流表中进行查找。数据匹配字段从数据包中提取，用来执行查找操作的数据匹配字段取决于数据包类型，通常包括数据包的报头信息，例如以太网源地址或 IP 目的地址。除了报头数据，也可以对入端口和元数据执行匹配操作。元数据可以用来在交换机内的流表之间传递信息。匹配字段表示数据包的当前状态，如果在前一个流表中使用 Apply-Actions 改变了数据包的报头，那么这些变化也会反映在匹配字段中。如果数据包的匹配字段与流表项中的定义相匹配，则数据包匹配该流表项。如果流表项字段的值定义为 ANY，则将匹配数据包报头中的任意值。如果交换机支持指定字段上的任意位掩码，这些掩码就可以更精确地指定匹配。数据包与流表进行匹配，只有具有最高优先级的匹配流表项能够而且必须被选择，与之相关联的计数器将被更新，该流表项中定义的指令集也将被执行。首先在本地的流表上进行匹配查找转发目标端口。如果在流表中有对应项，则直接进行快速转发；如果未发现匹配，则把数据包信息转发给控制器，由控制层生成新的转发规则，并更新交换机中的流表，转发数据包。

每一个流表必须支持能处理 table-miss 的流表项。table-miss 表项指定在流表中如何处理与其他流表项未匹配的数据包。比如数据包发送到控制器，丢弃数据包或直接将包扔到后续的表。

在一条流表项中，可以根据网络包在 L2、L3 或者 L4 等网络报文头的任意字段进行匹配，比如以太网帧的源 MAC 地址、IP 包的协议类型和 IP 地址、TCP/UDP 的端口号等。

所有 OpenFlow 的规则都被组织在不同的 FlowTable 中，在同一个 FlowTable 中按规则的优先级进行先后匹配。一个 OpenFlow 的交换机可以包含一个或者多个 FlowTable，从 0 依次编号排列。OpenFlow 规范中定义了流水线式的处理流程，如图 4-11 所示，当数据包进入交换机后，必须从 FlowTable 0 开始依次匹配；FlowTable 可以按次序从小到大越级跳转，但不能从某一 FlowTable 向前跳转至编号更小的 FlowTable。当数据包成功匹配一条规则后，将首先更新该规则对应的统计数据（如成功匹配数据包总数目和总字节数等），然后根据规则中的指令进行相应操作，比如跳转至后续某一 FlowTable 继续处理，修改或者立即执行该数据包对应的 Action Set 等。当数据包已经处于最后一个 FlowTable 时，其对应的 Action Set 中的所有 Action 将被执行，包括转发至某一端口、修改数据包某一字段、丢弃数据包等。

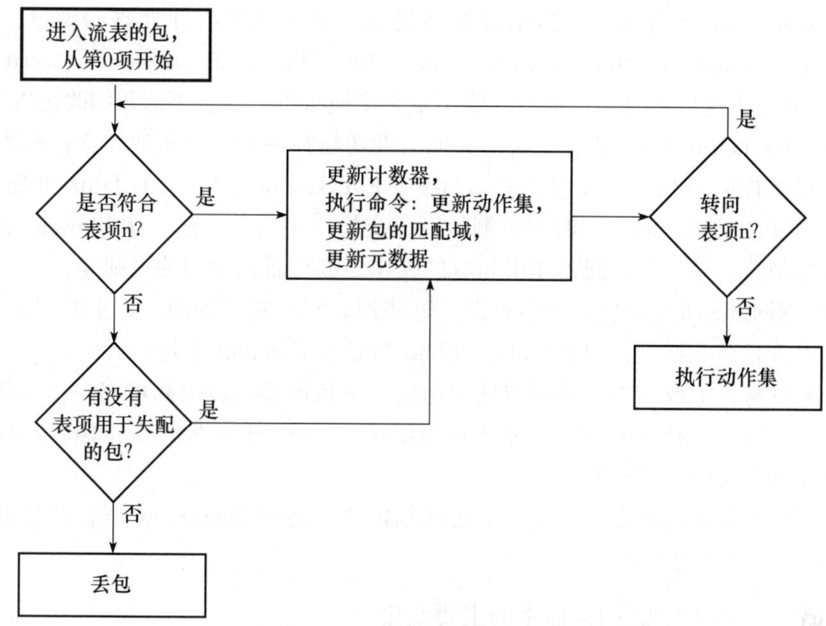

图 4-11 OpenFlow 规范定义的处理流程

流表项可以通过两种方式从流表中删除，控制器的请求或交换机流超时机制。交换机流超时机制运行基于相关的控制器和流表项的状态和配置。每个流的表项具有一个和它相关的 idle_timeout 和 hard_timeout 值。如果给定非零 hard_timeout 的值，那么一段时间后，可以导致流表项被删除，无论有多少数据包与之匹配；如果给定非零 idle_timeout 的值，那么如果在一段时间没有报文与之匹配，可以导致流表项被删除。该控制器可积极地从流表中通过发送流表修改信息删除流表项。

3）组表（Group Table）由组表项组成，指向一个组表的流表项使得 OpenFlow 能够表示额外的转发方法。每个组表项由组编号来识别，包括：

- 组编号 用来识别组的 32 位无符号整数。
- 组类型 确定组语义。
- 计数器 当报文被组表项处理时更新数据。
- 动作存储段 一系列有序的动作存储段，每个存储段包含了一套要执行的动作及相关参数。

4）OpenFlow 通道是每个 OpenFlow 交换机连接控制器的接口。通过这个接口，控制器对交换机进行配置和管理，接收来自交换机的事件，并且向交换机发送数据包。

数据通路与 OpenFlow 通道之间的接口是面向特定实现方式的，所有的 OpenFlow 通道信息的格式都必须符合 OpenFlow 协议。

OpenFlow 协议支持三种消息类型：controller-to-switch、asynchronous（异步）和 symmetric（对称），每种类型又包括若干种子类型。

- Controller/Switch 消息，是指由控制器发起、交换机接收并处理的消息，主要包括 Features、Configuration、Modify-State、Read-State、Packet-out、Barrier 和 Role-Request 等。这些消息主要由控制器用来对交换机进行状态查询和修改配置等操作。
- 异步（Asynchronous）消息，是由交换机发送给控制器、用来通知交换机上发生的某些异步事件的消息，主要包括 Packet-in、Flow-Removed、Port-status 和 Error 等。例如，当某一条规则因为超时而被删除时，交换机将自动发送一条 Flow-Removed 消息通知控制器，以方便控制器作出相应的操作，如重新设置相关规则等。
- 对称（Symmetric）消息，顾名思义，这些都是双向对称的消息，主要用来建立连接、检测对方是否在线等，包括 Hello、Echo 和 Experimenter 三种。

交换机可以与一个或者多个控制器建立通信。多控制器可以提高可靠性，当某个控制器故障或者与控制器的连接中断时，交换机可以继续在 OpenFlow 模式下工作。多控制器通过此规范外的机制协调控制交换机。

在 OpenFlow 规范的最后一部分，主要详细定义了各种 OpenFlow 消息的数据结构，包括 OpenFlow 消息的消息头等。

3. OpenFlow 交换机规范 1.4 版本的主要变化

1）OpenFlow 交换机规范 1.4 版本的变化主要集中在控制层，对数据转发层的更改很少。

在控制器主动删除和交换机老化的基础上，增加了第三种 flow entry 删除机制 flow eviction。这种机制是由控制器进行使能，但是由交换机自行决定如何触发 eviction 的。它是用于交换机内部的一些机制，举个例子就是如果流表满了，交换机可以自行决定把一些不重要的或者已经创建很久的 flow 删除，为新的 flow 腾出空间。

规范增加了一种 synchronized table 机制，也就是说一张表里面的 flow entry 可以从另外一张表复制过来，即这两张表的 flow entry 的 match key 完全一致，但是 action 可以另外定义。比如两个典型的应用例子：Mac Learning/Forwarding 以及 Unicast RPF Check/Forwarding。因为在传统交换机中 Mac learning table 和 Mac forwarding table 逻辑上是两张表，但是具体的芯片实现中不可能用两张表，因为两张逻辑表的 match key 是完全一致的（Mac+vlan），只是 action 不同（一张是用于学习，一张是用于转发），所以芯片做法都是用同一张表定义出两组不同的 action。Unicast Forwarding 和 Unicast RPF Check 也是一样。

增加 Bundling 消息有两个目的，一个是有时候多个消息原则上应该是原子操作，如果分开下发的话，万一有一个失败了，之前成功的消息不好回退；另外一个目的是如果控制器要同时给多个交换机下发消息，如果有的交换机失败了，它可以要求所有的交换机都回退，保证交换机之间消息的一致。增加了更多 Port 属性的描述。

细化了对 experimenter 消息的解释说明。这个消息允许厂家在 OpenFlow 架构之内定义私有扩展，比如用户需要某个操作，但是该操作在当前 OF spec 里面尚未定义，那么厂家可以用这个消息进行私有扩展。

增加了 flow monitor 功能。这个功能可以让交换机在 flow table 发生变化的时候通知控制器，它也有两个作用。一个是交换机的某些主动变化，可以主动通知控制器，让控制器知晓。另外一个更重要的目的是在有多个控制器的时候，某个控制器发过来的指令（比如 add/remove/update flow entry），可以通过 flow monitor 功能，让交换机主动通知到其他的控制器。

另外还有一些其他功能的变化，诸如控制平面消息的扩展、增强和细化说明等。

2）在 ONF 制定的 SDN 标准体系中，除了 OpenFlow 交换机规范之外，OpenFlow 配置与管理协议（OpenFlow Configuration and Management Protocol，OF-Config）也需要被关注。OF-Config 是 ONF 提出的 SDN 架构实现中的重要技术，与 OpenFlow 之间存在密切的关系。

OpenFlow 定义的是 SDN 网络架构中的一种南向接口，提出了由控制器向 OpenFlow 交换机发送流表以控制数据流通过网络所经过路径的方式，但是并未规定怎样配置和管理这些网络设备，而 OF-Config 就是为解决这一问题而提出的，其发展过程如图 4-12 所示。

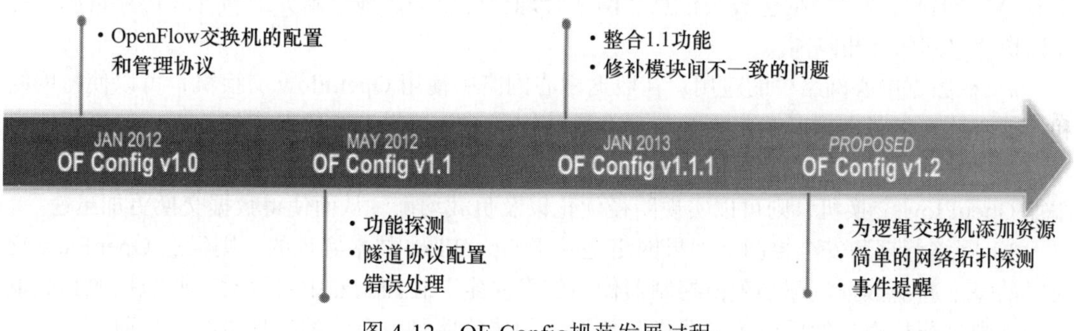

图 4-12 OF-Config规范发展过程

OF-Config 的本质是提供一个开放接口用于远程配置和控制 OpenFlow 交换机，但是它并不会影响到流表的内容和数据转发行为，对实时性也没有太高的要求。具体地说，诸如构建流表和确定数据流走向等事项将由 OpenFlow 规范进行规定，而诸如如何在 OpenFlow 交换机上配置控制器 IP 地址、如何对交换机的各个端口进行 enable/disable 操作则由 OF-Config 协议完成。

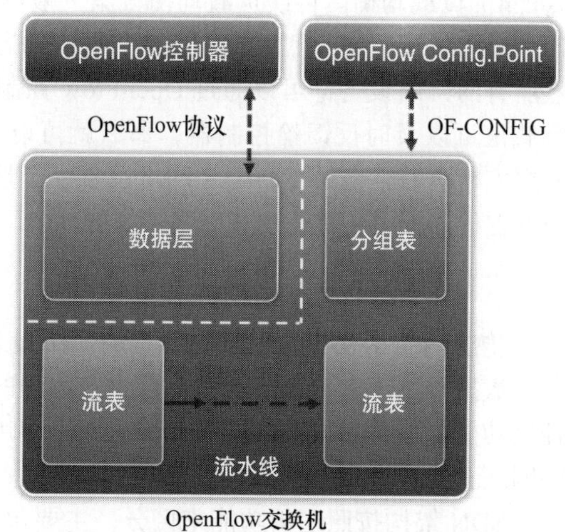

图 4-13 OF-Config 与 OpenFlow 的关系

OpenFlow 交换机上所有参与数据转发的软硬件（例如端口、队列等）都可被视为网络资源，而 OF-Config 的作用就是对这些资源进行管理。OF-Config 与 OpenFlow 的关系如图 4-13 所示。

OF-Config 在 OpenFlow 架构上增加了一个称作 OpenFlow Configuration Point 的配置

节点，这个节点既可以是控制器上的一个软件进程，也可以是传统的网管设备，它通过 OF-Config 协议对 OpenFlow 交换机进行管理，因此 OF-Config 协议也是一种南向接口。

4. OpenFlow 的应用

随着 OpenFlow 概念的发展和推广，其研究和应用领域也得到了不断拓展。目前，关于 OpenFlow 的研究领域主要包括网络虚拟化、数据中心网络、安全和访问控制及负载均衡等方面。另外，还有关于其和传统网络设备交互和整合等方面的研究。

1）网络虚拟化。网络虚拟化的本质是要能够抽象底层网络的物理拓扑，能够在逻辑上对网络资源进行分片或者整合，从而满足各种应用对于网络的不同需求。FlowVisor 是建立在 OpenFlow 之上的网络虚拟化平台，主要是作为 OpenFlow 交换机网络和其他标准 OpenFlow 控制器之间的透明代理。FlowVisor 网络的基本要素是网络切片，它由一组文本配置文件定义，包含控制各种网络活动的规则例如允许、只读和拒绝，其范围包括流量的来源 IP 地址、端口号或者数据包表头信息。网络管理员可以动态地重新分配和管理切片资源，并保证切片之间的互相隔离。

2）在数据中心网络中的应用。在数据中心网络中使用 OpenFlow 交换机，可以使得网络和计算资源更加紧密地联系起来并实现有效的控制。数据中心的数据流量很大，如果不能合理分配传输路径很容易造成数据拥塞，从而影响数据中心的高效运行。若在数据中心网络中添加 OpenFlow 交换机，则可以实现路径优化以及负载均衡，从而使得数据交换更加迅速。

3）网络管理和安全控制。如果网络是基于 OpenFlow 技术实现的，则经过 OpenFlow 交换机的每个新的数据流都必须由控制器做出转发决定。在控制器中可以对这些流按照预先制定的规则进行检查，然后由控制器指定数据流的传输路径以及流的处理策略，从而更好地控制网络。更为重要的是，在内网和外网的连接处应用 OpenFlow 交换机可以通过更改数据流路径以及拒绝某些数据流增强企业内网的安全性。

4）负载均衡。传统负载均衡方案一般需要在服务器集群的入口处，通过网关或者路由器来监测、统计服务器工作负载，并据此动态分配用户请求到负载相对较轻的服务器上。既然所有的网络设备都可以通过 OpenFlow 控制器进行集中式控制与管理，同时应用服务器的负载也可以及时反馈给控制器，那么就可以利用 OpenFlow 控制器实现智能网络负载均衡。根据实时负载信息，重新定义网络设备中流量的转发路径与转发方式，从而在不修改已有网络配置的前提下，优化现有网络架构的性能。

5. 基于 OpenFlow 技术的 SDN 架构

传统网络架构中，控制与特定的网络设备紧密结合在一起。而在 SDN 架构中，网络控制从数据转发中解耦，从而具有可直接编程的特性。逻辑上的集中式网络智能和状态完成了控制功能的迁移，将基础网络架构从网络应用和服务中抽象出来，从而使得应用和服务可以将网络看作一个逻辑或者虚拟实体。

SDN 架构按照逻辑功能来区分，主要包括基础设施层、控制层和应用层，如图 4-14 所示。基础设施层代表网络的底层转发设备，包含了特定的转发面抽象。控制层集中维护网络状态，并通过南向接口（控制和数据层接口，如OpenFlow）获取底层网络设备信息，同时为应用层中的各种商业应用提供可扩展的北向接口。目前，ONF仍在不断修订完善南向接口OpenFlow协议，面向应用的可编程北向接口仍处在需求讨论阶段。

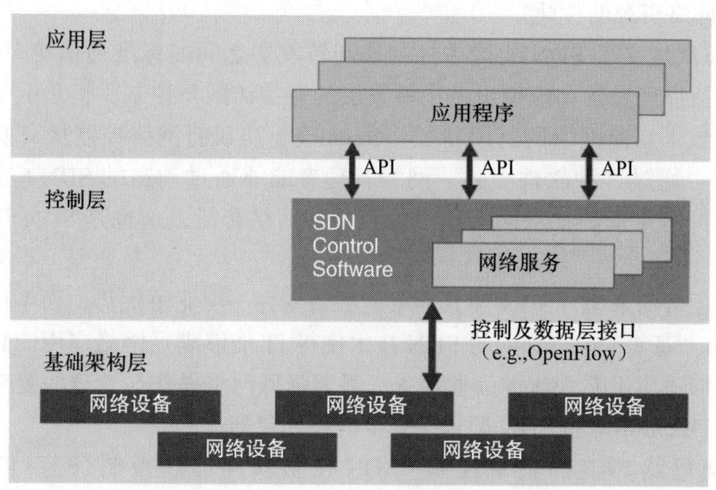

图4-14 基于OpenFlow的SDN架构

网络智能在逻辑上被集中在基于软件方式的SDN控制器中，它维护着网络的全局视图。因此，对于应用来说，网络就类似于一个单一的、逻辑上的交换机。利用SDN，企业和运营商能够从一个单一的逻辑节点获得独立于设备供应商的对整个网络的控制，从而大大简化网络设计和操作。由于不再需要理解和处理各种不同的协议标准，而只是单纯地接收来自SDN控制器的指令，网络设备自身也同时能够得到极大的简化。

可能最重要的是，网络管理员能够以编程方式配置网络抽象，而不用通过输入成千上万行的代码配置数目众多的分散的网络设备。另外，通过利用SDN控制器的集中式智能，IT部门可以实时改变网络行为，可以在数小时或者数天之内部署新的应用和网络服务，而不是像现在一样需要数周或者几个月的时间。通过将网络状态集中到控制层，SDN利用动态和自动的编程方式为网络管理者提供了灵活的配置、管理、保护和优化网络资源的方式；而且，管理员可以自己编写这些程序，不用再等待新特征被嵌入到供应商的设备和封闭的网络软件环境之中。

除了提供对网络的抽象之外，SDN架构还支持API接口实现通用网络服务，包括路由、多播、访问控制、带宽管理、流量规划、QoS、处理器和存储资源优化、能源使用以及所有形式的策略管理和商业需求定制。例如，SDN架构可以很容易地在校园的有线和无线网中定义和实施一致的管理策略。

同样，SDN也使得通过智能编排和配置系统（Intelligent orchestration and provisioning system）管理整个网络变得可能。ONF正在研究如何通过开放API接口促进多供应商管理方式。在这种方式中，用户可以实现资源按需分配、自助服务管理、虚拟网络构建以及安全的云服务。

所以说，利用SDN控制层与应用层之间的开放API，商业应用可以在一个网络的抽象层上进行操作，利用其提供的网络服务和功能，而不需要关注其实现细节。SDN使得网络由非面向应用逐渐演变为面向定制应用，使得应用由非面向网络演进为面向网络功能，最终实现计算、存储和网络资源的优化。

OpenFlow首次定义了SDN架构中控制层和转发层之间的标准通信接口。OpenFlow允许对网络设备包括物理设备和虚拟设备中转发层的直接访问与控制。正是由于转发层开放接口的缺乏，才导致了当前网络的封闭特征。OpenFlow协议将网络控制从交换机转移到逻辑集中式控制软件。通过这种软件模式，网络管理者能够通过动态的SDN应用程序来配置、管理和优化底层的网络资源，从而实现灵活可控的网络智能，这也是SDN开放性和可编程性最重要的体现。

对于企业和运营商来说，SDN使其网络能够转变为一项竞争优势，而不仅仅只是无法避免的IT成本支出。基于OpenFlow的SDN技术使得IT能够满足网络应用的高带宽和动态特征，使得网络能够适应不断变化的商业需求，显著降低网络操作与管理的复杂性。企业和运营商能够从基于OpenFlow的SDN架构中获得的益处包括：

- **多供应商网络环境的集中控制**。SDN控制软件可以控制任意厂商提供的支持OpenFlow功能的网络设备，包括交换机、路由器和虚拟交换机。不同于分别管理各个厂商的设备群组，企业IT部门可以利用基于SDN的编排和管理工具来快速部署、配置和更新整个网络范围中的设备。
- **通过自动化降低复杂性**。基于OpenFlow的SDN提供了一个灵活的网络自动化和管理框架，通过开发工具实现手动管理任务的自动化。自动化工具能够降低操作开销，减少由于操作失误导致的网络不稳定，支持IaaS和自助服务配置模型。利用SDN，云应用也能通过智能编排和配置系统进行管理，在提高商业敏捷性的同时，进一步降低操作开销。
- **高效的创新环境**。通过允许IT操作员对网络进行实时编程以满足特定的商业和用户需求，SDN可以加速商业创新。通过虚拟化网络架构，将其从独立的网络设备中抽象出来，SDN和OpenFlow给予IT管理部门甚至用户对网络行为进行调整的能力，在数小时内引入新的服务和网络功能。
- **增强的网络可靠性和安全性**。SDN使IT管理员可以定义面向网络更高层的配置和策略描述，而由OpenFlow将其转换到对应的底层架构中。在每次增加或者删除端点、服务和应用，或者策略发生变化时，基于OpenFlow的SDN消除了逐个配置网络设备的必要性，进而降低了由于配置或者策略不一致而导致网络故障的可能性。
- **更加粒度化的网络控制**。OpenFlow中基于网络流的控制模型允许IT部门以高度抽象和自动化的方式在多种粒度上应用控制策略，诸如会话、用户、设备和应用。当客户共享网络架构时，这种控制模式使得云操作员在提供对多租户支持的同时，还能够保持流量的独立性、安全性以及弹性资源管理。
- **更好的用户体验**。通过集中式网络控制和使网络状态信息对更高层应用可见，SDN架构可以更好地适应动态的用户需求。例如，在营运商提供的视频服务中，以一种自动和透明的方式为高级订购用户提供更高分辨率的视频信息。而目前用户必须自己选择分辨率设定，导致画面延迟和中断，使用户体验变差。利用基于OpenFlow的SDN，视频应用则能够实时检测网络可用带宽，并随之自动调整视频分辨率。

当然，SDN架构的实现可以采用不同的方法，技术供应商们也都有自己独特的SDN实现方案。ONF基金会推荐使用OpenFlow作为SDN实现的基础技术。很多供应商，包括Big Switch、惠普、IBM、戴尔、Pica8、NEC等，也都将OpenFlow作为SDN解决方案的基础部分。当然OpenFlow协议并不是SDN架构的关键组成部分，许多供应商的SDN实现方案并不依赖于OpenFlow协议，例如思科公司的SDN架构Open Network Environment提供对OpenFlow技术的支持，但是并不要求用户必须使用。

6. 基于OpenFlow的SDN面临的问题

在Interop Las Vegas 2013展会上，ONF基金会执行董事Dan Pitt博士在一次专访中指出：我们的目标是让复杂的东西变得简单。网络是一个非常复杂的东西，在其变得简单之前反而变得更加复杂这一情形并不奇怪。现在人们正在做的事情就是防止现有网络变得更加复杂，同时向其中引入OpenFlow。虽然这么做并不能立刻达到目的，但是随着OpenFlow逐步分解越来越多的复杂性，网络将会变得更加简单。对于那些利用基于OpenFlow的SDN建立的新型网络来说，它们能够自动进行简化，不过，不同厂商正在研发不同的解决方案，有些解决方案是在网络中加入复杂设备，有些则是在网络组建开始就使用简单设备。

虽然基于OpenFlow技术的SDN架构已经引起较大关注，但无论是OpenFlow协议本身，还是SDN的可编程分离架构，不仅在技术上面临着许多还未解决的问题，在具体的运作模式和演进趋势上也和当前网络设备厂商的生产理念存在分歧，这使得其大规模商业应用还需要等待技术成熟和市场推广。基于OpenFlow技术的SDN架构遇到的主要问题包括：

- **SDN转发层的设计复杂化**。OpenFlow交换机作为SDN转发层抽象的实际载体，协议标准处在不断更新当中。随着OpenFlow交换机规范的不断修订，流表从最初的单表结构变为多表结构，流表项匹配字段从最初的十元组到支持IPv6、MPLS等，这些都表明SDN转发层功能的逐渐扩展，意味着OpenFlow交换机结构设计的复杂化，因此必须认识到由此带来的新问题，例如多表结构中的流水线匹配方式使得匹配时延增加，在实际高速网络环境中对数据转发的性能评估就愈发重要。
- **流表存储器的生产成本**。即网络转发设备中广泛使用的TCAM存储器的生产成本。TCAM是网络设备成本与功耗的主要组成部分之一，如何降低OpenFlow流表对TCAM的占用空间，以及流表记录在TCAM中的快速动态插入算法，都是OpenFlow交换机规范制订必须考虑的因素。
- **控制层的可扩展性**。OpenFlow的最初设计中仅需单个控制器来实现网络控制，但是随着网络规模的增大和业务需求的增加，需要研究控制层的可扩展性，即多控制器解决方案。而控制单元的数量和它们之间网络状态（包括拓扑、传输能力、路由限制等）

的协同和交互的实现方式，都需要进行深入研究以保证网络状态的一致性和可扩展性。

- **SDN 控制逻辑的一致性**。控制层能够将控制逻辑集中部署到整个网络，但数据转发设备仍然属于分布式系统。控制逻辑的先后配置顺序、控制层和数据层之间可能存在的延迟，都会难以保证控制逻辑更新的一致性，有可能导致网络出现断路、丢包、环路等现象。
- **运作模式和演进趋势问题**。SDN 提出了创新的网络设备设计理念，在带来新的市场需求的同时，也对传统的网络设备制造商提出了挑战。而 OpenFlow 自身设计规范的不稳定性和转发设备硬件的复杂化趋势，也为 OpenFlow 的演进带来了不确定性。

4.2.2 以主机为中心的实现

以主机为中心（Host Dominant）的 SDN 实现方案是为了满足云计算时代的数据中心对网络服务的交付能力要求而设计的。实际上，在所有的网络环境中，数据中心是最早遭遇到网络束缚的地方，数据中心作为互联网内容和企业 IT 的仓储基地，是信息存储的源头。为了满足日益增长的网络服务需求，特别是互联网业务的爆发式需求，数据中心逐渐向大型化、自动化、虚拟化、多租户等方向发展。传统的网络架构处于静态的运作模式，在网络性能和灵活性等诸多方面遭遇到挑战。数据中心为了适应这种变化只能疲于奔命，不断对物理网络设施升级改造，增加 IT 设施投资来提高服务水平，这使得网络环境更加复杂，更难控制。各种异构的、不同协议的网络设备之间的兼容性和互通性令人望而生畏；不同设置间分散的控制方法让网络的部署更困难，同时，也给数据中心增加了巨大的经济成本和时间成本压力。在这种背景下，数据中心对 SDN 技术有最直接的需求，这也是 SDN 技术发展的最直接动力。

虚拟化是支撑 IaaS 服务的关键技术，计算虚拟化使得同一套物理设备能够被多个虚拟机实例共享，从而将一台服务器“分裂”为多个“虚拟机”来调度利用。因此，一台服务器内部可以同时有多个虚拟机，而每个虚拟机都是类似物理服务器的业务承载者。这种情形下，虚拟机有着与物理服务器一样的网络通信需求，也就是说，虚拟机成为数据中心网络通信的实体单元，需要与数据中心内部的虚拟机和物理服务器之间进行网络通信，也需要和外部的其他网络单元通信。数据中心在创建了虚拟机的同时，需要为虚拟机分配相应的网络资源，在对虚拟机进行变更的时候，也需要对虚拟机的网络资源做相应的变更操作，如删除，移动，更改等操作。传统的数据中心成了这个资源配置流程的短板，存在着网络部署慢、流程复杂、受站点限制、物理设备限制等诸多问题。比如，在实际操作过程中，哪怕是实现一个简单的转变，网络团队也需要通过繁琐的流程，包括规划变更，然后提交到“变更控制”系统进行检查。这个系统要求其他人员考虑和审批所提交的预案。之后，管理员或工程师实施变更，最终还必须验证它是否符合预期要求。这个过程效率极低，完成一个修改需要几天甚至几周时间，而且很可能会出现人为错误。

传统网络除了对虚拟机的管理造成了约束，还约束了虚拟机部署的数量。在大二层网络环境下，数据流均需要通过明确的网络寻址以保证准确到达目的地，因此网络设备的二层地址表项大小（即 MAC 地址表）成为决定云计算环境下虚拟机的规模的上限，并且因为表项并非百分之百有效，使得可用的虚拟机数量进一步降低，特别是对于低成本的接入设备而言，因其表项一般规格较小，限制了整个云计算数据中心的虚拟机数量，但如果其地址表项设计为与核心或网关设备在同一档次，则会提升网络建设成本。虽然核心或网关设备的 MAC 与 ARP 规格随着虚拟机的增长也会面临挑战，但对于此层次设备能力而言，大规格是不可避免的业务支撑要求。减小接入设备规格压力的做法是可以分离网关能力，如采用多个网关来分担虚拟机的终结和承载，但如此也会带来成本的上升。

多租户是 IaaS 的主要服务形态，需要保证租户之间的网络隔离。传统网络中通过使用 VLAN 来划分租户的网络领域，目前 IEEE 802.1Q VLAN 规范仅支持 4 096 个 VLAN 标识符，随着租户的增长和应用的增加，VLAN 的消耗很容易达到上限规模。一旦达到上限规模，网络管理员则需要建立另外一个物理的 VLAN 域，并且管理两套策略，如此下去，网络管理员就要面临建立多个物理的 VLAN 域及管理多个策略的问题。不同 VLAN 域内的资源无法共享，不但无法形成资源池的计划应用，也造成管理上的困扰。云计算的数据中心本质上是一个资源池的概念，能否实现资源池运用的最大化是衡量云服务成功与否的重要指标，云资源的动态分配才能保证资源的充分利用，否则，资源和业务的捆绑会造成资源的过度配置，导致资源利用效率低下。据统计，在传统的数据中心里，IT 资源的平均利用率不到 20%。

同时，数据中心必须具备高可靠性，保证业务正常运行，保证服务供给，减少系统死机时间，提升服务质量，这需要数据中心具备虚拟机的实时迁移能力。一方面，虚拟机的实时迁移可以平衡物理资源的利用率。比如当某一台服务器的利用率即将超过设定的最大值，而另一台服务器的利用率比较低时，需要通过自动动态迁移的功能，把利用率超出限定值的物理服务器上的虚拟机迁移到相对较为空闲的物理机上，实现计算资源的合理利用。另一方面，虚拟机实时迁移对于系统的可靠性和服务水平的提升来说也不可或缺。当某一个物理的服务器出现问题时，需要通过虚拟机动态迁移的功能，将该物理机上的虚拟机迁移到其他的服务器上，以确保业务的连续性和服务水平。传统的网络架构限制了虚拟机迁移的边界，只能在一个大的二层子网里进行，不能跨站点甚至跨数据中心迁移。

现实的需求对传统数据中心的网络架构提出了严峻的挑战，数据中心的网络需要能够像计算一样被软件定义，能够快速地编程式调配、无中断部署、在任何通用 IP 网络连接硬件上同时支持旧版应用和新应用，并使网络连接服务摆脱与硬件绑定的限制条件。利用独立于物理网络的虚拟网络，将逻辑网络组件（逻辑交换机、逻辑路由器、逻辑防火墙、逻辑负载平衡器、逻辑 VPN 等）提供给已连接的工作负载；利用底层物理网络作为简单的数据包转发底板，以编程方式创建、调配和管理逻辑网络，是以主机为中心的 SDN 的核心思想。

在具体的设计方案中，以主机为中心的 SDN，将控制层和数据层分离。将设备或服务的控制功能从其实际执行中抽离出来，为现有的网络添加编程能力和定制能力，使网络有弹性、易管理而且有对外开放能力；数据层则不改变现有的物理网络设置，利用网络虚拟化技术实现逻辑网络。

- 在控制层面上，以主机为中心的 SDN 实现方案提供了集中化的控制器，集中了传统交换设备中分散的控制能力，除了完成SDN控制器的南向、北向及东西向的功能，还通常作为数据中心的一个模块或者是一个单独的组件，支持和其他多种管理软件的集成，比如资源管理、流程管理、安全管理软件等，从而将网络资源更好地整合到整个IT运营中。

- 在数据层，主要以网络叠加（Network Overlay）技术为基础，以网络虚拟化为核心。这种方式不改变现有的网络，但是在服务器Hypervisor层面增加一层虚拟的接入交换层来提供虚拟机间快速的二层互通隧道。在共享的底层物理网络基础上创建逻辑上彼此隔离的虚拟网络，底层的物理网络对租户透明，使租户感觉自己是在独享物理网络。网络叠加技术使数据中心的网络从二层网络的限制中解放了出来，只要IP能到达的地方，虚拟机就能够部署、迁移，网络服务就能够交付。

1. 从计算虚拟化到网络虚拟化

网络虚拟化是指将网络的控制从网络物理硬件中脱离出来，交给虚拟化的网络层处理。这个虚拟化的网络层加载在物理网络之上，屏蔽掉底层的物理差异，在虚拟的空间重建整个网络。因此，物理网络资源将被泛化成网络资源池，正如服务器虚拟化技术把服务器资源转化为计算资源池一样，它使得网络资源的调用更加灵活，满足用户对网络资源的按需交付需求。

逻辑网络资源池是灵活管理资源的逻辑抽象，也是对网络资源的一种形象描述。将网络资源“池”化能够最大限度地提高网络资源的效率和利用率。逻辑资源池可以根据业务需要或部门变动灵活地进行添加、删除或重组。各个资源池相互隔离，因此在一个资源池中进行分配更改时，不会影响其他无关的池（如图4-15所示）。资源池可扩展不但可以弥补资源池规划时的不足问题，还能满足业务发展以及动态调整的需要。

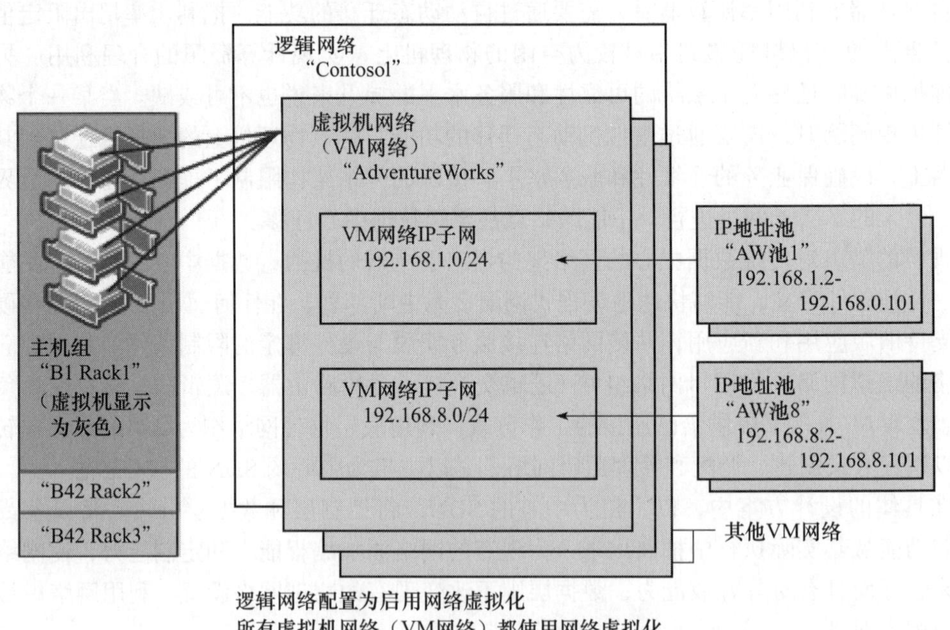

图4-15 网络资源池

数据中心的网络虚拟化同时还要解决私有云和混合云部署的问题。私有云要解决的是多租户的问题，一个租户可以是任何一个应用——企业内部应用或外部应用，它需要有安全、排他的虚拟计算环境，该环境包含了从存储到用户界面的所有或者某些选定的企业架构层。这种租户的私有环境需要有网络的隔离作为基础（如图 4-16 所示）。混合云则需要解决虚拟网络访问外部物理网络的问题，数据中心已经不再局限于四面墙当中，地理上相互隔离的故障转移数据中心实现了相互连接。位于虚拟网络当中的系统通常需要访问外面的网络。同样，外部客户也需要对位于虚拟网络中的主机提供的服务进行访问，这实际上是要求数据中心的虚拟网络也是一个开放的网络（如图 4-17 所示）。

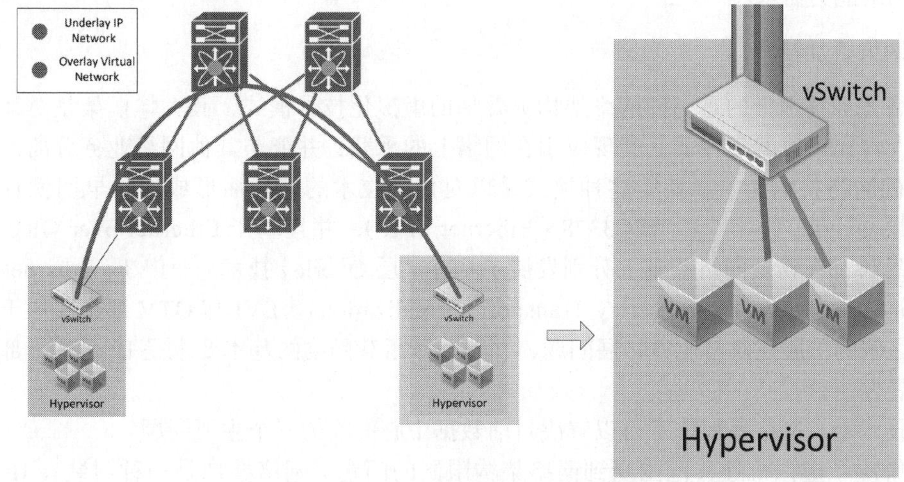

图 4-16　在共享物理网络的基础上实现隔离的逻辑网络

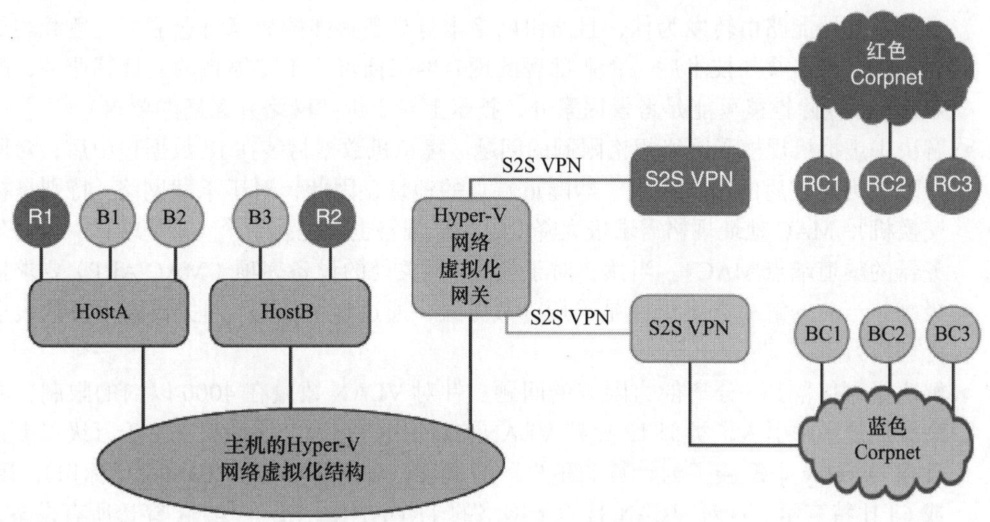

图 4-17　MSSC 混合云网络框架

网络虚拟化技术并不是一个完全新鲜的事物，传统的虚拟专用网络（VPN）已经存在了很多年，比如GRE、L2TP、PPTP等技术。隧道技术是一种通过使用互联网络的基础设施在网络之间传递数据的方式，使用隧道传递的数据（或负载）可以是不同协议的数据帧或包。隧道协议将这些数据帧或包重新封装在新的包头中发送，新的包头提供了路由信息，从而使封装的负载数据能够通过互联网络传递。被封装的数据包在隧道的两个端点之间通过公共互联网络进行路由，其所经过的逻辑路径称为隧道。一旦到达网络终点，数据将被解包并转发到最终目的地。

传统的VPN技术的缺点是不能完全解决大规模云计算环境下的问题，一定程度上还需要更大范围的技术革新来消除这些限制，逐步演化出新的网络协议和技术，以满足云计算虚拟化的网络能力需求。

2. 网络叠加技术

网络叠加技术指的是一种网络架构上叠加的虚拟化技术模式，其大体框架是对基础网络不进行大规模修改的条件下，实现应用在网络上的承载，并能与其他网络业务分离，以基于IP的基础网络技术为主。其实这种模式是以对传统技术的优化而形成的。早期就有标准支持的二层Overlay技术，如RFC3378（Ethernet in IP），并且基于Ethernet over GRE的技术H3C与思科都在物理网络基础上分别发展了私有二层Overlay技术——EVI（Ethernet Virtual Interconnection）与OTV（Overlay Transport Virtualization）。EVI与OTV都主要用于解决数据中心之间的二层互联与业务扩展问题，并且对于承载网络的基本要求是IP可达，部署上简单且扩展方便。

在技术上，网络叠加技术可以解决目前数据中心面临的三个主要问题：

- 解决了虚拟机迁移范围受到网络架构限制的问题。网络叠加是一种封装在IP报文之上的新的数据格式，因此，这种数据可以通过路由的方式在网络中分发，而路由网络本身并无特殊网络结构限制，具备良性大规模扩展能力，并且对设备本身无特殊要求，以高性能路由转发为佳，且路由网络本身具备很强的故障自愈能力、负载均衡能力。采用网络叠加技术后，企业部署的现有网络便可用于支撑新的云计算业务，改造难度极低（除性能可能是考量因素外，技术上对于承载网络并无新的要求）。
- 解决了虚拟机规模受网络规格限制的问题。虚拟机数据封装在IP数据包中后，对网络只表现为封装后的网络参数，即隧道端点的地址，因此，对于承载网络（特别是接入交换机），MAC地址规格需求极大降低，最低规格也就是几十个（每个端口一台物理服务器的隧道端点MAC）。当然，对于核心/网关处的设备表项（MAC/ARP）要求依然极高，当前的解决方案仍然是采用分散方式，通过多个核心/网关设备来分散表项的处理压力。
- 解决了网络隔离/分离能力限制的问题。针对VLAN数量在4000以内的限制，在网络叠加技术中引入了类似12比特VLAN ID的用户标识，该标识支持千万级以上，并且在Overlay中沿袭了云计算“租户”的概念，称之为Tenant ID（租户标识），用24或64比特表示。针对VLAN技术下网络的TRUANK ALL（VLAN穿透所有设备）的问题，网络叠加对网络的VLAN配置无要求，可以避免网络本身的无效流量带宽浪费，同时网络叠加的二层连通基于虚拟机业务需求而创建，在云的环境中全局可控。目前，IETF 在 Overlay 技术领域有如下三大技术路线正在讨论：

- VXLAN（Virtual eXtensible Local Area Network），是由 VMware、思科、Arista、Broadcom、Citrix 和红帽共同提出的 IETF 草案，是一种将以太网报文封装在 UDP 传输层上的隧道转发模式，目的 UDP 端口号为 4798。为了使 VXLAN 充分利用承载网络路由的均衡性，VXLAN 将原始以太网数据头（MAC、IP、四层端口号等）的散列值作为 UDP 源端口，这样，当物理设备用外部 Tunnel 头中的 UDP 源端口计算散列值时，实际上就已经包含了内部原始报文头部的信息，从而可以更好地做负载均衡；采用 24 比特标识二层网络分段，称为 VNI（VXLAN Network Identifier），类似于 VLAN ID 的作用；未知目的、广播、组播等网络流量均被封装为组播转发，物理网络要求支持任意源组播（ASM）。
- NVGRE（Network Virtualization using Generic Routing Encapsulation），是微软、Dell 等提出的草案，是将以太网报文封装在 GRE 内的一种隧道转发模式。采用 24 比特标识二层网络分段，称为 VSI（Virtual Subnet Identifier），类似于 VLAN ID 的作用；为了使 NVGRE 利用承载网络路由的均衡性，NVGRE 在 GRE 扩展字段 flow ID，这就要求物理网络能够识别 GRE 隧道的扩展信息，并以 flow ID 进行流量分担，在这一点上它不如 VXLAN 的是，不少网络设备不支持用 GRE Key 做负载均衡的散列计算；未知目的、广播、组播等网络流量均被封装为组播转发。
- STT（Stateless Transport Tunneling），是 Nicira 公司提出的一种 Tunnel 技术，目前主要用于 Nicira 自己的 NVP 平台上。STT 利用了 TCP 的数据封装形式，但改造了 TCP 的传输机制，数据传输遵循全新定义的无状态机制，无需三次握手，以太网数据封装在无状态 TCP；采用 64 比特 Context ID 标识二层网络分段；为了使 STT 充分利用承载网络路由的均衡性，将原始以太网数据头（MAC、IP、四层端口号等）的散列值作为无状态 TCP 的源端口号；未知目的、广播、组播等网络流量均被封装为组播转发。STT 的一个弱点是只能用在虚拟交换机上。

表 4-1 和表 4-2 对这三种技术和封装格式进行了基本的总结和比较。

表 4-1 IETF 三种 Overlay 技术的总体比较

技术名称	支持者	支持方式简述	网络虚拟化方式	数据新增包头长度	链路 Hash 能力
VXLAN	思科 /VMware Citrix/Red hat Broadcom	L2 over UDP	VXLAN 报头 24bit VNI	50 字节（+ 原数据）	现有网络可进行 L2 ～ L4 Hash
NVGRE	HP/MS/DELL/Intel Emulex/Broadcom	L2 over GRE	NVGRE 报头 24bit VSI	42 字节（+ 原数据）	GRE 头的 Hash，需要网络升级
STT	VMware （Nicira）	L2oTCP（无状态 TCP，即 L2 在类似 TCP 的传输层）	STT 报头 64bit Context ID	58~76 字节（+ 原数据）	现有网络可进行 L2 ～ L4 Hash

表 4-2 三种 Overlay 协议包封装格式

技术名称	数据封装格式
VXLAN	Outer MAC | Outer IP | Outer UDP | VXLAN | Inner MAC | Inner IP | Inner IP Payload Reserved VXLAN Network Identifier（VNI） | Reserved 0 24 31
NVGRE	Outer MAC | Outer IP | GRE | Inner MAC | Inner IP | Original IP Payload Reserved | Ver | Protocol Type Tenant Network ID（TNI） | Reserved 0 24 31
STT	Outer MAC | Outer IP | Outer TCP | STT | Inner MAC | Inner IP | Inner IP Payload Version | Flags | L4 Offset | Reserved PCP | V | VLAN ID Context ID Padding 0 16 31

这三种二层网络叠加技术，大体思路均是将以太网报文承载到某种隧道层面，其差异性在于选择和构造隧道的不同，而底层均是 IP 转发。VXLAN 和 STT 对于现网设备的流量均衡要求较低，即负载链路负载分担适应性好，一般的网络设备都能对 L2 ~ L4 的数据内容参数进行链路聚合或等价路由的流量均衡，而 NVGRE 则需要网络设备对 GRE 扩展头感知并对 flow ID 进行 Hash，需要硬件升级；STT 对于 TCP 有较大修改，隧道模式接近 UDP 性质，隧道构造技术具有革新性，且复杂度较高，而 VXLAN 利用了现有通用的 UDP 传输，成熟性极高。总体来说，VLXAN 技术相对具有优势。

3. VXLAN 草案

（1）VXLAN 的包封装格式

在 VXLAN 的草案建议的 VXLAN 封装格式中，使用 MAC in UDP 的方法进行封装，共 50字节的封装报文头。具体的报文格式如图 4-18 所示。

1）VXLAN 头部。共计 8 个字节，目前使用的是 Flags 中的一个 8bit 的标识位和 24bit 的 VNI（Vxlan Network Identifier），其余部分没有定义，但是在使用的时候必须设置为 0x0000。

2）外层的 UDP 报头。目的端口使用 4798，但是可以根据需要进行修改，同时 UDP 的校验和必须设置成全 0。

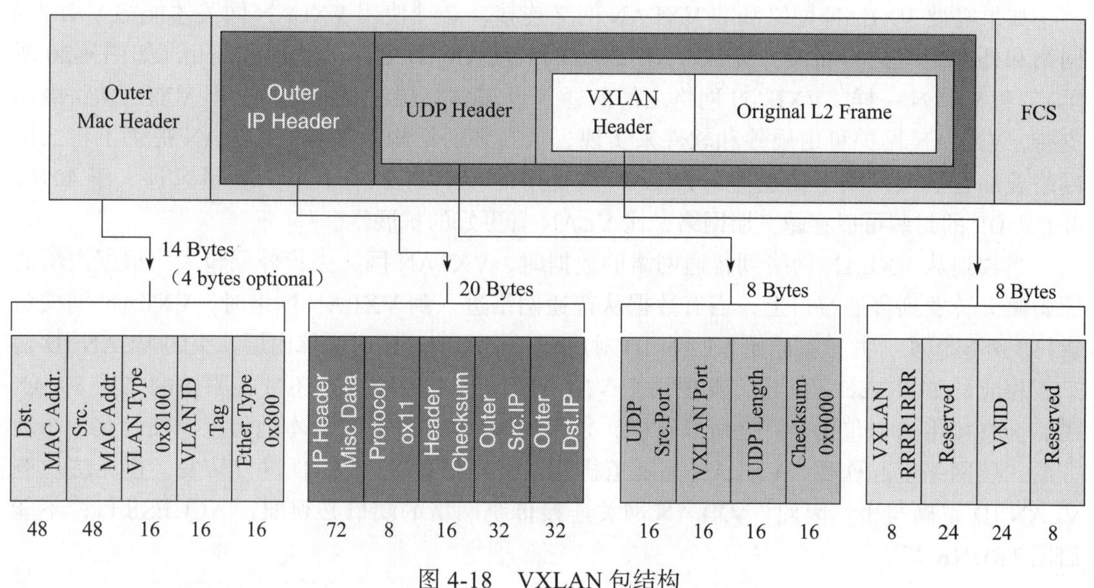

图 4-18　VXLAN 包结构

3）IP 报文头。目的 IP 地址可以是单播地址，也可以是多播地址。单播情况下，目的 IP 地址是 VTEP（Vxlan Tunnel End Point）的 IP 地址；多播情况下引入 VXLAN 管理层，利用 VNI 和 IP 多播组的映射来确定 VTEPs。protocol 设置值为 0x11，说明这是 UDP 数据包。Source ip 是源 vTEP_IP。Destination ip 是目的 VTEP IP。

4）Ethernet Header。Destination Address：目的 VTEP 的 MAC 地址，即为本地下一跳的地址（通常是网关 MAC 地址）。VLAN Type 被设置为 0x8100，并可以设置 Vlan Id tag（这就是 vxlan 的 vlan 标签）。Ethertype 设置值为 0x8000，指明数据包为 IPv4 的。

（2）VTEP

隧道终端（VXLAN Tunneling End Point，VTEP）用于多 VXLAN 报文进行封装 / 解封装，包括 MAC 请求报文和正常 VXLAN 数据报文，在一端封装报文后通过隧道向另一端 VTEP 发送封装报文，另一端 VTEP 接收到封装的报文解封装后根据被封装的 MAC 地址进行转发，其逻辑结构如图 4-19 所示，VTEP 可由支持 VXLAN 的硬件设备或软件来实现。

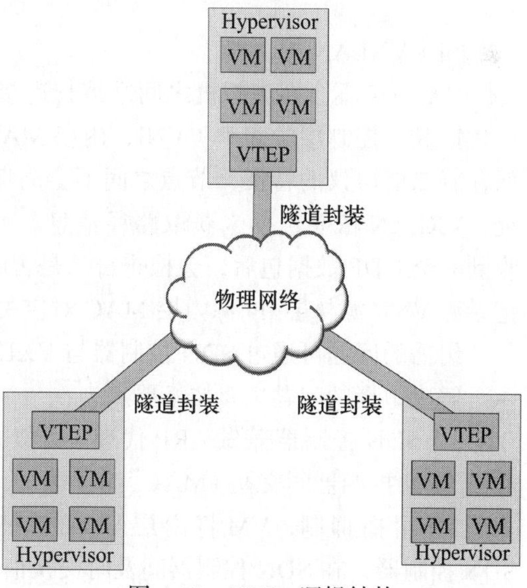

图 4-19　VTEP 逻辑结构

（3）VXLAN 网关

如果需要 VXLAN 网络和非 VXLAN 网络连接，必须使用 VXLAN 网关才能把 VXLAN 网络和外部网络进行桥接并完成 VXLAN ID 和 VLAN ID 之间的映射和路由（如图 4-20 所示）。和 VLAN 一样，VXLAN 网络之间的通信也需要三层设备的支持，即 VXLAN 路由的支持，VXLAN 网关可由硬件和软件来实现。从封装的结构上来看，VXLAN 提供了将二层网络叠加在三层网络上的能力，VXLAN 头部中的 VNI 有 24 个比特，数量远远大于 4096，并且 UDP 的封装可以穿越三层网络，比 VLAN 有更好的扩展性。

当收到从 VXLAN 网络到普通网络的数据时，VXLAN 网关去掉外层包头，根据内层的原始帧头转发到普通端口上；当有数据从普通网络进入到 VXLAN 网络时，VXLAN 网关负责打上外层包头，并根据原始 VLAN ID 对应到一个 VNI，同时去掉内层帧头的 VLAN ID 信息。相应的如果 VXLAN 网关发现一个 VXLAN 包的内层帧头上还带有原始的二层 VLAN ID，会直接将这个包丢弃。之所以这样，是因为 VLAN ID 是一个本地信息，仅仅在一个地方的二层网络上起作用，VXLAN 是隧道机制，并不依赖 VLAN ID 进行转发，也无法检查 VLAN ID 正确与否。因此，VXLAN 网关连接传统网络的端口必须配置 ACCESS 口，不能启用 TRUNK 口。

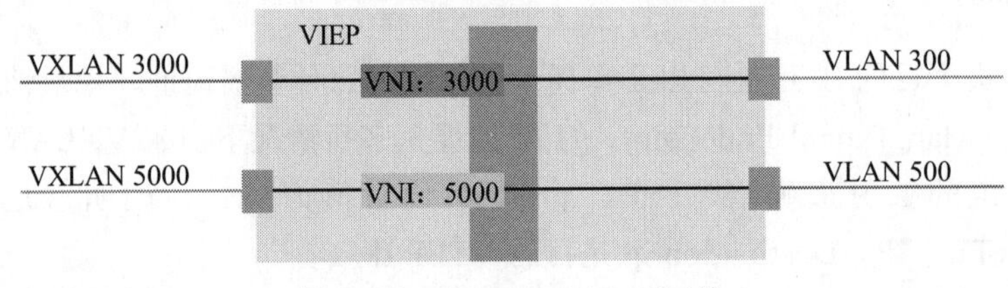

图 4-20　VXLAN-VLAN 网关

（4）VXLAN 控制器

VXLAN 不会在虚拟机之间维持长连接，所以 VXLAN 需要一个控制层来记录对端地址可达情况。控制层的表为（VNI，内层 MAC，外层 vtep_ip）。VXLAN 学习地址的时候仍然保存着二层协议的特征，节点之间不会周期性地交换各自的路由表，对于不认识的 MAC 地址，VXLAN 依靠组播来获取路径信息。另一方面，VXLAN 还有自学习的功能，当 VTEP 收到一个 UDP 数据包后，会检查自己是否收到过这个虚拟机的数据，如果没有，VTEP 就会记录源 VNI/ 源外层 IP/ 源内层 MAC 对应关系，避免组播学习。

组播的问题可通过 SDN 控制器与 VXLAN 配合来解决，其原理如图 4-21 所示。

解决组播的问题主要技术要点为：

1）SDN 控制器兼做 ARP 代理（类似 Router），获知（MAC、IP）对，在不同的数据中心的 SDN 控制器间交换（MAC、IP）表。

2）组播抑制，VM 将内层 VM 的 MAC 到外层 IP（网关 IP）的对应关系及时发布给 SDN 控制器，在 SDN 控制器间及时交换信息。

3）通过组播头端复制，将应用层带来的组播变成多个单播。

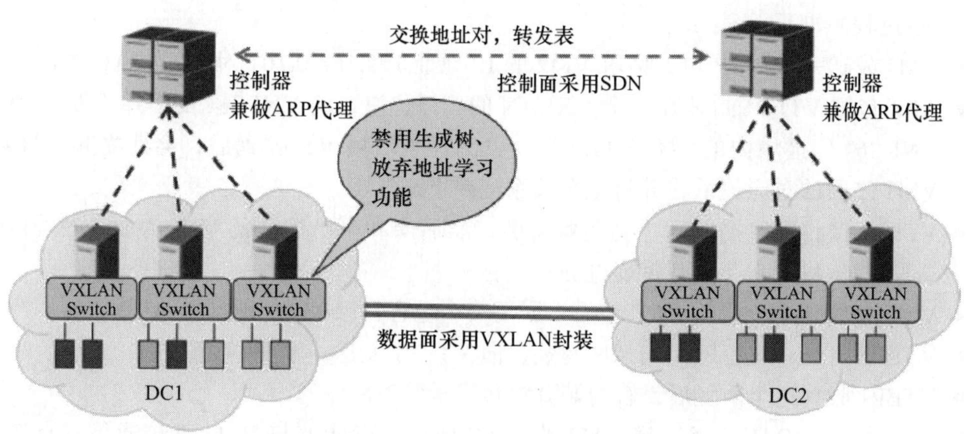

图 4-21　VXLAN SDN 控制器兼做 ARP 代理

（5）VXLAN 完整的通信过程

在一个纯 VXLAN 部署的环境里，对于连接到 VXLAN 内的虚拟机，由于虚拟机的 VLAN 信息不再作为转发的依据，虚拟机的迁移也就不再受三层网关的限制，可以实现跨越三层网关的迁移。图 4-22 描述了一个完整的纯 VXLAN 通信过程的场景。

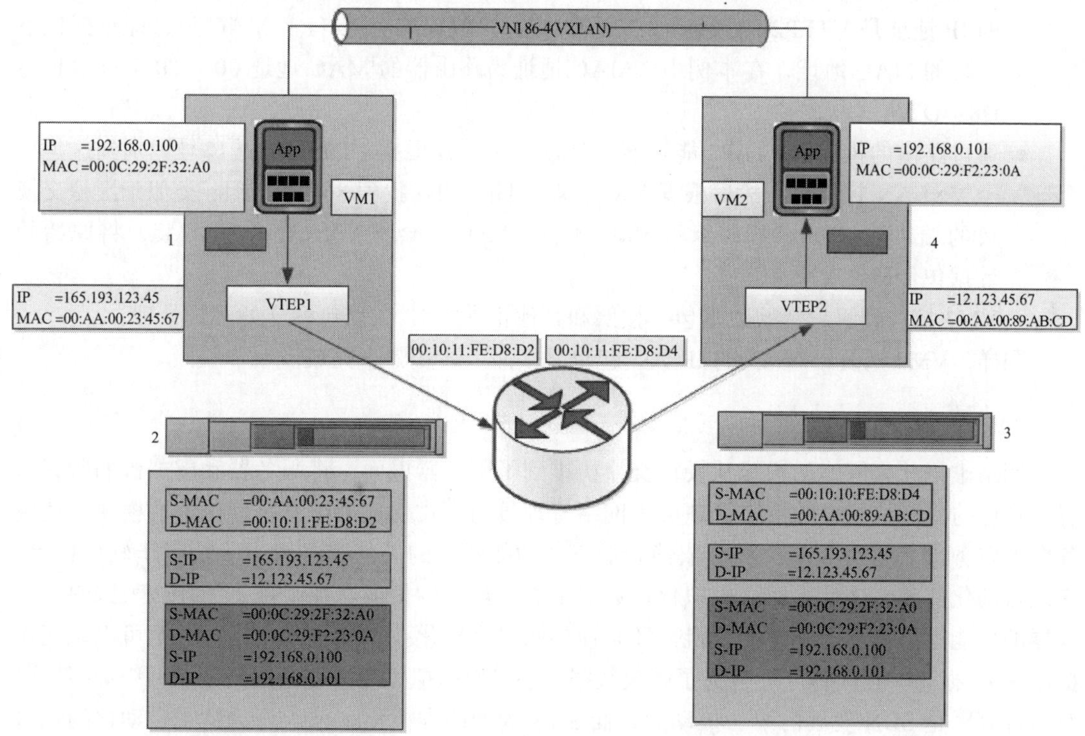

图 4-22　VXLAN 通信过程拓扑

当 VM1 向 VM2 发送一个数据包，VM1 首先需要知道 VM2 的 MAC 地址，这个过程

（ARP 广播过程）如下所述：

- VM1 发送一个 ARP 包，请求 VM2 的 IP 地址 192.168.0.101 对应的 MAC 地址。
- APR 包被 VTEP1 封装在一个 VXLAN 的广播包里，向 VNI 864 的广播域发送。
- VNI 864 广播域内的所有 VTEP 都会收到这个广播包，收到后，会建立起 VTEP1 和 VM1 之间的对应关系，并将这个关系记录下来。
- VTEP2 接收到广播包后，将包解封装，然后向和自己关联的 VNI 为 864 的端口组发送原始的 ARP 包（没有封装过的）。
- VM2 接收到这个原始 ARP 包后，回复一个包含自己 MAC 地址的 ARP 应答。
- VTEP2 将这一应答做 VXLAN 封装，向 VTEP1 发送一个 IP 单播。
- VTEP1 收到这个回复后，解封装并将包发送给 VM1。

到目前为止，VM1 已经知道 VM2 的 MAC 地址，就能够与 VM2 直接通信。直接通信过程如下：

- VM1 向 VM2 发送一个 IP 包，发送地址是 192.168.0.100，目的地址是 192.168.0.101。
- VTEP1 将会按照如下的方式对这个 IP 包做封装：添加 VXLAN 头部，VNI 值为 864；标准 UDP 头，checksum 值为 0x0000，目的端口设置为 VXLAN IANA 端口，不同的供应商有不同的端口，比如 Cisco N1KV 的端口为 8472；标准的 IP 头，目的 IP 地址是 VTEP2 的地址 12.123.45.57，协议设置为 0x11；MAC 头，即数据包下一跳的 MAC 地址，在本例中，MAC 地址为路由器的 MAC 地址 00：10：11：FE：D8：D2。
- 通过路由的传递，VTEP2 能够接收到这个包，并根据 UDP 目的端口号识别到这是一个 VXLAN 封装包，然后根据 VXLAN 头部的 VNI 找到 864 端口组（类似于虚拟交换机的端口组），如果端口组和 VM2 正常，VTEP2 会将 VXLAN 包解封装，将原始的数据包传递给 VM2。
- VM2 接收到解封装的数据包，按照和其他正常的 IP 数据包一样的方式处理。

同样，VM2 回复给 VM1 的 IP 数据包也是按照上述步骤来完成。

4. 小结

网络虚拟化将网络的边缘从硬件交换机推到了服务器里面，将服务器和虚拟机的所有部署、管理的职能从原来的系统管理员 + 网络管理员的模式变成了纯系统管理员的模式，让服务器的业务部署变得简单，不再依赖于形态和功能各异的硬件交换机，一切归于软件控制，实现自动化部署。这就是网络虚拟化在数据中心中最大的价值所在，也是为什么大家明知服务器的性能远远比不上硬件交换机但还是使用网络虚拟化技术的根本原因。甚至可以说当年提出 SDN 概念，很大程度上是为了解决数据中心里面虚拟机部署复杂的问题。网络虚拟化以及云计算，是 SDN 发展的第一推动力，而 SDN 为网络虚拟化和云计算提供了自动化的强有力的手段。

网络叠加技术作为网络虚拟化在数据层的实现手段，解决了虚拟机迁移范围受到网络架构限制、虚拟机规模受网络规格限制、网络隔离 / 分离能力限制的问题。同时，支持网络叠加的各种协议、技术正不断演进，VXLAN 作为一种典型的叠加协议，最具有代表性。Linux 内核 3.7 已经加入了对 VXLAN 协议的支持。另外，除了本节介绍的 VXLAN、NVGRE、STT 草案，一个由 IETF 工作组提出的网络虚拟化叠加（NVO3）草案也在讨论之中。另一方面，各大硬件厂商也都在积极参与标准的制定并研发支持网络叠加协议的网络产品，这些都在推动着 SDN 技术的进步。

4.3　SDN 的典型实现：OpenStack 中的网络组件 Neutron

OpenStack 是由美国国家航空航天局和 Rackspace 合作研发的，以 Apache 许可证授权的开放源代码项目。OpenStack 是一个云平台管理的项目，OpenStack 的目的是让任何人都可以自行建立和提供 IaaS（基础设施即服务）。此外，OpenStack 也用作建立防火墙内的“私有云”，提供机构或企业内各部门共享资源。目前 OpenStack 社区得到了全世界众多的开发人员和知名 IT 公司的支持，比如 EMC、IBM、微软、思科等。

OpenStack 由多个组件构成，核心组件主要有身份认证（Identity）组件 Keystone、镜像存储（Image）组件 Glance、计算（Compute）组件 Nova、网络服务（Network）组件 Neutron、仪表盘（Dashboard）组件 Horizon、块存储（Block Storage）组件 Cinder、对象存储（Object Storage）组件 Swift、编配（Orchestration）组件 Heat 及遥测（Telemetry）组件 ceilometer。Openstack 的实现框架如图 4-23 所示。

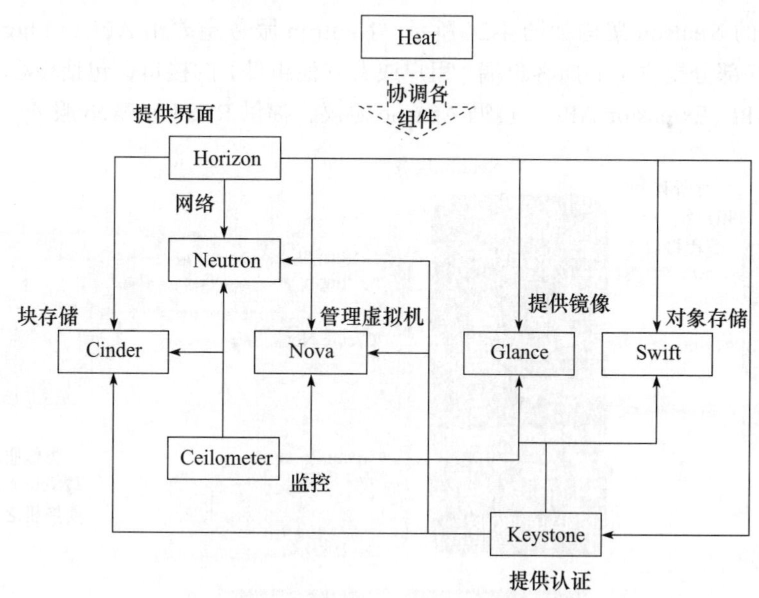

图 4-23　OpenStack 实现框架和主要组件

Neutron 组件是 OpenStack 在 Havana 版本中被重命名的，在之前的 Grizzly 版本中，提供网络服务的组件名为 Quantum。在 Havana 中，新增加了 FaaS（Firewall as a Service）和 VPNaaS(VPN as a Service)，实现了 L3-router 的插件，提供了对 IVS 虚拟交换机的接口支持，并首次引入了 ML2 插件。

Neutron 的设计遵循了抽象和具体的原则，采用了模型和插件的设计结构来实现 NaaS（网络即服务）。Neutron 的抽象意味着为 NaaS 定义了一些代表抽象网络元素的"模型"。例如，几乎所有的云应用程序都部署在 IP 子网内，并代表着 OpenStack Neutron 的网络或者子网模型。网络是虚拟的本地局域网（LAN），你可以添加 DHCP 和域名系统（DNS）服务，以提供寻址和定义端口 / 网关，然后将子网与用户连接。

Neutron 的模型转化为现实网络行为的过程，是通过具体的插件完成的，这些插件接受管理系统的命令，然后执行命令，最后创建所需的网络行为。这些插件可以由一些基本的 Linux bridge、Linux VLan、IP table 来实现，也可以由一些高级的技术来实现，比如 Open vSwitch、Nicira NVP、OpenFlow 等。

Neutron 的设计结构实现了基于 API 的网络服务功能（API-based Networking as a Service）。Neutron 提供了虚拟网络、子网、端口、路由、防火墙、VPN 抽象等 API 用于描述网络资源，并通过它们向其他组件或服务交付网络服务功能，这些 API 功能的实现则依赖于具体的插件来完成，在引入 SDN 插件后，Neutron 已经成为了一个典型的 SDN 应用。

4.3.1　Neutron 在 OpenStack 中的架构

一个简单的 Neutron 架构如图 4-24 所示，Neutron 服务主要由 API 和 Plugin（插件）两部分构成。API 部分提供了面向客户端（租户或者其他组件）的接口，包括核心 API（General API）和扩展 API（Extension API），遵循 Apache 协议，提供 RESTful Web 服务，目前 Neutron

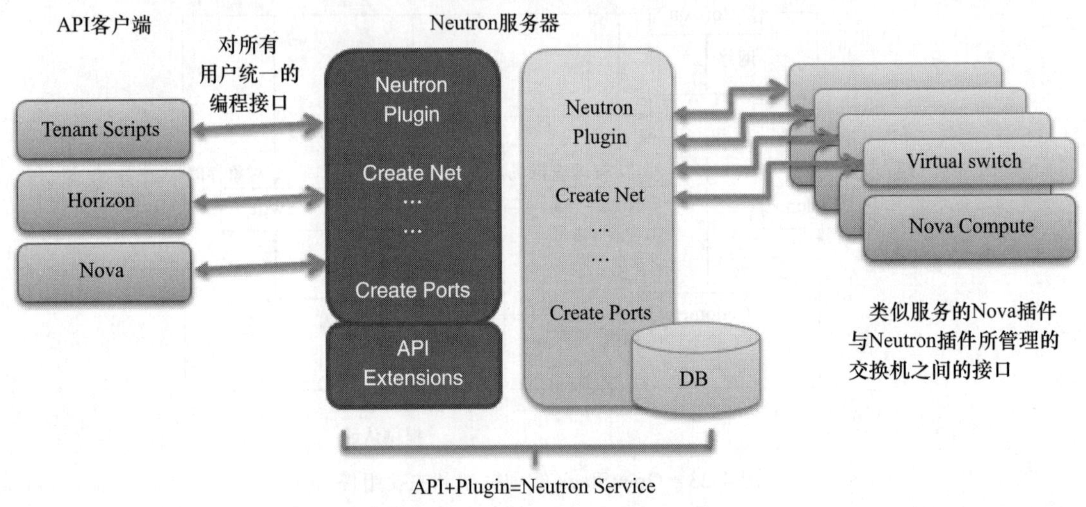

图 4-24　OpenStack Neutron 架构

提供了丰富的 API 来满足云网络环境的需求，包括基本的网络、子网、端口服务，也包括了路由、安全、隔离、VPN 等高级服务。插件部分负责完成 API 功能，插件可以是网络设备商提供的物理交换机，也可以是部署在计算节点上的虚拟交换机。目前 Neutron 已经获得了很多开源插件和商业插件的支持，比如 OVS 插件、Ryu OpenFlow Controller 插件、NEC OpenFlow 插件等。

Neutron的工作流程可以由图 4-25 所示的创建 L2 网络的简单示例来描述，用户（租户或者其他应用程序）通过 REST API 发送 POST 请求为用户创建一个名为 demo_net 的 L2 网络，Neutron API 接收到请求后，会对请求内容解析、校验，对用户身份进行检查，如果满足合法条件，则更新数据库并调用注册的插件来创建一个具体的 L2 网络，最终向用户返回所创建的网络 ID。在这个过程中，用户只需要关注自身的业务需求来定制网络，具体的网络实现对用户透明，真正实现了软件定义网络。

```
labadmin@sclg93:~$ curl -i
http://10.13.217.93:9696/v2.0/networks.json -X POST -H "X-Auth-Token: xxxxx" -H "Content-Type: application/json" -H "Accept: application/json" -H "User-Agent: python-neutronclient" -d
'{"network": {"name": "demo_net", "admin_state_up": true}}'
HTTP/1.1 201 Created
Content-Type: application/json; charset=UTF-8
Content-Length: 235
Date: Fri, 10 Jan 2014 06:28:29 GMT
{"network": {"status": "ACTIVE", "subnets": [], "name": "demo_net", "admin_state_up": true, "tenant_id":
"3086bf1de21144258dd2b529cfffab3f", "shared": false, "port_security_enabled": true, "id": "ec0cdd0c-a9f9-43ab-8e44-0813ff22dff9"}}
```

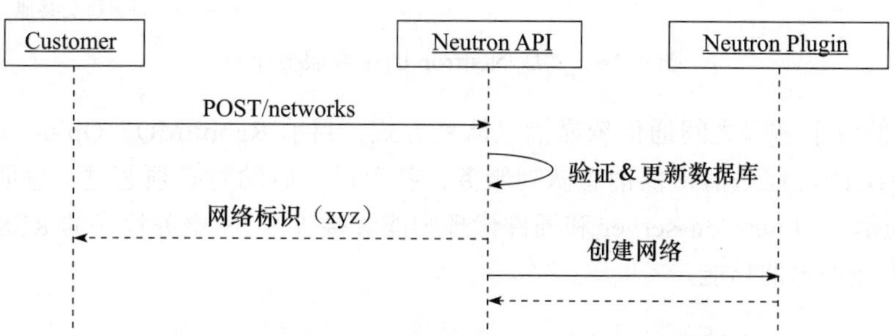

图 4-25　通过 Neutron 为用户创建子网 demo_net

Neutron 的这种结构同时也降低了其自身的开发难度。一方面，插件整合了多种网络实现方式，用于满足云网络的多种网络需求，非常有利于 Neutron 功能扩展。另一方面，在实际开发过程中，插件提供商，例如网络设备供应商，只需要将自己的 SDN 控制器变为 Neutron 中的 SDN 代理程序，就能够将自己的解决方案整合到 Neutron 框架中，提供商只需要关注插件本身的功能和性能，有利于提高交付的能力。

4.3.2 Neutron 在 OpenStack 中的工作机制

Neutron 服务在 OpenStack 的实际部署中，需要由分布在多个节点上的多个服务来协作完成，这些服务如图 4-26 所示，主要包括：

1）neutron-server，一个由 Python 编写的守护进程，部署在网络节点上，提供 API 和扩展服务，并将用户的请求转发到相应的插件进行处理。neutron-server 需要数据库来实现数据存储，并利用消息队列和其他进程通信。

2）插件代理（Plugin Agent），运行在每一个计算节点上，完成对本地的虚拟交换机的配置和管理，不同的插件有不同的代理程序，有些插件不需要专门的插件代理。

3）L3 代理（L3 Agent），为租户的虚拟机提供外部网络 L3/NAT 转发功能，不同的插件有不同的代理程序，有些插件不需要 L3 代理。

4）DHCP 代理（DHCP Agent），为租户的网络提供 DHCP 服务，所有的插件都需要这个代理。

5）SDN 服务（SDN Service），为租户的网络提供 SDN 服务，通过 REST API 或者其他方式与 neutron-server 或插件代理通信。

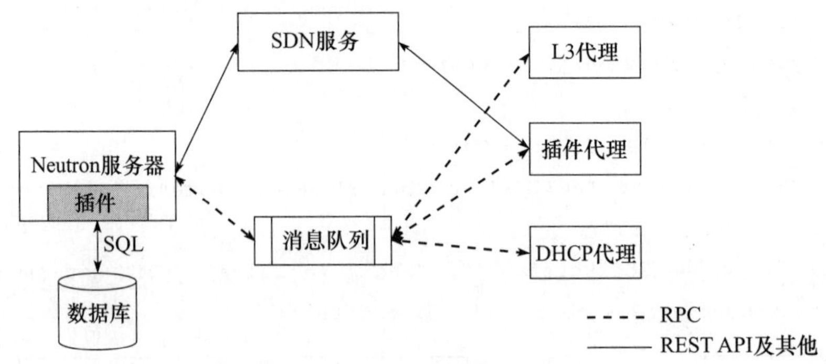

图 4-26 构成 Neutron 的主要服务组件

Neutron 的各个进程之间通信依靠消息队列方式，目前 RabbitMQ、Qpid、ZeroMQ 都能够为 OpenStack 的进程通信提供消息队列服务，各个进程启动时必须通过消息队列服务器端的鉴权才能通信。而 neutron-server 和插件代理则能够接收 SDN 服务程序的 REST API 请求，完成 API 转发或处理的功能。

4.3.3 Nicira NVP 插件

Nicira NVP（Network Virtualization Platform）是 Nicira 公司基于 OpenFlow 和 OpenvSwitch 创建的网络虚拟化平台。Nicira NVP 通过在物理硬件之上加载一个虚拟网络平台，重建虚拟网络，不需要修改物理网络的框架和拓扑，也不需要改变原来的云管理系统和云计算资源，比如系统配置、运用程序、子网、IP 地址等，使网络的控制从虚拟网络从网络硬件中脱离出来。同时，NVP 提供了对虚拟网络的强大管理和控制能力，丰富的 API 使用户能够对网络实现按需定制和软件定义，可视化的基于 WEB 的管理工具 NVP Manager 为用户提供了直观而友好的管理调试工具，集群的控制器保证了平台的高可靠性，并且能够与多种数据中心平台整合，例如 VMware vSphere、OpenStack 等，为网络虚拟化提供了完整的解决方案。

2012 年 8 月，全球虚拟化和云基础架构领导厂商 VMware 宣布收购 Nicira，交易金额超过 12 亿美元，此次收购提升了 VMware SDN 产品，加强了 VMware 在虚拟化和数据中心的领导地位，并为提出软件定义数据中心打好了基础。

NVP 的核心架构如图 4-27 所示。

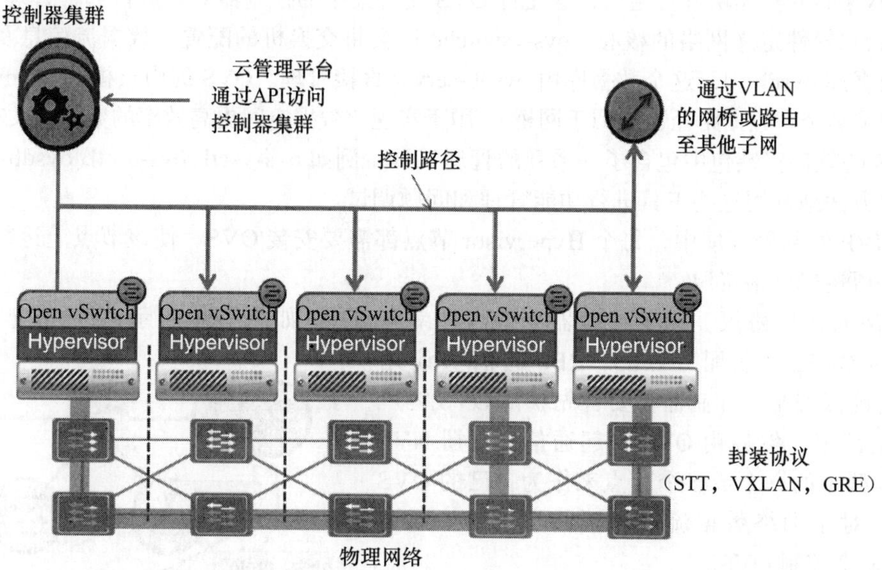

图 4-27 Nicira NVP 核心架构

架构中的核心组成部分是

1）控制器集群（Nicira NVP Controller Cluster）。NVP Controller 是 NVP 的控制层，NVP Controller 接收从客户端发送过来的 NVP API，处理后通过 OpenFlow 或其他接口协议控制其他节点。NVP 支持 CMS（云管理系统）接口，如北向 RESTful API，能够与其他云管理平台整合。

NVP 控制器集群是一个分布式系统，运行在一组 x86 服务器上，集群提供了以下特性：

- 高可靠性，当集群中的一个节点不能正常工作，集群仍能够正常提供服务。
- 可扩展性，集群中的节点能够根据负载的需要增加或者减少。

2）Open vSwitch，简称 OVS，是 NVP 在数据层实现数据转发的核心部件。OVS 是一个基于软件实现的虚拟交换机，使用开源 Apache 2.0 许可协议，主要实现代码为可移植的 C 代码。它的目的是让大规模网络自动化可以通过编程扩展，同时仍然支持标准的管理接口和协议（例如 NetFlow、sFlow、SPAN、RSPAN、CLI、LACP、802.1ag）。此外，它被设计为支持跨越多个物理服务器的分布式环境，类似于 VMware 的 vNetwork 分布式 vSwitch 或 Cisco Nexus 1000V。OVS 支持多种 Linux 虚拟化技术，包括 Xen/XenServer、KVM 和 VirtualBox，提供了对 OpenFlow 协议的支持，并且能够与众多的开源虚拟化平台相整合。

OVS 的工作原理和物理交换机类似，在其实现中，两端分别连接着物理网卡和多块虚拟网卡，同时内部会维护一张映射表，根据 MAC 地址寻找对应的虚拟机链路进而完成数据转发，实现一个和二层物理交换机相同的功能。

OVS 在实现中分为用户空间和数据空间两个部分，用户空间拥有多个组件，最主要的组件是 ovs-vswitchd 和 ovsdb-server，前者实现了 OpenFlow 交换机的核心功能，并且通过 netlink 直接和 OVS 的内核模块进行通信，这使得 OVS 支持集中的控制器对其进行远程管理和监控，体现了 NVP 软件定义网络的核心。ovs-vswitchd 还会将交换机的配置、数据流信息及其变化保存到数据库 ovsdb 中，这个数据库由 ovsdb-server 直接管理。OVS 的内核模块 openvswitch_mod 实现了多个"数据路径"(类似于网桥)，用于实现比数据空间更高效率的数据转发功能。

OVS 的软件安装包中包含了一系列的管理工具，例如 ovs-vsctl、ovs-ofctl、ovsdb-tool 等，用户可以方面地利用这些工具进行功能管理和问题调试。

在 NVP 的部署环境中，每个 Hypervisor 节点都需要安装 OVS，使该节点上运行的虚拟机能够获得逻辑网络资源。

3）南向接口协议。NVP 控制器支持两种南向接口（如图 4-28 所示），对于配置信息，NVP 通过 OVSDB 来配置 OVS，RPC 通信协议用 SSL 加密确保安全。控制器需要首先获得 OVS 客户端的安全证书，然后由 OVS 发起通信，注册 NVP 控制器集群中的一个或多个节点来作为自己的 OVS 控制器。对于网络数据流的配置信息，NVP 通过 OpenFlow 来控制 OVS。

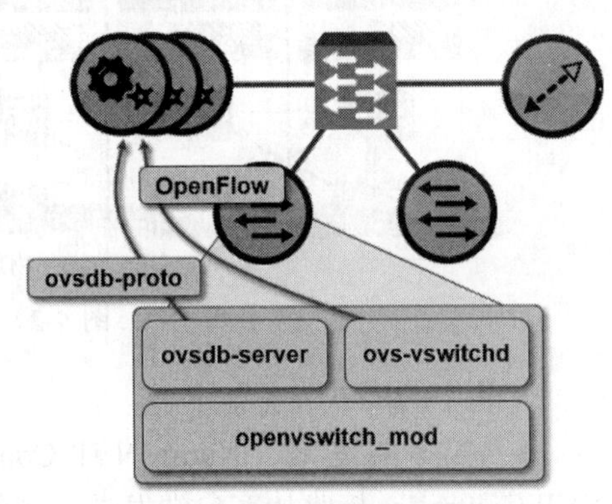

图 4-28　NVP 的南向接口协议

4）NVP Manager 是一个基于网页的人机交互工具，提供虚拟网络资源的查看和管理功能，比如查看网络节点、子网、IP、端口、路由、日志等，或增加、删除、更新网络资源。NVP Manager 还能提供故障排查的功能，用户或者开发人员可以在一个直观的界面中调试网络的联通情况，也可以用来验证命令执行的结果。在大多数情况下，由于 NVP Controller 能够执行 NVP API，这个组件多用于故障排查的功能。

5）网关是一个单独安装的组件，属于 NVP 的数据层，L2 网关能够桥接逻辑网络和物理网络，L3 网关则能够实现虚拟网络和物理网络之间的路由功能，租户可以利用 L3 网关将数据中心的虚拟网络和外部物理网络实现互通，在 NVP 中部署一个或者多个网关节点，来提高服务的可用性。

6）封装协议。NVP 通过网络封装协议来保证逻辑网络在物理网络之上的叠加和多租户网络之间逻辑网络的隔离，NVP 支持多种封装协议，比如 STT、GRE，并且在 3.2 版本中还支持 VXLAN。目前还没有对 NVGRE 的支持。

7）NVP 服务节点（Service Node）是一个可选的部件。当采用网络叠加方式实现虚拟网络时，为逻辑网络的组播、广播和一些未知单播提供类似接力的服务，例如包的复制功能；也可以用于初始化或终结 Hypervisor 和远程 Gateway 之间的 IPSec 隧道。在实际部署中，为了提高可用性，可以部署多个 NVP 服务节点。

8）虚拟机。运行在 Hypervisor 上的虚拟机是 NVP 的应用程序，虚拟机运行在虚拟网络里，感知不到底层的物理网络。

NVP 通过插件的方式和 Neutron 集成，如图 4-29 所示，Neutron 利用 NVP 控制集群提供的北向接口对网络软件定义，NVP 控制集群通过南向接口对安装在计算节点上的 OVS 进行监控，根据业务需求创建独立于物理网络的虚拟网络，网关节点实现虚拟网络和物理网络的转发和路由。

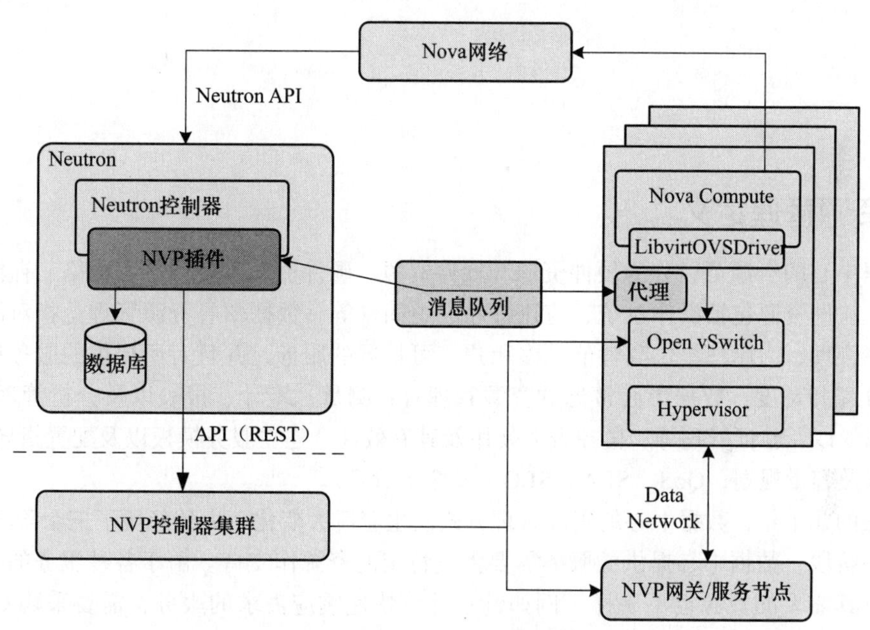

图 4-29 在 OpenStack 中部署 Nicira NVP 插件

4.3.4 小结

应用层直接面向的是网络资源的用户，是体现 SDN 价值的关键。当前的 SDN 架构中引入支持网络资源集中化控制的控制器及其开放的北向接口，推动了上层应用对网络资源高效灵活的调配。同时上层的应用对 SDN 的发展和演进有着积极的反馈和推动作用，SDN 技术能够从上层应用的反馈中不断提高和创新，满足更多网络场景的需求。

OpenStack 作为当前最为流行的云平台，其网络组件 Neutron 作为一个典型的 SDN 应用实例，一方面证明了 SDN 是云计算时代的网络发展趋势，另一方面也推动了 SDN 技术和 SDN 生态圈的进步。

Chapter5

第5章 自动化资源管理

5.1 资源管理定义

数据中心的资源可以分为硬件资源和软件资源。硬件资源包括计算、网络、存储、设施设备等。软件资源包括操作系统、应用程序、中间件等。数据中心资源管理是指对硬件资源进行集中管理，为用户提供高性能、多租户、可扩展的服务，并且对所提供的服务提供灵活的资源分配和调度。数据中心常见的资源管理有：测量、审计、报表以及分析管理；配置、发现、修复以及验证管理等；监控资源使用及其有效性；建立服务模板以及配置指导；性能、可用性以及容量规划；QoS、SLA、SLO、安全等管理。

过去的几十年，数据中心的资源管理方式发生着巨大变化，大致经历了三个阶段。

第一阶段，数据中心提供的服务需要大量特定的资源作支持。由于各种服务的要求不一样，所以其需要的资源也不一样。例如针对计算快速响应需求的服务，需要采购 CPU 速度快且内存容量大的计算资源。这些资源购买不仅耗资巨大，而且日常资源管理也相当复杂。在这一时期，资源管理从硬件管理到软件管理均是“特制”的，也就是说不同硬件或软件均需要分别管理，不仅耗时、容易出错，而且需要大量的专业技术背景的人员参与。由于这一阶段中数据中心资源管理的成本高、错误率大、复杂度高，所以需要统一的规范接口以供上层服务调用，这不仅可以为采购和部署资源节省费用，管理这些资源的流程也可以简化，节省时间。更重要的是，统一的规范接口可以提供更加灵活的服务。

进入第二阶段，数据中心的资源被“抽象”并且提供统一的接口，这些被抽象的资源进一步分成“资源池”为服务提供高效灵活的资源。随着虚拟化技术的不断发展，不同的资源利用虚拟化技术进行“抽象”分别进行集中的管理。然而此阶段，不同资源（计算、网络、存储）不仅虚拟化的程度不平衡而且管理的自动化程度不高，计算资源的虚拟化技术发展较快，而网络和存储资源的虚拟化技术发展较慢。因此，数据中心同时存在第一阶段的未虚拟化资源以及高度虚拟化资源，而针对这些不同的资源所提供的服务，数据中心只能分别提供管理。这一阶段的资源管理虽然减少了人工参与工作，但是大量繁琐的配置，特别是针对动态服务的配置仍然给管理带来不便。此外，虽然与第一阶段相比，特定的服务不强制购买特定的硬件资源，然而对给定的服务已提供的资源的控制是静态的，除非经过繁琐的资源重新分配，而资源的重新分配有时会带来灾难性的后果，如资源使用冲突等。为更加自动且高效地管理资源，软件定义数据中心应运而生。

数据中心管理的第三阶段是基于软件定义数据中心。它继承了第二阶段的“资源抽象”以及“资源池”，致力于资源管理的“自动化”，提高资源管理的速度，尽可能地减少人工参与。在这一阶段，随着计算虚拟化、网络虚拟化、存储虚拟化的快速发展以及技术的成熟，软件定义数据中心的实现成为可能。如前面几章介绍，硬件资源的抽象和接口标准化，使得调用硬件资源更加方便和灵活。此外，资源之间的分工和协作更加清晰。首先各种资源都有统一的控制中心将控制流与数据流分离，使得调用资源只需与控制中心交互。其次各种资源之间的调用都有统一的接口，使得资源协作更加高效。而高效的硬件资源管理又给软件的管理带来便利，通过自动并高效配置和监控软件所使用的资源，软件配置和管理更加灵活和高效。硬件和软件的自动化管理使得管理者可以根据不同服务进行动态配置，并根据服务的内容进行调整和监控。而此时的服务所利用的资源管理是透明的，不需要过多依赖某个特定的资源。

与传统数据中心管理不同，软件定义数据中心资源的自动化管理使得管理员可以更加灵活高效地分配、控制并管理所有软件定义数据中心的资源，从而为跨平台、跨数据中心提供高效、安全、可靠的服务提供了有力支持。软件定义数据中心资源管理有如下几个特点：

- **集中管理**。软件定义数据中心资源管理的显著好处是资源集中管理，传统数据中心组件之间功能的混合使用会带来很多问题，因为大概 75% 的问题来源于用户，而用户如果没有统一的集中管理，那么会给监控和分析带来难以克服的困难。
- **资源使用效率高**。在传统的数据中心，资源是不共享的，即使在某些服务停止或者不使用时，资源也仍然分配和使用。有资料统计，传统数据中心大约只有 30% 的资源被合理利用，而软件定义数据中心可以按需进行资源配置和管理，因此大大提高了资源的利用率。在软件定义数据中心里，资源利用率达到 70%。
- **自动化管理**。在传统的数据中心，由于资源架构的异构性和复杂性，人工参与的管理办法低效且易错；软件定义数据中心可以减少人工干预，从而防止错误的发生，使管理员更加关注重要的策略制定。

软件定义数据中心自动化管理尽管带来巨大的优势，却存在巨大的挑战，现阶段的技术仍有很大发展空间。软件定义数据中心资源管理面临的挑战如下：

- **虚拟化资源的管理**。虚拟化技术带来便利的同时，也出现了性能、安全以及可靠性等新问题。从软件定义数据中心管理员的角度，虚拟化技术是对硬件资源的一种抽象，然而会带来性能和安全瓶颈。一方面，异构资源的整合会有短板效应，而性能和安全

“短板”的监控和动态调整向管理员提出更高的要求。另一方面，虚拟化是一种集中控制技术，抽象层由软件实现，其本身也存在性能和安全性的问题。因此软件定义数据中心需要机制来从抽象层对性能、安全等问题提出新的解决办法。

- **海量分布数据的管理**。由于软件定义数据中心的可扩展性及跨平台特性，数据中心的数据会呈指数级增长，原先适用于传统数据中心的数据管理技术则不再适用。例如传统数据中心数据存储的物理地址确定，而软件定义数据中心的数据则分布式存放，不仅带来同步等分布式系统常见的问题，且由于数据的存放地址不固定，会带来隐私和性能的问题。
- **自动化工具的管理**。由于传统的数据中心管理软件不再适用于软件定义数据中心环境，一些审计、监控、部署软件可能已经不再适用，甚至一些常用的应用软件也需要修改才能在软件定义数据中心发生功效。例如传统的网络系统监控软件安装在某个特定的系统或硬件上，而要将这些软件移植到软件定义数据中心，则需要加以封装或者修改以适应新的环境需求。
- **业务或服务的管理**。业务管理或者服务管理在传统的数据中心里相对静态和单一，因为其使用的资源固定，用户单一，而软件定义数据中心的业务和服务是动态且多元的。首先资源的动态分配需要较好的响应和管理效率。其次，针对多租户的服务需要考虑多租户隔离问题。

针对软件定义数据中心的技术挑战，本章将对软件定义数据中心的管理技术进行总结和归纳，从以下六节进行阐述。首先，对软件定义数据中心的管理对象进行总结和归纳，指出管理对象的特点以及需要解决的问题，详见 5.2 节。其次，针对软件定义数据中心的管理对象，介绍常见的管理方法和技术，介绍每种技术带来的好处和不足。同时，结合这些技术，介绍数据中心通用的管理部件及其所使用的技术和达到的效果，详见 5.3 节。再次，针对重要的管理部件——“性能管理”和“多租户管理”，深入介绍其所用的技术以及原理，详见 5.4 及 5.5 节。最后通过具体的产品实现介绍软件定义数据中心管理的接口及典型实现，以期给读者一个整体的认识和理解，详见 5.6 及 5.7 节。

5.2 资源管理对象

在软件定义数据中心，资源管理对象可分为硬件对象和软件对象。硬件对象包括计算、存储、网络和其他设施设备。软件对象包括操作系统、应用程序、中间件等。针对这些对象，资源管理的目标是提供可靠性高、安全性高、性能好的服务。与传统的数据中心管理的资源对象不同，软件定义数据中心管理的对象有如下特点：

- **对象更加丰富**。在软件定义数据中心，由于虚拟化技术将硬件设备抽象为软件定义的设备，因此在软件定义数据中心管理时会出现虚拟化设备与硬件设备并存的情况，而传统的数据中心仅仅需要管理硬件设备，因此软件定义数据中心管理的对象更加丰富。例如软件定义存储对存储硬件既可以由存储虚拟化软件管理，也可以直接管理。软件定义数据中心既有虚拟化的存储设备又有硬件存储设备。

- **对象交互性多**。在传统的数据中心，计算、存储、网络资源对象往往是各自管理的，如计算资源管理与网络资源管理分别在不同的硬件平台上，而且管理时相互的信息不能直接共享，因此资源对象的交互性不多。而在软件定义数据中心，由于管理的方法很灵活，而且脱离了具体的硬件设备，因此各种资源的管理可以集中在一起，信息可以共享并且相互配合。例如软件定义数据中心要增加一台虚拟机并接入某个虚拟网络，这时计算资源管理和网络资源管理可以在这台虚拟机上进行，并且不需要像传统的数据中心管理一样，重新配置交换机来定义网络。这样不仅使得配置和管理方便，而且性能更好、安全性更高。
- **对象动态性强**。在传统的数据中心，资源对象是静态分配和管理的，而软件定义数据中心管理的资源对象是动态的，且提供的服务可供用户灵活配置和管理。这要求对象能够自适应地接入软件定义数据中心，在运行时可以动态管理和分配，并且随着业务服务的需要能够自动进行资源的调配，如数据迁移等。

如图 5-1 所示，资源管理对象按照软件定义存储中心架构可以分为如下几个层次：服务管理层、资源控制层、资源抽象层、物理资源层。

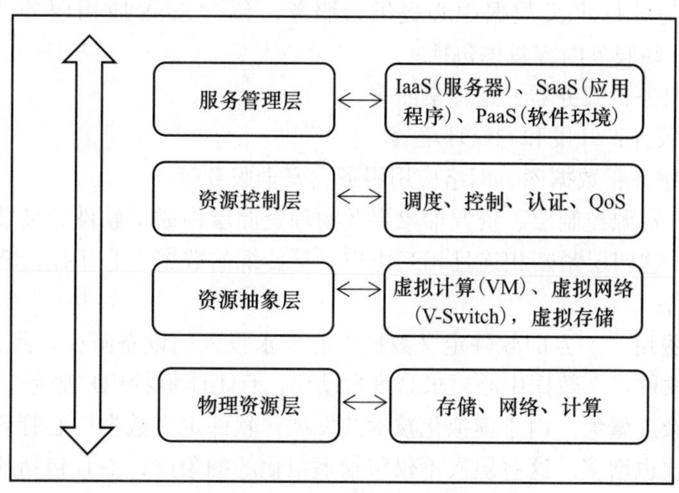

图 5-1　资源管理对象分层

物理资源层主要管理硬件设备，包括存储、网络、计算资源。这些硬件资源对用户是透明的，被资源抽象层抽象，通过虚拟接口供用户使用。具体为：

- 计算资源：CPU、内存、I/O 等。
- 网络资源：路由器、交换机、防火墙、网络链路、网络接口等。
- 存储资源：存储产品、存储接口等。

资源抽象层主要管理虚拟设备，包括虚拟计算资源、虚拟网络资源、虚拟存储资源。这些资源对上提供虚拟接口供资源控制层和服务管理层使用，对下则屏蔽物理资源的一些特性，使其看上去如同一个资源。

- 虚拟计算资源：Virtual Machine、vCPU、Virtual Memory、Virtual I/O 等。
- 虚拟网络资源：V-switch、OVS、vLAN 等。
- 虚拟存储资源：Virtual LUN、vSAN 等。

资源控制层基于资源抽象层提供的虚拟资源，为上层业务服务提供资源调度、控制、认证、QoS 等功能。这一层为上层服务提供技术保障，确保服务的可靠性、安全性等。这一层提供的功能具体为：

- 资源认证：只有服务允许的用户才能访问资源，这里需要管理认证对象和对象权力。
- 资源调度：由于服务共享资源，要根据服务请求的优先级对共享的资源进行调度和分配。
- 资源控制：资源应该满足 SLA 的要求，并对用户透明地监控和分析资源使用情况。只有服务提供的用户可以管理其所分配的资源，并采取措施保证资源使用的可靠性和安全性。
- 质量管理控制：资源质量管理应该根据业务服务的控制进行质量评估和分析，例如资源的利用率、剩余容量、安全状况等，并采取相应措施，如资源扩容和服务恢复。

服务管理层为软件定义数据中心提供云服务，包含 SaaS 应用服务、PaaS 平台服务、IaaS 架构服务。这些服务内容具体包括：

- IaaS 架构服务：服务器、远程桌面等。
- PaaS 平台服务：开发和测试环境等。
- SaaS 应用服务：数据库、网络应用服务、安全服务等。

服务管理层、资源控制层、资源抽象层及物理资源层构成了软件定义数据中心管理对象的四个不同层次，这四层紧密相连且相互协作。与传统的数据中心相比，软件定义数据中心管理面临如下挑战：

- **减少运营费用**。一方面软件定义数据中心要求投入的设备减少，且人工的操作减少；另一方面软件定义数据中心要求高度自动化，且不能牺牲用户服务。
- **管理的复杂度增大**。由于虚拟化技术的发展，软件定义数据中心管理对象增多，管理对象的层次也增多，这些层次不仅包括虚拟化的抽象层，而且包括这些抽象层之间以及抽象层与物理层之间的交互。
- **用户的透明化管理**。用户不直接操控硬件资源，用户对硬件的管理和监控更多地依赖于软件定义数据中心的管理软件。因此对软件定义数据中心管理的性能以及安全性有更高的要求。
- **快速响应和修复**。软件定义数据中心是跨平台且跨地域的，因此服务的快速问题应答和修复难度更大。这不仅要求有更强的灾备能力，数据迁移以及安全响应能力，而且需要在技术上克服不同平台和不同地域的性能瓶颈。
- **统一管理接口**。软件定义数据中心需要对不同的服务提供标准的接口，以支持可扩展、灵活的资源配置和管理。

表 5-1 显示了传统数据中心与软件定义数据中心管理对象和管理方法的异同。

表 5-1　传统数据中心与软件定义数据中心管理的对比

		软件定义数据中心	传统数据中心
管理对象	物理资源	统一管理	根据不同硬件，各自管理
	虚拟资源	虚拟化资源供用户使用	基本无虚拟化资源
	软件资源	软件资源复杂，包括控制物理资源以及虚拟资源的软件	软件资源较单一，一般指系统和应用程序
	业务服务资源	可用统一接口定义的业务逻辑，业务多样	业务单一，定义复杂
管理方法	数据和控制对象关系	数据与控制对象分离	数据与控制对象不分离
	管理接口	接口统一	接口不统一
	硬件资源对用户透明	透明	不透明
	快速响应和修复	快速	缓慢
	可扩展性	容易	困难
	安全性	安全	不安全

5.3　资源管理策略

5.3.1　资源管理一般性评价指标和标准

资源管理策略利用了前几章介绍的网络、存储、计算管理平台的一些接口，故不再重述其实现的细节。本节需要说明的是，所有资源作为一个整体，根据用户的服务请求，软件定义数据中心如何为服务提供可靠、安全、灵活、弹性以及自动化的管理。

表 5-2 列出了软件定义数据中心服务管理的主要指标及其评价标准，并且列出了为了达到这些指标所用到的一些策略。

表 5-2　资源管理评价指标、标准及其策略

指　标	说　明	标　准	策　略
可靠性	数据中心的基础设施要不中断服务，包括硬件的正确性、性能等；数据中心的数据访问要保证正确性和完整性	服务的连续时间长（基本不中断），响应时间（符合 SLA），服务完成的结果（正确），支持多租户	HA（高可用性）集群，快照 / 恢复，多租户
安全性	数据中心的基础设施要保证服务的隔离性，不受攻击的影响；数据不发生泄漏、错误或者丢失等	基础设施访问控制强，数据存取访问控制强，且不泄漏	架构安全，数据访问安全，数据隐私保护
灵活性	数据中心的基础设施根据服务的要求灵活地调整，并且调度好数据的迁移、存取、备份等	基础设施可以动态分配和协调，数据具有良好的迁移、存储、备份能力	精简配置，动态迁移，负载均衡
弹性	数据中心的基础设施可以动态地扩展，并且根据服务的需求数据可以海量地存储和计算	基础设施可动态扩展，数据可海量存储和计算	动态分配，大数据存储和计算
自动化	数据中心的基础设施可以自动接入并管理，控制与数据管理分离，可自动化定制数据计算和保护策略，数据的存储可以跨平台	硬件资源自动接入、卸载和监控，数据计算、保护、存储透明	监控，审计，资源感知

1）可靠性：可靠性是数据中心服务管理的一项重要指标，因为软件定义数据中心无论是在公有云环境还是私有云环境均需要为用户提供可靠的服务。可靠性表现在两个方面，一方面用户使用的数据中心基础设施（硬件、软件及环境）能够提供持续、稳定的服务；另一方面用户存储和计算的数据在数据中心要保证正确性和完整性。要达到可靠性目标，主要的策略有：HA（高可用性）集群，快照 / 恢复（Checkpoint/Recovery）、多租户（Multi-Tenancy）。

2）安全性：安全性是数据中心关注的最复杂也是最困难的一项指标，因为软件定义数据中心层级关系较多，管理对象也复杂多变，所以不仅需要提供安全可靠的基础设施，而且要保证数据存取和计算的安全性。主要的策略有：架构安全、数据访问安全、数据隐私保护等。

3）灵活性：灵活性是软件定义数据中心与传统的数据中心的本质区别之一。软件定义数据中心将控制和数据管理分离，因此控制策略更加灵活，使得为服务提供资源分配时可以动态分配和调用资源，并且进行数据动态迁移和备份。主要的策略有：动态迁移（Live Migration)、精简配置（Thin Provisioning）等。

4）弹性：弹性是软件定义数据中心与传统的数据中心的另一本质区别。软件定义数据中心采用了集中化资源管理和资源虚拟化，因此服务所需要的资源可以按需进行动态分配和调用。此外数据中心产生的海量数据需要大数据存储和计算。主要的策略有：动态分配（Dynamic Allocation)、大数据存储和计算（Big Data Storage and Computing）。

5）自动化：自动化是软件定义数据中心的目标。无论是资源的接入、卸载，还是数据计算、保护，存储都需要自动化。主要的策略有：监控、审计、资源感知。

5.3.2　资源管理的主要策略

1）资源感知：当某个物理设备接入软件定义数据中心，就需要被数据中心感知。资源感知的原理是采用资源管理服务器与设备驱动交互的方式。如图 5-2 所示，当某个物理资源加载或者卸载时，分为以下几步：①设备驱动将指令、设备信息以及策略信息通过高速消息总线传给资源管理服务器；②资源管理服务器检查指令（加载 / 卸载），并将设备信息以及策略信息添加或删除；③资源管理服务器定期轮询设备的资源使用情况；④资源管理服务器提供 API 供上层调用该设备。

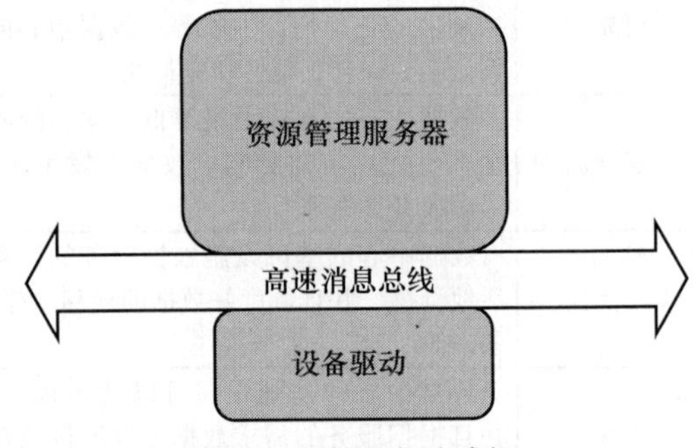

图 5-2　资源自动感知

2）监控：监控包括资源监控、安全监控、性能监控以及数据监控等。资源监控是指对所管理的硬件资源进行监控，包括计算、网络、存储。监控的内容包含了服务所关心的重要流程：消息管理；访问管理；分配管理；用户管理；业务管理；故障管理等。不同的软件定义数据中心所采用的方法和模块工具不尽相同，以 OpenStack 为例，资源管理监控模块为 Horizon，Horizon 是一个基于 Web 接口的监控模块，它连接了计算管理模块 Nova、存储管理模块 Cinder、网络模块 Quantum 以及访问控制模块 KeyStone，提供了 API 供用户监控资源时使用。这样用户可以基于这些 API 对资源进行监控。

3）审计：审计是在资源监控基础上，对资源和数据的使用状况及其状态进行汇总和记录，并产生报表，以供用户日后进行故障排除以及动态性能调整时使用。常见的审计对象分为数据中心架构和数据信息。数据审计的方法有：数据的有效性，数据产生的类型和质量及其产生的数据流依赖关系；数据风险，根据数据管理的函数或结构类型，对数据的操作进行分析；数据访问及重用，对数据访问进行记录，并分析可重用数据。架构的审计方法有：系统日志，记录系统运行日志；环境配置，记录环境配置信息；访问控制，对用户登录和资源使用等进行访问控制。

4）HA（高可用性）集群：高可用性集群方法主要为了防止服务器设备的故障（如网络、存储连接断开）。在数据中心里增加一个 stand-by 的备用节点，当主用节点突然出现故障，可使用备用节点保证数据服务的连续性。图 5-3 是典型的两节点的高可用性集群。在正常服务处理用户请求时，仅有一个服务器处于激活状态。高可用性集群实现方法可以不同。例如根据存储设备共享不同，可以分为：①使用镜像存储的集群。在集群中创建镜像存储，每个节点不仅写其对应的存储，而且写其他节点上的镜像存储。②不共享的集群，在任意时刻，仅有一个节点拥有存储。当前节点出现故障时，另一个节点开始使用存储。典型的例子包括 IBM High Availability Cluster Multiprocessing（HACMP）以及 Microsoft Cluster Server（MSCS）。③共享存储，所有的节点都访问相同的存储，建立锁机制来保护竞争条件以及防止数据损坏。典型的例子包括 IBM Mainframe Sysplex Techology 以及 Oracle Real Application Cluster。

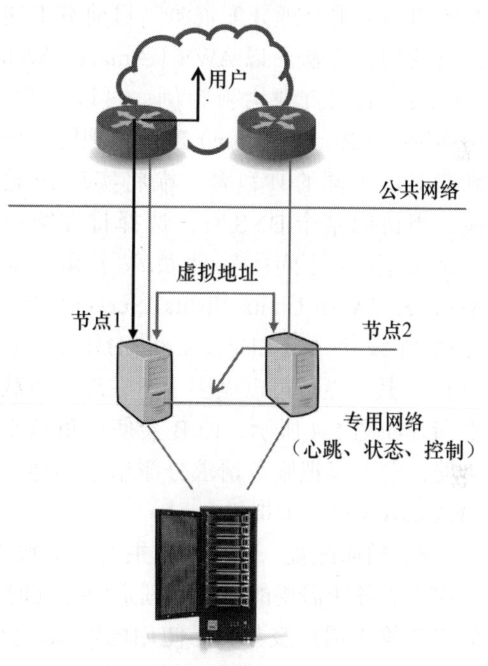

图 5-3　高可用性集群

5）快照 / 恢复。软件定义数据中心利用虚拟化的资源提供服务，而快照信息可以帮助记录节点的状态。当节点发生故障时，可以利用先前保存的快照，选择回退点，并恢复正确状态。保存快照的对象既可以是计算节点，也可以是网络设备或存储节点。由于在软件定义数据中心，所有的对象都是虚拟对象，因此大部分的对象快照可以是虚拟机快照（计算虚拟机、存储虚拟机、网络设备虚拟机）。设定快照的间隔时间，连续地保存快照。当发生错误时，选择合适的快照进行恢复。常见的虚拟机平台 Xen、KVM、VMware 都有快照功能。而选择合适的回退点是一个较难的问题，选择的回退点不能离故障点远，又要保证恢复后状态正确。近几年出现了一些较新的回退工具，包括 Flashback、DIRA 等。

6）数据访问安全及数据隐私保护。软件定义数据中心的架构分为计算、存储和网络。计算节点的安全保护包括系统安全和软件安全，进一步又分为漏洞攻击防御和恶意代码阻止。网络安全包括网络协议安全性，如 SSL 密钥保护、网络包重放攻击防御、拒绝服务攻击防御等，特别在软件定义的网络中，控制节点定义的规则及策略的完整性保护是一个新问题。而存储安全包括存储系统的安全、连接安全以及数据安全。在软件定义数据中心，用户的数据都存放在云端，如何保证用户数据的隐私也是一个重要的课题。越来越多的厂商开始关注这一问题，然而目前还没有一个全面的解决办法。已有的方法包括数字水印、数据模糊(加噪声)、数据加密等。

7）负载均衡。软件定义数据中心共享硬件资源，对用户而言是一个“无限”的资源池，然而管理的资源对象却是一个“有限”的资源池。因此对于每个节点的服务请求，要根据资源使用的需求合理分配资源。目前有不同的负载均衡方法。以 AWS（Amazon Web Service）上的负载均衡为例，可以分为：循环轮替（Round Robin）DNS，把同一个域名对应不同的 IP，客户端将实现 IP 轮换，当访问某个 DNS 时，选择排在第一位的 IP 进行访问；软件负载平衡，如 Apache、LVS（Linux Virtual Server）等；弹性负载平衡（Elastic Load Balancing，ELB），其特点是可以做多个所在地的负载平衡，如图 5-4 所示，ELB 会使用负载平衡器，它可以把服务请求分派给不同地区的 Amazon EC2 虚拟机。

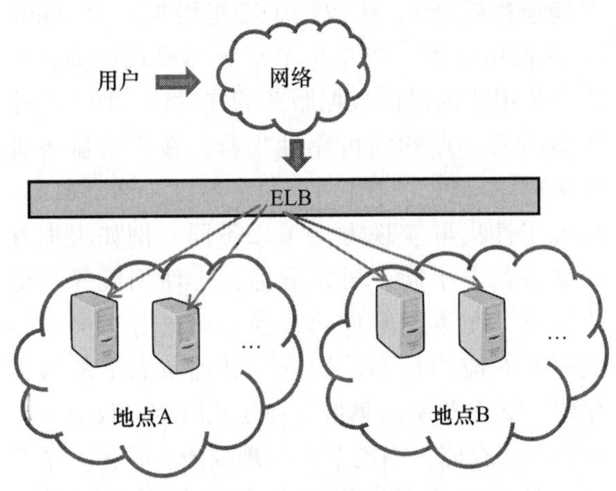

图 5-4 AWS 负载均衡器示意图

8）精简配置。精简配置主要用于软件定义数据中心的存储资源分配。利用虚拟化技术，对用户服务所需要的存储物理资源分配时，提供满足用户服务所需的存储资源，而实际分配的资源等于用户服务实际使用的资源。例如在用户服务需要 150GB 存储，而当前实际使用 10GB 时，精简配置给用户的存储视图是 150GB，但实际存储资源配给为 10GB。精简配置的优势是按需动态分配资源，以最大化地利用存储资源。特别是软件定义数据中心集中管理存储资源时，精简配置可以帮助管理者有效管理有限的资源且提供良好的资源扩展性。目前的一些虚拟化平台如 VMware 的 vSphere 已经提供了精简配置技术。

9）动态迁移。动态迁移主要用于软件定义数据中心的计算资源和存储资源，其对象包括虚拟机和存储的数据，一般用于性能或安全性考虑，例如负载均衡、灾备等。动态迁移已经被一些常见的虚拟化平台使用，包括 VMware 的 vMotion、KVM 的 Live Migration。总体来说，动态迁移可以分为两种技术：前拷贝（Pre-Copy）和后拷贝（Post-Copy）。前拷贝技术是将虚拟机或者数据当前的快照全部从源端拷贝到目的端，再利用 COW（Copy-On-Write）

技术将更新的数据拷贝到目的端。后拷贝技术是将虚拟机或者数据的主要部分（保证服务正常运行）先从源端拷贝到目的端，在目的端使用数据时，对未传递的数据向源端索要。前拷贝的优势是速度较快，但在一开始快照传输时对服务暂停操作时间较长；而后拷贝的优势是一开始主要数据传输对服务暂停操作时间较短，但整体的速度较慢，因为后续使用数据时对缺失的数据要向源端索要。

10）大数据存储和计算。在软件定义数据中心，大数据存储和计算变得越来越重要。资源的配置和管理自动化程度越高，产生的管理数据越多；如图 5-5 所示，各层管理对象均产生大量的数据；软件定义数据中心的动态特性使得需要更加细粒度的管理，而细粒度的管理需要更多的数据分析，这些数据分析是跨域且跨平台的。大数据分析工具有 Splunk、VMware、New Relic、The Pivotal Initiative、CloudPhysics、AppNeta、Boundary。

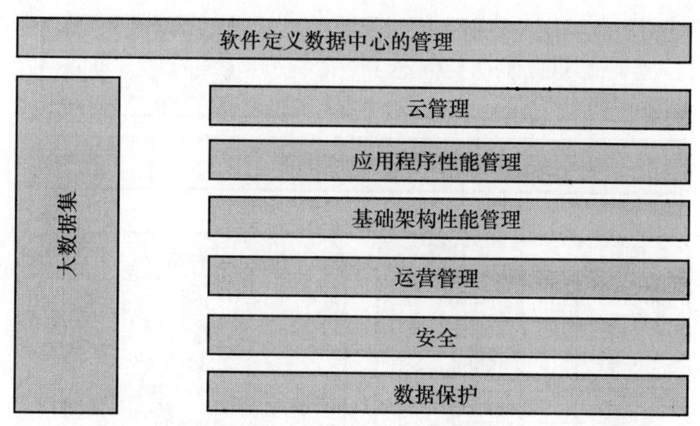

图 5-5　大数据存储分析与软件定义数据中心管理

5.4　多租户管理

软件定义数据中心将计算、网络、存储资源进行了统一的管理，为用户提供按需、多租户的服务，并提供服务的质量保证。相比于传统的数据中心，软件定义数据中心提供多租户服务有以下优势：

- 在统一的资源池上提供快速的租户分配和管理，可以弹性地获得资源对象，且资源配置和管理能力高。
- 基于共享资源池和服务类型的有效且灵活的负载部署。
- 为每个租户提供可扩展且灵活的企业级工作流，支持成百上千的虚拟机服务。
- 良好的工作流移动性和灾难恢复能力。
- 在服务层框架进行模块化地创建、监控以及删除租户。

然而，软件定义数据中心在提供多租户管理时，也存在如下的挑战：

- **多租户隔离**。与传统的数据中心不同，软件定义数据中心为租户提供服务时共享资源，需要保证服务对用户的透明性。

- **多租户安全**。与传统的数据中心不同，软件定义数据中心管理了用户的资源、数据等一切信息，且提供的服务类别和服务要求也不同，需要保证多租户服务安全。
- **多租户性能**。与传统的数据中心不同，软件定义数据中心提供服务管理时不仅要对资源进行合理配置，避免由于资源竞争引起的性能不足，而且需要根据租户服务要求进行合理的负载均衡，以满足服务质量。
- **多租户可靠性**。软件定义数据中心不仅需要利用传统的数据中心使用的可靠性方法，如灾备和主动恢复等，也需要能实现每个租户空间内部的运行时计算状态和持久数据的保护。
- **多租户管理**。根据资源对象划分，多租户管理包括计算多租户管理、网络多租户管理、存储多租户管理，以及上层的应用服务多租户管理。图 5-6 为软件定义数据中心多租户管理的示意图。

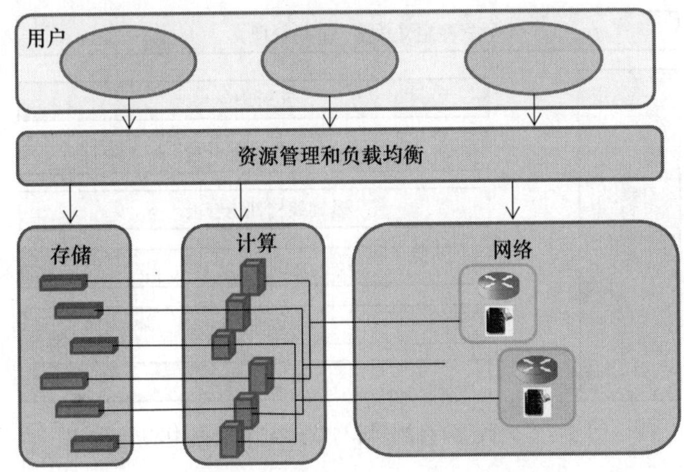

图 5-6 软件定义数据中心多租户管理

5.4.1 网络多租户管理

软件定义数据中心的网络多租户管理是将物理网络划分为逻辑上隔离的子网络。网络隔离可以利用 VLAN、(Virtual Routing Forwarding，VRF) 完成。网络多租户管理要求隔离和控制功能对用户透明，即用户只需要关注自己的服务和业务逻辑，而不需要对数据的安全和完整性进行特定的操作，而其他共享网络设备的用户也不能窃取和影响该用户的网络数据和操作。除网络数据的隔离外，对某个子网而言，网络组件（如交换机、路由器）也需要逻辑隔离。除数据和网络组件隔离外，还需要根据 SLA（Service-Level Agreement）对用户的 QoS（Quality of Service）以及安全提供支持。下面简单介绍网络多租户管理的策略。

软件定义数据中心的网络隔离大致有以下 3 种方法。①针对某台特定服务器上的某个应用程序的网络隔离是利用服务器上的物理端口。通过指定应用服务的特定端口，隔离与该应用服务无关的数据。②利用虚拟交换机（vSwitch），例如思科的 Nexus 1000V 或者开源虚拟交换机（Open vSwitch）。与物理交换机类似，vSwitch 可以将所有相关的虚拟机连接到一个逻辑虚拟交换机上。虚拟交换机的优势是可以与软件定义数据中心使用的虚拟机、软件定义网络等技术相结合，缺点是性能与物理交换机相比较低。③使用 VLAN 在软件定义数据中心划分网络。通过在物理交换机上配置 VLAN 以及在虚拟交换机上打开 802.1Q VLAN tagging，可以在物理机和虚拟机之间隔离网络。其缺陷是最大 VLAN 数目为 4096 个。

软件定义数据中心利用以上网络隔离技术进行网络数据包的隔离与转发，然而不同的应用有不同的上下文，而软件定义数据中心越来越关心应用服务内容，因此不仅需要对网络包的转发进行隔离，而且需要对服务的性能和安全进行特殊的隔离。而进行性能和安全隔离的基础是需要分析和理解网络包的进入和转出，并理解应用服务的特点和需求。例如根据应用服务的延迟和带宽需求，软件定义数据中心可以动态调整网络配置以满足该需求。在以应用服务为中心的数据中心，根据各个应用服务不同的需求，对其进行适当的网络隔离与安全保证。目前，网络制造商正进行产品的开发，使其具备识别应用服务的能力，而虚拟化厂商也在研发相应的虚拟产品，如 VMware 的 virtual chassis。

5.4.2 计算多租户管理

软件数据中心的计算资源包括内存、CPU 以及一些 I/O 设备。这些资源在分配给租户时进行不同程度的隔离。一般而言，物理资源的隔离性较好，而虚拟资源的多租户管理需要额外的软件支持。如今一些知名的虚拟化产品如 VMware、Xen、KVM 都对虚拟资源的划分采用了隔离和调度机制，如对虚拟机内存的分配，采用影子页表（Shadow Page Table）技术，而采用合适的调度算法，可以使得用户透明地使用计算资源，不出现饥饿等待、死锁等问题。然而，共用计算资源时，如果隔离机制不完善，会出现性能或者安全问题。例如，研究人员发现在共享内存或者 I/O 设备的虚拟机之间存在隐通道，甚至利用底层 VMM 的漏洞可以绕过隔离机制直接影响或者篡改其他租户的信息和数据。为了防止这一问题，一方面需要在底层 VMM 上增加更多的隔离保护以及安全审查，如 HyperSafe 可以对虚拟机的数据和代码进行完整性检查，另一方面可以采用 Nested VMM 机制，将 VMM 作为客户机运行在 Nested VMM 上，以有效阻止多租户管理时的性能和安全漏洞，如 CloudVisor。

5.4.3 存储多租户管理

存储多租户管理关注四个方面：安全隔离、服务保证、可用性、易管理。

安全隔离的目标是使得租户不能访问其他租户的数据。使用的方法包括数据隔离、地址空间隔离。不同的存储产品采用的策略不同。一般而言，数据隔离采用灵活的 RAID 和 volume 配置，使得租户服务被分配特定的 LUN 以及存储资源池（Storage Pool)；地址空间隔离是指不同租户的存储所存放数据的物理空间不重合。软件定义数据中心有时采用 IP 地址来确定对象存储的位置，然而 IP 地址不能确保全局唯一性，存在潜在冲突的可能，因此需要在存储产品中保证 IP 地址的唯一性。

服务保证是指对每个租户的服务要求提供保证，确保其存储使用的一致性和可靠性。由于共享的存储资源本身对服务需求是未知的，因此存储多租户管理需要服务质量控制（QoS

Control）。例如EMC的存储CLARiiON为资源进行服务级的多租户管理器：Unisphere Quality of Service Manager（UQM）。该软件为高优先级的应用设置性能目标，为低优先级的应用设置限制，并且基于预先定义的时刻表（Pre-Defined Time-Table）进行调度，调度策略包括：响应时间、带宽、吞吐量。UQM通过用户接口修改该调度策略。

可用性是指软件定义数据中心对存储资源提供高可用性的保证。高可用性系统被设计成全冗余且没有单点故障，它具有以下特点：双端口驱动、冗余FC loops、电池备份镜像写缓存（Write Cache）、双SP、Asymmetrical Logical Unit Access（ALUA）、存储双路径等。

从软件定义数据中心管理员的角度来说易管理是指操作简单，而从租户的角度来说易管理是指接口交互性好。管理员可以管理数据中心存储（如NAS、SAN等）的各个层面，同时可以为每个租户提供管理服务。而租户也可以通过接口对其使用的存储资源进行查询、使用、审计等。

5.5 性能管理

软件定义数据中心性能管理的主要工作包括：定期收集基础设施和应用程序的QoS度量指标及能耗，分析性能瓶颈和能耗问题，采取合理的措施降低拥塞并解决能耗问题。

1）定期收集基础设施和应用程序的QoS度量指标以及能耗信息。信息收集过程分为基础设施性能信息的采集和应用程序性能信息的采集。对于基础设施性能信息采集，其内容包括计算资源（如CPU、内存使用）、网络资源（如带宽、响应时间等）、存储资源（如存储容量、存储速度等）；对于应用程序性能信息采集，其内容包括应用程序使用资源情况和服务质量提供情况。例如对于网络资源而言，性能管理的目标既包括网络基础设施（如路由器、交换机、网卡等）的吞吐量、带宽、延迟、响应时间，也包括APM（Application Performance Mangement），即对应用服务进行QoS信息采集，如服务的连接成功率、网络包丢失率等。这些信息为后面的性能分析提供依据。信息采集器有许多商业化可用的工具。例如Cisco NetQoS对网络进行流量监控，搜集器捕捉和存储通过网络SPAN端口所捕捉到的网络流量，且生成端到端应用程序性能报告。

2）分析性能瓶颈和能耗问题。根据信息采集器搜集的信息进行加工整理，并制定规则来匹配影响性能的参数指标。常见的性能指标如表5-3所示。这些指标可以经过加工整理得到一些额外的指标，如最大传输速率、平均存储容量等。同时，需要利用指标制定一些反映性能的规则，这些规则可以反映当前系统的性能问题，如容量问题、读写速率问题等。

表5-3 性能指标

	性能名称	性能指标
计算资源	内存大小	byte（GB）
	CPU使用	%
	I/O	IOPS
存储资源	存储总大小	byte（TB/PB）
	存储读写速率	bps（bits per second）
网络资源	网络速率	bps（bits per second） pps（packets per second）
	响应时间	rtt（round trip time）

3）采取合理的措施降低拥塞并解决能耗问题。根据性能问题分析结果，我们需要采取措施对性能进行改善。常用的方法在 5.3 节已经介绍，包括动态迁移、负载均衡等。由于虚拟化技术和硬件技术不断发展，如 SSD 性能远高于 HDD，因此也可以通过虚拟化技术或者替换新型的硬件对性能进行改善。现如今，提高性能的方法不再仅仅是提高硬件资源的性能或者扩充容量，因为这些措施不仅花费大，而且有时也不能解决服务的性能问题。因此，硬件和软件相结合从而共同解决性能问题是发展的趋势。在软件定义数据中心，由于虚拟化技术对资源进行了集中管理和利用，因此性能管理有时需要结合虚拟化技术进行合理的资源分配和管理。下面以存储的性能管理为例。传统的存储性能出现问题，往往从硬件的扩容着手，例如要提高 SAN（Storage Area Network）的能力，传统的做法是购买速度更快的磁盘或者处理器；而现在较为先进的做法是使用闪存管理器（Flash Hypervisor），所谓闪存管理器，就是将服务器端所有的 Flash 设备集中管理起来，并且透明地向服务提供快速读写能力，这样合理地利用了当前的资源，而不用购买新的设备，节约了开支。图 5-7 是闪存管理器结构示意图。

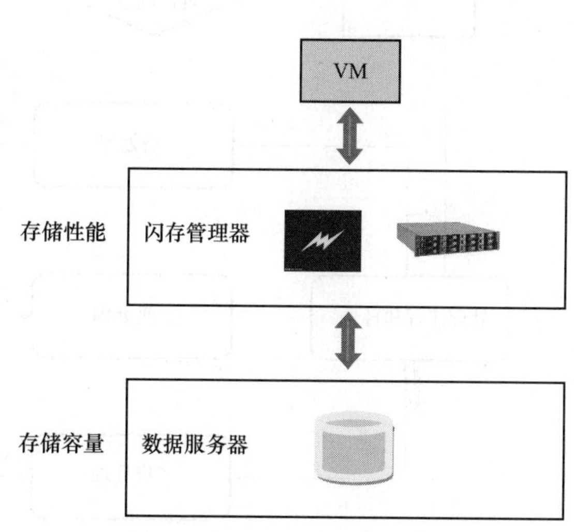

图 5-7 闪存管理器结构示意图

下面以软件定义数据中心 vCloud 的性能管理为例进行详细的介绍。vCloud 性能管理框架如图 5-8 所示。总体来说，信息收集的对象有：事件、故障以及问题。信息采集的方式分为全自动与交互式。全自动是指信息采集的流程不需要人工参与，交互式则需要人工的交互。采集的信息推送给性能分析功能组件，包括三级分析。第一级监控采集的信息，根据预先定义好的规则来处理信息，包括自动产生信息的报表且自动触发预先定义好的响应措施；第二级根据一些特定的技术背景知识来处理消息，并触发响应措施；第三级根据一些深层、专业级的分析发现深层次的问题，并且创新性地制定响应策略，并触发响应。

如图 5-8 所示，如果收集的信息存在性能问题，并且该问题是已知问题，则采用全自动方法进行处理；若该问题是新问题，则进行深入的分析和处理，这些处理可以是利用背景知识解决，也可以是需要专业分析解决。下面介绍 vCloud 分析和解决性能问题的步骤。

- 租户的性能问题。当租户的容量被超负荷使用时，根据租赁合同，如果租户购买了自动扩展功能，额外的资源将会被自动分配给租户。如果租户没有购买，那么应该有消息通知租户容量已满。
- 数据中心的性能问题。当数据中心提供的资源出现性能问题时，数据中心应该通知管理员更换设备或者合理调度负载，使其满足 SLA 要求。
- 硬件和软件故障。数据中心应该做好灾备工作，防止硬件或者软件发生故障时出现数据丢失等无法挽回的现象。另一方面应该及时通知厂商修理或更换硬件设备，修复软件。

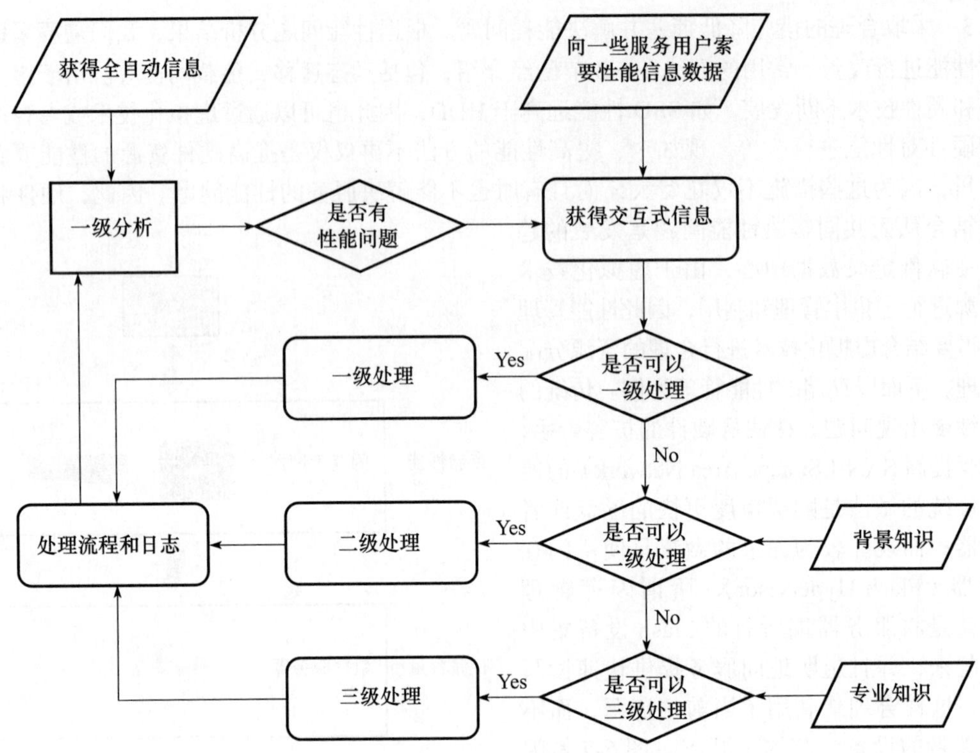

图 5-8 vCloud 性能管理框架

图 5-9 说明了当发生无法自动处理的性能问题时，vCloud 采取的分析和处理措施。

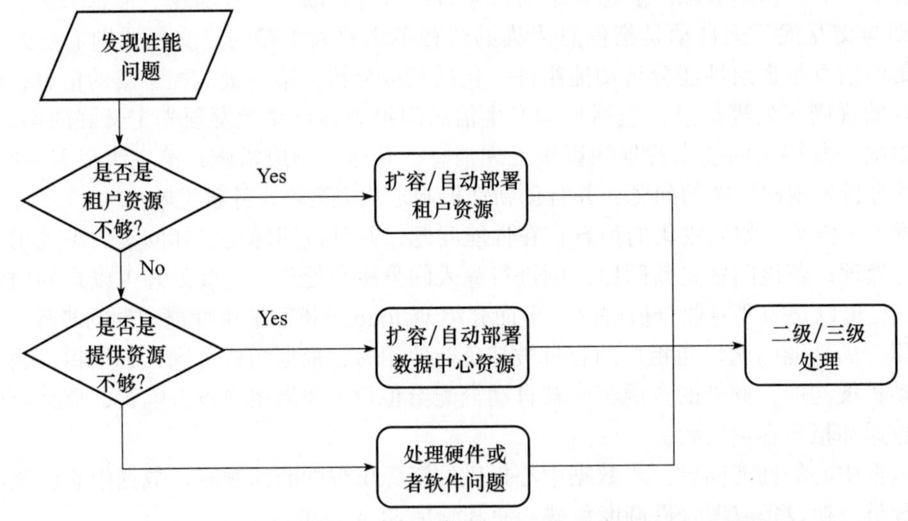

图 5-9 vCloud 性能分析流程（发生无法自动处理的性能问题时）

图 5-10 显示了当分析出性能问题时 vCloud 采取的应对措施。根据问题分析结果，采取

不同的应对措施。如果能找到性能问题的根源，且能够找到解决办法，那么可以选取合适的方法来修复根源。如果找不到性能问题的根源或者找不到解决办法，可以采取一些积极的应对措施。例如，企业关键绩效指标（Key Performance Indicator，KPI）可以帮助在性能产生问题的开始阶段采取应对措施，而避免出现更大问题。

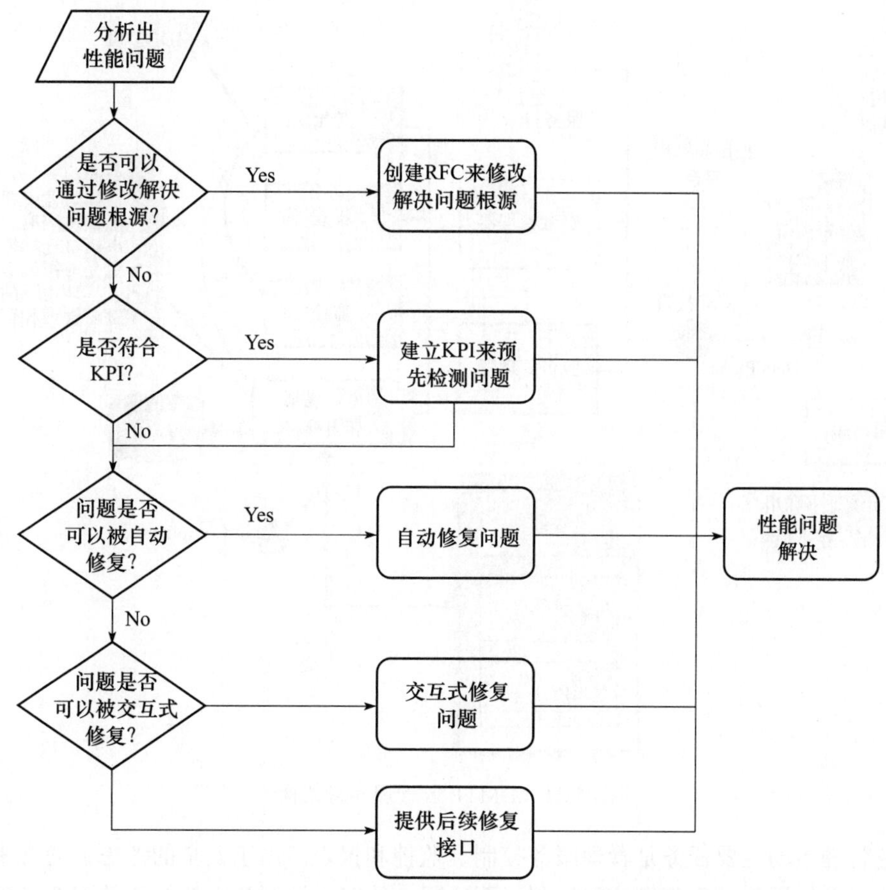

图 5-10　vCloud 性能分析流程（分析出性能问题时）

5.6　对外服务接口

本节将以面向云计算的软件定义数据中心为背景，从云计算服务的一个参考架构设计出发，讨论对外服务接口及相关的资源管理概念。该参考架构来源于分布式管理特别工作组（Distributed Management Task Force，DMTF[⊖]）的云管理架构白皮书。

1. 云管理参考架构

首先，我们将介绍 DMTF 所制定的云管理参考架构（见图 5-11）。在该架构中，云服

⊖ DMTF 是一个致力于制定系统管理标准，促进系统管理解决方案可交互性的具有业界影响力的组织。

务提供者接口（Cloud Service Provider Interface，CSP 接口）提供了对服务管理器（Service Manager）、安全管理器（Security Manager）和服务目录（Service Catalog）的访问入口。这些入口点用来提供对包括虚拟机、存储卷、网络和应用在内的多种服务对象的交互操作，同时也提供了用于获取审计报告及其他在云基础架构管理所需活动的入口。

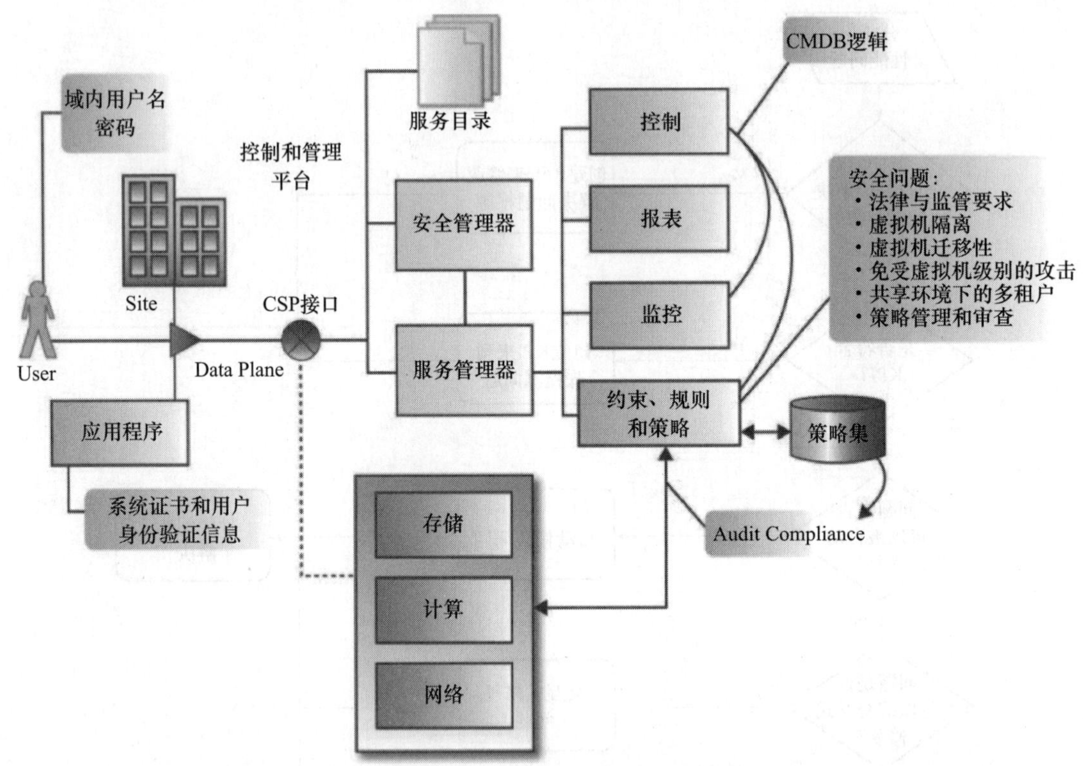

图 5-11　DMTF 云管理参考架构

服务管理器的主要任务是管理服务控制、监控和报表。出于安全的考虑，通常来说这些功能的访问会使用基于角色的访问控制，而这部分的安全控制是由架构中的安全管理器来负责的。

除此之外服务管理器还负责对约束（Constraint）、规则（Rule）和策略（Policy）的管理。这一类对象是云环境资源管理的重要依据之一，它们的内容通过服务接口管理，并由云基础架构的具体实现实施。举例来说，其中的策略对象可以是 Service-Level Agreement（SLA）或 Service-Level Objective（SLO）、部署约束、数据放置约束以及安全约束等。约束通常描述的是安全控制，比如访问控制、网络安全策略以及作用范围。这些约束、规则和策略会成为服务目录中所列的服务提供的一部分，也会成为服务模板经实例化后产生的服务实例的一部分。当然，在服务实例的整个生命周期中，也允许服务请求者对部分约束、规则和策略进行修改。相应的，底层的云基础设施会根据这些变动在资源分配和调度上进行调整，以满足新的需求，而这些具体的调整方法是外部接口之外的，属于云基础设施中的“黑盒”实现。

2. 云服务生命周期

云服务生命周期见图5-12，数据中心中的资源管理活动同服务生命周期中的不同阶段紧密关联。

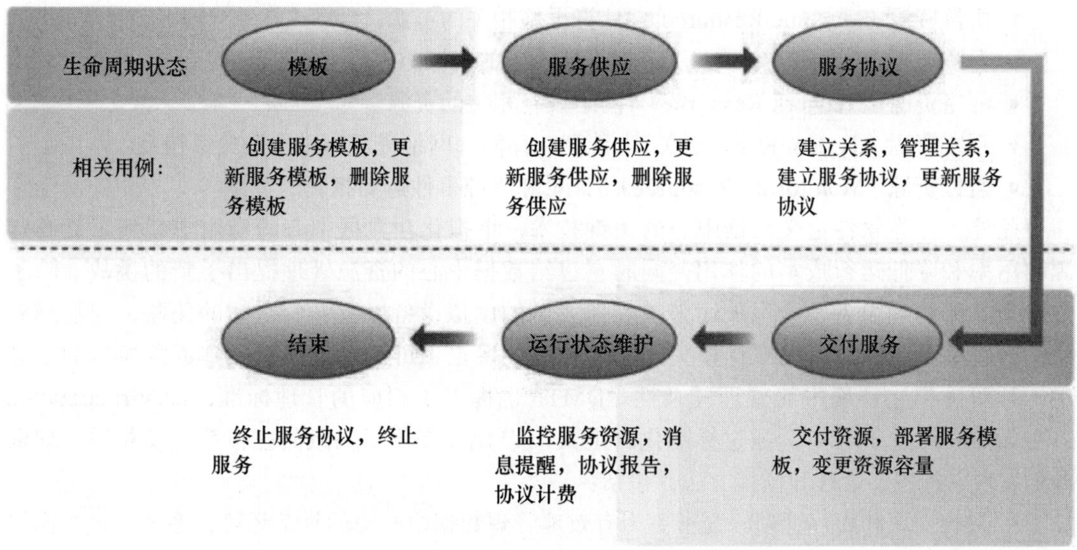

图5-12 云服务生命周期

云服务的整个生命周期可以划分为以下几个阶段：

- 模板（Template） 由开发者在模板中定义服务的内容和接口。
- 供应（Offering） 服务提供者在模板的基础上加入服务相关的各种约束、策略和费用方案，并以此提供给服务消费者作为可用的服务请求。
- 合约（Contract） 服务提供者和消费者之间达成合约，合约包含了双方在费用、SLO以及其他一些方面所形成的协议。
- 交付服务 服务提供者依据合约部署服务实例。
- 运行时维护（Runtime Maintenance） 服务提供者负责管理已部署的服务及所有相关资源，对资源进行监控并在资源发生重要变更时及时通知服务消费者。
- 服务终结（End of Service） 服务提供者停止某个服务实例，回收相关资源以便重新用于其他服务实例。

数据中心中的资源管理将紧密围绕以上服务生命周期的各个阶段，这些管理活动包括资源的容量规划、资源配置、资源调度分配、资源监控以及资源回收等。

3. 资源模型

作为对外服务接口的核心，资源模型是数据中心提供云服务的资源抽象，它独立于用于访问这些模型中所定义元素的具体协议。对于云基础设施的管理，DMTF 提出了 Cloud Infrastructure Management Interface（CIMI）标准。同其他的标准化工作一样，CIMI 的制定旨在通过推动标准化接口实现服务消费者在多个服务提供者之间的互操作性。具体来说，在资源模型方面，CIMI 共定义了云基础设施管理相关的 58 种资源，归纳为以下几类：

- 云入口点（Cloud Entry Point） 用于发现环境中所有资源的起始点。
- 机器资源（Machine Resource） 计算设施相关的资源。
- 卷资源（Volume Resource） 存储设施相关的资源。
- 网络资源（Network Resource） 网络设施相关的资源。
- 系统资源（System Resource） 由计算、存储和网络资源通过聚合关系构成。
- 监控资源（Monitoring Resource） 计量和资源事件通知相关的资源。

此外，作为软件定义数据中心的关键技术，虚拟化在数据中心的应用中起到了提高资源利用率和降低运行成本的作用，同时它也给数据中心的资源管理提出了新的挑战。除了数量众多的物理设备，管理员还必须管理大量的虚拟设备以及它们之间的关联、与物理对象的映射关系。为此，虚拟化相关元素及关联关系也不可避免地被引入到资源模型的定义中。针对虚拟化环境中的管理复杂性，DMTF 也提出了相应的管理标准，即 Virtualization MANagement（VMAN）。通过标准化的定义，VMAN 提供了一致的虚拟系统及相关物理资源的发现、配置、管理和监控方法，包括：

- 系统发现和库存管理。为了更为有效地管理数据中心中的复杂环境，系统管理员需要掌握一个对系统及其中组件准确而全面的视图。因为 DMTF 的相关标准定义了虚拟对象如虚拟机及其相关属性发现机制的标准，所以可以由管理软件自动完成数据中心中虚拟对象的发现和库存管理。而 DMTF 同时也定义了发现物理系统及其属性的相关标准——SMASH，通过结合使用这两类标准，系统管理员就可以利用自动化的方式得到同时包含物理对象和虚拟对象的全局视图。
- 生命周期管理。DMTF 标准涉及了对虚拟系统管控的方方面面，具体对虚拟机来说，包含了对象的创建、修改、挂起、快照建立及监控。
- 监控和诊断。虚拟化增加了系统监控和诊断的复杂度，这里的监控包括对物理资源和虚拟资源的检测、变动跟踪，以及对运行健康状态和性能的监测。在虚拟环境中，当有问题发生时，诊断过程又需要考虑虚拟资源同它所依附的物理资源的关联关系。

综上所述，我们以 DMTF 的相关标准为例，概要地介绍了在云管理场景中的架构设计、服务的对外接口、接口所暴露的资源模型以及涉及资源管理的服务生命周期等重要概念。除此之外，还需要其他一些相关工作，比如定义交互协议和安全机制等元素，这样才能完成服务消费者同服务提供者之间的交互的完整设计。

5.7 资源管理典型实现

本节将以 vCloud 为例，介绍其实现资源管理的具体方式。对于 vCloud 中的资源管理，我们将从两个层次进行介绍。一个是 vSphere，也就是在主机和集群的层次上对于物理资源的管理。另一个是在 vSphere 之上，为了更好地满足云计算多租户环境下的资源管理，由 vCloud Director 建立的资源管理相关的逻辑抽象层。

1. 资源管理的对象

在基于 VMWare vSphere 虚拟化技术的环境中，虚拟机是资源的用户，而资源的来源可以是计算主机、计算集群以及数据存储集群。

首先，资源来自于被管理的设备，比如计算资源来自于计算机主机，包括主机的全部 CPU 和内存。而在虚拟化环境下，用户实际所能使用的资源还需要在主机硬件规格的基础上减去虚拟化本身所消耗的资源。

此外，vCenter Server 支持将多个主机添加到集群并进行统一管理。集群被认为拥有所属主机的全部 CPU 和内存，它也是物理资源的提供方和资源管理的对象。除此之外，数据存储集群（Datastore Cluster）也是由 vCenter Server 统一管理的数据存储资源，通过启用存储的分布式资源调度，数据存储集群可以实现 I/O 负载和空间利用的均衡。

2. 资源管理目标

资源管理是将资源从资源提供方分配到资源使用方的过程。在实际部署环境中，往往会出现资源过载的情况，也就是说，资源的实际容量要小于当前用户需求，这就产生了对资源进行管理的需求。另外，随着时间的推移，资源容量与资源需求也会不断变化，这也需要通过资源管理动态地重新分配资源，以便更高效地使用可用容量。

除了解决资源过载问题，资源管理还包括以下目标：

- **性能隔离** 防止虚拟机独占资源并确保可预测的服务率。
- **有效利用** 充分利用未过载的资源，并在资源过载的情况下实现性能由高到低的平滑过渡。
- **管理方便** 控制虚拟机的相对重要性，提供灵活的动态分配，并确保符合 SLA（服务水平协议）。

3. vSphere 资源管理

对于虚拟机，vSphere 提供了以下多种资源分配设置来确定其可以使用的物理 CPU、内存以及存储的资源：

- **资源分配份额**（Resource Allocation Share） 份额用于指定虚拟机的相对重要性。如果某个虚拟机的资源份额是另一个虚拟机的两倍，那么在这两个虚拟机争用资源时，第一个虚拟机有权分配到两倍于第二个虚拟机的资源。通常，份额被指定为高、正常或低这三种类型，并且将分别按 4∶2∶1 的比例指定份额值。当然还可以选择各虚拟机分配自定义的特定的份额值来表示比例权重。
- **资源分配预留**（Resource Allocation Reservation） 预留用来指定为虚拟机分配的最少

资源量，只有在有足够的未预留资源时，vCenter Server 或 ESXi 才允许启动虚拟机。预留用具体单位如 GHz 或兆字节（MB）分别表示 CPU 和内存的容量。

- **资源分配限制**（Resource Allocation Limit） 限制用来指定可以分配到虚拟机 CPU、内存或存储 I/O 的资源上限。

通常来说，为了使 vSphere 中的虚拟机获得更好的性能，遵循以下准则选择合适资源分配设置：

- 如需频繁更改总可用资源，可使用份额在虚拟机之间合理分配资源。在升级主机的情况下，即使每个份额代表较大的内存量、CPU 或存储 I/O 资源量，使用分配份额也能使每个虚拟机保持相同的优先级。
- 使用预留来指定可接受的最低 CPU 或内存量，而不是想要使用的量。主机可以根据份额的数量、估计需求和虚拟机的限制将额外的资源指定为可用资源。预留表示的具体资源量不会随环境的改变（例如添加或移除虚拟机）而变化。
- 不要将所有资源指定为虚拟机的预留（至少将 10% 的资源保留为未预留）。系统容量越接近于全部预留，想要在不违反准入控制的情况下更改预留和资源池层次结构就越困难。在支持 DRS 的集群内，如果预留完全占用集群或集群内各台主机的容量，将会阻止 DRS 在主机之间迁移虚拟机。

在 vSphere 中，资源池（Resource Pool）是资源的逻辑抽象，用以实现更为灵活的资源管理。由于可以组织为层次结构，资源池可以对可用 CPU 和内存资源按层次结构来划分。每个独立主机和每个 DRS 集群都具有一个根资源池，用户可以创建根资源池的子资源池，也可以创建用户创建的任何子资源池的子资源池，从而形成子资源池层次结构（见图 5-13）。一个资源池可包含多个子资源池和虚拟机，每个子资源池都拥有部分父级资源。

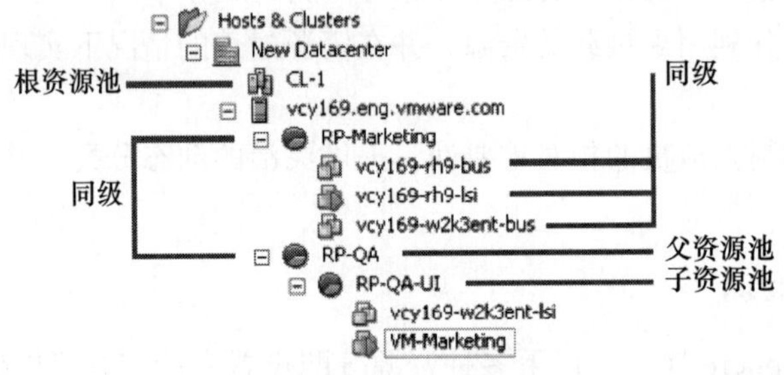

图 5-13 资源池层次结构

图片来源：vSphere Resource Management，ESXi 5.5，vCenter Server 5.5

同虚拟机的资源分配一样，每个资源池都可以指定资源分配的份额、预留以及限制，随后该资源池的资源将用于其子资源池和虚拟机。除此之外，资源池还有一个资源分配的选项，称为可扩展预留（Expandable Reservation）。启用该项设置后，如果在该资源池中启动虚拟机，并且虚拟机的总预留大于该资源池的预留容量，该资源池就可以使用父级或更上级的资源。

vSphere 中使用资源池具有以下优点：

- 灵活的层次结构组织。根据需要添加、移除或重组资源池，按需更改资源分配。
- 资源池之间相互隔离，资源池内部相互共享部门资源。某个部门资源池内部的资源分配变化不会对其他不相关的资源池造成不公平的影响。
- 访问控制和委派。由顶级管理员建立和配置资源池供部门级管理员使用，该管理员在当前的份额、预留和限制设置向该资源池授予的资源范围内进行所有的虚拟机创建和管理操作。
- 资源与硬件的分离。在 DRS 集群中，这意味着管理员可以独立于提供资源的实际主机来进行资源管理。
- 管理运行多层服务的虚拟机。将实现多层服务的虚拟机组织到同一个资源池中，通过更改所属资源池上的设置控制对虚拟机的聚合资源分配。

4. vCloud Director 资源管理

云计算环境要求客户能够按需交付基础架构，以便终端用户能以最大的敏捷性使用虚拟资源。vCloud 正是这样一个基于 VMware 技术的云计算方案：通过 vCloud Director 将基础架构资源整合成资源池，从而允许用户按需消费这些资源，构建安全高效的多租户混合云。

从本质上来说，vCloud Director 引入了一个抽象层，它位于虚拟机用户与 vSphere 的基础平台之间。具体来说，为了更好地满足云平台的多租户等特性，vCloud Director 在 vSphere 的物理资源抽象之上引入了新的逻辑结构，包括部门、虚拟数据中心、资源分配模型以及 vApp 等。

在了解 vCloud Director 的资源管理方式之前，我们有必要先介绍一下新引入的相关逻辑结构：

- 部门（Organization） 部门是多租户的基本单元，也代表了逻辑上的安全边界。一个部门包括了其用户、虚拟数据中心及网络。
- 提供者虚拟数据中心（Provider Virtual Data Center，Provider VDC） Provider VDC 是来自于单一 vCenter 服务器实例的计算和存储资源集合，是物理计算资源和数据存储的资源池，其中的资源可被多个部门共享。
- 部门虚拟数据中心（Organization Virtual Data Center, Organization VDC） Organization VDC 是分配自 Provider VDC 的计算和存储资源子集，通过 vCloud Director 的资源分配模型来初始化。
- 资源分配模型（Resource Allocation Model） 资源分配模型定义了资源如何从 Provider VDC 中分配到 Organization VDC 中，以及 Organization VDC 的 vApp 部署中资源如何被使用。
- vApp vApp 是分布式软件应用的容器，也是 vCloud Director 标准部署单元，由一个或多个虚拟机组成，可以通过 OVF 格式导入和导出。

在 vCloud 环境中，由 vSphere 层提供可供使用的资源，这些资源会被提供给 Provider

VDC。Provider VDC 在此之上提供新的资源抽象层。当各个 Organization VDC 从 Provider VDC 中提取资源时，Provider VDC 会相应地在 vSphere 层建立 Organization VDC 与资源的关联。而在每个 Organization VDC 上定义的资源分配模型确定了 vSphere 层的资源如何被消耗，同时也影响着共享这一 Provider VDC 的 Organization VDC 上的可用资源。

在 vCloud Director 中，一个 Provider VDC 将被直接映射到 vSphere 的 DRS 集群，或者映射到集群中的某个资源池。通过这种映射，相关的计算和存储资源就被划分到特定的 Provider VDC，也实现了资源在不同部门的高效分布。当新的硬件资源加入集群中时，由于先前建立的映射的存在，它们会被自动加入相关联的 Provider VDC 中。另一方面，在 vCloud Director 中，Organization VDC 被用来划分 Provider VDC 中的资源。而在这一过程中，vCloud Director 其实是利用了 vSphere 的资源池作为资源划分的基本手段。一个部门可以拥有多个 Organization VDC，其中每一个都利用了来自不同 Provider VDC 的资源，这些不同的 Provider VDC 通常代表了具备不同性能、可用性及成本的服务。每一个 Provider VDC 可以将它的资源呈现给属于不同部门的多个 Organization VDC。

vCloud Director 中的每一个 Organization VDC 都配置了一种分配模型，该模型决定了它如何从 Provider VDC 中分配到资源。vCloud Director 中支持以下三种资源分配的模型：

- **按需付费**（Pay-As-You-Go） 模型提供的是一个无限资源池的假象。在这个模型下，Organization VDC 被映射到一个未被配置预留和限制的资源池。在该资源池建立的时候，vCloud Director 并不改变它的默认设置，资源分配的设置可以建立在虚拟机的层次上。资源的分配发生在 vApp 实际部署到 Organization VDC 的时刻，同时由于该资源池是可扩展预留的，它可以从父级资源池中获取未预留资源的容量。
- **分配池**（Allocation-Pool） 模型能确保所分配资源中一定百分比的容量，这部分得到保证的容量在建立资源池的时候直接对应到资源池的资源预留容量。而预留容量和限制容量之间的差值将用来满足突发的资源需求。在启动虚拟机的时候，准入控制（Admission Control）会检查资源池是否能满足该虚拟机的资源预留容量。在分配池模型中，可扩展预留是被禁用的，因此虚拟机的资源预留只能由 Organization VDC 本身的资源预留来满足。如果没有足够的可用资源来保证虚拟机的资源预留，该虚拟机的启动将不会成功。
- **预留池**（Reservation-Pool） 模型要求分配给 Organization VDC 的资源是特定预留的，配置为这种模型的 Organization VDC 映射到的资源池的预留和限制被设置为相同的容量。默认情况下，预留池模型并不对每个虚拟机进行资源分配的设定，但 vCloud Director 也支持定制虚拟机的资源配置。如果资源池内发生资源竞争，未预留的可用资源会根据虚拟机的具体资源需求和优先级进行分配。

从资源使用者的角度，以上三种资源分配模型对应了不同的使用场景。

- 通常来说，按需付费模型适用于那些临时、短暂的资源需求，以及低成本、低性能的应用类型。这类应用的例子包括一些测试类的软件应用和带有实验性质的应用。

- 分配池模型适合的往往是那些需要时刻确保一定的资源使用，同时需要满足偶尔出现的突发性资源需求的场景。这类场景包括一些带有时间特征的应用，比如财务系统，这些应用在周末或月末的时候需要额外的资源来满足应用需求。
- 预留池模型在概念上比较接近虚拟私有云，它适用于需要在虚拟机级别进行资源控制的生产环境中的应用，以及其他需要专属预留资源的场景，比如一些要求物理隔离的、在安全和合规方面有特定需求的应用。

5.vCloud 资源管理实例

最后我们结合一个实例来展示 vCloud 资源管理中的资源分配过程（该实例来自于 VMware 官方文档：VMware vCloud Director Resource Allocation Models）。这个实例中有 3 个用户共享同一个 Provider VDC，它们使用同一种资源分配的模型——按需付费，但是有着各自不同的具体配置。每个用户会同时启动两个 vApp，每个 vApp 包含了两个虚拟机。关于 Provider VDC 和虚拟机的具体资源容量 / 需求以及各个用户所选用的资源分配模型的相关配置分别见表 5-4、表 5-5。

表 5-4 按需分配的具体资源容量 / 需求

配　置	CPU	内　存
虚拟数据中心提供者	15GHz	50GB
虚拟机 1	2 个虚拟 CPU	4GB
虚拟机 2	2 个虚拟 CPU	4GB
虚拟机内存开销		250MB

表 5-5 不同用户的资源分配模型配置

配　置	CPU 限额	预留 CPU	内存限额	预留内存
用户 1	每个虚拟 CPU0.26GHz	0%	100%	100%
用户 2	每个虚拟 CPU0.26GHz	0%	100%	50%
用户 3	每个虚拟 CPU0.26GHz	0%	100%	0%

因为按需付费的分配模式在资源池上保留了可扩展预留的设置，所以用户能直接从 Provider VDC 中提取资源。同时由于各个用户的具体配置有所差异，这些虚拟机最终会展示出不同的性能。

以内存的使用为例，用户 1 的虚拟机将完全获得其所需内存，共 17 384MB（其中 1 000MB 是虚拟化机制为了运行 4 个虚拟机所需的额外内存开销）；而用户 2 因为只设置了 50% 的内存预留，可以获得 9 192MB 的内存（同用户 1 一样，其中 1 000MB 是额外的内存开销）；当用户 3 的虚拟机启动后，由于设置的内存预留为 0，只获得运行 4 个虚拟机的基本内存开销 1 000MB。这时候，整个 Provider VDC 还剩余 23 624MB 的未预留内存容量（见图 5-14）。

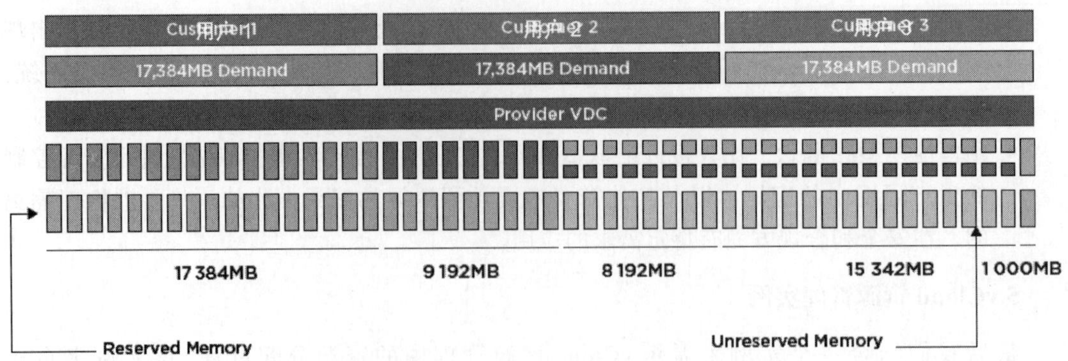

图 5-14 Provider VDC 内存分配

图片来源：VMware vCloud Director Resource Allocation Models

这些剩余的内存将由用户 2 和用户 3 通过竞争来分配。具体来说，由于按需付费方式保留了资源池的默认设置，用户 2 和用户 3 所对应的资源池将获得相同的内存份额，所以这两个用户有权各自分配到 23 624MB 的一半，也就是 11 812MB 内存。同时由于用户 2 这时只再需要 8 192MB 内存，用户 3 将额外获得剩余内存。

第 6 章 Chapter6
流程控制

自从数据中心诞生以来，其高效管理和快速部署就是一项重要的功能需求，数据中心管理员和用户一直在追求更快、更高效、更灵活、功能更齐全的部署和管理方式，原因是数据中心实在是一个非常复杂的系统，犹如一个集成了多个子系统的IT航母，涵盖了IT服务的多项功能，比如计算、存储、网络、安全等，而这些功能又由多种软硬件、多种协议、多个厂家的设备来完成。数据中心在管理模块的统一协调下，完成对用户业务的IT支撑，而且通常一个数据中心还是开放和可扩展的，这意味着其在不断演进、更新和扩展，这些都使数据中心变得更加庞大和复杂，自然给数据中心的管理带来巨大的挑战。进入云计算时代以后，数据中心对智能化管理和部署的要求就更高了，原因是云环境中资源和应用不但规模变化范围大而且动态性高，用户所需的服务主要采用按需部署的方式，即用户随时提交对资源和应用的请求，云环境管理程序负责分配资源、部署服务。其次，不同层次云计算环境中服务部署模式不一样，在软件定义数据中心里，各个资源和模块都实现了数据层和控制层的分离，具备了可编程和可集中控制的性能，这为数据中心的高效管理和快速部署奠定了坚实的基础。本章主要介绍的就是软件定义数据中心的流程控制功能，主要关注数据中心的自动化和智能化管理。

6.1 概述

云计算的本质之一是集中与管理。服务器、存储、网络、安全控制、虚拟化技术都是为了构建资源池并形成资源的统一调度来更好地满足高IOPS性能、数据库、联机事务处理系统（OLTP）、决策支持系统（OLAP）、报表系统以及众多独立开发的核心业务系统的需求。

较为成熟的且在服务器中应用甚广的高可用集群技术与虚拟化正在逼迫相对独立的计

算、存储和网络进一步变革。在计算领域，虚拟机、软件定义计算已经不是陌生的话题；在存储领域，SSD、闪存阵列不断涌现，统一存储、自动分层存储、存储虚拟化、压缩/重复数据删除等软件技术正在走向纵深；在网络领域，关于大二层网络架构、网络虚拟化及 SDN（软件定义网络）的讨论也是不绝于耳。

与热烈讨论一起进行的还有深刻的变革，而范围不再是虚拟机、存储、路由器、交换机、防火墙、无线、IP 存储、IP 语音等 SNMP 设备的管理，而是更深一步，如何连接用户的业务需求和数据中心的服务，如何将数据中心的资源转变为服务和功能，如何能够交付数据中心的服务功能。

业务处理往往包含一系列应用并涉及多个业务单元之间的相互协调。在云计算环境，我们将该过程称为编排或协同（Orchestration）。编排最早出现于艺术领域，指的是按照一定的目的对各种音乐、舞蹈元素进行排列，以期达到最好的效果。引申到数据中心管理范畴，指的是以用户需求为目的，将数据中心各个服务单元进行有序的安排和组织，使各个组成部分平衡协调，生成能够满足用户要求的服务（如图 6-1 所示）。数据中心的编排通常利用工作流（Workflow）来实现，工作流是针对日常工作中具有固定程序的工作抽象出来的一个概念，是一种反映业务流程的计算机化的模型，是为了在计算机环境支持下实现经营过程集成与经营过程自动化而建立的可由工作流管理系统执行的业务模型。典型的工作流如图 6-2 所示。它解决的主要问题是：使在多个参与者之间按照某种预定义的规则传递文档、信息或任务的过程自动进行，从而实现某个预期的业务目标或者促使此目标的实现。通过设计和开发后的工作流需要具备快速部署、动态调整、重复使用、自动触发的能力。

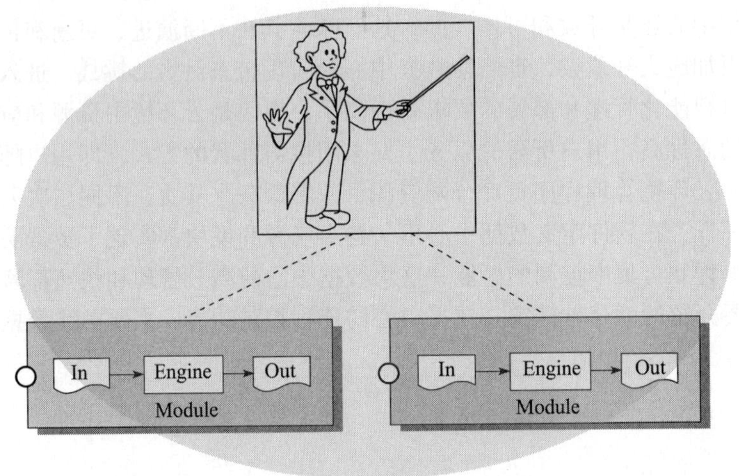

图 6-1 IT 编排

编排工作流是实现数据中心实现流程控制的核心，而数据中心的工作流管理系统，也称为 Orchestrator，则是实现数据中心流程管理的关键组件。数据中心通过 Orchestrator 完成工作流的定义和管理，并按照预先定义好的工作流逻辑推进工作流实例的执行，通过对业务、公文流转进行分析以及抽象，将不变和变化的部分进行划分，用户可轻松地通过可视化的工具对事项的流程、流程环节涉及的人员（角色）、流程环节的表单、流程环节的操作进行修改，从而到达应对不断变化的需求的目的。

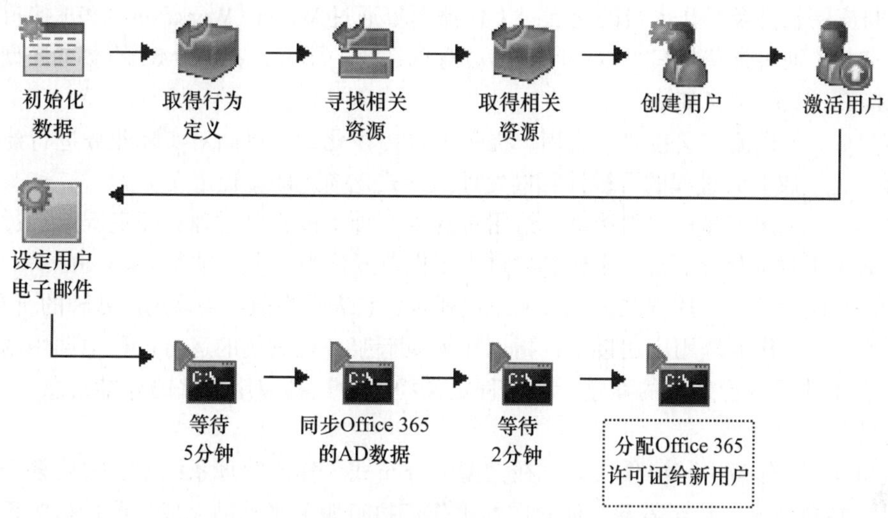

图 6-2　典型的工作流

数据中心的 Orchestrator 还是实现数据中心 IaaS 的关键组件。Orchestrator 是建立在数据中心基础设施之上的一层系统，这个系统上部署的自动化任务能够通过各种事件来触发，比如数据中心资源的申请就会触发相应资源的自动创建、配置、通知、审计等自动化流程，甚至有些自动化任务本身就可以单独直接提供给用户，比如操作系统的自动安装、数据的自动备份、系统的安全监控等。通过上层的应用和 Orchestrator 的结合，数据中心不再是简单的设备的组合，而是作为服务向外呈现，数据中心可以实现对用户需求的按需供给、按需定制，实现数据中心的软件定义。

数据中心的 Orchestrator 也是一个逐渐发展和完善的过程，对比目前企业中广泛应用的办公自动化和业务自动化系统，笔者认为数据中心的 Orchestrator 可以认为是传统业务工作流（Business Workflow）思想的延伸和扩展应用，它的设计和实现也借鉴和参考了传统工作流管理系统的理论和模型。传统工作流最初的设计目标是创建无纸化办公环境，实现企业的信息化、自动化、规范化和标准化，帮助企业提高运行效率和效益，这和数据中心的 Orchestrator 的设计思想是一脉相承的，在具体的数据中心工作流的设计和实现方面，也和传统的工作流是一致的，所以对传统工作流系统的介绍有助于读者更好地理解数据中心的 Orchestrator。

传统的工作流系统以工作流管理联盟（Workflow Management Coalition，WfMC）定义的工作流参考模型和五类接口为代表。WfMC 是 1993 年成立的由多家公司联合成立的国际标准组织，其宗旨是通过制定工作流技术及其标准，提高不同工作流产品之间的连通性和协同工作能力。通过使用标准可以使不同的产品之间协同工作，也可以改善工作流产品与其他

IT 服务（电子邮件、文档管理）之间的集成。在 WfMC 定义的参考模型（如图 6-3 所示）中，工作流引擎是工作流管理系统的核心，它对使用工作流模型描述的过程进行初始化、调度和监控，在需要人工介入的场合完成计算机应用软件与操作人员的交互。它的另外一个重要功能是完成与应用软件及操作人员的交互。工作流引擎通过 WAPI（Workflow API）接口和其他系统组件交互，通过这些接口可以访问工作流管理系统的服务，在 WfMC 的参考模型中，有五类基本接口。具体含义如下：

- 接口 1　工作流定义接口，为用户提供一种可视化的、可以对实际业务进行建模的工具，并生成业务过程的可被计算机处理的形式化描述即流程定义。
- 接口 2　工作流客户应用接口，给用户提供一种手段，以处理过程案例运行过程中需要人工干预的任务。每一个任务的最小工作单元称为一个工作项（workitem）。工作流管理系统为每一个用户维护一个工作项列表，它表示当前需要该用户处理的所有任务。
- 接口 3　工作流调用应用接口，指工作流执行服务在案例的运行过程中调用的、用以对应用数据进行处理的程序。在过程定义中包含这种应用程序的详细信息，如类型、地址等。
- 接口 4　工作流引擎协作接口，在大型的分布式工作流管理系统中，需要多个工作流引擎共同完成，甚至需要其他异质的工作流执行服务来辅助完成，此接口为不同的工作流管理系统之间的协作提供了一种标准。
- 接口 5　管理接口，其功能是对工作流管理系统中案例的状态进行监控与管理，如组织机构管理、实例监控管理、统计分析管理、资源控制等。

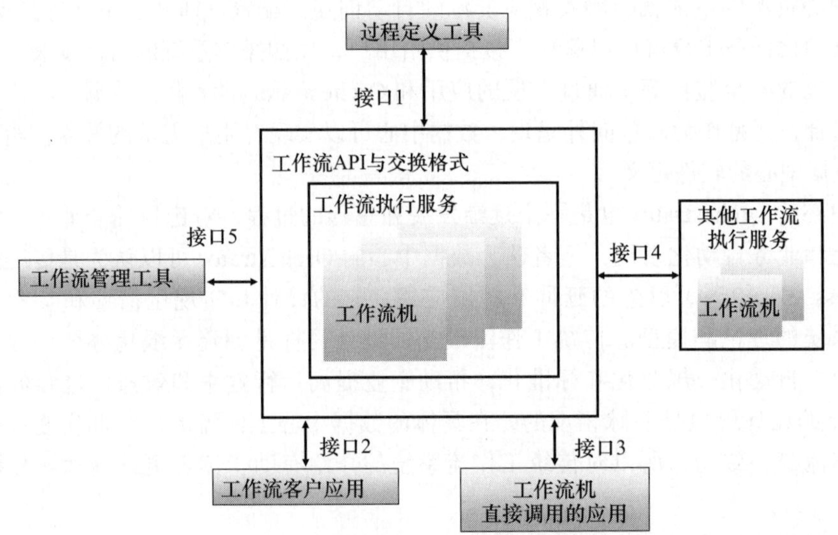

图 6-3　WfMC 定义的工作流模型

另外，除了工作流引擎，还定义了其他四个基本模块，分别是：

- 工作流定义工具　工作流定义工具把实际的过程通过图视化的方法或者简单的文本描

述出来并产生或转化成规格的工作流定义语言格式，并以规范化的格式交付给工作流运行服务模块，供其实例化和执行。工作流定义格式既有非形式化的，也有复杂的、高度形式化的过程定义语言或者对象关系模型。

- 工作流的管理和监视 负责管理和监视工作流，包括用户管理、角色管理、工作流审核管理、资源控制、过程监视和过程状态查询。管理应用还可以对工作流实例进行管理和控制，包括运行记录、错误恢复、停止、修改和删除工作流等。
- 工作流客户应用 工作流的使用者或者触发者，它可以通过工作列表访问（Workflow Access）接口访问工作流列表（Worklist），在工作流模型中，通过定义好的接口来完成应用程序和工作流引擎之间的交互。
- 供调用的应用 一些供工作流引擎调用的程序的集合，每一个程序负责完成工作流中的某些或某个活动的全部或者部分任务，工作流引擎根据工作流的定义在运行时调用它们来完成工作流的执行。通常在工作流系统的实现过程中，这一部分可以通过扩展来丰富工作流的功能。

传统的工作流系统在云计算时代获得了全面而深入的发展，根据云计算和数据中心的特点，对工作流系统做了相应的定制和集成，使得数据中心的工作流系统既在“云之上”，又在“云之中”，集中表现在如下几个方面：

- **面向服务的架构** 数据中心的Orchestrator通常可以通过Web服务协议栈向外暴露服务，支持一种或者多种标准协议，比如XML、REST/HTTP或SOAP等。
- **实施实时监控** 数据中心对稳定性和可用性有非常高的要求，这需要一些自动化的任务实时监控其运行情况，比如网络的安全监控、服务器的负载监控、虚拟机的健康状态等，并根据监控结果做相应的处理，比如事件报告、数据备份等。
- **可扩展性高** 数据中心的软硬件构成非常复杂，硬件集成了多个厂商、多种型号的硬件，比如交换机、路由器、服务器、存储等；与此同时，各种应用、服务、协议在数据中心同时运行，Orchestrator必须具备和这些软硬件交互的能力才能完成工作流的任务，这就需要Orchestrator可以通过第三方的插件或工具来完成功能的扩展，比如VMware vCenter和System Center的Orchestrator都具有这一性能。
- **可伸缩性和高可用性** 数据中心中工作流的并发执行是常态，很多工作流任务是非常耗时的，比如数据的完整性检查、虚拟机迁移、数据备份等，还有一些事件的报告也非常频繁，比如硬件错误引起的告警等，这就需要工作流引擎具备并发执行工作流的能力；同时，工作流引擎还要保证能有很高的可用性，具有故障转移的能力。比如Microsoft System Center的工作流引擎Runbook Server可以同时并发多个工作流，而且可以部署多个Runbook Server组成一个集群来实施故障转移和负载平衡，来保证工作流的并发执行和高可靠运行。
- **集中部署** 作为数据中心的一个组件，通常数据中心的Orchestrator需要能够支持和其他组件统一部署，可以通过单一的安装入口实施部署，从而简化系统集成的复杂度。

目前成熟的数据中心软件都提供了自己的Orchestrator套件，比如微软的System Center

2012 提供的 Runbook 套件、VMware vCenter 提供的 Orchestrator 套件、IBM Smart Cloud 提供的 Orchestrator 等，这些工作流套件都提供了丰富的人机交互接口，比如图形化的编程接口和 CLI，用户能够方便而直观地进行工作流的设计和开发工作，而且这些套件还提供了丰富的类库和 demo 程序，开发人员可以在这些 demo 的基础上修改、添加来实现自己的功能。

6.2 架构和功能

6.2.1 数据中心 Orchestrator 的架构

流程编排负责数据中心业务发放和资源协调，连接 IT 和网络资源。例如，用户需要一套 LAMP（Linux+Apache+Mysql+Perl/PHP/Python）软件，搭建一个 Web 应用程序平台。对于服务提供商来说，这需要一系列的操作，创建虚拟机、安装操作系统、在网络上隔离出安全的区域、对接服务保障系统、对接计费系统等。这一系列复杂的操作可以通过服务编排功能来完成。图 6-4 标示了流程编排在分布式云数据中心的位置和与其他各种服务之间的关系。

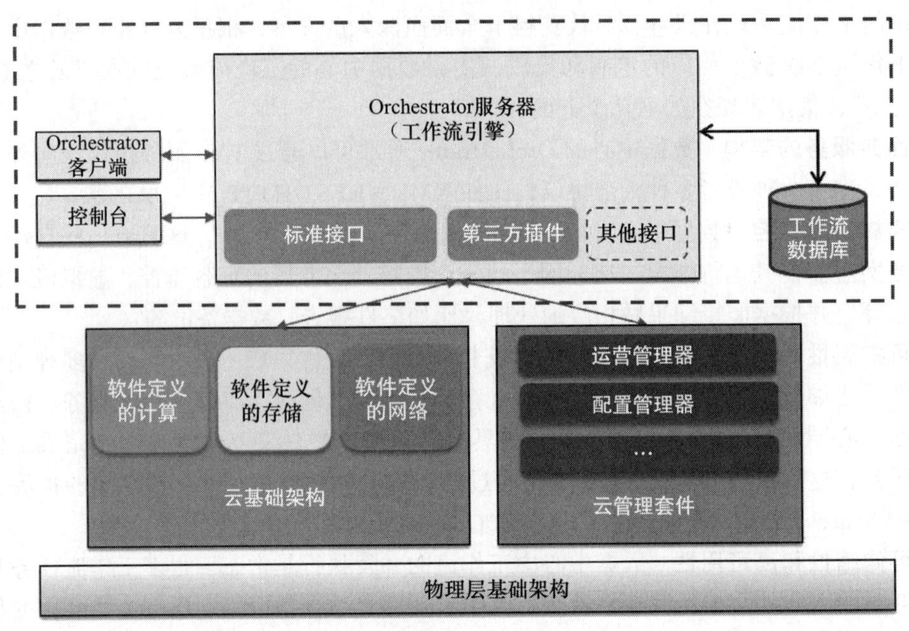

图 6-4 数据中心 Orchestrator

数据中心 Orchestrator 的架构如图 6-4 所示，各个组件在 Orchestrator 中处于不同的层次，完成的功能也各不相同，不过大致上可以分为客户端、控制台、数据存储和执行服务器四个部分。

1）客户端是提供给自动化流程设计人员创建、修改和部署策略的工具。通常只有开发人员和管理员能够访问，开发人员可以利用客户端开发工作流程序以扩展 Orchestrator 的功能，通过自定义现有工作流和创建新的工作流实现过程自动化。客户端通常提供可视化的编程工具，开发人员可以通过鼠标将标识不同功能的图标拖拽到面板里，再利用链接连接这些活动来组成一个完整的工作流程。通常在客户端组件中还包括策略测试控制台，可以用来帮助设计人员在正式部署共组流之前，调试和测试策略的执行情况。

2）操作员控制台通常是一个基于 Web 服务器提供操作员所使用相关功能的管理接口。通常开放给最终用户，当然开放人员和管理员也可以访问。通过操作控制台，可以实时查看当前工作流的运行状态，并通过基于浏览器的界面启动和停止工作流中相应的策略。操作控制台一方面接收来自 Web 客户端的入站访问，另一方面与数据存储服务进行出站通信。

3）数据存储是运行数据库的服务器，数据库中保存了所有的配置信息、调试信息以及日志信息。由于在数据存储中保存了工作流的所有相关信息，因此数据库的可用性必须得到充分的保障。目前在 Orchestrator 中使用的数据库通常是 Microsoft SQL Server 或者 Oracle。

4）执行服务器也可以称为 Orchestrator 服务器，是策略运行的引擎，直接与数据存储进行通信。执行服务器需要具备并发多个工作流的能力，而且为了保证高可用性，可以根据需要部署单台或者多台执行服务器组成一个集群来实现负载均衡和故障转移。

执行服务器可以部署在任意能够与数据存储进行通信的计算机上，但是必须要通过使用同一个数据存储的管理服务器进行部署。在部署执行服务器的过程中，所用到的对象也同样会被部署到该服务器上，当然也可以在初始化部署之后使用部署管理工具安装相应的集成包到相应的执行服务器。

执行服务器上执行工作流的策略依赖于工作流库，工作流库是执行服务器执行工作流的工具和方法，工作流库包含了标准的工作流，通常也可以自定义或者通过第三方的插件进行扩展。通常的标准工作流包括：

- JDBC　通过使用随 Orchestrator 附带的 JDBC（Java 数据库连接）插件测试工作流和数据库之间的通信。
- 锁定　演示自动过程的锁定机制，该机制允许工作流锁定其使用的资源。
- 邮件　通过工作流发送和接收邮件。
- REST/SOAP　通过 REST/SOAP API 访问 REST/SOAP 服务。
- SSH　实施 Secure Shell v2（SSH-2）协议。通过这些工作流，可以使用密码和基于公用密钥的身份验证来实施远程命令和文件传输会话。使用 SSH 配置，可以指定要在 Orchestrator 清单中公开的对象路径。
- XML　可以在自动过程中实施的文档对象模型（DOM）XML 分析程序。
- 访问其他组件功能的 API 库　依赖于 Orchestrator 运行的平台，例如在 VMware 平台，执行服务器就提供了访问 vCenter Server API 的功能。

执行服务器能够通过第三方的插件扩展，比如 PowerShell 插件、存储厂商的自定义插件、网络设备商的自定义插件等。

Orchestrator 架构图的另外一部分是数据中心的基础设施和管理套件，在一个软件定义数据中心中，编排涉及数据中心中多个模块和资源，包括计算、存储、网络以及数据中心的管理模块，比如配置模块、任务管理模块等，而且和业务逻辑紧密关联。通常用户的一个业务，需要由多个步骤分步执行来完成，而每一步的执行又需要特定的前提条件，比如特定的输入条件、特定的资源条件等，步骤的执行会调用相应模块的接口来实现其特定的功能，这样，一个功能复杂的业务会分解为多个功能单一的步骤的组合，每个步骤会涉及不同的模块和业务单元，多个步骤按照用户业务的逻辑关系相互协调和配合，最终将用户的业务转换为数据中心的服务和功能。

6.2.2 数据中心 Orchestrator 的功能

通过 Orchestrator，可以端到端地集成对接计算、存储、网络、应用程序等业务单元，流程化地处理各个业务单元操作，并提供回退、逻辑判断等能力，从而快速提供各种 IaaS、PaaS、SaaS 等云服务，同时协助消除人工错误。服务编排方案能够各自独立，使用不同系统的组织部门，对流程进行定义、自动化和编排，因而有助于提高工作效率，并强制推行标准。

服务编排解决方案包括设计、整合和编排三大部分。

1）设计。设计师可通过自动化库快速创建并测试新的流程。该库由数百个自动化对象组成，有助于实现快速设计。流程设计师可利用图形用户界面或通过编写脚本实现新流程的自动化，也可将现有的自动化脚本导入版本控制库，通过重复利用来加快开发速度。

2）整合。通过一套标准连接器，可实现与各类常见 IT 系统的整合。借助这些连接器，用户可在应用程序、操作系统和其他 IT 组件中读写数据、启动任务。用户也可创建自定义的连接器，利用自定义操作向导连接到遗留 IT 系统和专有 IT 系统。

3）编排。一旦投入生产，流程将在高度可扩展、具有容错能力的环境下执行。通过基于网页的界面，管理员可快速查看正在执行的各个流程的状态。在流程执行的同时，每个步骤都会自动记录在审核日志中。

服务编排通过“泳道”来可视化、优化和组织跨越各职能部门和组织的复杂流程，可在任何步骤对运行中的流程进行监控和修正。服务编排的主要功能如下：

1）可视化设计界面。流程设计师可通过一个鼠标点击操作的界面开发新的流程。设计师可以将流程分割成更小、更易于管理的子单元，即所谓的“泳道”，从而简化设计过程，增加可读性。

2）利用连接器和其他系统整合，使数据中心的编排能够以服务交付。这些系统包括操作系统、服务台、商业应用，比如在 System Center 2012 中，提供了和 Service Manager 的连接器，用户可以通过 Service Manager 的用户自助门户实现对数据中心的自动化管理。通过自定义操作向导，用户可开发自己的连接器，用于实现遗产系统和专有系统的整合。

3）可视化异常处理。流程进入未知状态后，会自动停止运行，等待解决。通过这种方式，IT 人员将获悉发生的异常，查看解决问题所需的上下文信息，然后解决问题，而不需要重启整个流程。

4）基于角色的访问控制。通过基于角色的访问控制，控制谁有权创建、管理流程。通过细粒度的访问控制，只允许授权用户添加或更改工作流。

5）可升级性和可用性。可升级度高的架构，拥有同时执行数百个进程的能力。可用性高的配置，在基础设施出问题时可以进行故障切换。

6）常规运行自动化。流程自动化最直接的好处，在于常规IT流程的自动化，即所谓的"常规运行自动化"（RBA）。有了RBA，IT人员不再需要人工完成常规任务。RBA的常见例子有：

- 问题纠正　响应常见事件和警报的常规任务实现自动化，无需人工介入。例如，系统流程或服务停止运行后可自动重启。
- 事件信息多样化　利用流程自动化，从各分散系统收集额外的信息，帮助诊断所报告的问题。例如，监测到服务器停机后，自动收集各设备的诊断和日志信息。
- 审核报告　提取IT审核所需的服务器，使应用程序日志的过程实现自动化。例如，设定一个重复执行的流程，自动提取当前审核的应用程序、网络设备和服务器的日志。

6.3 实现数据中心自动化

6.3.1 数据中心的自动化势在必行

数据中心包含复杂的计算、网络、存储等资源，数据中心的维护和管理一直是数据中心运营过程中最大的工作负荷，企业为保证数据中心的正常工作，投入了大量的人力物力，通过制定严格的管理条例和复杂的工作流程来规范操作，以求获得最大的稳定性和可用性。但是传统被动的、孤立的、半自动式的运维管理模式经常一方面让IT部门疲惫不堪，另一方面则让数据中心的管理维护成本居高不下。国际知名调查机构Gartner调查发现，在IT运维成本中，源自技术或产品（包括硬件、软件、网络等）的成本其实只占20%，而流程维护成本占40%，运维人员成本占40%。流程维护成本包括日常维护、变更管理、测试成本等；人员成本包括训练、教育、人员流失、招聘成本等。

云计算本质上是提供服务的多个模块API互相连接的程序和平台组合，在软件定义的云计算中心中，计算、网络、存储的实现都演化为面向服务的模型，各个模块的集中控制器向外暴露API，使模块具备了可编程能力，而且控制器使得各个模块具备了中央控制的功能，从而自动化的工作流能够集中部署，集中控制。而且，随着各个模块控制器的控制接口向开发性、灵活性和标准化方向发展，自动化工作流也会朝标准化方向发展，使工作流能够实现跨平台、跨厂商使用。

通过对数据中心的硬件、软件和流程的协调、组合，建立了自定义的工作流程，跨越多个模块帮助自动完成IT系统管理流程，以提高IT运营水平。数据中心的自动化消除了绝大多数手工操作流程，帮助IT操作和IT服务管理队伍提供从设计到运行与维护的服务。

6.3.2 自动化的好处

数据中心的自动化部署和管理是提供云服务的保证，自动化管理能够带来如下好处。

1）增强数据中心管理维护人员解决更多事件的能力。毫无疑问，数据中心的自动化能让IT人员从繁琐而复杂的管理维护工作中解放出来，更多手工操作的流程变为了自动执行的工作流，工作流跨多个模块，组合了多个功能，这些都是人工操作难以实现的，而且，工作流细化了数据中心的操作，大量内部的、人为观察不到的事件可以通过工作流来解决。

2）减少警报和错误，提高数据中心的稳定性和可用性。数据中心自动化可以让数据中心的警报和错误“防患于未然”，让警告和错误少发生或者不发生，保证数据中心正常工作。可以对一些存在风险的操作或者状态设置预处理机制，将事件与IT流程相关联，一旦被监控系统发生性能超标或死机，会触发相关事件以及事先定义好的流程，自动启动故障响应和恢复机制。比如对存储硬件错误的定时检查可以在硬件错误前及时实施数据备份，对服务器负载的监控可以在负载过重时自动实施虚拟机的迁移等。

3）为实施变化建立一个一致的、可重复的流程，保证变更控制与法规遵从，为了确保遵守法规和安全运行，数据中心自动化管理方案必须实施强有力的IT变更控制，自动预防、探测和校正非法和/或匆忙的变更，以确保所执行的变更和配置政策符合法规和内部审计要求，消除漏洞，减少风险。此外，IT必须控制安全威胁漏洞并持续地发现和检查变更，以确保配置保持已知和可信任状态，帮助觉察和消除安全性风险。为了改善变更的实施，IT基础设施库（Information Technology Infrastructure Library，ITIL）推荐创立了一个由IT经理和企业或机构领导组成的变更管理委员会（CAB），执行监控、评估和实施IT变更，从而最大限度地缩小风险、扩大变更的收益并且以有条不紊的方式处理所有变更请求。自动化的任务每次都是以相同方式完成，因此，做重复变更的风险就会降低，从而缩短业务服务的总体停机时间。此外，由软件完成的任务可以被清楚地记录到日志文件，简化了审计工作，降低了遵循行规和法规所产生的成本。

4）将ITIL事件管理和问题管理进程连接起来，使数据中心的管理更科学。IT服务管理每个流程都强调周而复始的“计划-实施-检查-更正”，可以利用自动化策略和技术实现支持整个IT流程的生命周期，把数据中心自动化从静态的过程转变成动态的螺旋形发展过程。ITIL最大的亮点之一就是强调IT服务的生命周期管理。ITIL是供组织内部进行IT服务管理的参考经验，汇集了IT服务业内的最佳实践，是指导如何在运维管理中定义人员、流程、服务活动及其之间关系的指导框架。自动化工作流能够借鉴ITIL的思想构建全面的基于ITIL的数据中心运维自动化平台，提高数据中心的自动化管理水平。

5）提高效率，减少开支，降低企业IT成本。数据中心的自动化管理简化了管理和部署流程，大大加快了IT交付的速度，这使IT设备的使用率得到了提高，企业的业务能够在第一时间内得到配置，预处理机制保证了数据中心工作的稳定性，同时，维护人员的数量和培训成本也可以相应减少，这些方面都降低了企业的IT成本。

6）跨部门强制推行标准和合规策略，自动化工作流连接多个模块，多个模块需要协调工作才能实现自动化策略，这需要统一的标准和策略来组织和支持，使得整体的解决方案能够以统一的接口集成，以统一的风格、统一的操作流程交付。

7）提高业务运行的透明度。随着业务需求的变化，数据中心软件可能会有多个版本出现，手工流程的不透明将会给流程定制和优化带来相当大的困难，而自动化流程可以使用户一目了然地看到整个流程各个节点的运转情况，自动化工具潜移默化地提升了业务保障能力。

6.3.3 自动化实施的对象

数据中心的自动化工作流可以实现跨多个模块、多个服务来部署和实施，在当前的数据中心中，可以对计算、网络、存储、安全以及配置等方面实施自动化，例如：

1）软件安装集中管理服务器操作系统介质和安装脚本，批量安装多种操作系统，包括 Windows、Linux、Solaris、AIX、ESX 等，可实现跨越操作系统的统一服务器管理，为物理、虚拟和公共云基础设施提供统一的支持，其中包括裸机安装、应用程序部署和系统配置的即开即用能力。借助软件打包和 OS 安装管理功能，IT 团队能够实现服务部署任务标准化，提高一致性，缩短供给周期。

2）补丁管理集中管理服务器补丁介质，对当前的补丁列表进行分析，提供需安装的补丁建议，并批量下发补丁。

3）系统配置在各种操作系统批量地、自动化地进行参数调整。

4）自动巡检可自动收集各种软硬件信息并生成报表，包括服务器的制造商、型号、BIOS、板卡、存储、操作系统版本、软件列表、补丁列表、安全设置、网络的型号、模块、版本、启动配置、运行配置等。

5）虚拟机操作可以自动执行虚拟机的创建、配置、删除、迁移等。

6）配置和网络拓扑发现。数据中心自动化可实现自动发现和采集网络设备的配置，比如设备类型、设备型号、硬件信息、操作系统版本、startup config、running config、VLAN 等，并能跟踪它们的变化。

7）网络策略配置可自动批量下发路由表和防火墙策略。

8）操作审计可自动记录所有对网络设备的变更，并提供回退机制。

9）巡检和合规检查可通过内置的合规性检查策略，针对 CIS、DISA、NSA，对系统、设备等进行自动化的合规检查，并给出检查报告。同时用户也可以定义自己的合规策略。

10）配置自动化一般具有变更检测和配置合规检查的功能。用户可以创建配置基线，利用它对服务器进行比较。配置基线是管理员规定的适用于特定环境的正确配置与设置信息。一台服务器可以有多个配置基线。用户指定配置基线后，就可以利用它来比较服务器之间的区别，并查看比较结果。比较结果将给出每个服务器所安装的组件以及两个服务器之间的区别。

关于变更检测，用户（管理人员）可以创建基准快照，以确定服务器在一段时间内的变更情况。一台服务器只能有一个指定的基准快照。用户指定基准快照之后，可以运行变更检测来查看变更事件的发生情况。变更检测和系统比较都可以生成事件。

通过传统数据中心自动化的技术，我们无需花费宝贵的时间管理物理基础架构或应用程序，从而能够专注于创新和为企业提供价值。

6.3.4 如何实现自动化

数据中心的工作流能够做到自动化部署和执行依赖于 Orchestrator 架构的各个组件的功能。一个完整的工作流过程如图 6-5 所示。

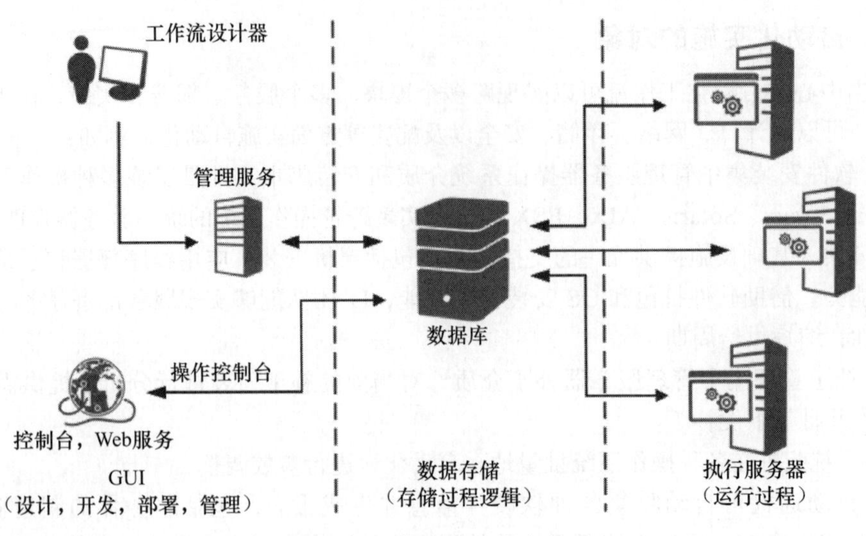

图 6-5　工作流的工作流程

1）开发人员通过客户端开发工作流。通常客户端提供了多种编程方式，有基于脚本的命令行，也有可视化的编程平台，而且还提供了模拟器供调试和测试使用。这些都是为了降低开发难度，使开发人员将更多精力专注于业务逻辑的理解和创新。

通常，工作流的设计和开发可以遵循或者参考传统工作流的设计开发方式，包括建模。有关这部分的细节，本书不多赘述。

2）存储工作流逻辑。Orchestrator 平台需要有数据库的支持，用于存储设计开发好的工作流及工作流的运行配置，这些工作流可以按照用户自定义的规则分类存储，比如功能、执行方式、工作流优先级等，方便用户查找；开发人员也可以编辑已经存储的工作流，比如修改工作逻辑、修改属性或者删除等。

3）运行工作流。一旦工作流创建完成，就可以通过控制台或者客户端来启动工作流。工作流启动后会产生相应的任务，执行服务器能够通过轮询或者通知机制来感知是否有可以执行的任务需要加载，一旦有任务产生，执行服务器就会加载任务，执行任务。这里要指出一种特殊的情况就是多个工作流并发。执行服务器需要具备并发执行多个工作流的能力，而且为了能够增强系统的稳定性和可用性，可以设置多个执行服务器，多个服务器之间互为备份且支持负载均衡。

工作流的执行可以通过触发机制来启动，触发机制可以理解为一种使被使能的活动进入执行状态的外部条件，可以分为自动触发、人工触发、消息触发、事件触发四种类型。对于自动触发而言，活动使能的同时就被触发，这种机制一般用于那些通过应用程序来自动执行、不需要与人进行交互的自动型活动；人工触发则是通过执行者从工作流任务管理器提供的工作流任务表中选择工作项来进行触发，表中列出了该执行者可以触发（已被使能）的活动实例，当执行者选中某一项去执行时，该活动就被触发；消息触发通过消息（事件）来触发，比如收到 E-mail，收到外部的状态信息，收到外部的事件等；时间触发则是控制时间的定时器来触发使能的活动，这对于那些需要在预订的时间或给定时间间隔执行的活动是必不可少的，比如对数据的备份必须在每天晚上 12 点执行等。在工作流的图形化显示面板中，各种触发方式都有相应的记号显示。

6.4 实例分析

当前两个应用广泛的私有云解决方案是 VMware vCloud Suite 和 System Center 的工作流管理。

6.4.1 VMware vCloud Orchestrator

1. VMware 云计算解决方案简介

vCloud 是 VMware 公司推出的基于 VMware 虚拟化技术（包括 VMware vSphere 和 vCloud API）的私有云解决方案，VMware vCloud Suite 是一个功能全面的集成式云计算基础架构，通过将符合行业标准的硬件汇聚成资源池并以软件定义的服务方式运行数据中心的每一层，经实践证明可节省 40% ~ 60% 的资金开销和运营开销，兑现了 VMware 软件定义数据中心的承诺。此外，VMware vCloud Suite 内置的自助式门户和目录、基于策略的基础架构和应用调配以及自动化运营管理能够让数据中心的部署和管理更加方便、容易和高效，提高了 IT 运营的效率，减少了 IT 支出。企业客户可以借助业内领先的服务提供商、软件供应商以及 VMware 的先进技术来构建私有云计算环境，并根据需要为该环境无缝部署测试实验室、灾难恢复或简单灵活的外部容量。

截至本书撰写时，最新的版本是 VMware vCloud Suite 5.5，其主要组成部分如图 6-6 所示。

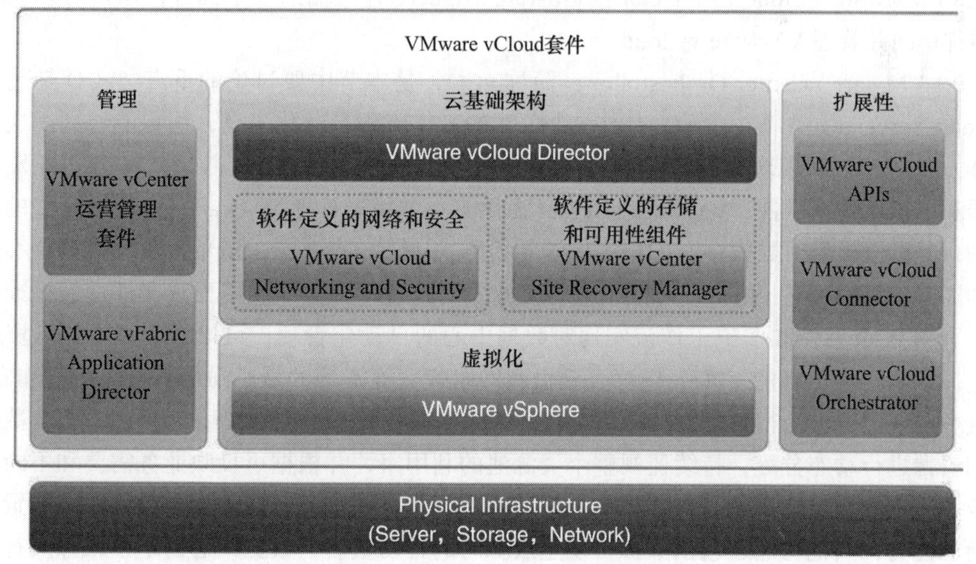

图 6-6　VMware vCloud 套件

1）VMware vSphere：VMware 虚拟化平台，以原生架构的 ESX/ESXi Server 为基础，让多台 ESX Server 能并发负担更多个虚拟机，同时还具备基于策略的自动化功能。

2）VMware vCenter Site Recovery Manager：用于数据中心的自动规划、测试和执行灾难恢复，可对针对所有虚拟化应用的集中式恢复计划进行自动化编排和无中断测试。

3）VMware vCloud Networking and Security：借助虚拟化网络和安全创建高效、敏捷、可扩展的逻辑结构，满足虚拟数据中心的性能和伸缩性需求。它交付了软件定义的网络和安全，在单个解决方案中提供了广泛的服务，包括虚拟防火墙、VPN、负载均衡和 VXLAN 扩展网络。

4）VMware vCloud Automation Center：云计算自动化平台，提供策略驱动的自助式 IT，应用服务目录发布和调配服务，与 VMware vCloud Director 和 VMware vCenter Orchestrator 集成，实现对数据中心的访问和自动化管理。

5）VMware vCenter Operations Management Suite：云环境虚拟架构性能监控工具，提供对数据中心的自动运营管理，使用获得专利的分析技术和集成式方法实现性能、容量和配置管理。vCenter Operations Management Suite 使 IT 部门可以获得更好的可见性和可操作的智能信息，从而主动确保动态虚拟环境和云计算环境中的服务级别、资源利用率优化和配置合规性。

6）VMware vCloud Director：简称 vCD，是一个具备多租户和公有云可延展性的虚拟化数据中心，向外暴露 vCloud API，用户可以通过这些 API 对 vCD 编程。

7）VMware vFabric Application Director：应用程式管理平台，主要集中于企业级应用程序的配置、发布和自动化部署。

8）VMware vCloud Connector：VMware vSphere 客户端的一个插件，用户可以通过这个插件访问并管理 VMware vCloud。

9）VMware vCenter Orchestrator：简称 vCO，是本节中要讨论的重点。vCO 是包含在 vCenter Server（如图 6-7 所示）中的一个免费的工作流程自动化工具，用户能够利用这个工具开发工作流，实现对数据中心的自动化管理。VMware vCenter 是 VMware 公司开发的服务器和虚拟化管理软件，VMware vCenter 提供了一个用于管理 VMware vSphere 环境的集中式平台，可以提供对数据中心的集中控制和检测，比如单点登录、清单搜索及数据中心的报警和通知；可以通过 vCenter 对数据中心实施主动式管理，比如利用配置文件进行标准化配置，利用 vCO 开发和实施工作流实现对数据中心的自动化管理；可以对虚拟机进行资源管理，比如确定虚拟机的 CPU、内存、磁盘和网络带宽等资源的最小份额、最大份额和定额，而且可以在虚拟机运行时修改初始化参数，例如 CPU、内存、外设等；还可以对整个数据中心的资源进行动态分配，持续监视整个资源池的利用率，并根据可反映业务需要和不断变化的业务重点的预定义规则，在虚拟机之间智能地分配可用资源，使数据中心具备了内置负载平衡的能力；其他功能还包括虚拟机发生故障时的自动重启，数据中心的审核跟踪及补丁程序管理能力等。

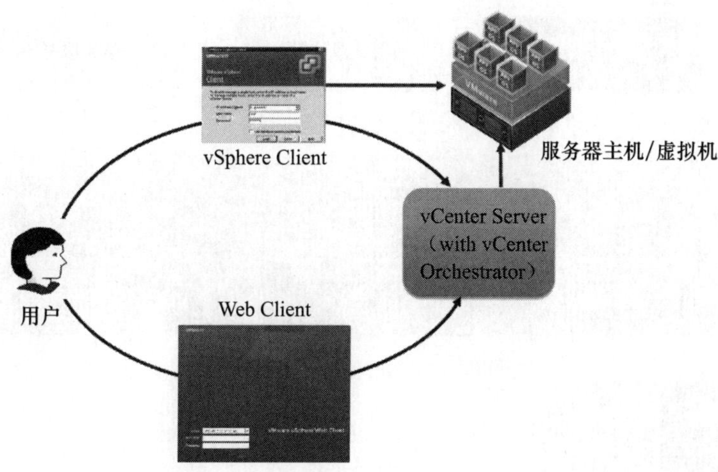

图 6-7 VMware vCenter Server

通过对以上模块的整合，VMware vCloud 实现了以虚拟化为基础的软件定义数据中心，为用户提供了经济、安全、高效的云架构。其中，vCO 作为数据中心自动化的关键组件，为 VMware vCloud 的部署和管理发挥着十分关键的作用，下面我们将会对这个模块做更详细的介绍。

2. VMware vCenter Orchestrator 实现架构和功能

vCO 的实现架构是典型的数据中心 Orchestrator 架构，其核心组件如工作流引擎、工作流客户端、数据库、操作员控制台（Web Service）的功能和我们在 6.2 节介绍的基本上是相同的，在这里仅介绍这些组件的一些特色。

- 客户端提供了可视化的编程和调试功能，并且自带了很多 demo 程序供参考，用户可以轻松完成工作流的设计、开发和测试。
- 数据库组件则支持特定版本的 Microsoft SQL Server 和 Oracle。
- vCO 服务器，也就是工作流引擎，是 vCO 的核心，可以通过两种方式来部署，一种是随着 vCenter Server 一起安装，另外一种则是单独部署。部署时需要有目录服务的支持，比如 Windows AD。

执行服务器的工作流库包括两种，一种是标准工作流库，如图 6-8 中所示的 XML、SSH、JDBC 以及用于访问 vCenter Server 的 vCenter 等，vCO 的安装包包含了这些缺省插件，用户无需手动安装，只需要手动配置即可；另外一种则是第三方插件，需要用户自行安装和配置，通常在 VMware 的官方网站上会有这些插件的下载链接和声明，比如 NetApp 和思科公司都有经过 VMware 验证的插件，这些插件支持它们各自的硬件平台接口，从而可以和这些平台完成交互。

另外，在最新的 vCO 5.5 版本中，vCO 执行服务器已经能够支持服务器集群来实现负载均衡和故障转移，并且支持利用 REST API 来对其配置。

目前 vCO 主要运行在 Windows Server 上，尚不支持 Linux 服务器。

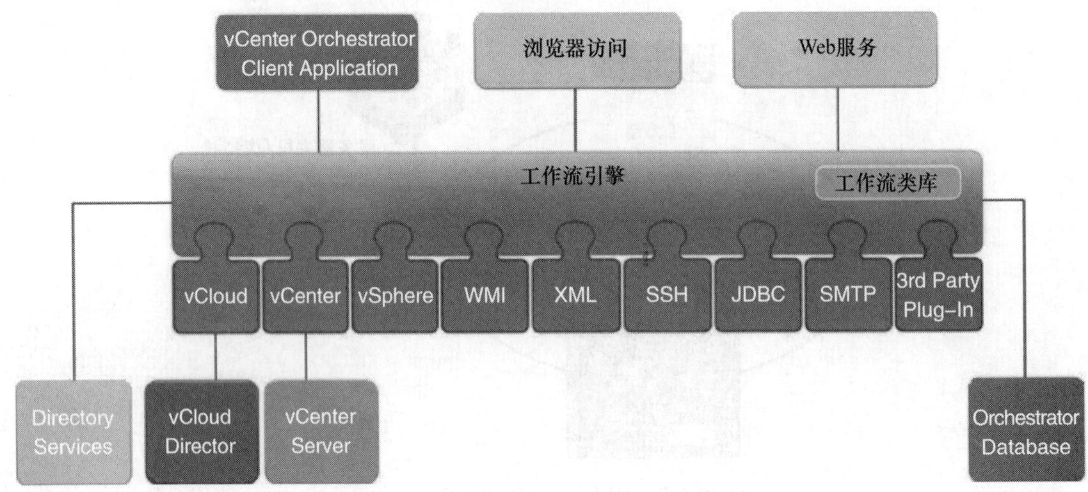

图 6-8 VMware vCenter Orchestrator 架构

VMware vCloud 中的其他组件，比如 vCD、vSphere 向外暴露 API 接口，vCO 按照工作流程，通过调用这些接口来实现和这些组件的交互，这些接口的调用有些需要专用插件的支持，有些（比如 Web Service）则可以使用标准工作流接口，比如利用 REST/SOAP 来访问。

vCO 是一个基于不同角色提供不同服务的组件。vCO 中有三种不同的角色：管理员、开发人员和最终用户。管理员对 vCO 平台的所有功能都具有完全的访问权限；开发人员则可以访问 vCO 客户端并且利用客户端来设计、开发和测试工作流，同时能够使用 Web2.0 工具自定义自动化过程的 Web 前端；最终用户则只拥有访问 Web 前端的权限，可以利用 Web 前端来启动、停止或者设置工作流运行的策略，比如触发方式，也可以通过 Web 前端查看工作流运行情况。

通过不同的角色利用 vCO 设计、开发、运行工作流，vCO 实现了 vCloud 资源的整合和编排，根据业务规则和应用程序需求部署自动化计划，从而将计划和策略映射到业务中，并作为一种服务机制在私有云的服务中交付。

6.4.2 System Center Orchestrator

1. System Center 简介

System Center 是微软发布的私有云数据中心管理软件，截至本书撰写时，最新版本是 System Center 2012 R2，其由 9 大核心组件构成，包括：

1）应用控制器（System Center App Controller，SCAP）提供了一个用于管理 Windows Azure 服务的单一界面，数据中心管理员可以委派定制的、基于角色的私有云服务（部署在基于 Virtual Machine Manager 的基础架构中）或 Windows Azure 服务视图。

2）配置管理器（System Center Configuration Manager，SCCM）为微软平台提供完善的

配置管理，用于部署操作系统、应用软件和软件更新，包括对计算机软件和硬件的远程管理。

3）数据保护管理器（System Center Data Protection Manager，SCDPM）为服务器和客户端产品提供统一的数据保护，包括数据的备份和恢复，而且还提供持续的数据保护功能。DPM 提供了保护 IT 环境中虚拟机的能力，甚至可以保护在其中运行的应用程序；DPM 通过单一的控制台与 System Center 进行整合来管理所有的 DPM 服务器。

4）端点保护（System Center Endpoint Protection，SCEP）原名 Forefront Endpoint Protection 2012，以 System Center 2012 Configuration Manager 为基础构建而来。它可以向 Windows 电脑端点提供反恶意软件和安全保障能力。跟 Exchange 2010 类似，其工作原理是与 SCCM 配合在 PC 上安装客户端并对 Windows 防火墙进行配置和设置。

5）操作管理器（System Center Operations Manager，SCOM）以前被称作微软操作管理器（Microsoft Operations Manager，MOM），它主要是一个监控解决方案，跟 Exchange 2010 类似，可以捕捉大量不同的管理包。通过 SCOM，用户可以通过一个单一控制台监控服务器、设备和操作。（单一控制台的概念是 System Center 2012 中的关键环节。）新功能包括网络监控（发现和监测路由器、交换机、网络接口和端口等）和互联网信息服务托管的应用程序的监测。

6）服务管理器（System Center Service Manager，SCSM）为应用的所有者与最终用户提供自助服务，通过提供支持流程的组织方式，让用户对任务进行跟踪并支持工作日志管理。Service Manager 提供了易于设置的配置管理数据库（CMDB）可对获取到的有关基础架构与应用的关系实现标准化。一旦发生变动，则有助于满足持续的组织合规性要求。Service Manager 为 System Center Orchestrator 与 System Center VMM 提供了两个新的连接器，可针对核心私有云场景，例如交付与服务产品的创建实现流程自动化。

7）统一安装（Unified Installer）用于部署 System Center 2012 组件。在以前的版本中，用户不得不单独安装每个所需的组件，每个组件都有一套不同的配置要求和设置。Unified Installer 则能解决这个问题，它能根据用户所需进行自动配置和安装。

8）虚拟机管理器（System Center Virtual Machine Manager，SCVMM）用于管理整个虚拟数据中心的服务器，VMM 2012 功能主要集中于配置结构资源，并具备与 VMware 的 vSphere 管理工具配合的能力。

9）SCO（System Center Orchestrator）是 System Center 的一个新的组成部分，微软公司于 2009 年收购了 Opalis，并将其更名为 Orchestrator，该工作流程管理工具通过名为“Runbook”的用户图形界面来实现自动化流程和操作，通过 Runbook Designer，SCO 可以让 Runbook 完成复杂的工作，这些 Runbook 构成的定制脚本生成器可以深入基础设施内部。SCO 是一套 System Center 私有云数据中心的流程自动化管理平台，可以对数据中心的 IT 工作流进行统一的编排和整合，提高操作流程的可靠性。并能够将 ITIL 或 MOF 等最佳管理实践应用到 IT 设施的管理中，实现自动化的服务生命周期管理流程，同时大幅降低数据中心运营成本。

作为 System Center 中一个非常引人注目的亮点，SCO 实现了对数据中心的多个组件包括 SCDPM、SCSM、SCVMM、SCCM、SCOM 的集成、控制和自动化（如图 6-9 所示），实现对数据中心的工作流的统一协调，并借此实现对事件的响应、变更操作以及合规性的要求，实现数据中心的自动化服务管理。

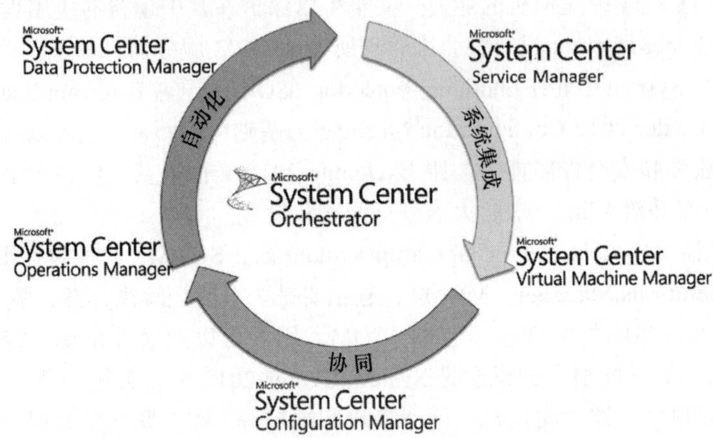

图 6-9　Microsoft System Center Orchestrator

2. System Center Orchestrator 的架构

如图 6-10 所示，SCO 主要由如下组件构成：

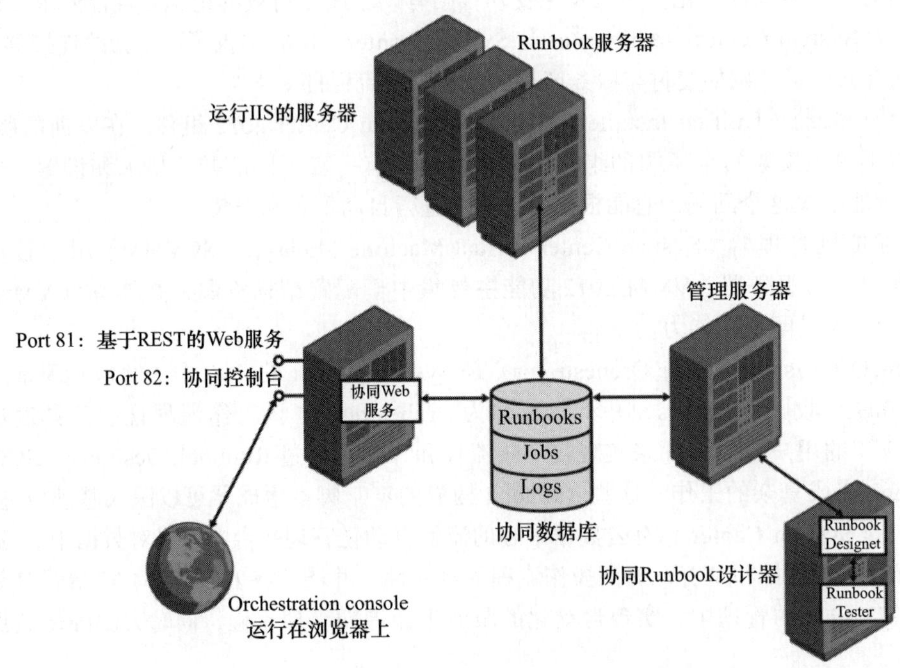

图 6-10　System Center 2012 Orchestrator 架构

1）Runbook 服务器是运行 Runbook 实例的引擎，它直接与 Orchestration 数据库进行通信，可以部署多个 Runbook 服务器来提高容量，而且多个 Runbook 服务器之间可以实现故障转移和负载平衡，从而提高系统的可用性，微软推荐部署至少两个 Runbook Server，一个作为主引擎，另外一个作为备份。

2）Management 服务器是 Runbook Designer 与 Orchestration 数据库之间的通信层。

3）利用 Orchestration 控制台，可以启动或停止 Runbook 以及在 Web 浏览器中查看实时状态。

4）Orchestration 数据库是 Microsoft SQL Server 数据库，其中包括 Orchestrator 的所有已部署的 Runbook、运行的 Runbook 的状态、日志文件和配置数据。

5）Runbook Tester 是一个可视化调试工具，用于测试在 Runbook Designer 中开发的 Runbook，开发人员可以利用这个工具对 Runbook 设置断点单步调试，还可以设置执行的特定输入，利用输出结果来验证工作流的执行正确与否，保证 Runbook 在正式运行之前得到充分的测试。

6）Runbook Designer（如图 6-11 所示）是用于构建、编辑和管理 Orchestrator Runbook 的工具，这个工具提供了一个类似 Microsoft Visio 的可视化编程界面，而且提供了大量的类库和 Demo 脚本供开发者参考使用，开发人员可以很容易就学会 Runbook 编程。一个简单的 Runbook 示例如图 6-12 所示。

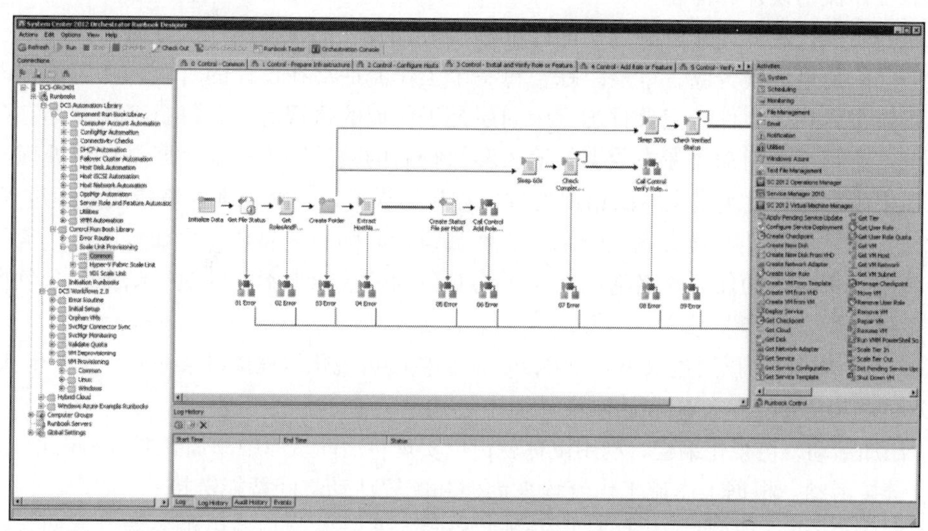

图 6-11　Runbook Designer

7）Orchestrator Web 服务是基于 REST（表述性状态传输）的服务，通过使用自定义应用程序或脚本，此服务允许自定义应用程序连接到 Orchestrator 以启动和停止 Runbook 以及检索关于操作的信息。Orchestration 控制台使用此 Web 服务与 Orchestrator 交互。

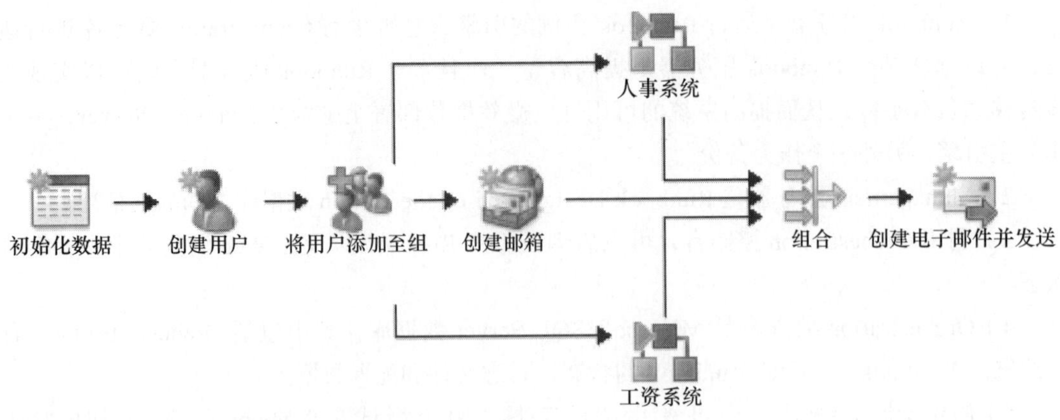

图 6-12 一个简单的 Runbook 示例

8）Deployment Manager 是一个用于部署集成包（IP）、Runbook 服务器和 Runbook Designer 的工具。

3. System Center Orchestrator 的工作流程

通过 SCO 架构中提供的各个组件，用户能够很轻松地实现工作流的设计、构建、部署和运行，完成对数据中心的自动化管理。

（1）工作流的设计和构建

Runbook 工作流设计并没有统一的标准和模式，微软推荐按照三个方面来设计一个工作流。最上层的是事件报告或者审核跟踪，每一个工作流活动在设计的时候，都需要考虑该活动是否需要报告相应事件，记录日志；中间层是工作流的执行流程，每个工作流都有开始点和结束点，流程中的活动要考虑数据的输入和执行后的数据输出；最下层是错误处理，需要考虑流程中活动运行发生错误时的错误处理，如果错误可以忽略，则忽略错误处理过程。

此外，微软的最佳实践方案还强调了工作流设计时的一些要点，比如考虑工作流的运行时间和频率，用执行的任务命名活动，用不同颜色的链接标识不同的执行结果，绿色指示成功而红色指示警告或错误等。

工作流的构建则可以通过 Runbook Designer 提供的可视化编程接口来完成，主要步骤包括：

1）创建 Runbook，在 Runbook 设计器中创建空的 Runbook 工程。

2）添加活动，可视化编程，利用鼠标就可以实现将活动从库中添加到 Runbook 设计器中。

3）链接活动，根据工作流工作流程来创建和配置活动之间智能链接。

4）配置 Runbook 属性，比如日程安排、Runbook 服务器和备用服务器、返回数据、日志记录等。

5）检查并测试 Runbook，利用 Runbook Tester 测试工作流，确保其能够按照设计的预期正确运行，然后保存更改并签入（Check In）Runbook。

通过以上步骤，就可以创建一个完整的工作流。用户需要对这个工作流做修改时，只需要签出（Check Out）工作流，就可以进行。为了保证 Runbook 的编辑和修改不发生版本混乱，Runbook 的版本控制规定在一定时间内，一个工作流只能允许被一个用户修改。

（2）工作流的部署和执行

工作流的部署首先需要签入 Runbook，其功能是将 Runbook 提交到 Orchestration 数据库。用户可以使用 Runbook Designer 或 Orchestration 控制台启动和停止 Runbook。若要运行该 Runbook，则需要为其指定一个主 Runbook 服务器以及一个或多个备用服务器，如果主服务器不可用，则这些备用服务器可以处理 Runbook。

启动 Runbook 的请求会创建一个存储在 Orchestration 数据库中的“作业”，Runbook 服务器上的服务会持续监视 Orchestration 数据库中是否存在它可以处理的作业。当 Runbook 服务器检测到作业时，它会记录它正在处理该作业，并在本地复制 Runbook，同时记录这个正在运行的 Runbook 实例，然后开始处理该 Runbook。用户可以创建多个 Runbook 请求，这意味着一个 Runbook 可以具有多个作业。

当 Runbook 服务器处理作业时，会通过在本地创建 Runbook 副本的方式创建 Runbook 的“实例”，然后根据所包括的工作流逻辑执行 Runbook 中定义的操作。状态信息、活动结果和数据记录将会保存在 Orchestration 数据库中，以便你可以监视 Runbook 的实时状态和历史状态。

SCO 作为 Microsoft System Center 的一个非常重要的组成部分，其最大的亮点莫过于 Runbook，其功能强大，操作简单，易学易懂，部署方便，用户可以很轻松就掌握数据中心管理的自定义功能，并利用其完成对数据中心的集中控制和自动管理。SCO 使得 System Center 的管理也具备了软件定义的能力，大大增强了数据中心的服务交付能力。

Chapter7

第7章 软件定义数据中心的安全

和传统数据中心相比，软件定义数据中心（SDDC）在安全方面存在新的需求和挑战。由于在一个SDDC数据中心中，物理资源（例如计算、网络、存储等）经过软件抽象、包装以及协调管理后再提供各类服务给数据中心的用户（简称用户或者租户），那么用户所观察到和使用的资源大多数情况下已经不是物理资源，而是逻辑资源或者虚拟资源，只有SDDC的管理员（简称管理员）才能看到真实的物理资源。显然不同资源的拥有者对于安全的需求是不一样的，管理员最关心的是SDDC物理资源的安全性，如物理资产是否丢失；而用户关心的是他持有的逻辑或者虚拟资源的安全性，如数据的安全性。本章将首先介绍SDDC的安全设计原则，接着阐述软件栈中各层的安全性需求、挑战和相关的解决方案。

7.1 数据中心安全设计原则

在SDDC中，由于实际的物理资源（诸如计算、网络、存储等资源）都被软件定义，整个SDDC的安全需求和管理是比较复杂的。为了阐述整个SDDC安全设计的准则，有必要对SDDC的软件栈进行分层。如图7-1所示，SDDC中软件栈可大致分为4层，让我们回顾一下各层的功能。

图7-1 SDDC软件栈分层

- **物理设施层**：提供各类具体的基础物理设施和资源（诸如服务器、存储设备、网络设备等）。
- **软件定义的计算、网络和存储层**：通过软件对各类物理资源进行抽象化，并提供接口给上层的**软件资源协调层**等进行各类资源的调度、管理。

- **软件资源协调层**：对抽象化的计算、网络、存储等资源进行统一调度和管理，并提供接口给服务层的各类服务。
- **服务层**：构建在整个软件资源协调层之上，利用软件资源协调层提供的接口构建各类服务给用户。

基于 SDDC 软件层的架构、一些已有的安全系统设计原则以及传统数据中心安全设计经验，笔者认为 SDDC 重要的安全设计原则有以下几点：

- **安全是分层的**。每一层的安全需求都是不一样的，因为每层要保护的资源或者对象不一样。此外攻击者的手段也千差万别，最终导致了安全策略和模型的不同。最重要的是层与层之间的安全有依赖关系，一般来讲上层的安全机制应尽量利用下一层所提供的安全机制接口，以保证安全机制的一致性和可利用性。
- **安全模型**。由于不同层的安全机制不一样，我们对每一层都需要建立有效的安全模型。笔者认为安全模型的建立依赖于以下三个方面的因素（如图 7-2 所示）：要约束和建立安全模型的资源或者对象；被保护资源或对象的安全目标；可能的攻击方式或手段。这三者共同决定将采用何种安全模型和策略。所以我们不能简单地论断一个系统是安全的，另外一个系统是不安全的，而一定要综合以上三点进行判断。简而言之，判断一个安全模型是否有效，需度量安全策略是否能阻止尽可能多的攻击方式，以达到保护资源或对象的安全需求。不过现实中，大多数安全模型往往屏蔽了 A%（比如 A ＝ 99.999）以上的攻击，未屏蔽的（100 － A）% 的攻击虽然比较稀少，但是造成的危害性（例如经济损失）却是巨大的。

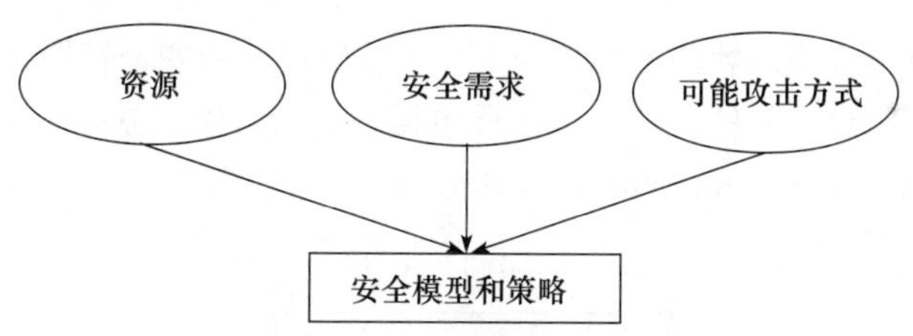

图 7-2　安全模型的建立

- **最小权限原则**（Principle of Least Privilege）。在一个系统中，相关的资源和对象总有管理者、使用者。所谓最小权限原则，就是对于相关的使用者和管理者赋予处理能处理该资源的最小权限。权限的过度给予，容易造成安全的隐患。比如在一个 Linux 系统中，root 这个超级用户可以对整个系统做任何操作。对于普通的用户来讲，显然没有必要直接赋予和 root 用户等相等价的权限，否则系统的服务或者其他一些资源会被该普通用户滥用。
- **安全和性能之间的平衡**。评价一个安全机制有效，不仅需要评断它是否满足了既定的安全需求，还需要考量引入了该安全机制以后，对整个系统性能的影响。也就是说如果该安全机制的引入导致整个系统性能大幅下降，那么这将影响整个系统所支撑的正常业务。一旦这种情况出现，就必须寻找其他可替换的安全机制。

- **安全机制的多样化和协同性**。为了达到既定的安全目标，必须采用多样化的安全机制，并整合这些安全机制进行协同工作。例如用户和访问管理（Identity and Access Management，IAM）、用户安全日志系统（User Log System）和入侵检测系统（Intrusion Detection System）可以联合在一起进行工作。
- **安全机制的模块化和接口化**。当安全机制的设计被确定，具体的实现必须模块化，和其他业务逻辑尽量松耦合，提供相应的接口。这样的设计，有助于安全机制的升级和后续维护，使得安全机制升级后，尽量不影响原有业务的正常工作。
- **安全机制自检测**。设计的安全机制，需有自检测功能。这样一旦整个安全系统中有某个组件出现故障，可以进行及时预警或者后续修复，使得暴露的安全漏洞所导致的可攻击性或者利用窗口时间降低到最小。
- **安全机制的可审查和追溯性**。安全机制所处理的相关安全事件需要被记录，以便于后续的审查和追溯。一些错误处理（无论是 false negative 还是 false positive）的日志，有助于安全机制后续的升级。
- **安全机制的流程的文档化**。由于相关的安全系统不能实现完全自动化，在安全系统出现问题或者故障的时候，难免需要人力的参与。为此必须把整个安全机制的正常流程和应急处理流程进行文档化，以便于从事相关安全方面的管理员，随时查阅和进行后续的处理。

7.2 物理基础设施的安全

无论是传统数据中心还是软件定义数据中心，基础设施的安全管理必不可少。图 7-3 详细说明了确保物理设施安全的一些方法学，主要包括：威慑方法（Deterrence Method）、入侵检测（Intrusion Detection and Electronic Surveillance）、访问控制（Access Control）以及保安人员（Security Personnel）等。

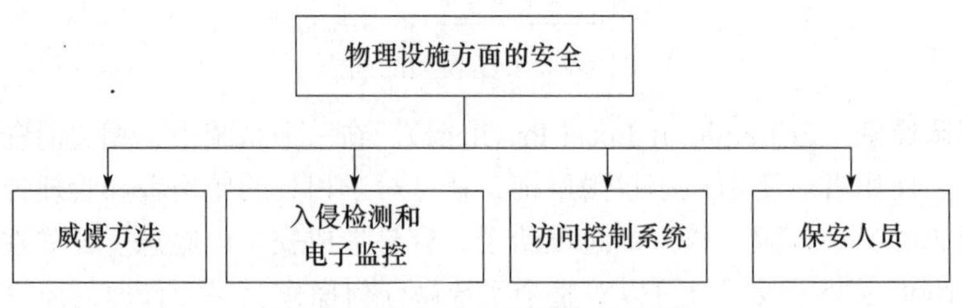

图 7-3　数据中心物理安全措施

- **威慑方法**：威慑潜在的攻击者不要试图进行相关攻击，因为防护的严密，成功地攻击是比较难的。常用的威慑方法包括：物理屏障，诸如高墙、行人路障或者车辆路障；天然监视屏障，诸如把数据中心建立在空旷、聊无人烟的地方，这样很容易发现试图接近物理数据中心的人；安全照明，如在所有可能进出口的地方提供安全照明灯光，以确保在黑暗之中及时发现进出数据中心的人。

- **入侵检测和电子监控**：及时发现数据中心的非法入侵者，并告知管理者。常用的方法包括：①报警系统和传感器，通常这类装置会和威慑方法配合在一起工作，一旦非法入侵数据中心的行为被发现，传感器会被触发，并且报警系统会被启用；②闭路电视（Closed-Circuit Television），在数据中心关键位置安装监控摄像头，把这些位置发生的一切行为记录并存放下来，能够随时查看。
- **访问控制系统**：通过一些安全部件监控和管理数据中心资源的访问。常见的访问控制系统有：机械访问控制系统，诸如安全门、闸、锁等；电子访问控制系统，诸如门禁卡系统、生物指纹等电子识别系统等；身份识别系统，对数据中心的保安人员所使用的系统，用以识别保安人员，并制定相关策略并强制执行。
- **保安人员**：暂时还是数据中心不可缺少的一部分，因为技术还没有成熟到排除人力的参与，完全依靠技术实现的自动化管理的数据中心暂时还没有出现，但有一些数据中心（如亚马逊）正朝着这个方向努力。

7.3　软件定义层的安全

SDDC 的基础设施软件定义层通过对物理资源的管理，主要利用服务器虚拟化、存储虚拟化、网络虚拟化等一系列其他技术抽象化计算、网络或者存储资源，以供软件协调层进一步调度和管理。在软件定义层存在很多安全相关的问题，直接影响到软件资源协调层对上层提供的各种服务。前面提到，安全是分层的，层与层之间的安全存在一定依赖关系。一般来讲，上层的安全决定于下层安全的实现，原因在于下层有更高的权限。如果下层权限未进行合理的限制，那么一旦下层的安全设施被打破，上层所设定的一系列安全措施（例如安全策略）将毁于一旦。

7.3.1　安全的计算

基础设施软件定义层主要通过服务器虚拟化或者其他一些非虚拟化技术来抽象化物理计算资源以提供逻辑上隔离的计算资源。由于服务器虚拟化技术在资源整合、管理、利用等各个方面的优势，主流的基础设施软件定义层都采用该技术，在这里我们主要讨论在 Hypervisor 或者 VMM 存在情况下，软件定义计算资源的安全性挑战。对于不采用主流虚拟化技术，但使用传统方式提供逻辑计算资源的安全性，不在本章讨论之列。

1. 安全计算的挑战

如果一个 SDDC 完全为内部用户服务，那么计算安全的需求相对较低。但如果一个 SDDC 对外提供服务，安全需求就提高了。由于用户使用的是 SDDC 提供的计算资源，用户势必关心在所租赁的计算资源中从事业务计算的安全性。此外在 SDDC 提供的不同服务中，相关的计算安全需求也是不一样的。例如 SDDC 提供的以下三种服务的安全服务，如图 7-4 所示。

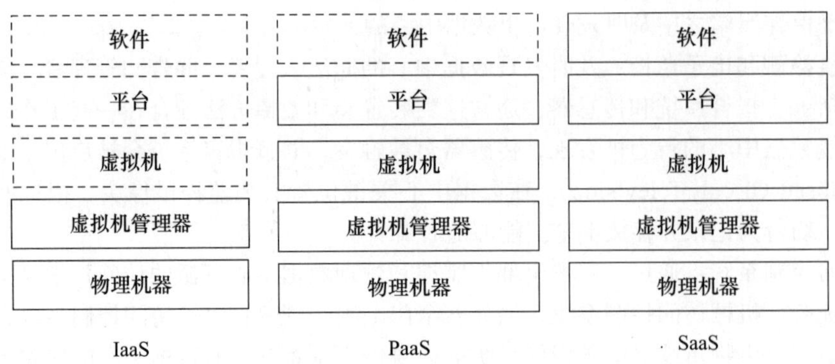

图 7-4 SDDC 中 IaaS、PaaS、SaaS 的软件栈

1）IaaS（Infrastructure as a Service）：由于用户掌控了所分配的虚拟机资源（Virtual Machine），可在（多个）虚拟机内部署自己的中间件或者服务软件。那么对于一个有安全计算需求的用户来讲：底层的服务器和虚拟机监控器都是可信的；不同用户间的虚拟机是完全隔离的；假设 SDDC 中的管理员是不可信的，不仅需要在法律上建立约束力（例如签约 SLA），另外还需要在技术上加以监控和证明 SDDC 的管理员没有非法使用用户的数据。

2）PaaS（Platform as a Service）：主要是数据中心根据不同的用户需求构建不同的软件运行平台，例如微软的 Azure、谷歌的 App Engine（已经关闭，变成 Google Cloud Platform）、新浪的 App Engine、Pivital 的 CloudFoundry 等。用户不需要构建平台（例如通过虚拟机构建一个 Hadoop 平台），而是直接在 SDDC 提供的平台和各种接口下进行编程，并且部署服务。例如 PaaS 会提供相应的数据库、运行环境以及各种中间件软件。因此有安全计算的用户关心以下的安全问题：① SDDC 提供的平台、服务以及下层软件栈都是可信的。如果一个 PaaS 架构在 IaaS 上，根据"安全是分层的"原则，有一部分安全的问题由 IaaS 解决。②同平台不同用户间的数据和服务保持完全隔离。

3）SaaS（Software as a Service）：软件即服务。客户和软件服务提供商签署协议，用户数据的安全和软件服务商相关，和 SDDC 没有直接的关系。常用的软件即服务，可考虑各大服务商的 Email 业务（如谷歌的 Gmail、微软的 Hotmail、网易的 163 邮箱等）。

通过常用的 IaaS、PaaS、SaaS 这三类服务对安全的需求，映射到 SDDC 计算基础设施的软件定义层，则需要解决以下安全的问题（依赖于用户的需求）：

- 证明服务器和部署在服务器上的 VMM 是可信的。
- VMM 需要有能力隔离不同用户的虚拟机。
- 对于 PaaS，VMM 需要提供一些接口保护 PaaS 服务所在虚拟机的操作系统，以确保 PaaS 能正常运行，防止在运行过程中被窃取数据。

2. 安全计算相关的技术

（1）服务器的可信性

服务器中的硬件（诸如 CPU、内存、主板）都是由正规厂商生产，有唯一的标识，一般不存在设计的硬件存在后门来窃取用户数据的情况。但是通常服务器不搭载相关的安全模块，就无法从硬件上提供一个根信任（Root of Trust），即可信计算基础（简称可信基础）来解决安全问题。

为此可信计算组织 TCG（Trusted Computing Group）提出了可信计算的概念，在硬件上搭载一个可信计算模块，例如 TPM（Trusted Platform Module），然后通过一系列的链行认证（需要各层软件的配合），来保障运行在该服务器上软件的安全性，如图 7-5 所示。例如服务器上运行了一个 Linux 系统，则系统启动的时候，BIOS 会对自身的代码进行度量（包括 firmware 中的每一个 ROM），然后把代码 Hash 值放入 TPM 中；然后度量 OS loader 的代码，把代码的 Hash 增量式地放入 TPM 中，接着控制权交给 OS loader；OS loader 度量 OS 内核的代码，把代码的 Hash 增量式地放入 TPM 中，然后控制权交给 OS 内核；OS 内核度量各种服务进程的代码，然后把代码的 Hash 增量式地放入 TPM 中，然后控制权交给相关服务进程；最后服务进程会度量需要保护的应用（Application）的代码，然后把相关 Hash 代码存入 TPM 中。这一系列的认证一环扣一环，从 BIOS、OS loader、OS 内核 OS 其他服务模块到应用。最终应用可使用 TPM 提供的一些密钥和加解密相关的计算服务。

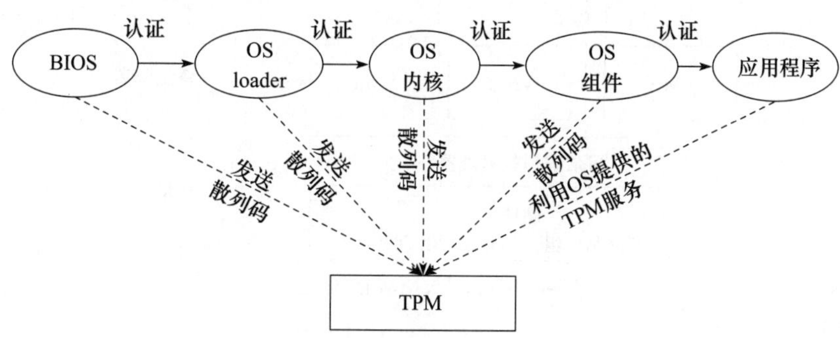

图 7-5　TCG 提出的链式认证

TPM 提出的链式认证虽然比较完美，但是实施起来比较麻烦，构建一条从硬件到应用的安全链路，是比较困难的，这就是为什么 TCG 的可信计算在用户终端实施失败的原因。但是把可信计算的概念放到 SDDC 的服务器端，则大有作为。我们不需要构建一个从硬件到应用的安全链路，而是构建从硬件到 VMM 的安全链路，使得具有最高权限的 VMM 成为一个可信的安全软件。

（2）VMM 的可信任和完整性

由于 VMM 是除 BIOS 以外控制服务器的最高特权软件，其服务甚至管理着位于上层的虚拟机。为此在 VMM 启动的时候，必须进行静态的度量，以保证 VMM 的完整性；另外在 VMM 运行过程中，也需要有相关动态度量和监控的方法，以防止被恶意软件攻击后，植入相关的 Rootkit。因为一旦此类事件发生，恶意软件有可能通过 VMM 获得正在运行的各个虚拟机的内存数据。

结合可信计算的概念，TPM 通过链式认证度量 VMM。相对于操作系统内核，VMM 的代码在数量级上小了一个级别，但是还是比较复杂的。秉承着越小越容易度量和信任的原则，我们必须对 VMM 进行瘦身，来构建一个一个足够小的 TCB。让我们回顾一下，VMM 可以分为 Type Ⅰ和 Type Ⅱ。所谓 Type Ⅰ的 VMM 直接运行在裸机上，控制着所有的物理资源，Type Ⅰ的 VMM 一般只运行虚拟机而不运行其他的进程，例如 Xen VMM 就是典型 type Ⅰ VMM；Type Ⅱ的 VMM 不直接运行在裸机上，而是运行在一个操作系统上，VMM 作为 OS 的一个进程（在 OS 内存在所对应的内核模块）提供 VM 的服务。这种情况下 VMM 不控制系统所有的资源，例如 KVM+QEMU、VMware workstation 就是典型的 Type II VMM。Type Ⅰ和 Type Ⅱ VMM 启动时的安全度量略有区别。图 7-6 给出了 Type Ⅰ VMM 的度量，从 BIOS 到 VMM 即可。但是对于 Type Ⅱ的 VMM，如图 7-7 所示，我们必须从 BIOS 到 OS，再从 OS 到 VMM 进行度量，度量的链路边变长了，另外 OS 是比较复杂的，动态度量是非常困难的。但是 Type Ⅰ的 VMM 也并不小，一般 Type Ⅰ的 VMM 都存在高特权级的 VM（例如 Xen 的 Domain0，以及提供 I/O 服务的 stub Domain）来提供虚拟机的管理和 I/O 服务，对这些 VM 也要进行度量，当然无论是 OS 还是提供服务的 VM，我们都可以进行裁剪来保证其代码的可度量性，以符合前面所提到的最小权限原则。

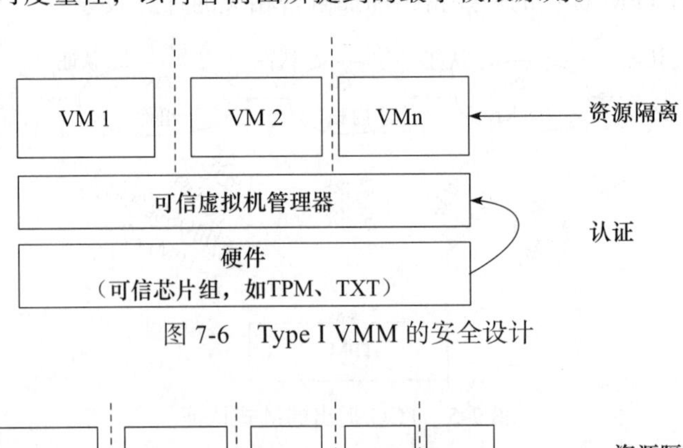

图 7-6　Type I VMM 的安全设计

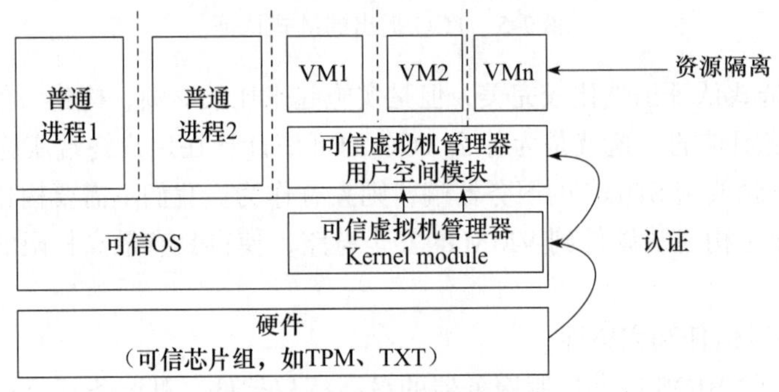

图 7-7　Type Ⅱ VMM 安全设计

动态度量 VMM 的状态是比较困难的，原因有两点：①如果 VMM 位于裸机上（即 Type I 的 VMM），那么谁来度量该 VMM 完整性。可能解决的方案是在硬件上接上另外的安全设备，但是这样代价比较大。②怎么确定一个 VMM 处于正常的状态，问题可以转化为怎么判断一个正常的软件按照既定的轨道运行。为了解决第 1 个问题，我们可以采用嵌套虚拟化

（Nested Virtualization）的方法，即在一个服务型的较大的 VMM 下，运行一个小的 VMM，用小的 VMM 对大的 VMM 进行度量，当然这样的方法可能导致系统有较大的额外开销。例如本来虚拟化在 I/O 方面就有较大的开销，嵌套虚拟化下的 I/O 性能会更差，可能违背安全和性能之间的平衡原则。小的 VMM 虽然缩小了 TCB，但是由谁来对它进行动态度量依然是一个问题，除非假设小的 VMM 是可信的。

（3）虚拟机隔离的问题

VMM 设计的初衷是资源整合，通过虚拟化技术把一台服务器划分为若干个独立的虚拟机，每个虚拟机上可以运行不同的操作系统和应用，这样的方法不仅达到了用户和用户的隔离、应用和应用的隔离，还提高了系统利用率。但是虚拟化的隔离还不是很完美（如图 7-6 和图 7-7 所示），共宿在一个物理节点上的 VM 由于资源的共享和竞争，依然容易发生一些可能的攻击，诸如 Side Channel 或者 Covert Channel 攻击。

Side Channel 即隐蔽通道，大多数都由时间信道构成。基于时间的 Side Channel 发生的原因如下：当资源 R 被实体 A（诸如进程、线程或者虚拟机）访问的时候，存在访问时间 T_0；当一个资源被多个实体共享，那么 A 实体访问资源 R 的时间变为 T_1。一般来讲 T_1 的值会大于 T_0 的值。那么实体 A 通过访问资源 R 的时间 T 的变化，就可以推断出有无其他实体也在访问资源 R。对所有访问的时间 T 进行建模，并且如果已经了解另外一个实体的模式，那么通过时间 T 的变化，就可以反推出对方实体的一些行为。所谓 Covert Channel 是指，两个实体为了互相传递信息，不被第三者知道，而构建的一个协同通道。

举个 Side Channel 的例子，虚拟化环境下，一台物理机器的 CPU 会被多个虚拟机共享，一般来讲若干个虚拟机会共享物理 CPU 中的一些缓存（例如二级、三级）。那么 CPU 缓存就是一个共享资源，被多个虚拟机共享和竞争。假设有两个虚拟机 C_1、C_2 共享某个二级缓存，如果 C_2 中运行的是一个加解密相关的服务，那么 C_1 通过观察己方程序缓存访问的时间，依据 C_2 的加解密算法，推测该密钥的使用方法，从而降低破解 C_2 中密钥的难度。

同理，虚拟机 C_1 和 C_2 如果想通过共享的 CPU 缓存传递一些信息，那么可以这样做：C_1 按照固有的模式去访问 CPU 缓存，并且观察访问所消耗的时间。显然如果没有 C_2 的影响，该时间基本是一个小范围内波动的值；如果一旦受到影响该值会增加。那么 C_2 如果想通过 CPU 缓存传递数据，可以采用这样的方式：如果想传递一个比特的数据"0"，则不做任何行为；如果想传递一个比特的数据"1"，则访问 CPU 缓存。而 C_1 只是不断度量 CPU 缓存访问的时间，来确定接受的数据是"0"还是"1"。当然 C_1 和 C_2 需要沟通好一个时间窗口（Time Window）和一些可靠的协议来进行数据传输，以提高信道的速率和稳定性。

虚拟化平台的 Side Channel 切实存在，2009 年计算机学者 Ristenpart 等人在 Amazon EC2 平台上进行了 Side Channel 相关的实验，特别证明了虚拟化技术在 CPU 缓存共享方面的薄弱点可被利用；接着后续的学者们提出了一系列的方案来防止该攻击，当然也进行相关的工作来更有效地防止 CPU 缓存 Side Channel 攻击以及其他内存和 I/O 相关的 Side 或者 Covert Channel 的攻击。

系统化的防止 Side Channel 或者 Covert Channel 的攻击还是很有难度的，原则性来讲，资源共享越少，这类攻击能实现的窗口就越小。为此对于 CPU，内存以及 I/O 等方面的资源使用可以进行如下的控制：

- VMM 需要对物理的 CPU 缓存的使用进行更细粒度的划分和访问控制，使得每一个虚拟机占用独享的物理 CPU 缓存，并且进行严格监控。
- 对于内存总线、I/O 总线和一些外围设备的共享。尽量使用硬件厂商提供的硬件支持的虚拟化技术，例如 Intel 的 VT-d 或者 SR-IOV 进行细粒度的 I/O 资源划分，以防止共享的发生。如没有硬件支持，可以使用一些 I/O 方面的安全措施。
- 政策方面，对安全有特定需求的用户虚拟机，可指定策略，使其不与其他用户的虚拟机共享物理资源，从根本上杜绝此类攻击的出现。
- 监控策略，在 VMM 中增加一些监控模块，记录用户 VM 对某些资源的操作，以做后续分析。

（4）VMM 可提供的一些安全服务

当 VMM 自身的安全性问题解决了，除了提供相关虚拟机服务，VMM 也可以提供一些额外的服务。当然前提是用户（租户）需要完全信任底层的 VMM。VMM 可以提供的高质量的服务如：

- **保护虚拟机内部 OS 内核的完整性**。一个虚拟机内部应用的安全基石是 OS 内核的完整性。基于“安全是分层的”原则，如果 OS 内核被恶意程序攻破，那么应用层定义的安全策略和措施都会被打破。一般来讲，恶意程序或者病毒控制了某些进程，最希望的是在 OS 内核插入一些恶意的模块和代码，比如 Rootkit。在位于内核态 Rootkit 的帮助下，位于用户态恶意的程序可以绕过整个虚拟机内部杀毒或者安全防护服务的扫描，使得整个安全机制都被破坏。由于 VMM 的特权级高于 VM 内部的 OS 内核，则 VMM 不仅可以随时度量 OS 内核的代码完整性，并且可以防止恶意程序对某些重要数据的修改，例如 OS 内核的 IDT（Interrupt Description Table）、Page Table。这样的方法学保护了内核，阻止了恶意程序企图随意控制 OS 内核的目的。
- **基于 VMM 的杀毒**。当没有虚拟化的时候，操作系统直接运行在物理硬件上。为了保障操作系统的安全性，一般来说会安装一些病毒扫描软件（re-active 策略）或者防火墙（pre-active 模式）等，以保证整个系统的安全性。当场景转化到虚拟化平台的时候，这样的策略对某些病毒依然有效，但是还不够完美。

因为前面提到一旦虚拟机内部的 OS 内核被植入了 Rootkit，就可能导致上层的安全扫描软件失效。除了使用 VMM 保证内核的完整性，我们还可以依赖 VMM 进行带外杀毒（相对于虚拟机内部的带内杀毒）。这样的好处在于不必在每个虚拟机内部都布置杀毒软件，只要在每个 VM 内部安装一个轻量级的虚拟机插件（Virtual Appliance）用于收集一些信息，当然也可以不收集。不过这样对于 VMM 的工作量就比较大，不仅需要监控一个虚拟机内部所有进程的信息，还需要进行额外的语义分析和推测。

- **基于 VMM 的进程安全沙箱**。我们也可以利用 VMM 保护虚拟机内部的进程，这样的场景适用于 SDDC 中提供 PaaS 服务的场景。由于 PaaS 平台下操作系统接口的丰富性，不可能每次依据不同的应用需求对 VM 中的 OS 进行裁剪。由于 OS 的庞大，一旦下层的 OS 被攻破，相应的应用进程很容易被窃取数据。为了解决这样的问题，我们引入一个可信的 VMM（例如 Fudan 的 Chaos 和 VMware 的 Overshadow），让 VMM 为进程提供安全的沙箱，去度量和监控 OS 对该进程的内核服务。

3. 安全计算实际用例

由于在整个软件计算层中保障 VMM 的安全性是最重要的，所以让我们看看 IT 产业界最负盛名的 VMware 公司的 VMM 是怎么做的。VMware 的 ESXi 采用如下的方法学来保证其 VM kernel 的安全性。VMware ESXi 提供了以下的安全功能：

- **内存保护加固**（Memory Hardening）。对 ESXi kernel，用户的应用程序和可执行的模块（比如说驱动和程序库）在执行的时候都使用地址空间随机化（Address Space Layout Randomization，ASLR）。对于以前所采用的方法学——把一些地址针对 CPU 标记成不可不执行的内存段，地址空间随机化让恶意程序利用漏洞制造内存泄露方面的攻击变得更困难。
- **内核模块完整性检查**。利用数字签名来保障被 VM kernel 加载的模块、驱动程序和应用的完整性。模块签名使得 ESXi 能够识别模块、驱动程序或应用程序是否是 VMware 认证的。
- **可信计算模块**（TPM）。在服务器上配置 TPM，那么这个模块可以作为根信任进行安全启动的认证，以及密码学的密钥的存储和保护。当 ESXi 启动的时候，TPM 会度量 VM kernel 的完整性，并且对比放入 TPM 的 PCR（平台配置寄存器）中的值。如果这个节点需要被加入 vCenter 进行管理，TPM 的度量会传播到 VMware 所提供的管理平台（vCenter）。

此外 VMware 还表示，可以使用 TPM 进行第三方解决方案整合部署一些策略来防止对 ESXi 镜像的攻击，诸如对存储镜像的破坏、污染，以及非授权的更新、修改等。当然 ESXi 的安全启动认证，还支持动态信任根的度量（Dynamic Root of Trust for Measurement，DRTM）。不过 VM ware 暂时没有支持 VM kernel 在运行过程中动态的度量。

7.3.2　安全的存储

在 SDDC 中，可能存在各种类型的物理存储资源，例如 DAS（Directed Attached Storage）、NAS（Network Attached Storage）、SAN（Storage Area Network）等；亦存在不同厂商的存储，例如 HP、IBM、EMC、HITACH 等的产品。软件定义存储的目的是把这些种类不一样的存储用软件的方式统一管理起来，并根据不同用户的需求，提供用户定制化的存储服务，例如对象存储、文件存储以及块存储服务。下面我们主要从 SDDC 用户的角度阐述 SDS（Software-Defined Storage）中一些典型的安全问题。

1. 安全存储的需求

数据中心的存储要达到如下的目标：数据的私密性（Confidentiality）、完整性（Integrity）、可用性（Availability）和可审计性（Accountability）。

- **数据私密性**：只有授权的用户才能访问该数据，数据的访问都需要有安全措施进行认证。此外任何数据无论静态存储在存储设备上，还是在传输过程中都需要达到数据保护的目标。
- **数据完整性**：为了防止数据被非法篡改（由于人为的因素或者一些外在的原因，如存储设备出现故障），需要有相关的完整性检查和恢复措施。
- **数据的可用性**：只要用户通过正常手段进行访问，则必须保证数据能够有效地被获得。当然对于非法访问，要进行阻止。
- **数据的可审计性**：用户对数据的操作需要有相关的记录。这样当系统出现问题的时候，才能进行审查。

无论是使用传统数据中心还是SDDC的用户，始终关心的是数据的私密性、完整性以及可用性。数据的可用性一般通过数据的冗余来实现。最经典的是采用3点冗余的方法，即在同一个数据中心中，至少提供两个同步的版本，可以是active-active（双活）模式，也可以是active-passive模式，另外一个数据备份放在远程的数据中心。当然保证数据的可用性，也可以采用纠错码（Erasure Code）的方法。这里存在一个安全相关的问题，即用户怎么确认数据中心完整保存了用户的数据（有些数据，其实用户备份后很少访问），为此必须提供相关的概率验证方法。数据的完整性，则可通过一些Hash算法或者编解码（例如raid）进行校验和恢复。但最重要的其实是数据的私密性，私密性的其中一点要求是未授权的用户不能访问该数据，显然最难防范的就是数据中心的管理员。

证明管理员没去访问用户的数据，是一件有难度的事情。为了阐述的方便性，我们明确提出用户对于数据防范的安全等级：

- 等级0　用户的数据不需要任何保护。用户把数据放到数据中心中，作为一个公开的数据，任何用户都能访问（包括数据中心的管理员、外部的用户）。
- 等级1　用户的数据需要保护，用户信任数据中心，但是数据中心需要提供安全策略，以防止其他非授权用户（不包括数据中心管理员）访问用户的数据。
- 等级2　用户的数据需要保护，但是用户不完全信任数据中心。希望数据中心不仅提供安全策略，以防止其他的非授权用户，而且即使数据中心的管理员也不能访问用户的数据。

对于等级2的要求，很多用户认为既然数据中心达不到数据安全管理，就应该把数据的隐私控制权限放在自己手中，即用户直接把通过密码学技术（主要利用加解密技术）处理过的数据放到数据中心，那么数据中心看到的“明文”数据其实已经是“密文”数据。这样即使非授权用户拿到该数据，也无法破解，因为进行数据转化的密钥始终控制在用户手中，但是所谓的数据泄露，已经造成了攻击。另外如果用户把加密后的数据放在数据中心中，那么数据中心只是作为一个远端的存储介质，不能提供更好的存储服务，例如重复数据删除，而且数据中心也不能在数据上进行任何计算，不能提供额外的服务。那么用户把加密后的数据放到数据中心中，就失去了意义。当然用户利用数据中心的计算资源，依然可以对数据进行处理，因为用户知道数据的加解密方法，但是在计算过程中，数据一定是明文的。意思就是说，如果用户利用数据中心的计算资源，对存放在数据中心的数据进行计算，一旦数据中心不提供安全的计算，那么用户的密文数据也有泄露的风险。所以存储的安全性、计算的安全性以及网络的安全性、是密不可分的，我们不能孤立地看待存储的安全问题。

2. 传统数据中心的存储安全技术

在讨论 SDDC 安全存储技术前，我们首先回顾和讨论一下传统数据中心的存储安全技术。由于传统数据中心的存储大多数由 NAS 和 SAN 组成。存储网络中的数据访问分为三种：用户的应用程序访问、管理访问以及备份恢复和归档等。

控制用户的应用程序对存储的访问，一般通过以下的手段：

- 用户主机认证机制。不同的存储网络中（iSCSI、Fibre Channel、IP-SAN），主机的认证机制有所区别，例如有 CHAP（Challenge-Handshake Authentication Protocol）、FC-SP（Fibre Channel Security Protocol）、IPSec 等。在 SAN 环境中，主机认证后，将会采取以下措施来限制主机的访问：①逻辑单元屏蔽（LUN Masking），决定主机访问存储设备的权限。比如有些设备可以把主机的 WWN（World Wide Name）映射到存储交换机特定的 FC 端口上对数据进行访问控制。②分区（Zoning）是交换机上的机制，把存储网络划分为不同的子网，使得数据的传输被隔离。分区有硬分区和软分区。
- 用户授权管理控制。不同的设备所采用的用户认证手段也是不同的。比如说采用访问控制表（ACL）进行管理，不同的用户对应不同的权限。

管理访问主要是管理员的工作。所谓的安全措施包括存储网络基础设施的完全性和存储网络加密。

- 存储网络基础设施的安全性：①加入存储网络的存储设备必须经过认证。如果没有认证，用户的数据一旦被存储到该设备上，内容可能丢失。②基于角色的安全访问（Role Based Access Control，RBAC），对职责进行划分。比如赋予账号和权限的人，原则上不能使用自己赋予的账号。③存储网络和用户的安全网络进行分离。
- 存储的加密：数据在存储设备上以密文存放，且使用一些 Hash 算法进行完整性校验；数据在存储过程，即在存储网络中传输的时候进行加密。
- 控制存储设备的管理权限：目的在于防止攻击者假冒管理员或者提升权限获取对存储设备的控制权。为了同时达到管理和审计的目的，存储设备可和第三方认证结合在一起，比如使用 LDAP（lightweight Directory Access Protocol）或者 AD（Active Directory）。
- 备份、复制和存档的安全：容灾（DR）设计是非常有必要的，但是必须考虑可能存在的攻击：① DR 合法身份的认证，以免备份会传输到未经认证的站点，另外认证是为了防止一些可能存在的对存储设备的 DoS 攻击（Denial of Service）；②备份过程中，数据要进行相关的签名（可采用纠错码的方法），以防止数据在传输过程中被篡改；③数据在网络传输过程中必须采用独立和安全的网络，或者进行数据加密，防止窥探。

3. SDDC 安全存储的挑战和相关技术

传统数据中心的安全存储技术在 SDDC 中依然有效。原因在于 SDS 虽然统一管理了数据中心的所有存储，并且把控制和数据传输进行分离，构成了 control plane（控制平台）和 data plane（数据平台），呈现给用户的存储资源都是逻辑或者虚拟存储资源，用户在分配的逻辑或虚拟的存储资源和网络上进行存储资源的操作，但是逻辑的存储资源一定会被映射到真实的物理资源上，根据“安全是分层的”原则，物理存储资源的访问控制、安全管理以及备份等的安全必不可少。不过在此基础上，SDS 依然存在以下安全问题：

- **统一的存储设备可信认证**。在软件定义计算中，我们提到可以使用 TCG 提出的相关理念对服务器进行相关的度量和验证，以保证服务在启动甚至运行过程中，都是可信任的。其实在存储中也存在相关的问题。一个存储设备其实和服务器一样，也安装了相关的操作系统和一些服务软件，才能完成相应的存储服务。而存储设备是否可信，直接关系到用户数据的安全性。试想一下，如果用户的数据存放在未经认证的存储设备上，对用户的数据是一个很大的威胁。为此，和服务器相类似，对于存储设备也可参照 TCG 的思想，进行相关的认证。此外，由于存储设备的多样性，我们需要设计一个统一的接口，对各种各样的存储设备进行相关安全认证。而对于具体的每一个存储设备来讲，需要实现统一接口所设定的具体认证协议或者步骤。
- **统一的安全存储策略**。由于物理存储的多样性，不同的物理存储设备都有自己的安全策略和配置。如何抽象出一个统一的安全管理策略很具有挑战性。问题是这样的，假设存在 N 个存储（S_1，S_2，S_3，…，S_N），每个存储 S_i（$1 \leqslant i \leqslant N$）都有一套安全相关的策略集合，表示成 $P(S_i)$。那么我们制定的总策略是所有策略的合集（$\cup P(S_i)$）还是交集（$\cap P(S_i)$）呢？如果设置成所有安全策略的交集，则某些存储独有的安全策略被屏蔽，该存储独有的特性无法发挥。所以策略应该设置成所有集合的并集，然后对底层各类相关的存储进行分类，根据用户的安全需求，选取合适的存储，那么各个存储独有的安全策略才能够进行发挥。当然设计这样的安全系统，整合不同的存储时还是有一定难度的。在抽象的安全策略和具体的安全策略之间，需要一个安全转化引擎，整个系统才能有效地工作起来。
- **不同存储间数据迁移的安全问题**。在 SDDC 中，为了保障数据可靠性和可用性，不可避免地存在数据的迁移。当数据迁移发生后，由于异构（Heterogeneous）存储在安全管理方面的区别，一些安全管理元数据（Metadata）不能直接进行拷贝。这就需要有相应的转化机制，以保证数据在转化前的安全机制和转化后的安全机制依然是等价的。当然在同构（Homogeneous）的存储中进行数据的迁移不存在这类问题，但是不可否认的是当 SDDC 中存储资源紧张的时候，异构存储设备之间的数据迁移事件依然有可能发生，为此必须考虑这样的用例。数据管理的元数据可能涉及密钥的变化，当密钥发生相应的变化时，可能有些相关的用户数据也会从一种形式的密文转化成另外一种。

- **统一的安全监控和分析平台**。由于存储器的多样性，每类存储都有独有的机制存取用户操作的日志等一些数据，用于规定的审计和安全监测。为此需要建立一个统一的安全日志收集机制，提供统一的接口和相关的代理（Agent）接口，去收集相关的日志，并且放入统一的数据分析平台，进行有效的后续安全分析，以监控用户逻辑存储资源的使用情况。

4. 安全存储实例分析

EMC 的 ScaleIO 是一款典型的软件定义存储（SDS），其利用本地应用的存储搭建一个基于服务器的虚拟存储网络（Virtual SAN）。在这样的架构下：①一个服务器可以同时作为 ScaleIO 的客户端（Scale IO Client）和服务器端（Scale IO Server）；②传统的应用可以继续运行在服务器上，和存储共存；③应用和存储共用网络。ScaleIO 采用如下手段保障数据的可用性和隐私性。

- 可用性：ScaleIO 采用数据分片的模式，把数据均匀地分布在不同的作为 ScaleIO Server 的机器上。此外每一个分片都有一个备份，称为 two-copy meshed mirroring，随机存储在集群中。如果一个服务器出错，ScaleIO 会自动执行数据的重新构建。另外对于新数据节点的加入和老数据节点的删除，ScaleIO 会进行相关的动态平衡、数据的迁移和重构。
- 私密性：ScaleIO 把存储数据的 SDS 划分成很多域，一个 SDS 只能划分到一个域中，而不能跨域。每一个域都可以定义相关的保护策略。域的存在使得整个 ScaleIO 可以进行以下工作：①实现更好的容错，可以有效处理不同域的并发错误。②进行相关的性能隔离。域的存在，可以更好地进行网络带宽管理和分配，屏蔽来自同时运行在该网络的应用占用带宽所造成的对存储服务的攻击；另外也可以防止一些隐蔽通道攻击；③做到对数据存储分布位置的控制，实现多租户之间的隔离，给租户提供更好的隐私性保护。

当然 ScaleIO 的假设前提是运行在同一个服务器的应用，ScaleIO Client 和 ScaleIO Server 都是可信任的，但是怎样保证可信任，ScaleIO 暂时没有明确提出相关的解决方案。

7.3.3　安全的网络

我们讨论了软件定义计算和存储中引入的新的安全问题和挑战，同样在软件定义网络中也存在很多安全问题。在 SDDC 中，可能存在各种类型的网络设备。按照是否支持软件定义的网络协议（例如 OpenFlow），可分为“传统”（Legacy）和“新型”的网络设备。这些网络设备在长期时间内，必然共存。下面我们分别从 SDDC 管理的角度和 SDDC 用户的角度阐述 SDN 中一些典型的安全问题。

1. 网络安全的挑战

如图 7-8 所示，数据中心的网络（主要指以太网）主要分成以下的层次：网络服务提供商（Internet Service Provider）、网络基础设施（Network Infrastructure）、网络资源管理平台以及提供给用户的网络。无论是传统数据中心还是 SDDC，都要依赖外部的网络提供商，数据中心的任务主要是在数据中心内部提供相应的网络管理平台，对物理的网络资源进行管理，以便于提供更好的服务给用户。

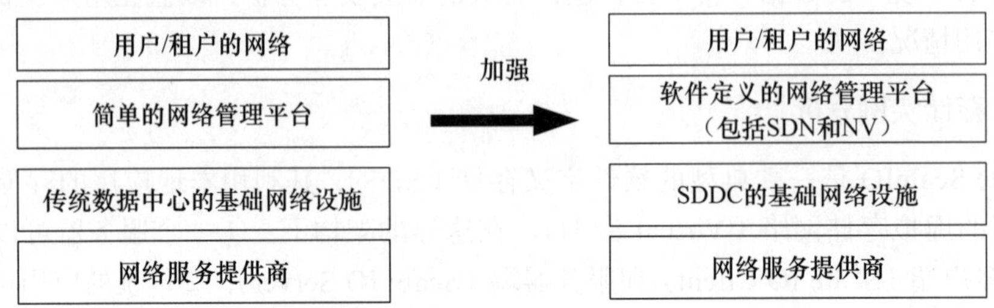

图 7-8　传统数据中心网络和 SDDC 网络的演进

传统的数据中心采用较简单的网络管理平台，这样的方法学可能引入一些安全或者可扩展性的问题。传统的数据中心给用户提供的逻辑网络等同于物理网络，如在亚马逊中，给用户分配的是数据中心的静态内部网络。这样的方法并没有做到用户的逻辑网络和数据中心网络的隔离性，恶意的用户可以通过一些暴力的方法，去侦测整个数据中心的网络拓扑以及 IP 地址分配情况，以推测整个数据中心可能存在多少台物理机，这样显然带来了一些安全的隐患。此外传统的数据中心，为了保障不同用户网络的隔离性，一般采用 VLAN 的方法，VLAN 方法存在着比较大的局限性。根据其协议，一个数据中心最多能提供 4094（字段中只有 12 个比特，可产生 2^{12} 个网络，去掉两个特殊网络）个隔离的 VLAN 网络。一旦用户对于安全网络的请求大于这个数值，数据中心将无法处理。

基于以上种种缺陷，SDDC 引入了 SDN（Software-Defined Notworking）和 NV（Network Virtualization）技术。这样用户的网络将和 SDDC 基础网络设施构成的网络在逻辑上完全分离。SDDC 中网络基础设施所使用的网络物理资源主要由网络服务提供商供给，另外也可使用一些物理上的局域网技术；而用户的网络是由网络管理平台所定义的逻辑或者虚拟网络，虽然利用了底层物理基础设施的网络资源（比如占用了带宽、使用了底层的协议），但是逻辑上来讲是完全独立的。

在物理网络中，网络安全策略利用物理的路由器、交换机以及配置其上的防火墙控制网络包的流向。访问的控制策略较简单，以静态为主。但是软件定义下产生的逻辑网络，对逻辑网络进行安全策略的实施带来很大的挑战，传统的人工配置、静态保护的方法不适用于软件定义的网络环境。软件定义网络的安全问题主要出现在网络安全管理平台这些“实体”上（在实际的数据中心可能是分布式的）。由于网络的管理平台主要分为控制平台用于配置和管理用户的逻辑网络）和数据平台（负责用户逻辑网络的数据封装和传输），因此主要的安全问题可以归结为以下两点：

1）保障管理软件的安全性。控制平台管理的软件路由器和交换器的功能，最终都建立在 SDDC 的物理基础架构上。因此可能存在一些安全问题：管理软件存在漏洞或者逻辑错误；网络服务商所提供的 SLA 的安全问题；SDDC 中的管理员误操作或者恶意操作，所引起的问题。为此必须：

- 记录自身管理软件的所有操作，产生安全日志（必须保障日志的安全性）。
- 防止来自 SDDC 物理网络的攻击，为此需要对物理网络资源的使用情况以及变化进行监控。
- 需要对控制平台进行安全访问控制。
- 集中控制的安全策略。由于网络管理平台需要制定和管理所有用户网络的安全性，不断地通过控制平台和管理各个用户的网络边缘交换机（Network Edge Switch）进行交互，为此控制平台会成为整个网络吞吐量的性能瓶颈，以致成为攻击者的新目标，一旦被破坏将影响到整个网络的安全。为此控制器必须摒弃集中制，采用分布式的机制。

2）保障用户网络的安全性。引入了 SDN 或者 NV 技术以后，用户的网络可以随时动态创建和销毁。这也引入了以下新的问题：

- **用户虚拟网络之间的隔离**。和软件定义的计算和存储相似，不同的租户之间虽然由 SDDC 中的网络管理平台提供了虚拟网络，实现了逻辑上的隔离，但在物理上依然共享资源。这种物理上的共享性会带来安全隐患。和基于 CPU 的 Side Channel 和 Covert Channel 攻击相似，某租户利用网络带宽隔离的漏洞，可探测和其共享物理资源的那个租户的一些敏感数据或者信息，甚至可以影响该租户的带宽，进行 DoS 攻击。例如，Chowdhury 提出在共享的物理网络资源上，存在相关的服务攻击。为此在物理共享的虚拟化网络中保证用户之间的性能隔离以及信息隔离是一个挑战。
- **安全策略的一致性**。在虚拟网络中，安全策略应该根据所生成的网络特性可定制，并且可由控制平台进行统一管理。一般来说 SDDC 的管理员会根据用户的需求，在网络的边缘配置和执行安全相关的策略，主要是指对数据包的转发（包括封装和解封装）、软件路由器、交换机和防火墙的管理。由于在用户的虚拟网络中，可以随时进行一些虚拟设备的加入和退出，例如创建新的虚拟机、销毁老的虚拟机，从而导致网络边缘配置的频繁变化，为此各个网络边缘的软件之间保证安全策略的一致性和同步性是一个挑战。

举个例子，如图 7-9 所示。假设有四台主机（其 IP 地址分别是 10.32.105.49 ~ 10.32.105.52）、一个 SDN 软件交换机、一个 SDN 控制器，其中 SDDC 中虚拟网的防火墙阻止从主机 10.32.105.51 到主机 10.32.105.49 的端口为 8001 的网络包。假设某个应用恶意改变了 SDN 控制器的转发表，一旦遇到网络包中出现 10.32.105.51->10.32.105.49 : 8001（前者代表源地址，后者代表目标地址和端口），则把网络包的内容直接修正为 10.32.105.50->10.32.105.49:8001，另外增加一条规则 10.32.105.50->10.32.105.49:8001 ; Forward。这样

SDN 交换机就把 10.32.105.51 发送给 10.32.105.49 的网络包伪装成从 10.32.105.50 发送给 10.32.105.49 的网络包。可以看到经过修改后的转发表，绕过了防火墙机制，达到攻击者从主机 10.32.105.51 向 10.32.105.49 通过 8001 端口传递数据的目的。可见软件定义网络出现后，需考虑动态转发配置一致性的问题，因此需要对支持虚拟或者逻辑网络的交换机、路由以及防火墙等进行全局的安全策略检测，使得安全策略之间没有冲突。

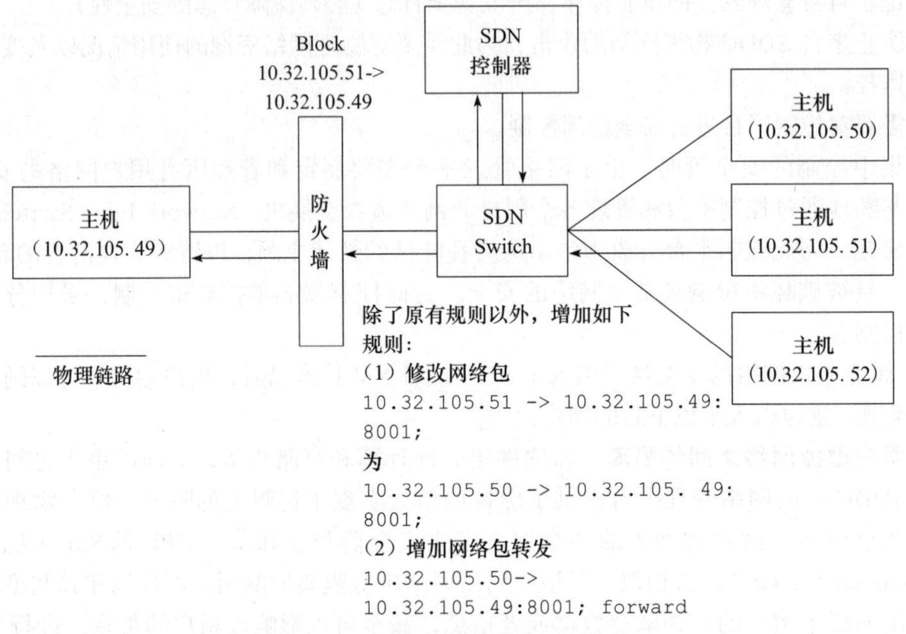

图 7-9 安全策略一致性的问题

- **用户网络的数据隐私性**。SDDC 中的恶意管理员可控制管理用户虚拟网络的路由器，在底层截获用户网络中的数据，因为用户的虚拟网络运行在 SDDC 的物理网络上，为此必须采用一系列的措施避免有恶意的管理员或者黑客在 SDDC 的物理网络上进行监听。

2. 安全网络相关技术和方法学

为了保障 SDDC 网络的安全性，需要提供如下的安全技术：

(1) 监控 SDDC 的物理网络资源

为了杜绝来自物理网络的攻击，SDDC 不仅需要监控网络服务提供商提供的外部网络，还需要监控 SDDC 内部的物理基础（例如路由器、交换机）。

1) **监控和认证网络服务提供商**。SDDC 需要提供一系列的方法学来监控所使用的 ISP，比如检测 ISP 的服务水平协议（Service Level Agreement，SLA），提供的带宽、延迟是否符合预期的值。这是因为 SDDC 中用户的逻辑网络会使用到第三方网络服务提供商的协议和服务（如跨数据中心的用户逻辑网络）。亚马逊提供了相应的 Bad ISP 列表，列表中的 ISP 在

P2P（Peer to Peer）协议上，引入了隐式的流量控制，这些控制将有可能最终影响上层用户逻辑网络的稳定性和安全性。

2）**监控 SDDC 中物理网络设备的使用**。网络控制平台利用了真实的物理网络，使用 SDN 或者 NV 技术在物理网络上创建逻辑上独立的网络，但这些网络最终建立在物理网络上。为此我们必须提供相关的措施来监控一些网络设施（诸如路由器、交换机）的流量变化、操作日志，实时抓取分析警告和错误日志。

3）**限制 SDDC 管理员的权限**。SDDC 管理员的权限必须细化，使得管理员错误操作或者恶意操作带来的损失降低到最小。

（2）监控 SDDC 的虚拟网络资源

为了防止来自虚拟网络的攻击，软件定义网络管理平台需要提供以下措施：

1）控制平台的安全性关系到用户的虚拟网络安全，为此以下功能是必需的：

- 控制平台必须采用分布式设计，避免单点故障。
- 对于控制平台的访问，必须采用严格的控制。所有通过控制平台对 NVE、软件交换机和路由器的操作（诸如新建、修改、更新）必须进行记录。

2）数据平台的设计关系到用户虚拟网络的质量和安全性，为此考虑以下情况：

- 数据平台所有的 NVE 需要部署在可信的机器上，避免被除控制平台以外的其他软件进行恶意篡改。
- 数据平台必须提供相应的 QoS 机制，并付诸在 NVE、虚拟交换机、路由器中进行实施。

3. 安全网络实例

（1）网络虚拟化中的安全问题

前面我们提到了软件定义网络中的各个问题，这里就具体谈谈网络虚拟化中的安全问题，重点放在 overlay network virtualization 的安全问题上。如图 7-10 所示，假设我们在一组主机中使用 overlay virtualization 创建了两个虚拟网络，由 NV 控制平台管理，那么将存在以下安全问题：

- **来自物理网络的攻击**。NVE 所在的物理网络被恶意注入无关的流向，导致虚拟网络通信质量下降，导致 DoS 攻击；NVE 在物理网络上的通信被监听，导致用户内容泄露；物理交换机和路由器的行为被篡改；
- **NVE 和 NV 控制平台的安全性问题**。NVE 位于的主机不可信任，导致维护的映射表（主要维护各个虚拟网络的一些信息）被修改；NV 控制平台被恶意控制，导致一些错误的信息发送或者获取
- **虚拟机迁移带来的安全问题**。虚拟机动态迁移时，被注入或者修改，该信息遭受中间人（Man-in-the-Middle）攻击，导致虚拟机状态被修改，导致敏感信息泄露。
- **共享网络资源带来的问题**。一个主机上的 NVE 服务不同的虚拟网络，产生可能存在的隐式通道。

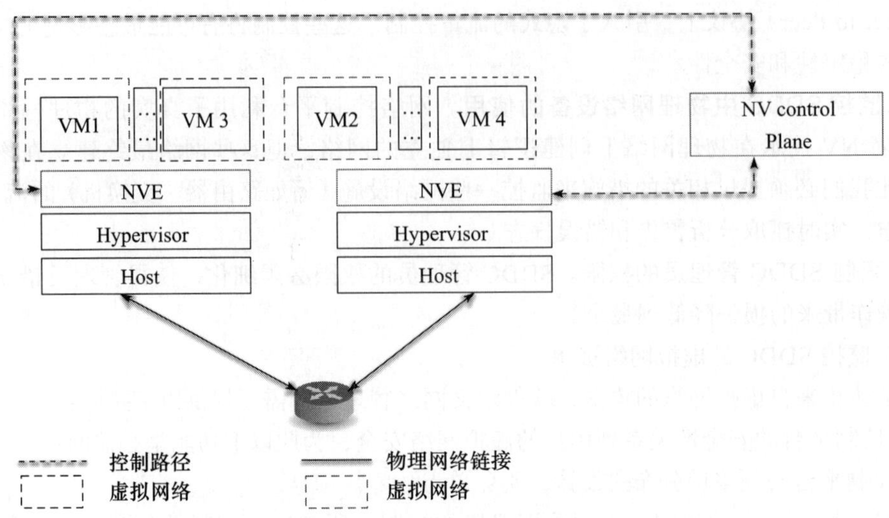

图 7-10 overlay network virtualization 下的安全问题

对于以上提到的安全问题，采用以下解决方案：

- 针对物理网络上的攻击。对物理网络进行监控；在物理网络上进行流量区分，使得虚拟网络有带宽的保障；对于高安全通信，在底层物理网的通信进行加密，实行安全传输。
- 针对 NVE 和 NV 控制平台的安全问题。NVE 必须部署在可信的主机上；管理平台的访问做控制使用前面所提到的方法学。
- 针对虚拟机动态迁移带来的问题。虚拟机迁移的整个过程，进行相关的 Hash 校验或者加密。
- 共享资源带来的问题。实现各个层面的 QoS 进行保障。虽然难以很快实现，但可以慢慢改进。

（2）VMware NSX 的安全设计策略

VMware NSX 是一个非常典型的网络虚拟化平台，可实现采用不同信道协议（诸如 VXLAN、GRE、STT）封装的虚拟网络。为了阐述 NSX 中的安全性，让我们简要回顾一下 VMWARE NSX 中的一些组件：

- 管理平台（NSX manager）。
- 控制平台（NSX controller）。
- 数据平台（NSX vSwitch），主要由 VDS/OVS 与 VXLAN、Distributed Logical Router、Firewall 组成。

让我们从安全的角度看 NSX 是不是解决了前面我们提到的相关安全问题：

- 为了避免来自物理网络上的攻击，VMware NSX 对物理网络进行了相关的划分，使用 IEEE 的 802.1Q 协议把整个网络划分若干个 VLAN 诸如：管理网络供 NSX manager 管理使用；VMotion 相关的网络供虚拟机动态迁移使用；VXLAN 为虚拟机动态网络专用；Storage 相关的网络为存储专用网络。

此外对于各个网络之间的带宽，NSX 还进行相关的 QoS 控制。比如在物理交换机的 L2 网络，提供 L2 QoS（Class of Service），在 L3 提供 L3 QoS（DSCP Marking）。

- 针对 VETP（VXLAN Tunnel Endpoint，即 Overlay 网络中的 NVE）的安全性，NVE 部署的主机都是被认证过的；针对控制器的安全性，NSX 提供了 controller cluster 的机制，避免单点故障；针对 NSX manager 的安全性，VMware NSX 提供了用户认证机制，以及对所有的操作都保存相关的日志，以便于后续的稽查。
- 针对虚拟网络实际共享资源的问题，NSX 提供了虚拟防火墙（Virtual Firewall）以及 QoS 控制。

7.4　软件资源协调层的安全

软件资源调度层的安全性，主要涉及安全方面的管理和调度，需要利用软件定义的计算、存储以及网络等安全平台，构建一个全局的安全平台，如图 7-11 所示。

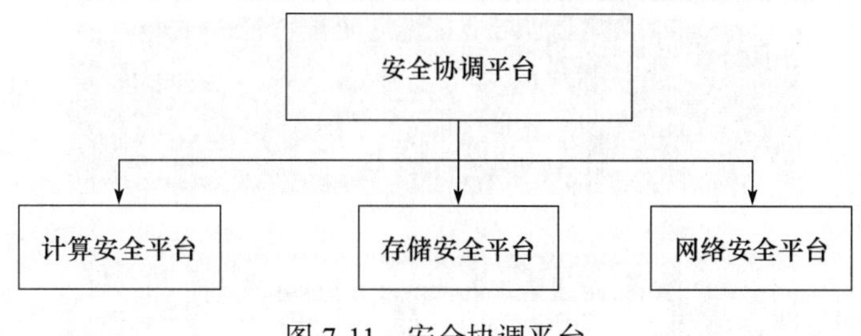

图 7-11　安全协调平台

安全协调平台有以下的作用：

- 管理和控制各个安全平台，自上而下的分配安全策略，供计算、存储、安全等平台统一实施。
- 集成底层各平台的用户访问控制，构建统一的身份与访问授权（Identity and Access Management，IAM）。
- 收集软件定义的计算、存储、网络相关的操作数据（比如日志），进行统一分析，定位错误源头，然后制定相关策略。

7.4.1　统一的身份与访问授权管理

对于统一的身份与访问授权管理（IAM），可以使用 RSA 收购的 Aveksa 产品。Aveksa 是一个针对业务驱动的身份和访问管理平台，为企业提供自动化的身份周期管理。基于 Control 的架构，Aveksa 的客户可在企业内部使用统一的位置进行管理，控制和执行一致的身份和访问策略。同理 Aveksa 也可以用于 SDDC 内部，进行安全管理平台的统一身份和授权管理。

图 7-12 给出了 Aveksa ControlXS 的架构，我们可以看出架构中主要有两层：逻辑业务层和数据收集层。逻辑业务层有三个子层：

- **业务用户界面** 管理应用程序。主要是有关各个应用的访问控制、策略、资源的生命周期管理，各个资源的授权、修复、监控的管理，以及 GRC 方面的一些管理。比如其中的 Access Request manager 模块为组织中诸如经理、主管、资产所有者和其他用户（指通过 Aveska 接口的用户）进行资源的访问和配改。
- **集成的工作流引擎** 用于处理和协调从 XMDB 中收集的数据。
- **高性能数据处理层** 该层中的 Access Management Database（XMDB）数据库为用户提供一个单一、可靠的中央信息，比如存储资源以及相关的持有者。所有的数据都在这层处理以获得最佳性能和可扩展性。

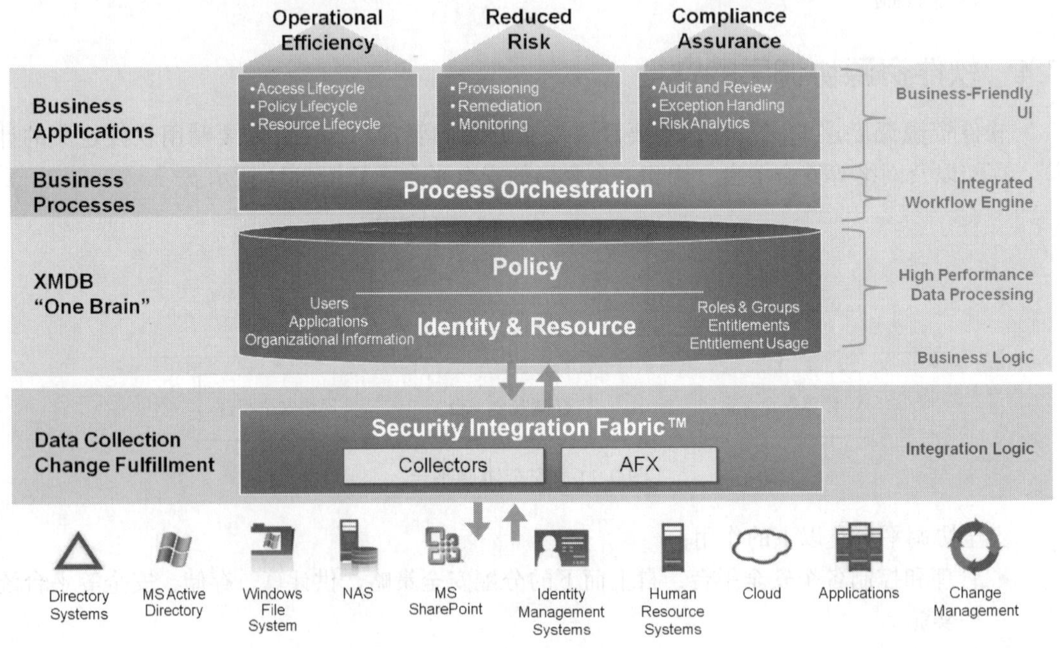

图 7-12 Aveksa ControlXS™ 架构

数据收集层定义了数据收集的模板和接口：

- Collector 用于在各种被管理的应用中提取数据，比如在组织中有哪些账号有权限访问应用，哪些账号有权限访问共享文件系统。数据收集的定义是实现访问控制的先决条件，可由 Aveksa 平台协同完成。它构造标识（用户）、授权、应用、账户、角色和数据资源对象，并从收集到的原始数据中创建它们之间的逻辑关联。
- Access Fulfillment Express 根据数据收集（Collector）的相关定义，从需要被管理的应用中提取相关的信息。

Aveksa 现在可以和 Amazon EC2、Salesforce、微软的 Active Directory 等软件进行 IAM 的整合，在 SDDC 中也有用武之地，比如 OpenStack 的 keystone 整合，前提是 OpenStack 实现 Aveksa 所定义的 IAM 的一些接口。

7.4.2 安全技术的统一运用

SDDC 的用户不仅希望利用 SDDC 提供的各类服务来实现更好的扩展性、管理性，以满足业务的需求，同时用户对安全需求也很高。前面我们分别介绍了软件定义的计算、存储、网络方面的安全需求和相关的方法学，在这一节，我们将探讨这几个模块共同协作来保护用户数据的安全性。

用户的数据主要在数据中心的计算、网络、存储这三个载体中流动，如图 7-13 所示。我们可以举几个数据流动的相关例子。

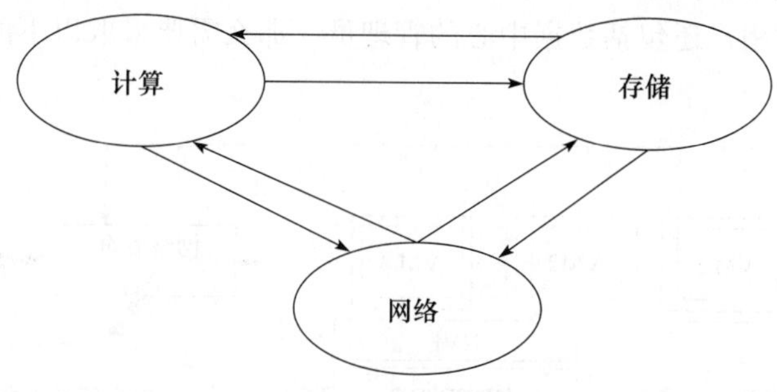

图 7-13　数据流向图

- 数据从计算→网络→存储的流动：假设一个用户在单个虚拟机中进行相关的科学计算，计算结束后，把相关结果（数据）存放在一个 NFS server 上。那么在这个例子中，数据在计算中产生，通过网络，最终存放在存储上。
- 数据从网络→计算→存储的流动：用户在 SDDC 中部署了一个虚拟机，运行 SSH 服务。数据中心外部的某个应用通过该虚拟机提供的 SSH 端口，进行数据的传输，最后相关的数据保存在虚拟机的硬盘上。
- 数据从网络→存储的流动：用户在 SDDC 中的个人虚拟数据中心中，构建了一个对象存储服务（比如可以是亚马逊的 S3 服务），那么数据直接从网络进入存储。

显而易见，大多数情况下我们需要使用 SDDC 提供的计算资源。如果没有计算，只利用 SDDC 的网络和存储，安全问题将会变得简单一些。在这样的情况下，从 SDDC 角度来看，只需解决用户数据在数据中心传输时网络和存储上的安全性，具体可参考软件定义层的存储和网络安全的一些解决方案。对用户而言，如果要求数据的高安全性，最简单的方法就是把数据进行加密，然后放到 SDDC 中。这样用户把 SDDC 提供的存储当成一个傻“磁盘”，就像用户在 PC 上使用的 U 盘一样。这样的用例主要针对一些中小客户，比如仅使用 Amazon S3 的用户。当然这样的方法学，我们在安全存储那一节提过，可能导致用户不能享受 SDDC 提供的一些高级服务，比如重复数据删除。

为此我们主要讨论计算存在情况下，用户数据的安全保护。假设一个用户需要使用 SDDC 构建一个客户自定义的数据中心，进行数据的分析和服务，也就是在 SDDC 上搭建一个客户自定义的数据中心。那么显然 SDDC 需要给用户提供各种各样的资源，单一的 PaaS、

IaaS 显然不能满足需求。先让我们分析一下，在这个例子中，客户可能需要 SDDC 提供如下的服务来构建一个客户自定义的数据中心：

- 计算方面 需要各种类型配置的虚拟机。
- 存储方面 需要提供各类型的存储服务，诸如文件服务（CIFS/NAS 等）、块存储服务、对象存储服务（提供各种 REST API 接口）、数据备份服务等。
- 网络方面 需要提供独立于 SDDC 物理网络的、和其他用户隔离的虚拟网络，并且提供相关的外部网络 IP 和带宽。

假设该用户对其虚拟数据中心的数据需要高等级的安全性：指不仅仅防止来自数据中心外部的攻击，其他的租户还包括数据中心的管理员。那么需要采取以下的措施。为了方便阐述，可参考图 7-14。

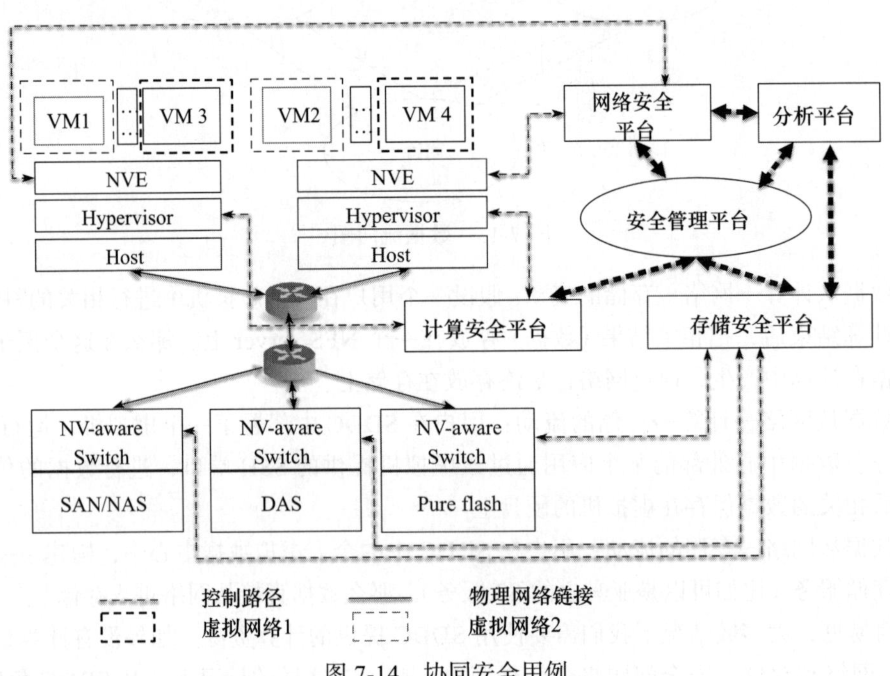

图 7-14 协同安全用例

（1）计算安全平台需要的措施

- 利用 TPM 相关技术，在硬件上提供根信任，并提供可信任的 VMM。在主机启动的时候，进行相关度量。
- 严格控制 VMM 的用户管理接口，不允许管理员通过接口去 dump 在执行的虚拟机的状态或者数据。
- 虚拟机硬盘上的数据，使用密文进行存储，相关的密钥由 VMM 管理。当虚拟机正在运行，读写虚拟硬盘上数据的时候，VMM（或使用相关硬件）进行相关的加解密工作。在这样的保护措施下，即使某些恶意的管理员也不能获取用户虚拟机的相关内容。
- 其他用户的虚拟机不允许和该用户共享一个主机。

- 对用户虚拟机的所有操作，必须进行相关安全记录。

（2）网络安全平台需要的安全措施

- 确保运行在每一个主机上的NVE都是签名认证的，以防止恶意的NVE从网络上泄露用户的数据。
- 当使用Overlay网络虚拟化，构建用户的网络时，对L3网络的通信进行加密，防止来自物理网络的攻击。
- 给用户的虚拟网络在物理的网络链路上提供相应的QoS保障，以防止DoS攻击。
- 当用户的主机进行迁移的时候，相关的传输信道提供QoS保障，并采用加密的信道。
- 限制SDDC管理员的权限。允许其管理、配置以及销毁用户的网络，但是不允许dump用户虚拟网络传输的内容。
- 通过控制平台，管理NVE、虚拟交换机、物理交换机、虚拟防火墙的所有操作必须记录。

（3）存储安全平台需要的安全措施

- 分配给该用户的存储设备是可信任的，该存储设备启动的时候需要进行相关的度量，包括存储的一些软件。
- 存储在设备上的用户数据需要被加密，密钥由存储设备内置的安全模块管理，连管理员都无法获得该密钥。
- 如果用户的虚拟机需要从虚拟网络直接访问存储设备提供的文件服务（诸如NAS、CIFS），那么该存储设备需要配置相关的虚拟交换机以识别用户的虚拟网络，此外，从虚拟机到存储的虚拟通信链路也应该采用可信的通道。
- 其他用户的数据不允许和该用户的数据存储在同一个设备上。
- 存储设备所有管理的操作需要被记录。

（4）协同方面

针对该用户的虚拟数据中心，SDDC提供一个针对该客户的安全管理平台，以保证：

- 安全管理平台控制计算、网络、存储平台，保持安全策略的一致性。
- 自动化收集计算、网络、存储平台的相关操作数据（比如安全日志），进行相关的数据分析，侦测可能存在的操作。
- 任何通过安全管理平台的操作必须被记录，如安全策略的修改等。

7.5 小结

本章根据软件定义数据中心（SDDC）的架构，从数据中心的安全设计原则出发，详细介绍了怎样构建一个可信的SDDC。不仅在物理上需要构建各种各样的安全措施，而且更需要在软件定义层提供安全的计算、网络和存储，并进行协同工作。一个好的SDDC不仅需要从自身的角度考虑，保护数据中心的资产（包括软件、硬件）的安全性；更需要根据用户的需求，提供可定义的安全策略和措施保障用户数据的安全性。

Chapter8

第 8 章 软件定义的高可用性

高可用性是这样一种系统（或服务）设计理念：在一个给定的合约（衡量）时间段内，系统需要满足一个约定的服务级别，服务级别通常表述为系统不可用的时间小于某个阈值。高可用性系统在现实中有很多应用的场合，例如医院、银行、电网、航空航天、工厂生产系统（流水线）等。

可用性（Availability）指的是一个系统能够为用户提供服务，如访问接入、任务调度、任务执行、结果反馈、状态查询等。如果任何一个关键环节出错或停止响应，则称目前系统状态为不可用。通常将系统处于不可用状态的时间称为停机时间（或死机时间）。可用性的量化衡量：可用性为系统可用时间占衡量时间段的百分比，通常采用一年或一个月作为衡量时间段，具体选择取决于服务合约、计量收费等实际需求。表 8-1 是一个简单的数据表，在给出了不同的可用性指标下，每年 / 月 / 日允许的停机时间。

表 8-1 系统可用性与停机时间对照表

可用性（%）	停机时间 / 年	停机时间 / 月	停机时间 / 日
90%	36.5 天	72 小时	16.8 小时
95%	18.25 天	36 小时	8.4 小时
99%	3.65 天	7.2 小时	1.68 小时
99.9%	8.76 小时	43.8 分钟	10.1 分钟
99.99%	52.6 分钟	4.3 分钟	1.0 分钟
99.999%	5.26 分钟	25.9 秒	6.05 秒
99.9999%	31.5 秒	2.59 秒	0.605 秒

零停机时间系统设计意味着以个系统的平均失效间隔时间（Mean Time Between Failure，MTBF）大大超过了系统的计划维护周期，甚至整个系统生命周期。在这样的系统

中，平均失效间隔时间通过合理的建模与模拟执行计算得到。零停机时间通常需要大规模的组件冗余，例如在航天与卫星通信领域。我们熟知的全球卫星定位系统（GPS）就是一个典型的例子。

8.1 高可用性系统设计

一般而言，高可用性系统致力于最小化以下两个指标：系统停机时间与数据丢失。高可用性系统至少需要保证在单个节点失败 / 停机的情况下，能够保持足够小的停机时间和数据丢失；同时在下一个可能的单节点失败出现之前，利用热备（Hot Standby）节点修复集群，将系统恢复到高可用性状态（避免拜占庭错误的出现）。某些高可用性系统甚至需要致力于当系统出现任何单节点失效的情况下，保证零停机时间和零数据丢失。

单点失效（Single Point of Failure，SPoF），即系统中任何一个独立的硬件或软件出现问题后，就会导致不可控的系统停机或者数据丢失。高可用性系统的一个关键职责就是要避免出现单点失效。为此，系统中的所有组件都要保证足够的冗余率，包括存储、网络、服务器、电源供应、应用程序等。更复杂的情况下，系统可能会出现多点失效，即系统中至少两个节点同时失效（失效时间段重叠且互相独立）。很多高可用性系统在这种情况下都无法幸存，当问题出现的时候，通常避免数据丢失具有更高的优先级，相对于系统停机时间而言。

为了达到 99% 甚至更高的可用性，高可用性系统需要一个快速的错误检测机制，以及保证相对很短的恢复时间（Recovery Time Objective，RTO）。当然，尽量长的平均失效间隔时间（MBTF）对保证高可用性也是至关重要的。简而言之，尽量减少出错的次数，出错后快速检测，检测到后尽快修复。

8.1.1 不可用的常见原因

2010 年在西班牙马德里举行的第四届国际软件质量与可维护性讨论会上，Ulrik Franke、Pontus Johnson 等人的一份调查报告罗列了企业 IT 系统出现不可用的常见原因，并按重要性对其进行了排序。企业系统不可用的原因，通常源于没有遵循以下一些最佳实践原则（按重要性降序排列）：

1）相关组件的监控（Monitoring of The Relevant Component）

2）需求和采购（Requirements and Procurement）

3）运营（Operation）

4）避免网络失效（Avoidance of Network Failure）

5）避免内部程序错误（Avoidance of Internal Application Failure）

6）避免外部服务失效（Avoidance of External Services That Fail）

7）硬件环境（Physical Environment）

8）网络冗余（Network Redundancy）

9）备份的技术解决方案（Technical Solution of Backup）

10）备份的流程解决方案（Process Solution of Backup）

11）物理位置（Physical Location）

12）基础设施冗余（Infrastructure Redundancy）

13）存储体系架构冗余（Storage Architecture Redundancy）

8.1.2　冗余的组件部署

高可用性系统设计的核心理念就是组件冗余，即保证足够数量的备件。通常的高可用性系统中，备用组件通过以下三种方式解决单点故障：

- **复制或副本**（Replication）在系统中提供多个完全一致的组件实例（Instance），实例是并发独立运行的。任务或请求被同时发布到所有实例上，执行结果的选取遵循多数原则（当出现不一致时）。
- **冗余**（Redundancy）在系统中提供多个完全一致的组件实例；任何一个时间点都只有一个活跃的服务实例。当活跃实例出现问题时，控制权立即切换到某个备件实例上。
- **多样性**（Diversity）在系统中提供一个组件的不同实现，即不同的实例通过不同的方案实现同样的功能。实例之间的关系类似于第一种方式。

说起来可能有点矛盾，从系统设计的方法学来说，引入更多的组件（或实例）通常也会增加系统的复杂性，进而降低系统的高可靠性。对于更复杂的系统来说，可能出现故障的节点反而更多了，这也相应增加了正确实现的困难性。根据组件实例之间的关系，可以将组件冗余分为被动（Passive）冗余和主动（Active）冗余两种。

被动冗余的设计中，在任何一个时间点，多个组件实例中只有一个是活跃的（即对外提供服务）。当活跃实例失效的时候，系统会选择一个备件作为新的活跃实例。这种实现或多或少地会导致系统短暂停机、数据丢失或者任务执行性能下降。数据中心里的不间断电源（UPS）就是被动冗余的一种实现，另外像轮船的备用引擎也是一个很好的例子。在没有数据丢失或者性能明显下降的情况下，备件的切换时间也可以不计入系统的停机时间。

主动冗余通常用于一些更复杂的系统中，当任意单个实例失效时，系统不会有明显的性能下降，当然也不会有数据丢失的情况出现。高可用性系统中某个组件的多个实例同时在线，并发地提供服务；可能是所有实例执行同样的任务，也可能是任务分工与负载均衡。系统设计中也需要相对复杂的失效检测、任务调度以及相应的选举机制等。互联网的路由选择就是主动冗余的一个典型例子。

8.1.3　高可用性集群

高可用性集群指的是一个由服务器、网络、存储等组成，用户应用程序正常运行所需的所有基础设施的集合。一般来说，一个高可用性集群用于支持一个用户应用程序或系统，并对给定服务级别的可用性予以保障（有时也需要用户应用的支持）。高可用性集群的实现采用的理念正是前文所述的基于冗余组件的系统设计，从而避免单点故障，其中的服务器、网络、存储等均需要保证一定数量的备件。如果没有这样的集群实现，一旦某个运行应用程序的服务器系统崩溃，应用程序就会立即切入不可用状态（停机时间）；如果某个存储设备出现故障，则有可能导致更严重的数据丢失。高可用性集群会引入一个自动化的故障（硬件/软件）检测机制，在最短的时间内发现并予以修复。修复的手段有很多种，包括简单的重启应用程序（如果只是应用崩溃或不响应），以及利用热备（Hot Standby）组件替换故障组件等。

对于虚拟化的用户应用程序来说，其对应的高可用性集群也是虚拟的（逻辑上的）。对于虚拟化集群的可靠性保障从粒度上来说有别于传统的物理集群，多个虚拟化集群可能并存于一个（或多个）物理集群上。虚拟化集群的优势是大大弱化了对应用程序支持的要求，具有更强的普适性和管理灵活性。当然虚拟化集群的高可用性实现也离不开底层物理高可用性集群的保障。对于这样的物理集群来说，其服务对象不再是一个传统的用户应用程序，而是虚拟化平台（VMware/KVM/XEN）以及构建于其上的多个虚拟化集群。

高可用性集群一种常用的节点故障检测机制就是心跳检测，通常通过专用的管理网络（有别于应用程序的数据网络）发送心跳信号，用于监控每一个组件的健康状况。集群的控制管理可以采用全点对点（P2P）的方式，也可以采用集中控制，当然这里所说的集中控制通常都是逻辑上的，为了避免控制器的单点故障，通常都采用分布式的集群设计（规模比整个高可用性集群小很多）。类似于所有的集群设计，高可用性集群设计也必须要解决的一个问题就是决策分裂（Split-Brain）。当集群中的任一节点（P2P）或控制器（Controller）发生故障，决策分裂问题就可能出现，导致作业调度的混乱、数据不一致、集群分裂（Partition）直至崩溃。因此高可用性集群设计的时候必须考虑到这种状况，并采用一些选举机制等技术。目前已经有不少开源技术致力于提供通用的解决方案，例如 Apache 提供的 ZooKeeper。

8.1.4 典型的冗余配置

最常见的高可用性集群是两节点的集群（如图 8-1 所示），包括主节点与冗余节点各一个，也就是 100% 的冗余率，这也是集群构建的最小规模。主节点与冗余节点可以是单活（Active-Passive），也可以是双活（Active-Active）的，取决于应用程序的特性与性能需求。也有其他很多的集群采用了多节点的设计，有时达到几十甚至上百个节点的规模，多节点的集群设计起来相对复杂。常见的高可用性集群配置大致上有以下几种：

1）双活（Active-Active）或多活。负载被复制（完全一致）或者分发（分工）到所有的节点上；所有的节点都是活跃节点（或主节点）。双活或多活机制下的节点数不限，不少于两个即可。对于完全复制的模式来说需要的节点相对较少，运行结果可以采用多数原则（如果不一致）。任何一个节点的失效都不会引起性能下降。分发模式则或多或少地基于负载均衡的考虑，可能节点数相对较多。当某个节点失效的时候，任务会被重新分配到其他活跃节点上。节点失效会带来一定的性能损失，具体比例取决于节点数量，但不会引起系统停机。

2）单活（Active-Passive）。冗余节点平时处于备用状态，并不对外提供服务。一旦主节点发生故障，冗余节点在最短的时间内上线并接管余下的任务。这种配置需要较高的设备冗余率，通常见于两节点集群。常见的备用方式有热备（Hot Standby）和冷备（Cold Standby）两种。

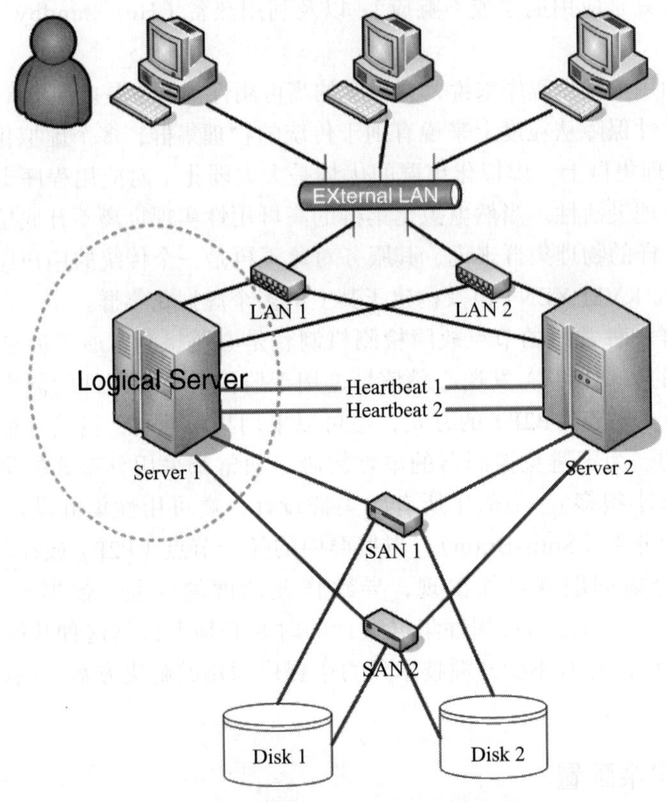

图 8-1　两节点高可用性集群

3）单节点冗余（N+1）。类似于单活机制，提供一个处于备用状态的冗余节点。不同的是，主节点可能有多个；一旦某个主节点发生故障，冗余节点马上上线替换。这种模式多用于某些服务本来就需要多实例运行的用户系统。细心的读者可能已经发现，单活模式实际上是这种模式的一种特例。

4）多节点冗余（N+M）。作为对单节点冗余机制的一种扩展，提供多个处于备用状态的冗余节点。这种模式适用于包含多种（多实例运行的）服务的用户系统。具体的冗余节点数取决于成本与系统可用性的权衡。

当然理论上还有其他一些设计模式，例如基于冗余率与性能保障的双重考虑，双活或多活与单 / 多节点冗余的结合。然而正如前文提到过的，增加冗余组件以及采用更复杂的系统设计，对整体的可用性来说未必是个好消息，某些时候负面效应甚至是主导的。因此在高可靠性系统设计的时候，还是要多遵循简单性原则。

从下一节开始，我们将对组成高可用性集群的各类核心组件逐一分析，包括计算、网络、存储等。在每一小节中，总体上遵循从传统设计思路及其面临的挑战出发，详细阐述现代化的软件定义数据中心（包括各个组成部分）中解决问题的新思路。随后为读者描绘一幅软件定义数据中心里高可用性集群实现的整体视图，包括已部分实现或仍在构思中的系统设计方案。

8.2 软件定义之路——计算的高可用性

计算的高可用性设计传统上包括两个方面：服务器集群的高可用性；应用程序的高可用性设计。这两方面是互相独立的，却又存在千丝万缕的联系。特别是第二个方面，实际上并不容易实现，因而大大限制了能够从高可用性集群获益的应用程序范围，这一点我们将在下文为读者详细说明。此外，基于服务器虚拟化的软件定义计算，一方面大大简化了服务器集群的高可用性设计；另一方面也对应用程序的普适性问题解决带来全新的思路，使得高可用性系统不再那么“挑食”。

8.2.1 高可用性对应用的需求

并不是所有的应用都能运行在高可用性集群上，并得到有效的可用性保障，对于传统的物理高可用性集群来说尤其如此。大多数应用要在设计开发阶段就考虑到高可用性需求。传统上来说，为了从高可用性集群中获益，用户应用程序至少需要满足以下一些需求，其中最后两项是非常关键的需求，也是最难完全满足的。

- 应用程序支持启动、停止、重启、强制停止、状态查询等作业管理操作。操作通常可以通过命令行、脚本或编程接口方式进行。熟悉操作系统的读者可能马上会想到一个非常典型的例子——UNIX/Linux 的服务管理。此外如果应用程序能支持多实例同时运行，相应的其普适性也会更好。
- 应用程序使用共享外部存储（SAN/NAS）作为数据持久化的媒介。这对保证单点故障时尽量减少数据丢失是非常重要的。
- 应用程序的状态 / 数据应尽可能多地保存在非易失的共享存储上，而且保存的状态是一致的，从而使得在其他（如备件）服务器上从最后一次保存的状态（从共享存储读取）重启应用成为可能。
- 即使应用程序崩溃，已经持久化到存储设备上的状态 / 数据也不会损坏（不一致），应用重启的时候还可以从已保存的状态恢复运行。

如果你的应用程序满足以上需求，提供应用程序高可用性监控的技术和产品有很多选择。举个简单的例子，EMC AutoStart 就是一个用来监控你的应用程序和数据服务，并支持在备用服务器上重启应用的软件。软件可以运行在多个操作系统上，包括 UNIX、Linux 和 Windows 环境。因为这不是本书的重点，就不一一展开介绍了。

在基于服务器虚拟化的软件定义计算环境下，问题的解决将变得更加容易，对应用程序也不再有那么严苛的要求。我们来看看针对以上提到的几点需求，在软件定义数据中心里有什么样新的解决思路：

- 作业管理　其中相当一部分的操作可以通过启动、重启、关机（Shutdown）、强制断电（Power off）、休眠（Suspend）、快照（Snapshot）等常见的虚拟机管理功能实现。状态查询也可以结合虚拟机的健康监测和虚拟机内代理（Agent）的进程监测等方式予以替代。
- 共享外部存储　在继续沿用传统 SAN/NAS 存储的基础上，软件定义存储也为存储的管理、数据的保障提供了更加灵活强大的保障。
- 状态保存于非易失存储　软件定义计算的环境可以对虚拟机的内存数据提供额外的保护。例如通过周期性的虚拟机（虚拟集群）快照就是一种普适性的新型保护方式，提供了对用户应用的全方位的一致性保护，包括 CPU 状态、内存数据、进程状态、设备状态等，对于应用程序来说是完全透明的。
- 持久化数据的一致性　对于不满足此项条件的应用程序来说，软件定义计算提供了一个新的替代方案，即上文提到的通过周期性的虚拟机（虚拟集群）快照进行状态保存，并保证状态的一致性和可恢复性。新的解决方案提供了一种粗粒度（对于应用程序级别的设计），然而却是普适的新思路（应用程序透明）。

下面我们通过两个典型的例子，为读者详细介绍在软件定义计算环境下，如何对应用程序的高可用性提供保障。

8.2.2 高可用性集群——VMware HA

1. VMware HA 的功能与特性

VMware HA（High Availability）通过减少服务器和操作系统失效 / 崩溃带来的停机时间，为运行在虚拟机内的应用程序提供高可用性保障。这种保障机制的工作是独立于虚拟机内的操作系统和应用程序的。对于运行于软件定义计算环境中的应用程序来说，VMware HA 提供了一种普适的、高效的故障检测与保护机制。VMware HA 提供的功能包括：

- 监视 VMware vSphere 服务器以及运行于其上的虚拟机是否发生故障。
- 当检测到某个服务器发生故障的时候，可以在其他正常工作的 vSphere 服务器上重启虚拟机。整个过程都是自动化的，不需要人工干预。
- 当检测到某个虚拟机的操作系统发生故障时，自动重启虚拟机从而最大可能地减少停机时间。

传统的高可用性系统设计通常与操作系统和应用程序都存在比较紧密的耦合，需要复杂的部署和配置管理。相对的，在软件定义平台中的配置管理却相当简洁明了，比如在 VMware 中就只需要有限的几步操作。此外 VMware HA 可以为绝大多数应用程序提供可用性保护，这有别于传统高可用性方案要求在程序设计阶段就予以支持。基于软件定义计算的高可用性方案，并不需要对已有的应用程序或操作系统进行任何修改，可以为不符合传统高可用性软件设计的用户应用提供保障。此外 VMware HA 已经是一个成熟的解决方案，具有良好的可扩展性、可靠性（如图 8-2 所示）和易用性。

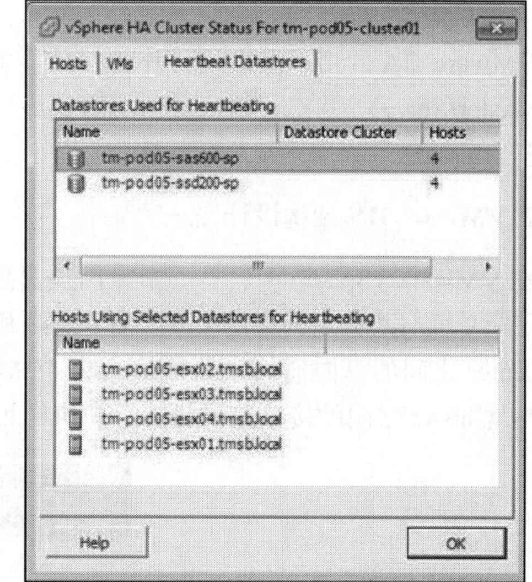

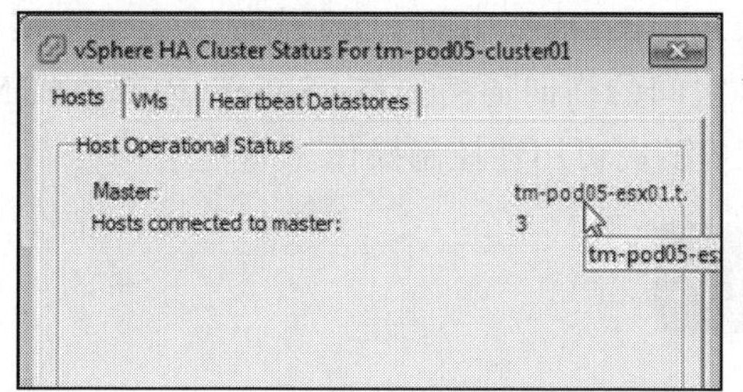

图 8-2 VMware HA：可扩展性与可靠性

（1）可扩展性

VMware HA 提供了良好的可扩展性（Scalability）。

- 主从（Master-Slave）关系的节点管理：可用性的操作通过单一的主节点协调，并由其负责与 VMware vCenter 之间的状态交换与通信。这样的设计可以将主机划分为一个个相对独立的自治单元，在实践中一个自治单元可能映射到一个机架，具有更好的可扩展性。
- 提供对 IPv6 网络的支持：允许企业 IT 部门使用一个更大的地址空间。
- 简单的部署机制：VMware HA 的代理（Agent）部署和功能配置都很快速便捷。

（2）可靠性

基于实际的用户需求与反馈，VMware 采用了一些额外的特殊机制来增强高可用性解决方案的可靠性。

- 不存在对外部组件的依赖关系，例如 DNS 解析（老版本中可能存在），这大大减少了外部组件失效引起的系统停机。
- 多重的节点通信方式：除了最传统的网络通信，VMware HA 还支持通过共享存储（Datastore）进行通信。多重通信方式提供了更好的冗余性，为节点的健康状况评估提供了更灵活的方案。
- 提供对 VM 间结对（或反结对）规则的支持（VM-VM Anti-Affinity Rule）。当一个 VM 间结对规则被定义的时候，组内的多个虚拟机必须运行于同一物理服务器（或 vSphere）上；当一个 VM 间反结对规则被定义的时候，组内的多个虚拟机必须运行在不同的物理服务器（或 vSphere）上。这一机制通常在 VMware 动态资源调度（Dynamic Resource Scheduling，DRS）中使用。

（3）易用性

VMware HA 的用户界面设计非常简洁，能够让用户快速查询到集群中每一个节点的角色（Master/Slave）、状态、错误等。当可用性保障失效时（虽然极少发生），用户也可以通过一个整合的日志寻找问题解决的线索。

2. VMware HV 架构设计

在 VMware vSphere 中，有一个专门负责高可用性的组件 FDM（Fault Domain Manager）提供了简单而具有高度弹性的实现。如图 8-3 所示，vSphere 中的 FDM 代理（Agent）实现了与 vCenter 之间的纵向通信，此外也负责 FDM 之间的横向通信。在 vSphere 内部，FDM 通过与本地 hostd 之间的接口获取状态，并执行相应的高可用性控制操作。

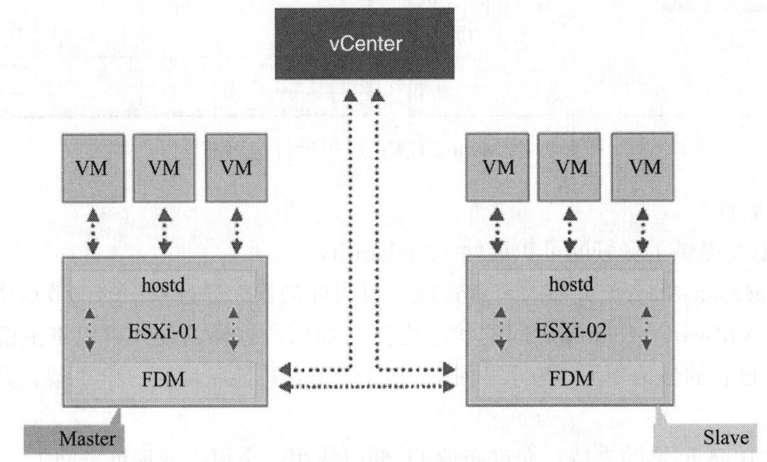

图 8-3　VMware HA：故障域管理器（FDM）

当某个主（Master）节点发生故障时，一个选举过程会被触发，所有从属（Slave）节点会选举出新的主节点。采用的选举方法简单可靠：拥有最多 Datastore 的节点成为新的主节点；如果有多个节点的 Datastore 数目相同，则具有最高的管理对象标识（vCenter 中）的节点成为主节点。主节点的职责包括：

- 监视 Slave 主机群的状态。
- 与 vCenter 进行状态交换。
- 执行来自 vCenter 的配置操作。
- 重启失败的虚拟机。

虽然存在种种联系，VMware HA 的工作实际上独立于 DRS（动态资源调度）和 vMotion（虚拟机动态迁移）。此外，大部分的高可用性的心跳检测信号只在 vSphere（ESX）主机之间传播，并不依赖于 vCenter 服务器。不过鉴于 HA 的配置需要依赖 VC，所以我们一般认为 HA 还是需要依赖于 VC 服务器的。VMware HA 通过 vCenter 获取虚拟机的状态信息，并设置虚拟机的保护策略。当检测到某个 vSphere 主机的连接断开后，vCenter 会找到相应的主节点，并通知其中的代理（Agent）将运行在失效主机上的所有虚拟机设为非保护状态，并试图将其在其他节点上重启。

对于用户应用程序来说，VMware HA 提供的高可用性保障并不是完全透明的。VMware 的解决方案实际上是用虚拟机作为监控和重启的对象，代替了传统高可用性方案中的程序进程。应该认识到的现状是，当虚拟机被重启于其他 vSphere 主机的时候，虚拟机内的操作系统和应用程序实际上是没有得到保护的。对于用户应用程序来说，必须能够在操作系统启动时自动运行，并从持久化存储中最后一次保存的状态恢复而继续。如果能用休眠或快照恢复代替虚拟机的重启操作，则可实现应用程序的无缝迁移，条件是问题主机并未崩溃（可能是网络中断导致的隔离或分区）。

3. VMware App HA

对于某个虚拟机内的操作系统或应用程序引起的失效，由于 vSphere 主机工作正常，VMware HA 就不适合处理这种情况。这其实是虚拟机带来的新问题。对于这种情况，就轮到 VMware App HA 出场了。作为 VMware HA 的有效补充，App HA 提供了应用程序级别的监视和自动修复能力。App HA 允许用户自定义相应的管理策略，例如服务重启的尝试次数，服务重启的等待时间，以及什么样的情况下重启虚拟机等。通过和 VMware HA 的整合，App HA 支持多样化的恢复选项，例如重启应用服务还是虚拟机（如图 8-4 所示）。

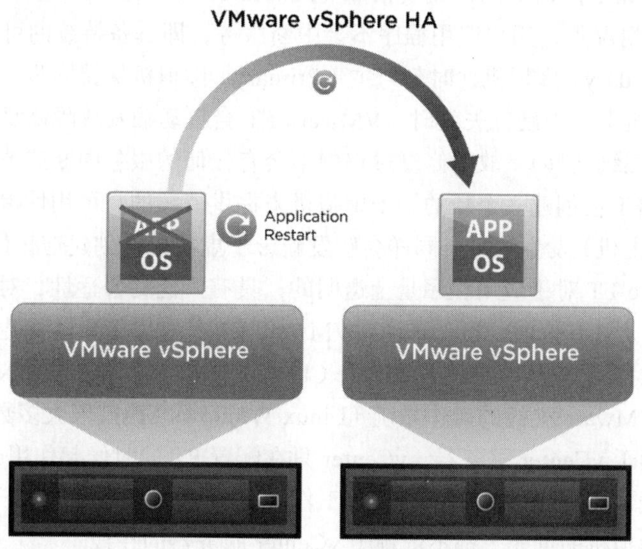

图 8-4　VMware vSphere HA

VMware App HA 通过 VMware vFabric 来监视应用程序。部署的时候，需要在每个 vCenter 服务器上部署两个虚拟应用（虚拟机）：App HA 和 Hyperic（如图 8-5 所示）。前者负责存储管理用户定义策略；后者监视应用程序并执行用户的高可用性策略。此外对于每个受保护的用户虚拟机来说，一个来自 Hyperic 的代理会部署在其中。

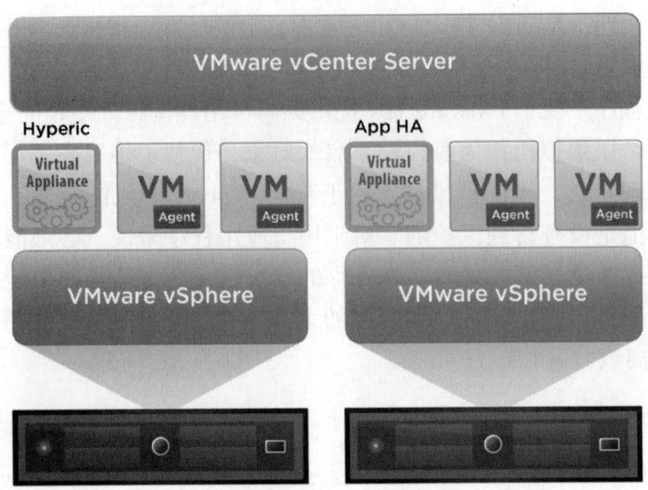

图 8-5　VMware App HA

8.2.3　零停机保障——VMware FT

基于 VMware HA 和 App HA 的高可用性方案致力于最小化系统停机时间，如果用户需要更高级别的保护如零停机时间，就要依靠 VMware FT（Fault Tolerance）了。VMware FT 保证了单点故障的情况下，用户应用程序不会中断服务，即具备持续的可用性。其原理是创建一个影子（Secondary）虚拟机，时刻与主（Primary）虚拟机保持同步。影子虚拟机运行于不同的 vSphere 主机上，当硬件失效时，VMware FT 会自动触发故障修复机制，由影子虚拟机接管应用程序（无缝迁移）。故障修复过程中不会有任何的服务中断或数据丢失。故障修复完成后，VMware FT 会创建一个新的影子虚拟机来提供持续的高可用性保护。如果是影子虚拟机（或其所在的主机）发生故障，同样会触发新影子虚拟机的创建与替代。与 VMware HA 不同的是，VMware FT 对于应用程序是全透明的，具有广泛的普适性，对于传统高可用性方案所不适用的案例尤其有价值。概括来说，VMware FT 具有以下一些特性：

- 兼容所有类型的共享存储，包括 Fibre Channel、iSCSI、FCoE 和 NAS（NFS/CIFS）。
- 兼容所有 VMware 支持的操作系统（Linux/Windows/MAC 等大多数现代操作系统）。
- 运行不依赖于 vCenter 服务器。vCenter 只在配置 FT 的时候起作用，之后即使 vCenter 服务器离线，高可用性机制仍然正常工作，包括从主虚拟机到影子虚拟机的转移，以及新影子虚拟机的创建，都不依赖于 vCenter 服务器的在线。

VMware FT 的实现原理是：VMware vLockstep 抓取所有发生在主虚拟机上的输入和事件，并通过网络将其发送到运行在其他主机上的影子虚拟机，发送的数据称为 Logging Traffic，保证影子虚拟机的运行状态与主虚拟机完全一致。影子虚拟机可以随时接管主虚拟机的运行，不会导致任何的服务中断，以此提供高可用性的保障。Logging Traffic 包括虚拟机的网络和存储 I/O 数据，还有虚拟机操作系统的内存数据。

系统运行的时候，主虚拟机和影子虚拟机持续地交换心跳数据，从而实现互相监视。主虚拟机和影子虚拟机必须运行在不同主机上，避免一台主机失效导致两个虚拟机的完全丢失。为了避免大脑分裂（Split-Brain）问题的出现，即同一时刻出现两个主虚拟机，VMware FT 利用基于共享存储的文件锁来协调故障修复过程，保证任何时候都只有一个虚拟机实例能够作为主虚拟机运行。

作为一个很好的应用实例，VMware FT 可以用来保护 Hadoop 集群中运行关键组件的虚拟机，例如域名节点（Name Node）和作业监控（Job Tracker）。此外通过与 VMware HA 的有机整合，VMware FT 也可以用于按需定制的高可用性保障。在正常情况下，虚拟机通过 VMware HA 予以保障；当应用进入关键阶段时，可以动态提升保护级别，即 VMware FT 保障。管理员可以随时打开或关闭针对某个虚拟机的 VMware FT 保障，操作对于用户来说是完全透明的。举例来说，当一个财务系统生成季度或年度财务报表时，如果任务中断则无法按时发布数据，严重的时候可能影响到关键的决策。有了按需定制的高可用性保障，用户可以在运行数据分析之前通过 VMware FT 提升服务级别，在其完成之后关闭或禁用从而降低成本。对于用户来说，这样的解决方案兼顾了灵活性和经济性，在软件定义数据中心和云计算平台中具有广泛的应用前景（服务级别保障）。

8.3　软件定义之路——存储的高可用性

存储的高可用性设计包含两层意思：存储设备本身（盒子内，In-Box）的高可用性和跨存储设备（盒子外，Out-of-Box）的高可用性。前者指的是各大存储厂商（EMC/NetApp/Hitachi 等）的各种 SAN/NAS 存储产品，通常都具有比较成熟的设计，或多或少地都考虑到高可用性的保障，使得局部硬件（如磁盘、控制头等）的失效不会导致系统停机或数据丢失。后者则针对各种跨存储设备的存储虚拟化（EMC VPLEX、NetApp vFiler、HDS VSP 等）和软件定义存储产品（EMC ViPR、IBM SVC、ScaleIO、VMware vSAN 等）。对于后者来说，底下的存储设备可以部署在一个数据中心的不同位置（机架），也可以部署在多个不同的数据中心里，甚至可能跨越较长的地理距离（如基于容灾考虑）。在这一节里，以 VPLEX、ScaleIO 和 ViPR 为例，我们侧重介绍针对后者的高可用性设计思路与解决方案。

8.3.1　基于 VPLEX 的高可用性

EMC VPLEX 提供了针对跨存储设备以及地理位置的数据可移动性和高可用性的一系列解决方案。VPLEX 实际上是一种独特的存储虚拟化技术，基于创新性的全局缓存（Global Cache）同步机制。一方面，VPLEX 允许动态的全透明的数据迁移服务（跨存储或距离，同步或异步），从而为本来基于单一共享存储的解决方案（如 VMware vMotion 和其他一些集群技术）提供跨存储设备或地理距离的可扩展性。另一方面，VPLEX 为用户的关键应用提供了跨存储设备的高可用性方案，避免任何的系统停机或数据丢失。这种跨存储的高可用性方案对各种同构或异构存储设备提供了广泛的支持，涵盖了来自 EMC、Hitachi、IBM、Dell 等主流存储厂商的 40 多种存储平台。更重要的是，作为一项核心技术，VPLEX 提供了跨数据中心（地理距离）的双活 / 多活高可用性，包括了长距离的同步方案（VPLEX Metro）以及超长距离的异步方案（VPLEX Geo），在灾难恢复等关键系统中得到了广泛的应用（如图 8-6 所示）。

图 8-6　EMC VPLEX：特性

VPLEX 产品系列包含三个型号（如图 8-7 所示）：

- VPLEX Local　支持跨存储设备（数据中心内）的数据可移动性和高可用性。
- VPLEX Metro　支持跨数据中心（同步距离）的数据可移动性和高可用性。
- VPLEX Geo　支持跨数据中心（异步距离）的数据可移动性和高可用性。

此外通过与第三方数据故障恢复软件（如 RecoverPoint）的整合，VPLEX 也被广泛应用于远程容灾与数据恢复的场合。

图 8-7　VPLEX 的三个版本

以基于 VPLEX Metro 的高可用性为例，部署过程非常简单（如图 8-8 所示）。为了满足 VPLEX Metro 的需求，节点之间的网络延时需要控制在 1 ~ 5ms。一台 VPLEX Witness 服务器被部署在第三方节点，用于监控 VPLEX Metro 集群。这样分布式的存储卷（Volume）就能够被创建，并用于 VMware vMotion 或计算集群等场合。

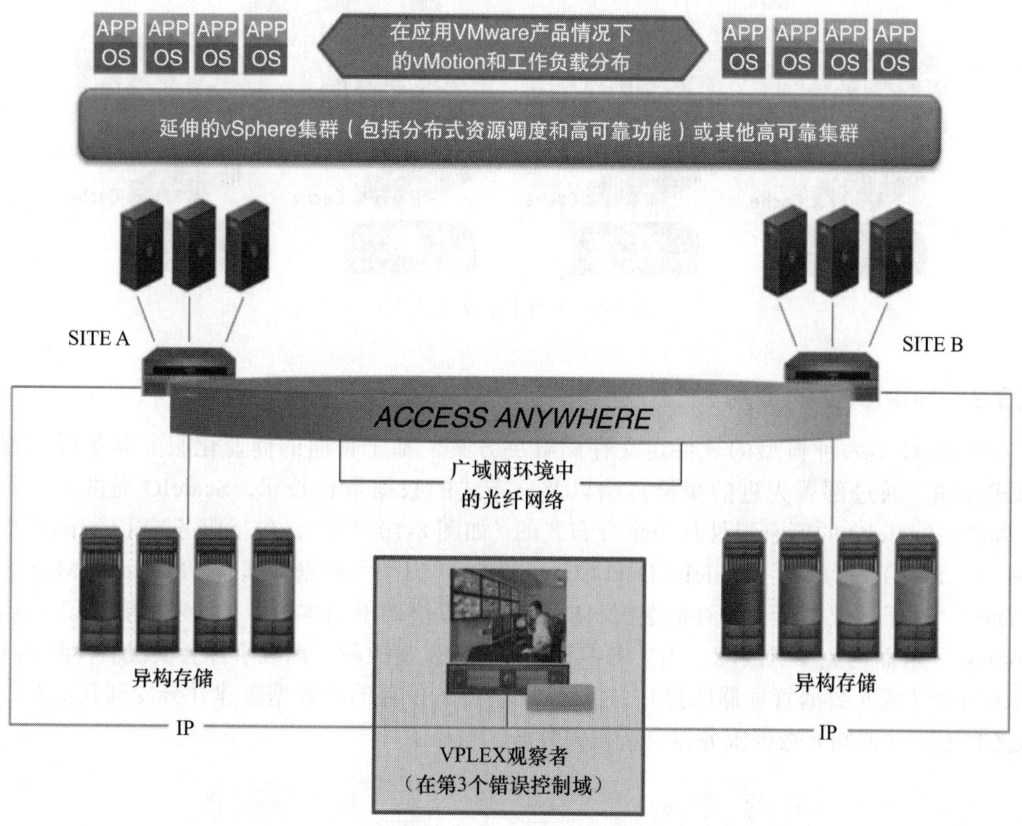

图 8-8 VPLEX Metro 部署

VPLEX 保证数据一致性的关键技术就是分布式全局缓存如图 8-9 所示。全局缓存包含了组成 VPLEX 集群的所有机头（Director）上所有的内存，以及一个分布式算法。VPLEX 特有的分布式算法通过对关键数据结构的分布的精心设计，致力于最小化机头之间的数据通信。通过分布式缓存，VPLEX 能够给予用户使用传统磁盘一样的用户体验。这种设计是完全分布式的：任何一个机头都能够服务于针对同一个虚拟卷的用户请求，所有的机头都连接到同样的后端物理存储，并拥有完全一致的元数据（虚拟卷到物理磁盘的映射）。无论用户通过哪个机头访问数据，都能保证得到一致状态的最新数据。

虽然在设计之初并不是用于软件定义存储、软件定义数据中心或云计算的场合，但通过与这些新技术（特别是软件定义存储）的有效整合，VPLEX 在全新的场景里仍然大有用武之地，特别是跨数据中心的数据迁移与高可用性保障。

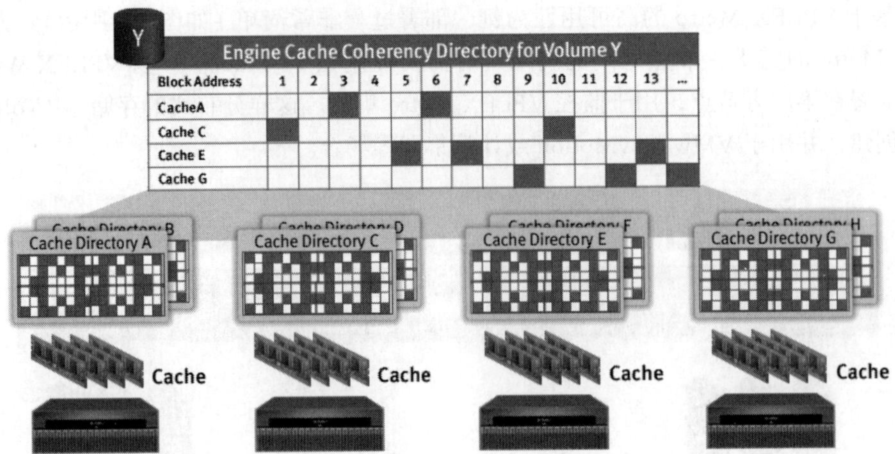

图 8-9　VPLEX 分布式缓存

8.3.2　ScaleIO 的高可用性

ScaleIO 是一种典型的软件定义存储解决方案，基于普通的商业化服务器集群实现分布式存储。通过部署先进的集群算法以及分布式的数据重建技术，ScaleIO 提供了企业级的弹性。ScaleIO 的所有组件都是全分布式的（如图 8-10 所示），包括服务端（ScaleIO Data Server，SDS）、客户端（ScaleIO Data Client，SDC）以及元数据管理器（Metadata Manager，MDM）。对于系统中所有的存储数据，ScaleIO 都提供两份副本镜像（将来可能采用 Erasure Coding），从而避免单点故障。当集群中某个服务器发生故障，离线事件会很快被检测到（数据访问触发或元数据管理器监控）。之后系统会将其中存储的数据重建并分发到其他在线的服务器上，并通知元数据服务器更新相关数据。

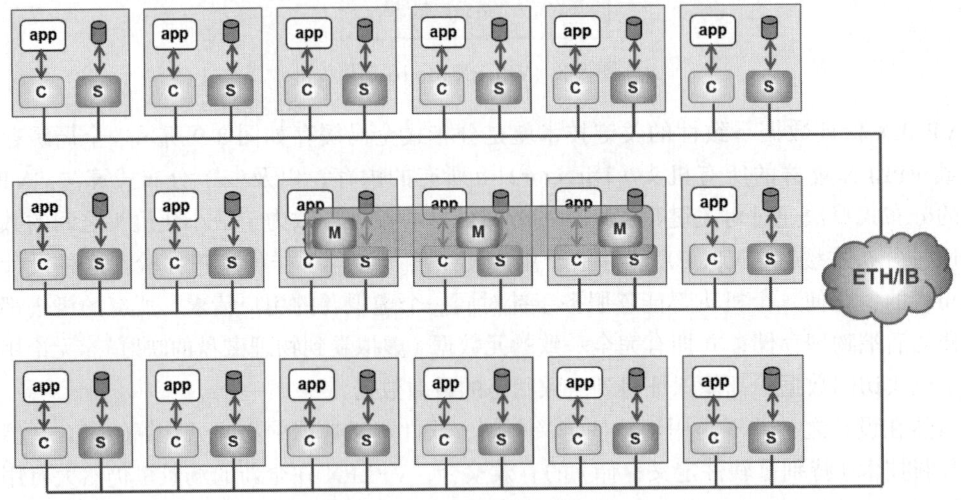

图 8-10　ScaleIO 架构与组件

元数据服务器集群负责整个 ScaleIO 存储系统的配置与监控，通常包含至少三个节点。一个元数据服务器集权包含三个组件：主元数据管理器（Primary MDM）；辅助元数据管理器（Secondary MDM）；协调者（Tie-Breaker）。系统正常运行时，所有节点组成多活模式的高可用性集群，通过负载均衡的方式提供系统管理服务。如果主元数据管理器发生故障，辅助元数据管理器会立即接管所有的任务与功能，直到前者恢复。协调者的作用是双重的，平时作为高可用性（多活）的组件，当前两个组件发生冲突时负责协调避免死锁。

8.3.3　ViPR 的控制器集群与 HA 数据服务

作为软件定义存储的另一种典型实现，ViPR 中的基本存储服务例如文件存储、块存储和对象存储都是通过软件定义的服务方式提供的，此外例如复制、压缩、高可用性等存储功能也是以类似的方式提供，此外用户也可基于 ViPR 的扩展机制开发新的第三方服务，来实现高可用性的保障，例如通过整合 VMAX/VNX 等块存储设备与 VPLEX/RecoverPoint 等产品可以实现高可用性和容灾的服务。

ViPR 的部署包括两类组件：控制器（Controller）和数据服务（Data Service）。数据服务组件提供对象存储和 Hadoop 存储，相对比较简单，而控制器负责提供块 / 文件存储控制服务、负载均衡、编程接口、命令行以及图形界面等功能。作为 ViPR 的核心组件，控制器通常采用集群的部署方式，充分考虑系统的高可用性。

一方面 ViPR 控制器通过虚拟应用的方式部署，即作为虚拟机运行于虚拟化平台中。相对于部署在物理服务器上的方案来说，可以充分享受虚拟化带来的管理红利。这样一来，我们就可以利用 8.2 节中提到的 VMware HA 和 VMware FT，根据需求动态定制不同服务级别的高可用性方案，同时通过虚拟化平台周期性（或按需）对虚拟机进行快照备份，在发生故障时予以恢复。一旦某个虚拟机节点失效，可以基于其最新的备份，并通过 ViPR 的数据库同步和协作服务来恢复其功能。创建虚拟机备份需要遵循以下原则：

- 为所有控制器节点创建虚拟机备份。
- 每次成功的软件升级后创建虚拟机备份。
- 故障发生后，只有故障节点（而非所有节点）需要从虚拟机备份中恢复。

另一方面，控制器通常采用集群的部署方式实现高可用性保障，并采用多种开源的集群技术。ViPR 采用了 Apache 的 Cassandra 来存储分布式的元数据和配置数据。Cassandra 是一个开源的分布式数据库管理系统，能够管理大量的数据、工作流和任务负载。此外 ViPR 还通过 ZooKeeper 作为分布式服务的协调和监控。ViPR 控制器集群的高可用性保障采用的是一种多活的解决方案。

控制器集群正常工作时，控制器内部的负载均衡组件会将任务分发到所有节点。整个控制器集群通过一个公共的虚拟 IP 地址对外提供服务。ViPR 的控制器集群包含奇数个节点，只要同时失效的节点个数不超过半数（任意节点），整个集群仍然能够正常工作。举例来说，3 个节点的集群只能容忍单节点失效，而 5 个节点的集群则允许最多两个节点失效。具体的节点数选择取决于系统的服务级别要求。

8.4 软件定义之路——网络的高可用性

从现代数据中心的组建来说，网络的核心地位是毋庸置疑的，所有其他的物理基础设施都必须通过网络互相联系，组成各种物理上或逻辑上的集群系统。一旦网络的可用性出现问题，很多基础设施都会成为信息孤岛。因此在绝大多数生产系统中，我们都可以发现基于冗余的网络高可用性设计。然而目前在很多数据中心里都存在过度冗余，出于性能保证、信息隔离、安全等多方面考虑，通常需要为每个应用系统配置独立的冗余网络。随着软件定义数据中心，特别是软件定义网络的流行，网络的高可用性设计也有了全新的思路。

软件定义网络致力于减少数据中心网络的复杂程度，从而在降低管理成本的同时提高可用性（复杂系统的可用性保障更困难）。然而软件定义网络仍然需要物理网络基础设施对高可用性提供最低的保障，通常表现为需要两个互相独立的对等网络（网卡、网线、交换机等），彼此之间互为冗余。因此从理论上来说，由于软件定义网络在逻辑（或虚拟）层面实现了网络隔离与定制，软件定义数据中心里只需要两个互为冗余的网络。由于目前软件定义网络的发展与应用尚不完善，在数据中心的网络规划中，仍然需要按照功能划分部署更多的冗余网络。

首先分离出来的是两个管理网络，用于实施管理、监控功能。此外软件定义数据中心里系统组件之间的管理信息交换也通过这个网络进行。管理网络中的节点对网络地址（如 IP 地址）没有特殊要求，通常私有网段（局域网）就可以满足需求，除了某些需要对外提供服务的门户节点。管理网络的通信流量通常不大，对带宽的要求不高。如果将管理网络与数据网络混在一起，则存在网络拥塞导致关键的系统管理配置操作无法进行。

其次是数据网络，用于用户应用系统内的通信，相对于管理网络来说，对带宽、延时等网络参数要求较高。在实际的数据中心里，根据数据类型的不同通常又分为两类独立的网络：租户网络和存储网络。原因是目前的软件定义网络还没有完全实现网络包的类型甄别功能，无法有效将比较关键的存储流量从中区分出来。两个存储网络用于对各类存储设备的访问，包括块存储（iSCSI）、文件存储（NFS/CIFS）和对象存储（S3/Swift/Ceph 等）。与管理网络类似，存储网络也只需要私有网段（局域网），不存在对外提供服务的需求。

数据网络中的另一重要类型则是租户网络，又称应用网络，用于满足某个应用系统集群内部的通信需求，即计算节点之间的数据通信。与前两类网络不同，租户网络的需求相对复杂，既需要私有网络（局域网），也需要提供公有网络的连通性。同时私有网络的节点可能也有访问外部网络的需求，需要网关或地址翻译（NAT）提供单向的连通性。此外由于网络内的数据流量来自不同的租户（及其中的逻辑应用集群），租户网络对性能隔离、安全隔离等网络特性的要求也更高。如果把软件定义数据中心作为云计算平台的后端，无论是公有云还是私有云，对可扩展性（云规模）的要求远远高于传统的数据中心。让事情变得更复杂的是，租户网络（特别是虚拟网络）中还可能有存储流量，例如用户应用从虚拟机里发起的存储访问请求（特别是文件与对象存储）。

这样我们在软件定义数据中心里就有了至少 6 个独立的网络，即一对管理（Management）

网络加上一对存储（Storage）网络，以及一对租户（Tenant）网络。其中的存储网络和租户网络根据实际的带宽性能等要求，可以额外扩充。在这个基础上，我们再逐一展开对软件定义网络中高可用性设计的各种技术与方案的介绍。

8.4.1　网络虚拟化

如果说狭义的软件定义网络（Software-Defined Networking，SDN）为网络管理提供了更高的灵活性，网络虚拟化（Network Virtualization，NV）则彻底将租户网络（虚拟网络）从物理网络基础设施中解放（Decouple）了出来。虚拟网络（或逻辑网络）的地址空间（二层 / 三层）完全独立于底层的物理网络，根据需要简单配置就可以实现。不同于狭义的软件定义网络，网络虚拟化是一种端到端（End-to-End）的解决方案，其实现完全独立于网络中的物理网络设备。通过 SDN 控制器与虚拟交换机之间的协作，虚拟网络可以在不同物理网络间自由地动态迁移，也可以对其进行快照与恢复操作。关于网络虚拟化的详细介绍可以参见前面的章节。

目前市场上主流的软件定义网络产品提供了对网络虚拟化技术的支持，具体支持的类型或多或少。例如 VMware/Nicira NVP 支持的类型包括 VXLAN（如图 8-11 所示）和 STT（如图 8-12 所示）；微软 Hyper-V/System Center 支持的类型是 NVGRE；IBM DOVE 支持的类型

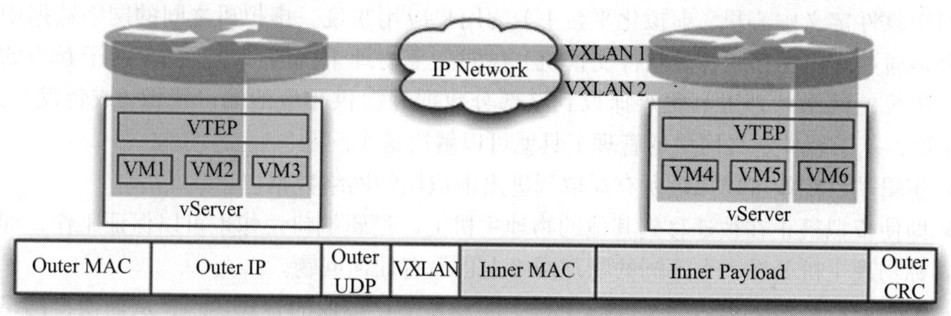

图 8-11　网络虚拟化：VXLAN

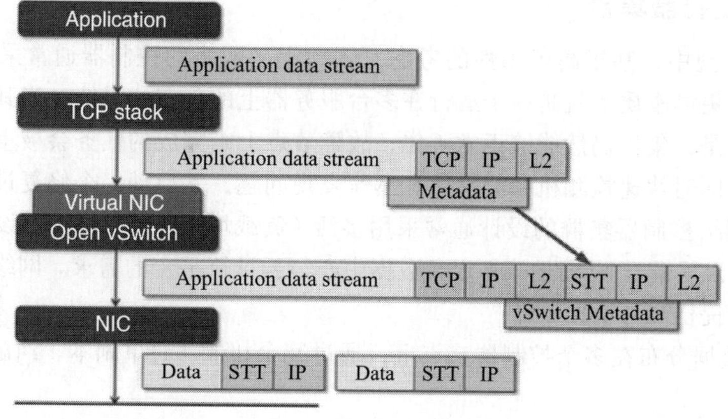

图 8-12　网络虚拟化：STT

是 VXLAN（与 NVP 的具体实现略有不同）。网络虚拟化使得租户应用系统直接依赖的网络变成了虚拟网络，而虚拟网络的一个重要特性就是可以很方便地在不同的物理网络上被复制、镜像、快照，从而提供逻辑层面上的高可用性。网络虚拟化的思路是基于虚拟交换技术，通过部署在虚拟化主机上的虚拟交换机作为网络分界，对用户数据包进行封装、解包和虚拟路由。软件定义网络的高可用性设计很大程度上是基于网络虚拟化技术的，包括下文将将提到的逻辑端口镜像等。

8.4.2 逻辑端口镜像

广义的软件定义网络支持许多虚拟网络的并存（云规模）：在每一个虚拟网络中，都有一个独立的逻辑网络交换机以及与之匹配的许多逻辑网络端口。逻辑端口主要用于连接租户虚拟机的网卡端口，此外也用于连接其他虚拟网络或外部物理网络。目前不少的网络虚拟化控制器产品（例如 NVP）都提供了一种称为端口镜像（Port Mirroring）的功能，允许复制所有经过（进入或流出）某个逻辑端口的数据包，并将其转发到指定的网络端口或地址。虽然在设计之初多用于监控和故障分析的场合，这一特性也可以被用于软件定义网络的高可用性保障。

对于软件定义中心里（虚拟化平台上）的用户应用来说，虚拟机之间的网络数据中相当一部分是通过虚拟交换机（或软件交换机）在同一个物理主机内部流转的。对于新型的应用来说，传统的网络管理工具很难抓取到这部分数据并提供相应的端口镜像（或转发）支持。相对来说，基于软件定义网络的管理工具就可以解决这个问题：

- 逻辑端口镜像可以保证所有抓取到进出虚拟机的网络数据包。
- 即使虚拟机正在被迁移到其他的物理主机上，逻辑端口镜像也可以保证工作，即使目标物理主机处在一个不同的物理网络上也没有任何问题。
- 逻辑端口镜像可以以完全兼容于传统的物理端口镜像的方式实现，从而使得网络管理工具之间实现无缝衔接。

8.4.3 网络控制器集群

在实际的实现中，基于高可用性的考虑，软件定义网络的控制器通常采用集群方式实现。网络控制器集群本质上就是一个运行在多台服务器上的分布式系统：当其中一个或数个控制器节点失效是，集群仍然能够正常工作；故障节点上未完成的任务会被重新分发到正常工作的节点上；同时快速检测机制能够保证迅速发现问题，并启动一个修复过程来恢复或替代故障节点。网络控制器集群的设计通常采用多活（负载均衡）的高可用性设计，并保证良好的可扩展性（云规模），以满足软件定义数据中心与云计算平台的需求。网络控制器集群通过以下一些机制提供高可用性保障：

- 持久化数据分布在多个控制器节点上，通过冗余机制（简单副本、纠删码等）避免数据丢失。
- 集群中的控制器节点之间通过心跳机制互相监视，这样的机制能够保证一旦某个节点发生故障，与之关联的节点就能迅速做出反应。

- 一个典型的集群包含至少三个节点，并采用一些分布式系统技术来解决可能发生的决策冲突问题。

任何多节点的高可用性设计都会不可避免地面临同一个问题——决策分裂（Split Brain）。这种情况发生的时候，一个集群会被划分为两个（或多个）子群，子群之间无法相相互通信。这样一来，其中任何一个子群都可能认为其他子群中的节点都已经发生故障，并试图获取控制权。突破这种困境的方法有很多，我们以 VMware/Nicira 的 NVP 为例，为读者简单介绍其中一种：领袖选举（Leader Election）。系统正常工作时，某个控制器节点被选为领袖节点，选举过程在集群的所有节点中进行。注意这里的领袖节点并不是固定的，而是可以基于每个任务（或角色）选举的（相对于节点粒度来说）。选举机制可以参考 Apache 的 ZooKeeper——一个得到广泛应用的分布式系统工具，这里就不展开详细介绍了。选举出来的领袖节点负责将任务分发到其他的控制器节点，并监视其健康状况。选举通常采用多数机制，从而保证不会有两个（或多个）节点被同时选为领袖，避免决策分裂问题。因此，领袖选举机制工作的前提就是集群中多于一半的节点仍然正常工作。

8.4.4 网关服务的高可用性

一般情况下，运行在软件定义网络上的用户应用只需要虚拟网络（逻辑网络）内部的连通性，然而也有一些虚拟机同时需要访问外部物理网络。软件定义网络的网关（Gateway）提供的服务就是连接软件定义数据中心租户的虚拟网络和数据中心的物理网络。网关通常就是一个部署了网关服务（Gateway Service）软件的服务器，有多块物理网卡以连接不同的网络。网关内部通常包含一个虚拟 / 软件交换机（如 Open vSwitch），用于支持网络数据包的封装 / 解包工作。来自虚拟网络的数据包传递到物理网络之前是需要进行额外封装（Encapsulation，如 VXLAN）的。经过封装的数据包无法被物理网络中的节点直接消费，因此需要网关先对其进行解包（De-Capsulation）处理。反过来说，从物理节点发出的数据包，也需要通过网关进行封装再传递给租户虚拟网络中的虚拟机。

网关服务通常有两种类型，分别服务于二层网络（L2）和三层网络（L3）的连通性。租户虚拟网络中的虚拟机连接到逻辑交换机，逻辑交换机连接到逻辑路由器，逻辑路由器绑定到某个网关服务，网关服务包含一个或多个网关节点。如果某个网关服务配置了多个网关节点，这些网关节点就组成了一个高可用性集群，所有通过这个网关服务连接外部网络的租户虚拟机就拥有了具有高可用性保障的物理网络连接。

网关服务提供的高可用性可以是单活（Active-Passive）的，也可以是多活（Active-Active）的。NVP 目前提供的就是基于单活的设计，即任何时候数据都只可能通过一个网关节点，这样的设计是为了避免网络包的循环投递。活跃（Active）网关节点的选择通过二层以太网的持续故障检测（Continuous Fault Monitoring，CFM）机制进行，具有最小 CFM 标识（ID）的就被选为活跃节点，此时其他所有网关节点都会拒绝任何来自虚拟网络的包转发请求。当活跃节点失效时，CFM 检测会迅速发现故障并重新选择活跃节点。这一过程甚至不需要通过网络控制器集群，也就是说网关服务的高可用性实际上是不依赖于网络控制器的。

（1）二层（L2）网关服务的高可用性

二层网关服务为租户虚拟机提供与外部网络之间的二层（即以太网）的连通性，即使虚拟机所在的物理主机与访问目标并不在一个物理二层网络中。二层网关服务实际上提供了一种二层网络拓展机制，允许软件定义数据中心里甚至跨数据中心的任意节点被连接到同一个二层网络中。

如上文所述，对于每一个二层网关服务来说，任何时间都只有一个活跃网关节点。网关服务把来自虚拟网络的数据包转发给活跃网关节点；来自外部网络的数据包则由活跃网关节点转发给服务节点。为了避免网络包循环，其他的网关节点在同一时间都处于禁用状态。二层网关服务一方面要负责活跃节点失效时的快速领袖选举过程，另一方面也要负责检测外部二层网络的变化，例如检测多个广播域的合并或者当前广播域的重新划分等。

（2）三层（L3）网关服务的高可用性

三层网关服务为租户虚拟机提供与外部网络之间的三层（即 IP 层）的连通性。这样的连通性通常是由网络地址翻译（Network Address Translation，NAT）机制实现。相对于二层网络服务来说，三层网关节点所在的物理主机与访问目标只需要三层的连通性，并不要求在一个二层或三层广播域中。在软件定义数据中心里，三层网关服务相对来说有着更好的普适性。那么在三层网关服务的高可用性设计中，故障检测和快速恢复如何工作呢？

与二层网关服务稍有不同，三层网关服务为每个连接的逻辑路由器配置一对网关节点：主（Primary）网关与副（Secondary）网关。主网关负责为所有来自租户虚拟机的网络数据包提供地址翻译和路由服务，同时也要对副网关上的路由信息以及地址翻译信息保持同步更新。对于不同的逻辑路由器来说，其主网关被分配到不同的网关节点上，从而实现负载均衡的目的。NVP 这一设计的独特之处在于巧妙结合了单活（单一逻辑路由器）与多活（全系统）的高可用性设计思路。

以 NVP 的三层网关服务为例，其网关节点的故障切换是基于虚拟机交换机（即 Open vSwitch）的高可用性设计。具体来说，一个 Open vSwitch 高可用性守护进程（High Availability Daemon，HAD）被部署在所有的 NVP 网关节点。当守护进程检测到主网关故障时，会将其标识为失效节点，然后副网关会接手所有主网关负责的逻辑路由器，并负责处理所有后续的网络流量。由于副网关上有同步更新的路由信息与地址翻译信息，故障切换过程对于后续的数据包处理来说是完全透明的。

8.5 软件定义数据中心的高可用性

前面几节中，我们为读者逐一介绍了 SDC、SDS 与 SDN 中的高可用性设计。在这一节中，将讨论如何通过对这些局部方案的有机整合，实现软件定义数据中心中高可用性保障的一体化解决方案。一个重要的目标就是要提供基于租户粒度（Per-Tenant）的、为每个用户应用程序 / 系统单独服务的高可用性方案。在这里高可用性方案要保护的对象是某个用户应用所依赖的虚拟基础设施，包括虚拟机、虚拟存储以及将其连接在一起的虚拟网络等。

8.5.1　整合的解决方案

作为新方向，目前来说还没有一个很完整的针对整个软件定义数据中心的高可用性产品或解决方案，业界对这一领域的探索也刚刚开始。在这一小节中，我们首先为读者描述一些总体设计理念。水平所限，内容本身并没有很完整的系统性，只是希望借此与读者分享一下设计蓝图和愿景，希望能够起到抛砖引玉的作用。为了简化起见，我们暂不考虑跨数据中心（或地理距离）的高可用性方案，相关内容将在后续小节中介绍。

在软件定义数据中心里，每一个租户应用系统都运行在一个独立的虚拟基础设施上。高可用性正如其他一些功能特性（如压缩、去重、镜像）一样，作为服务（Service）的形式提供给租户。租户可以自由选择是否需要以及需要何种类型何种级别的高可用性服务。高可用性服务作为一项虚拟应用（或配置），可以动态部署并关联到租户的虚拟基础设施。最终的目标是通过保护虚拟基础设施，从而保护运行中的租户应用程序。

作为虚拟基础设施中的计算组件，得益于计算虚拟化（软件定义技术）十余年来的蓬勃发展，虚拟机本身的高可用性保护技术（以 VMware HA 与 FT 为代表）发展已经相当成熟，同时针对虚拟机集群（分布式应用）的保护技术也有着不错的进展。

处于枢纽地位的网络组件（连接其他组件），随着这两年软件定义网络与网络虚拟化技术的大热，在业界也已经有一些相对成熟并持续改进的产品，例如 VMware/Nicira NVP、Cisco ONE Controller 等。这些产品提供的技术可以将虚拟网络从物理网络中完全解放出来，而且与虚拟机（计算虚拟化）已经有着很好的整合与衔接。虚拟网络的拓扑与配置管理非常灵活，可以很方便地进行复制或动态迁移。而且网络虚拟化也提供了跨数据中心（地理距离）的连接能力（基于三层网络的二层覆盖网络）。

最后负责用户数据持久化的存储组件，特别是软件定义存储的发展相对较晚，目前的技术与产品普遍都不是很成熟。市场上多数存储产品对多租户模式（Multi-Tenancy）的支持尚不完整，而这一点对于软件定义数据中心与云计算平台是至关重要的。此外存储产品基本上也不支持软件定义网络（网络虚拟化）的接入，与软件定义数据中心里其他组件的互操作不足。目前面世的一些软件定义存储产品，其路线图与愿景也都还不是很完整。好消息是目前主流的存储提供商非常重视这一块发展，我们期望在不久的将来会有更多的功能特性（例如 EMC ViPR 愿景中的高可用性即服务（HA as a Service））可以支持更灵活更具扩展性的高可用性保障方案。

只有这些孤立的组件并不足以组成完整的高可用性解决方案，特别是对复杂的分布式应用来说。我们需要一个更高层次的管理软件栈来负责协调所有的组件，即需要一个支持动态部署的高可用性服务实例，来负责每一个租户虚拟基础设施的保障工作。这个高可用性服务实例由软件定义中心的中央管理器按需部署并负责管理，负责与每一个组件对应的控制器协同工作，使其按照期望的工作流程执行任务，从而保证互相之间的状态一致性。这些组件控制器包括软件定义计算的控制器（如 VMware vCenter）、软件定义网络的控制器（如 NVP）、软件定义存储的控制器（如 ViPR）以及流程控制与自动化模块的控制器等。

8.5.2 持续可用性

持续可用性（Continuous Availability，CA）指的是将高可用性与灾难恢复（Disaster Recovery，DR）整合在一起的解决方案，旨在为用户的关键服务或应用提供高标准的 24×7 的跨数据中心（地理距离）的高可用性保障。在持续高可用性的保障模式下，所有来自应用程序的操作都必须在两个异地节点上同步执行。持续可用性模型的基本要求就是在地理上分开的两个节点上，保证两个完全一致的应用实例并发运行。这要求在两个分布式的节点上提供一个高效的同步机制，而且需要相对较低的网络延时（以 VPLEX 为例必须不超过 5ms）。软件定义数据中心完整的持续可用性方案基于 EMC VPLEX Metro（保护存储），VMware FT 或 VMware HA(保护虚拟机）以及 NVP 软件定义网络平台（保护虚拟网络），如图 8-13 所示。

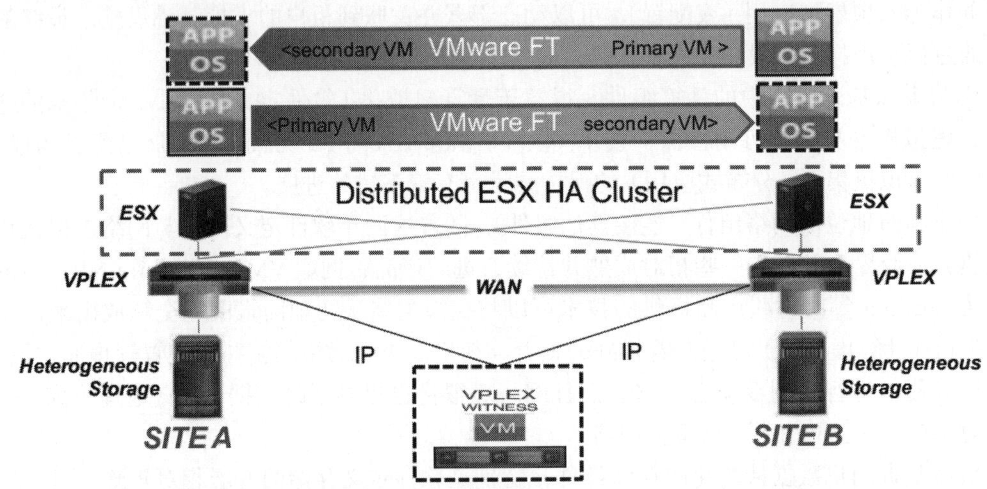

图 8-13 持续可用性：VPLEX+vSphere+NVP

为了提供透明的故障恢复机制，异地节点之间首先需要完全同步的数据共享存储。VPLEX Metro 通过与 vSphere 的协同工作，很好地满足了这个需求，在最长可达 100 公里的距离内，允许用户在两个异地节点同时进行存储读写操作。VPLEX 提供的分布式全局缓存技术能够很好地为存储层面的高可用性提供保障。这种保障是基于双活模式的，同时提供了负载均衡的能力。

其次要考虑的是针对计算层面的保护，在软件定义数据中心的场景中也就是针对虚拟机的保护。VMware FT 能够很好地满足这个需求，通过将主虚拟机与影子虚拟机分别部署在主节点和灾备节点上，提供无停机时间的高可用性保证。如果用户希望降低成本，并可以接受一定范围内系统停机恢复，则也可用 VMware HA 替代 VMware FT。

持续可用性架构的最后一块需要考虑针对网络层面的保护。在传统的持续可用性部署中，需要保证两个节点部署完全一样的物理网络基础设施以及共同的 IP 地址分配，使得完全一样的应用实例可以在两个节点无缝运行。在软件定义数据中心，这一点约束可以通过软件定义网络解除。这里我们可以在两个节点部署 NVP，通过网络虚拟化提供完全一致的虚拟网络配置，同时可以将两个节点的 NVP 通过 MDI（Multi-Domain Interconnect）机制连接在一起。以 VXLAN 与 STT 为代表的网络虚拟化技术提供了基于三层网络的二层网络覆盖技术（即 L2 over L3，也就是 Network Virtualization Overlay for Layer 3，nvo3），可以基于 Internet 的 IP 层提供经过封装的虚拟二层网络。此外如果应用需要外部网络（如 Internet）的访问，可以为其配置 NVP 的三层网络（L3）网关服务，并为两个节点的网关配置高可用性服务，满足一致的网络访问性。

8.5.3 分布式快速数据恢复

如今的数据中心有着许多种类的数据保护技术，包括备份、镜像、复制、虚拟机快照、存储检查点（Checkpoint）等。举例来说，EMC/VMware 已经有了从存储保护（如 EMC Avamar、VNX SnapSure）到网络保护（如 EMC NVP），再到计算保护（如 VMware Snapshot、HA、Replication）的各个层面的数据保护技术。这些技术有着一个共同特点，就是它们只负责保护用户应用程序的一部分状态。而实际上用户需要的是一个全面的提供保障一致性的运行状态保护方案，能够为任何（分布式）应用程序所依赖的基础设施（计算、存储、网络等）创建一致的运行状态快照。无论发生任何故障，都可以保证从最近的一致性状态快速恢复并继续执行。恢复过程可以在任何时间、任何地点进行，对运行中的应用来说应该是完全透明的。

把传统的数据保护技术整合起来并不是一件容易的事，对于运行在传统数据中心分布式快速数据恢复如图 8-14 所示。物理基础设施上的应用来说尤其如此。随着虚拟化技术的蓬勃发展以及软件定义数据中心的兴起，实现一种面向运行在软件定义数据中心里的任何应用的、具有很大灵活性的应用程序运行状态保护机制，已经越来越有可行性了。这里描述的解决方案针对应用所依赖的虚拟基础设施，包括计算组件（虚拟机）、存储组件（逻辑卷或文

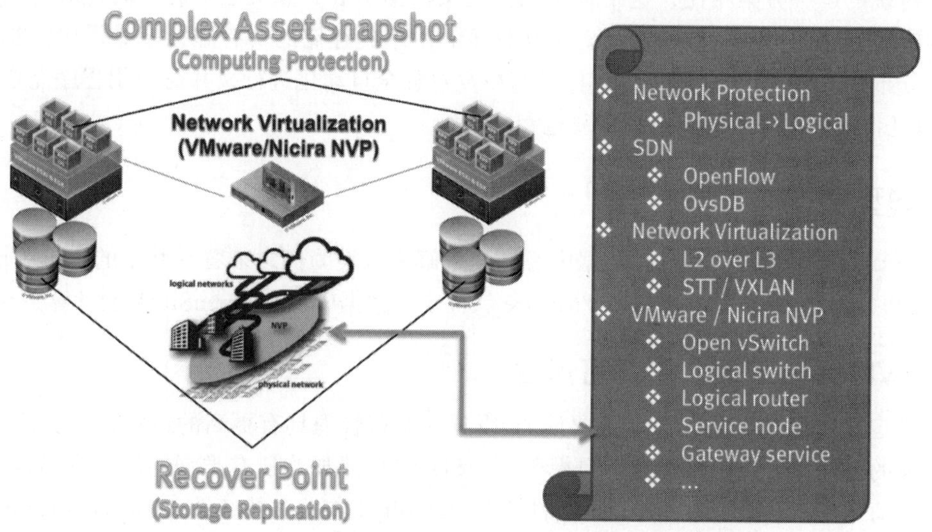

图 8-14 分布式快速数据恢复：RecoverPoint+vSphere+NVP

件共享目录）以及网络组件（虚拟网络），虚拟存储被关联到虚拟计算，并由虚拟网络提供数据连接。全面的应用状态保护方案基于三项核心技术：

1. 虚拟机（集群）快照

虚拟化计算组件通过虚拟化平台提供的虚拟机（集群）快照技术保护。虚拟机（集群）快照技术对集群中所有的虚拟机予以状态保护，同时保护集群中的网络通信。该技术由 EMC 研发并已被 VMware 采用，即将在下一代虚拟化产品中发布。目前方案的局限性在于只支持在本地（同一物理设施）恢复应用运行状态，基于两个原因：没有存储数据复制技术；与物理网络紧密耦合。

2. 持续数据保护（存储复制）

EMC RecoverPoint 提供持续数据保护（Continuous Data Protection，CDP），支持通过同步 / 异步模式的复制保护块存储。对于写入块存储的数据，CDP 记录数据变化并写入日志。CDP 日志记录每一次单独的写操作，相当于每次写操作后产生一个检查点。故障发生时，CDP 日志机制允许将存储数据恢复到任一检查点。

3. 软件定义网络与网络虚拟化

VMware/Nicira 的 NVP 提供了一个灵活强大的软件定义网络管理平台。网络虚拟化技术（VXLAN/STT）使得租户网络从物理基础设施中完全解放出来，使得应用程序所依赖的网络可以自由迁移。软件定义网络技术提供了更灵活的网络管理、配置与迁移功能，只要通过对虚拟网络边界（Network Virtualization Edge，NVE）的简单配置，就可以支持虚拟网络拓扑的异地恢复。

与传统的解决方案相比，这个基于软件定义数据中心的方案至少有三大优势：1）支持全面的应用程序运行状态保护，涵盖了从计算、网络到存储的所有虚拟基础设施；2）适用于任何分布式（或单机）应用程序，保护与恢复过程全自动化进行，并对应用程序完全透明；3）允许任何时间在任何地点启动恢复过程。

8.6　典型实现

这一节中，我们以软件定义数据中心的两个解决方案为例，来看看其中的高可用性设计是如何考虑的。这两个方案分别是 VMware 软件定义数据中心和 OpenStack 云计算平台。

8.6.1　VMware SDDC 的高可用性

软件定义数据中心的宗旨就是要使 IT 服务的发布管理具有更高的灵活性、更低的费用以及更强的可靠性。就可靠性这个目标而言，SDDC 就是要为所有类型的用户应用程序提供全新的自动化基础设施服务，即高可用性（Availability）与业务持续性（Business Continuity）的有效保障。

针对高可用性与业务持续性的传统解决方案已经有不少，但是不管是从软硬件采购的角度，还是后期运行维护的角度来说，它们的一个共同特点就是既复杂又昂贵。此外正如我们在前面提到过的，这些传统方案通常对用户应用程序有着很高的要求，因此无形之中会将许多用户需求拒之门外。

VMware 的 vCloud Suite 发布于 2012 年的 VMworld 全球技术大会，提供了涵盖软件定义数据中心与云计算平台的一体化解决方案。vCloud Suite 为用户关键应用提供了一系列用于保障高可用性的产品、功能与方案。这些产品中首先包括了前文提到的 vSphere HA and VMware FT，当发生本地基础设施故障时为用户应用提供自动化的高可用性保障（详情参见 8.2 节）；此外还包括了 vSphere Data Protection（VDP）和 vSphere Replication（VR），用于提供备份与复制等数据保护机制；最后组件中还提供了 vCenter Site Recovery Manager（SRM），用于协调故障发生后整个灾难恢复过程。

相对于传统灾难恢复（Disaster Recovery，DR）方案的高（技术 / 成本）门槛，vCloud 组件提供了一整套产品，旨在提供低成本、高可靠性以及灾难恢复全自动化的解决方案。全新的解决方案针对的是软件定义数据中心与虚拟化数据中心，是软件定义数据中心里高可用性保障的一个重要组成部分。VMware 的方案主要包含两方面的技术：数据复制与灾难恢复自动化。

1. 数据复制技术——vSphere Replication

数据复制技术是灾难恢复的重要基石，用于避免数据丢失。保证主节点发生故障时，灾备节点能够找到数据的副本。传统的数据复制技术（例如 VNX Replication）提供的是基于存储阵列（array-based）的方案，通常由存储厂商提供。相对于传统方案存储产品的紧密耦合（EMC RecoverPoint 是个例外），vSphere Replication 是业界首个基于虚拟化平台的数据复制产品，其独立于后端的存储产品，具有更好的普适性。作为软件定义数据中心的有机组成部分，vSphere Replication 是一个纯软件实现的应用，允许进行虚拟机粒度（VM-based）的数据复制。作为 VMware 软件定义数据中心里提供高可用性保障的一项关键技术，vSphere Replication 提供了以下一些重要的功能与特性：

- 从物理存储基础设施抽象出来的纯软件解决方案，为虚拟机的数据保护提供了最大程度的灵活性（硬件无关），虚拟机的数据保护可以跨存储厂商、跨不同类型存储（如 FC SAN 和 NFS）、跨地理位置（Location）。
- 提供基于虚拟机粒度（相对于 LUN 粒度）的数据复制技术，意味着保存在同一 LUN（Datastore）上的虚拟磁盘（VMDK）不再需要被捆绑在一起。

基于存储阵列的数据复制技术显然无法满足这些需求。当然在相当长的一段时间内，传统技术在软件定义数据中心里仍然会占据一席之地，特别是服务于一些遗留的关键应用。此外我们也应该认识到，一些传统产品自身也在不断进化发展，以更好地融入软件定义数据中心。例如 EMC RecoverPoint 本身也有着跨存储平台的灵活性。更值得一提的是，正在开发中的专为虚拟化设计的 RP/VE（Virtual Environment）版本对虚拟化平台与软件定义数据中心有着更好的支持，可以作为 vSphere Replication 之外一个不错的选项。

2. 灾难恢复自动化——vCenter SRM

完整的灾难恢复方案中，完成数据复制仅仅是走完了第一步（保证无数据丢失），更重要的是灾难发生后，如何协调主节点与灾备节点，以自动化的方式协调整个数据与应用恢复过程。这个复杂的恢复过程包括以何种顺序在灾备节点启动关键的服务与应用程序以保证依赖性，如何配置虚拟机的 IP 地址以保证网络持续性等。vCenter SRM 正是一个通过协同整合所有组件、完成灾难恢复的自动化解决方案。SRM 通过与前面提到的各种用于数据复制的产品的协作来完成数据的恢复。同时 SRM 还提供了模拟测试的功能，用以验证方案的有效性。SRM 可以模拟一个故障发生的事件，并在不干扰主节点用户应用正常运行的前提下，通过灾备节点完成灾难恢复的整个过程测试。

8.6.2 OpenStack 的高可用性设计

对于主要的基础设施组件服务（如 Nova、Keystone 等），OpenStack 号称能够保证达到 99.99% 的高可用性，俗称"四个九"。然而对于运行在云计算平台上的用户实例（虚拟机），OpenStack 并不提供直接的高可用性保障。对于 OpenStack 的高可用性机制来说，如何避免单点故障首先要区分一个服务是状态相关（Stateful）还是状态无关（Stateless）的。

1. 状态相关（Stateful）vs. 状态无关（Stateless）服务

状态无关的服务提供一问一答的请求模式，且服务请求之间互不关联。为状态无关服务提供高可用性设计比较简单，只需要提供冗余实例以及相应的负载均衡机制。实例之间通常采用多活（Active-Active）模式：请求通过虚拟地址（Virtual IP）和 HAProxy 进行负载均衡。OpenStack 中状态无关的组件服务包括 nova-api、nova-conductor、glance-api、keystone-api、neutron-api 和 nova-scheduler 等。

状态相关的服务提供系列问答的请求模式，下一个请求（类型 / 内容）依赖于上一次请求的结果。这一类型服务更难管理，因为一个用户动作通常对应了一系列请求，因此冗余实例与负载均衡并不能解决高可用性的问题。OpenStack 中状态相关的组件服务，典型的例子是各个组件的数据库（MySQL）以及消息队列（RabbitMQ）。状态相关服务的高可用性设计首先取决于用户需要单活还是多活的配置。

2. 单活（Active-Passive）模式

在单活模式的高可用性系统中，当故障发生时，系统会将备用组件上线用来替代故障组件。举例来说，OpenStack 会在主数据库之外，同时维护一个灾难恢复（Disaster Recovery）数据库。这样当主数据库失效时，备用的数据库就可以快速上线运行。OpenStack 针对状态相关服务的单活模式的高可用性设计，通常需要部署一个额外的应用例如 Pacemaker 或 Corosync 来监视组件服务，并负责故障发生时将备用组件上线。

OpenStack 推荐的高可用性部署依赖于 Pacemaker 这样的集群管理软件栈。配置

OpenStack 组件服务的时候，包括网络组件（Neutron DHCP Agent、L3 Agent 和 Metadata Agent），都需要加入到 Pacemaker 集群中。Pacemaker 是 Linux 平台上的一个高可用性和负载均衡软件，广泛适用于各种不同的存储和应用程序。而 Pacemaker 依赖于 Corosync 的消息层提供可靠的集群通信，包括基于 Totem 环状结构的排序协议以及基于 UDP 的消息队列、选举和集群成员管理机制等。Pacemaker 通过资源代理（Resource Agent，RA）与被管理的应用程序之间进行通信，目前原生支持 70 多种资源代理，并提供了良好的可扩展性，支持很方便地接入第三方资源代理。OpenStack 的高可用性配置一部分基于原始的 Pacemaker 资源代理（例如针对 MySQL 数据库和虚拟 IP 地址），一部分基于其他第三方的资源代理（例如针对 RabbitMQ），还有一些为 OpenStack 开发的原生资源代理（例如针对 Keystone 和 Glance）。

除此之外，对于包括数据库（MySQL）和消息队列（RabbitMQ）在内的一些核心组件，高可用性的冗余实例之间需要一种基于数据复制机制的分布式块存储设备支持。EMC 的 RecoverPoint 产品就是一个很好的选择，基于高度可靠的持续数据复制（Continuous Data Replication）机制，支持在多达五个节点之间同时进行数据复制。此外 DRBD（Distributed Replicated Block Device），一个 Linux 平台上的分布式存储系统，也是不错的选择。DRBD 提供了基于软件实现的、无共享的、基于复制的块存储（如图 8-15 所示），经常被用于高可用性集群的设计。DRBD 提供了基于网络的类似于 RAID-1 的数据复制机制。

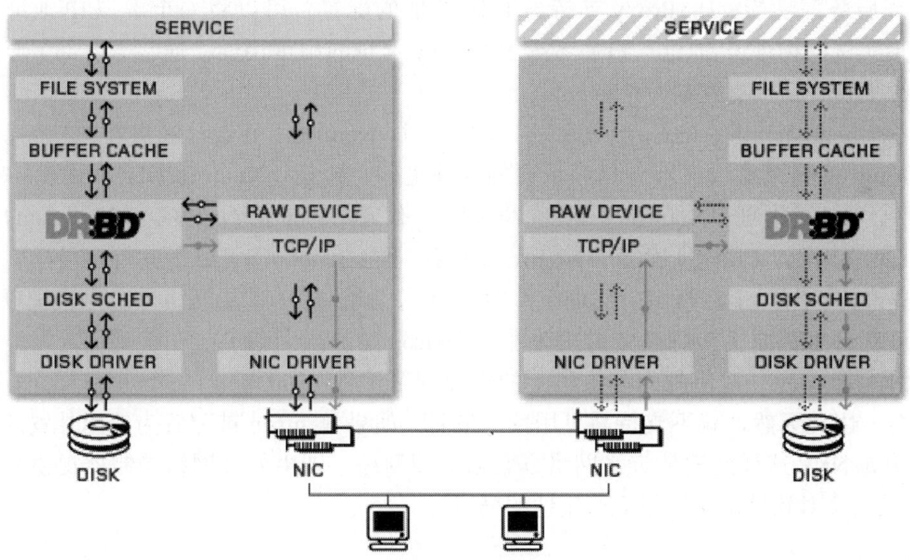

图 8-15 基于复制的分布式块存储（DRBD）

3. 多活（Active-Active）模式

在双活或多活模式的高可用性系统中，所有的组件服务实例都同时上线，并发地对外提供服务。这样一来，某个实例的失效只会造成轻微的性能下降，而不会导致系统停机或数据丢失。概括来说，针对状态相关服务的基于多活模式的高可用性设计，需要在冗余实例之间时刻保持一致状态。比如通过一个冗余实例对数据库的更新，能够立刻同步到其他实例。多活模式的设计通常还包括一个负载均衡管理器，保证将新来的任务分配到相对空闲的服务实例上。至于如何实现上述目标，不同的系统就要“八仙过海，各显神通”了。OpenStack 的高可用性指导文档描述了通常需要考虑的问题，并提供了一些常见的选择。

首先要考虑数据库管理系统的部署，作为高可用性集群的核心组件。我们需要的是多个冗余实例以及为之量身定做的实例间同步机制。一个常见的选择是使用 MySQL 数据库，然后通过部署 Galera 来实现多主节点的同步复制；也可以用 MariaDB 和 Percona 作为 MySQL 的替代，通过与 Galera 的配合实现高可用性。此外，例如 Postgres 这样内置复制机制的数据库产品，以及其他数据库高可用性的方案也可以作为选择。

另外一个需要考虑的核心组件是消息队列。作为 OpenStack 默认的 AMQP 服务器，RabbitMQ 被许多 OpenStack 服务所使用。针对 RabbitMQ 的高可用性设计包括：通过配置 RabbitMQ 使其支持高可用性队列（HA queue），比如为 RabbitMQ Broker 配置一个包含多个 RabbitMQ 节点的集群；配置 OpenStack 服务使用 RabbitMQ 提供的高可用性队列，即至少配置两个 RabbitMQ。

此外，在针对 OpenStack 的高可用性设计中，HAProxy 也得到了广泛的使用。HAProxy 提供了一种快速可靠的解决方案，包含了高可用性、负载均衡、针对基于 TCP 和 HTTP 应用的代理服务等功能。HAProxy 支持虚拟 IP 地址的配置，可以将一个虚拟 IP 地址映射到多个冗余实例的物理 IP 地址。最后考虑 HAProxy 本身的高可用性，通常需要部署至少两个 HAProxy 实例，从而有效避免单点故障。

作为 OpenStack 组件的一个特例，网络组件（即 Neutron）在设计之初就有着高可用性的考虑。Neutron 的重要组成部分是一系列的代理组件，包括：Neutron DHCP 代理；Neutron 二层网络（L2）代理；Neutron 三层网络（L3）代理；Neutron 元数据（Metadata）代理；Neutron 负载均衡（LBaaS）代理。Neutron 的调度器（Scheduler）原生支持多活模式的高可用性，并在多个节点上运行多份代理组件的实例。因此，除了二层网络（L2）代理以外，所有的代理组件也都原生支持高可用性部署。Neutron 的二层网络（L2）代理因为设计之初就是与物理服务器一一对应的，与主机上的虚拟网络组件（如 Open vSwitch 和 Linux Bridge）紧密耦合，因此天然地就不支持高可用性。最后，如果 Neutron 被配置为使用外置的网络控制器，例如 NVP 这样的软件定义网络方案来管理网络，则由外部网络控制器提供高可用性（详情参见前文对软件定义网络高可用性的描述）。

第三部分

解决方案与应用

Chapter9

第9章 总体解决方案

SDDC的概念最早由VMware公司在2012年提出，迄今为止刚过了不到2年的时间。因此，产业界暂时还没有真正的SDDC，众多传统数据中心依然在向SDDC转型的道路上。为此本章所提到的一些方案，仅仅是抛砖引玉，限制于一些主流的SDDC相关技术。本章将首先介绍SDDC解决方案的一些基本要素，接着介绍两个现有SDDC解决方案的具体实例（VMware和OpenStack）。

9.1 SDDC的基本要素

无论是传统的数据中心还是软件定义的数据中心，都需要上层软件的参与。那么“软件定义”实际代表怎样的涵义呢？笔者认为，软件定义应该理解为面向数据中心用户的需求，利用软件灵活地定义且抽象化各种物理资源并呈现给用户使用。为此，SDDC和传统数据中心最大的区别应该在于SDDC是用户驱动的，以用户的需求为导向，软件定义的方法是手段而不是目标。

前面几章分别介绍了软件定义的计算、软件定义的存储、软件定义的网络、自动化资源管理、流程控制、SDDC的安全、SDDC的高可用性等，这些都是构成SDDC解决方案的一些基本要素，如图9-1所示。SDDC和传统的数据中心相比，最大的区别在于存在软件定义的计算、存储、网络。有了这三驾马车后，数据中心就可以给用户呈现更好的体验。举个例子，假

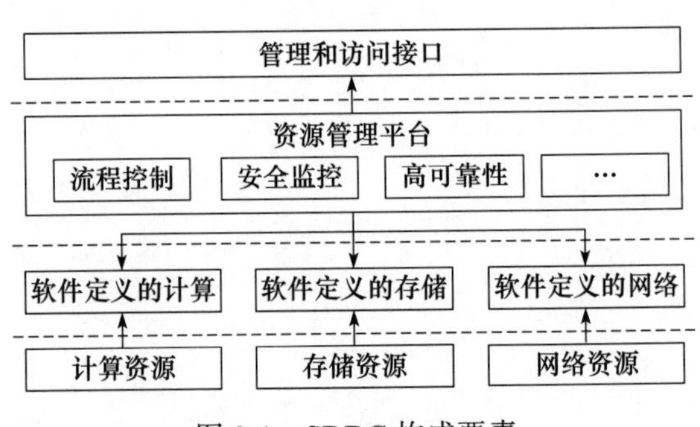

图9-1 SDDC构成要素

设用户需要一个满足以下条件的计算资源（传统数据中心的计算主机，SDDC 中的虚拟机）：CPU　4×2.6GHz；Memory　30GB；NIC　2×1Gb。在传统的数据中心，由于没有相关的计算软件定义化技术，常用的方法是在数据中心寻找合适的主机。但是往往完全匹配用户的需求有一定难度，为此数据中心基本上是提供一些标准的配置。但是使用计算软件定义化手段后（主要利用服务器虚拟化技术），SDDC 提供的虚拟机的配置会比较灵活，另外也提高了数据中心的资源整合。

软件定义的计算、存储和网络是 SDDC 的基础，但是我们依然需要相关的资源平台：①进行对底层资源的自动化管理，为的是进一步整合和利用软件抽象化的资源；②对资源的使用进行流程化的管理和控制；③提供相关的安全服务和监控，以保障用户的虚拟资源以及 SDDC 资源的使用符合 GRC（Governance：治理；Risk：风险控制；Compliance：规则遵从）标准；④利用底层的资源，提供一系列系统方面的增值服务，比如高可用性、高可靠性等服务；⑤提供相关的访问和管理接口，不仅仅给 SDDC 的管理员提供相关的访问和管理接口，也制定了相应的规范，以供 SDDC 管理异构的计算、存储、网络资源，进而提供一系列面向用户的服务，诸如 IaaS、PaaS、SaaS 等。

9.2 SDDC 实例：VMware 解决方案

VMware 针对不同的云（私有云、混合云、共有云）提供了不同的 SDDC 体系架构。VMware 认为在 SDDC 中，应该采用策略驱动的方法提供逻辑的计算、存储和网络服务。这样有以下好处：

- **横跨数据中心的虚拟化经济学**　SDDC 技术可以实现更好的基础设施利用率并能够提高工作人员的生产力水平，大幅降低资本支出和运行成本。
- **业务驱动的应用**　基于策略驱动的配置使得应用程序的启用和部署在几分钟甚至几秒钟之内完成，并且可以动态地进行资源匹配，不断满足工作负载和业务需求。
- **业务感知的 IT 控制**　通过自动化的业务连续性，基于策略的管理，虚拟化感知的安全以及法规遵从可为每一种应用提供可用性、安全性和法规遵从。
- **根据自己的条件设定你的数据中心**　SDDC 可适用于私有云、混合云或公共云，在每种情况下，基础设施的实现完全从应用程序中抽象出来，使得应用可以在多个硬件堆栈、管理程序和云上运行。

图 9-2 给出了 VMware 针对私有云的 vCloud Suite 架构。vCloud Suite 主要提供了以 vSphere 为主的私有云，用于简化 IT 的管理并对所有引用提供最佳的 SLA。从图 9-2 中，可以看出，软件定义计算主要通过 vSphere 及其管理的 ESXi 完成；软件定义存储主要由 Virtual SAN 和基于 vCenter 的 Site Recovery Manager 组成；软件定义网络主要基于 NSX 和 vCloud Networking and Security。相关的管理和自动化平台由以下三个组件完成：vCAC（vCloud Automation Center）、vCenter 管理套件（vCenter Operations Management Suite）、IT 业务管理套件（IT Business Management Suite）。

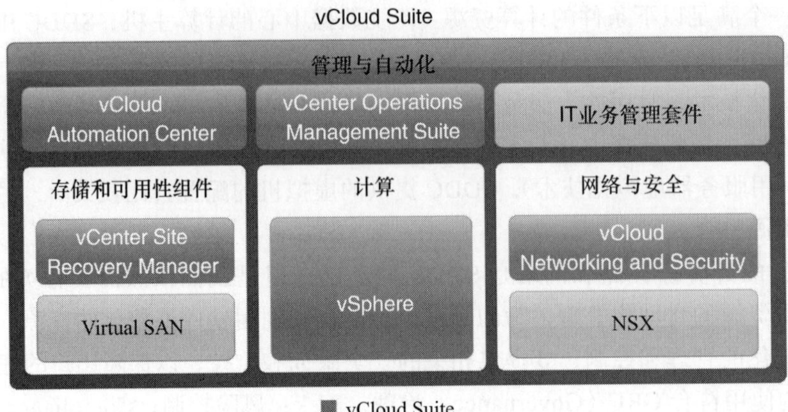

图 9-2 VMware vCloud Suite 架构图

此外 VMware 还提供了 vCloud Hybrid Serice 以针对混合云的服务，在私有云和公有云之间提供无缝连接；此外 VMware 和合作伙伴针对公有云还提供了 vCloud Data Center Service 和 vCloud Powered Service。后面的章节我们将重点关注 VMware 针对私有云的解决方案，根据 vCloud Suite 架构，以 vSphere 为主题（如图 9-3 所示）详细介绍其中一些模块的解决方案。

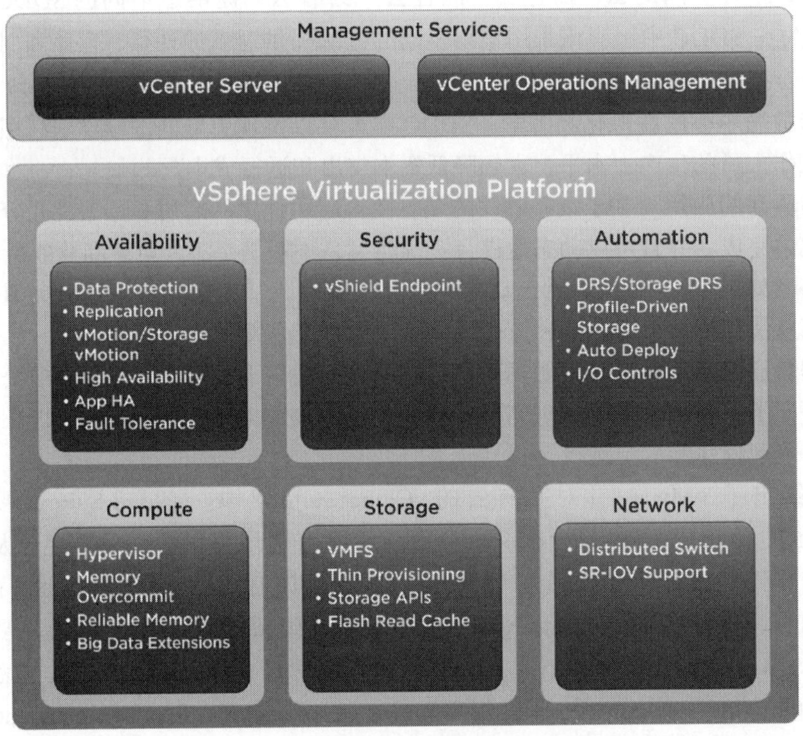

图 9-3 基于 vSphere 管理的虚拟化平台

VMware在软件定义计算、网络以及存储的工作主要集成在vSphere中，首先看一下vSphere（版本5.5）中虚拟化的支持上限，由此可以看出VMware在计算虚拟化方面作为实际的“工业标准”的优势。

（1）CPU配置

1）主机CPU上限：

- CPU逻辑数目为320。
- 主机NUMA节点个数为16。

2）虚拟机上限：

- 单个主机支持的虚拟机数为512。
- 单个主机虚拟CPU个数为4096。
- 单核虚拟CPU个数为32。

3）容错上限：

- 虚拟磁盘为16。
- 虚拟CPU为1/VM。
- 单个虚拟机容错内存为64GB。
- 虚拟机个数为4 VM/host。

（2）内存配置

1）单个主机内存为4TB。

2）支持的swap文件数目为1/VM。

（3）存储配置

1）虚拟磁盘个数为2048/host。

2）NFS mount个数为256/host。

3）Fibre Channel：

- LUN数目为256/host。
- LUN大小为64TB。
- LUN ID为255。

4）通用的VMFS（管理虚拟机磁盘的文件系统）：

- 卷大小为64TB。
- 卷个数为256/host。
- Host个数为16/volume。
- VMFS支持的开机VM个数为2048/VMFS volume。
- VMFS支持的并行VMotion的个数为128/VMFS volume。

（4）网络配置

1）常用物理网卡：

- e1000e（Intel PCI-e）为24。
- igb 1Gb（intel）为16。

- tg3 1Gb（broadcom）为 32。

……

2）VM Direct Path 上限：

- VMDirectPath PCI/PCIe devices 为 8/host。
- SR-IOV virtual functions 数目为 64。
- SR-IOV 10Gbps pNICs 数目为 10。
- VMDirectPath PCI/PCIe devices 为 4/VM。

3）vSphere 标准和分布式软件交换机：

- 虚拟交换机端口数目为 4096/host。
- 分布式交换机数目为 16/vCenter，16/host。

以上仅仅给出了 vSphere 在计算、存储、网络虚拟化方面的可扩展性方面的支持，可见基本满足了用户从物理平台迁移到虚拟化平台的一些资源配置方面的要求。

9.2.1 VMware SDDC 的计算

VMware 计算虚拟化方面的工作主要由 ESXi 完成，第 2 章已经介绍过 VMware ESX 的工作原理，这里不再赘述，本节的重点为 ESXi 的优势和特性。

1）VMware Hypervisor 管理程序占据很小的磁盘空间，使得 ESXi 达到高安全性并且维护代价较低。

2）ESXi 采用了一些软件固化（Hardening）的工作，以保障 VM kernel 和 hypervisor 的完整性。

3）高级内存管理——内存过量承诺（Over Commitment）：ESXi 允许一个主机上虚拟机所用的内存容量超过整个主机的内存容量。比如一个主机的内存有 8GB，上面运行 4 个 VM，每个 VM 分配的内存是 3GB，那么这 4 个 VM，总共占据 12GB 的内存，超过了物理主机 8GB 的内存，这就是过量承诺。过量承诺是有现实意义的，它是为了提高内存的利用率。因为有些 VM 负载较轻，有些较重，并且这些是一直变化的。为了达到这个目标，ESXi 采用了以下的方法学：

- 预留一些内存（Memory Reservation），优先给重要的虚拟机。
- 内存共享（Memory Sharing），目的是去除重复的页面，采用的是虚拟机之间的内存 copy-on-write 机制。不同虚拟机由于运行相同的程序，从而导致一些可读的内存物理页相同，因此可保留一个副本。
- 内存压缩（Memory Compression）：当使用内存过度承诺的时候，ESXi 提供了内存压缩缓存（Memory Compression Cache）来提高虚拟机的性能。内存压缩是默认启用的。当一台主机的内存过量承诺时，ESXi 会压缩虚拟页面，并将它们存储在内存中。由于访问压缩的内存比访问交换到外部磁盘的 swap 文件要快，使用内存压缩缓存不会显著影响性能。当一个虚拟页需要交换时，ESXi 首先尝试压缩页面。页面可以被压缩到 2KB 或更小，然后存储在该页面所属的 VM 的压缩缓存中，这样就增加了主机的内存容量。

- 可靠的容错机制：对单个虚拟机容错的最大内存支持可到64GB。

4）ESXi可支持各种打包和客户定制的应用，如对运行Hadoop也有支持。

9.2.2 VMware SDDC的存储

VMware是一家纯软件公司，不生产相关硬件，但是VMware使用软件的方法提供一系列相关的存储服务。不过VMware的存储基本上是围绕虚拟机磁盘（VMDK）展开。

VMware管理VMDK的文件系统称为VMFS，VMFS可封装底层不同的物理存储（例如Local Storage、SAN、NAS），给上层的虚拟机提供统一的接口，使得VM使用虚拟磁盘永远像主机使用本地磁盘一样，如图9-4所示。此外在VMFS上可建立datastore（逻辑上）的概念，当然datastore亦可建立在NFS上。当然给虚拟机提供相应的虚拟磁盘是最基本的需求，除此之外，VMware还提供了以下功能：

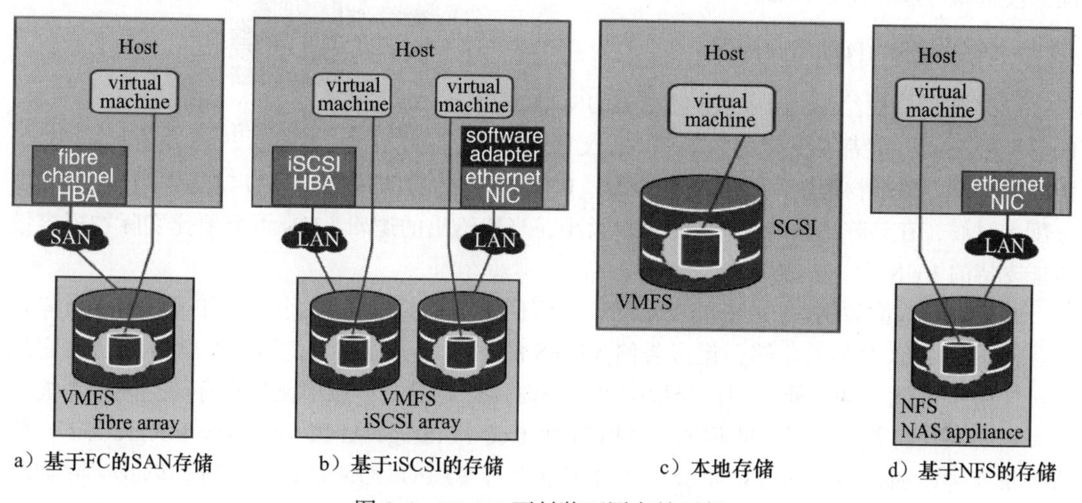

图9-4 VMFS可封装不同存储示例

1. Thin Provisioning（自动精简配置）

自动精简配置是相对于传统的Thick Provisioning（密集配置）而言的，采用的方法学是按需分配存储，以提高存储利用率，而密集配置，则是在一开始直接分配需要的存储。ESXi提供了两种方式的精简配置：虚拟磁盘级别（Virtual-Disk Level）和阵列级别（Array Level）。

2. VMDK级别的自动精简配置

图9-5给出了虚拟机磁盘精简配置和密集配置所带来的区别，此外VMware还提供了一系列精简配置的策略。

1）Thick Provision Lazy Zeroed：根据用户虚拟机对磁盘大小的需求，直接分配所有的磁盘空间，但是不对磁盘进行清零操作。等到用户虚拟机第一次操作磁盘的时候，再进行相关的磁盘清零操作，以防止用户读到非法数据。

2）Thick Provision Eager Zeroed： 和 Thick Provision Lazy Zeroed 策略相似，亦是根据用户需求，直接分配存储空间。但是对磁盘的清零操作在磁盘创建的时候就完成，因此这样创建一个磁盘需要花费很长时间。

3）Thin Provision：不根据用户对磁盘的需求一次性分配所有的磁盘空间，而是按需分配。当虚拟机对磁盘操作的时候，再分配相应的磁盘块并进行清零操作。精简配置的好处是一开始虚拟磁盘能够很快创建。但坏处是，随着用户磁盘空间的增长，管理自动精简配置的元数据也会很快增长，造成空间的浪费和可能的性能下降。

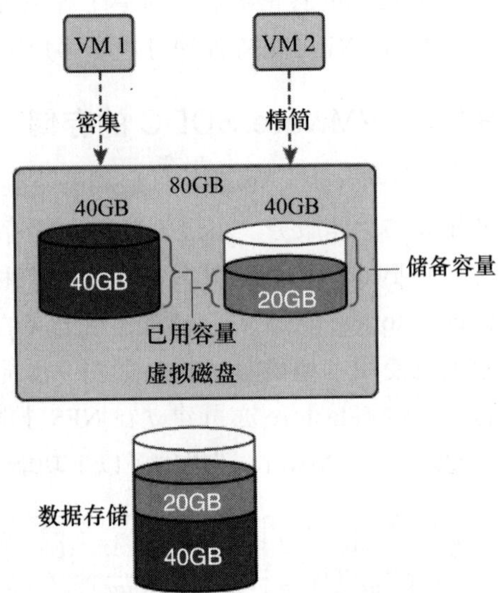

图 9-5 虚拟机精简 / 密集配置比较

3. 阵列级别的自动精简配置

存储阵列提供给 ESXi 主机的传统 LUN（Logic Unit Number）一般都是密集配置。当一个 LUN 被分配好的时候，整个物理空间会被立即分配。ESXi 亦支持自动精简配置的 LUN，当该 LUN 被分配的时候，存储阵列报告 LUN 的逻辑大小，当然给出的逻辑 LUN 可能要比实际物理容量所能支持的 LUN 大。

部署在精简配置的 LUN 上的 VMFS，只可侦测逻辑 LUN 的大小。例如，一个存储阵列实际只提供 2TB 大小的存储，但报告给 VMFS 的逻辑大小是 4TB，那么 VMFS 就认为它最多可使用 4TB 大小的空间。因此当数据增长的时候，VMFS 不能侦测物理存储空间是否能满足其需要。我们需要使用存储相关的 API 阵列集成（Storage APIs for Array Integration），那么主机就可以和物理存储进行整合，并且识别出所使用的 LUN 是精简配置，以及实际物理存储的空间使用情况。

使用精简配置集成，主机需执行以下任务：

- 监控自动精简配置的 LUN，以避免用完物理空间的可利用空间。当你的数据存储增长或者有虚拟机通过 storage vMotion 迁移到该 LUN 上，主机必须和 LUN 所在的物理存储通信，并警告可能出现超出物理空间大小的情况。
- 当 LUN 上的文件被删除或者通过 storage migration 被移走的时候，需要通知阵列，那么该阵列就可以回收和释放相应的存储块。

4. Storage API

存储厂商可以使用 VMware 定义的 VASA API，给 vSphere 提供有关磁盘阵列的特定信息以达到存储和虚拟基础架构之间更紧密的集成。共享信息包括存储虚拟化的细节，例如健康状况、配置、容量和自动精简配置。这种详细信息可通过 VMware vCenter Server 传播给用户。具体来讲，对于存储收集的信息，主要围绕磁盘阵列的特定功能，如快照、重复数据删除、复制状态（Replication State）、RAID 级别、精简配置或密集配置以及存储系统状态（健康、故障排除）等。这样很容易让管理员根据虚拟机创建时所需的容量、性能等细节来选择最合适的存储资源。另外，还可以和其他 vSphere 功能整合，诸如 VMware vSphere 的存储 DRS、基于信息收集分析和驱动的存储。

下面介绍一下常用的功能和 API：

- 阵列集成（vStorage APIs for Array Integration，VAAI）。vSphere 提供了一个 API，把一些存储相关的特定操作卸载给磁盘阵列去完成，这样可提供更好的性能和效率。在 VAAI 支持下，vSphere 可以更快地执行关键操作并消耗更少的 CPU、内存和存储带宽。一些可卸载到存储阵列的操作包括：把存储块复制和清零操作卸载给存储；在存储阵列中，支持空间回收以及自动精简配置超出空间的警告；完全支持 NAS 和基于块的存储。
- 多路径（Multipathing）。通过整合第三方存储厂商的多路径软件来提高存储 I/O 的性能。诸如模块化存储架构，使存储合作伙伴为它们的特定功能编写插件；插件和存储阵列通信，以确定从 vSphere 主机到存储阵列通信选择的是最佳路径，以及利用并行路径来提高 I/O 性能和可靠性。
- 数据保护（Data Protection）。备份软件使用 VMware vSphere API 进行数据保护，实现不中断应用程序和用户业务的可扩展备份。vSphere storage API 的数据保护使得备份软件可以对虚拟机实施中央式的备份，而无需打断虚拟机的运行，并且减少了原本在虚拟机内部进行备份所带来的开销。比如可执行：完整、差异和增量虚拟机映像备份和恢复；使用支持该服务的 Windows 和 Linux 操作系统，可执行文件级虚拟机备份；通过使用 Microsoft 卷影复制服务（VSS）来备份运行 Microsoft Windows 操作系统的虚拟机，可保证数据的一致性。

5. VSA（Virtual Storage Appliance）

VMware vSphere Storage Appliance（VSA）是 VMware 的虚拟插件，在实现中它打包了 SUSE LINUX 和存储集群的服务。VSA 虚拟机运行在多个 ESXi 主机上来抽象安装在各个主机上的存储资源，以组成一个 VSA 集群。VSA 集群提供的数据存储可以供数据中心的所有主机访问。而且可以创建拥有 2 个或者 3 个成员的 VSA，当超过半数的成员上线时，该 VSA 就是在线的。VSA 支持以下功能：

- 创建的 datastore 可以被数据中心的所有主机共享。
- 每个 datastore 都有备份。
- 支持 vSphere vMotion 和 HA。
- 支持硬件和软件的故障转移。
- 可替换 VSA 中失效的成员
- 可恢复一个曾经存在的集群。

图 9-6 给出了 3 种不同的 VSA 配置，主要区别在于是使用集成在 VMware vCenter server 中的 VSA cluster service，还是使用自己管理的 VSA cluster service。

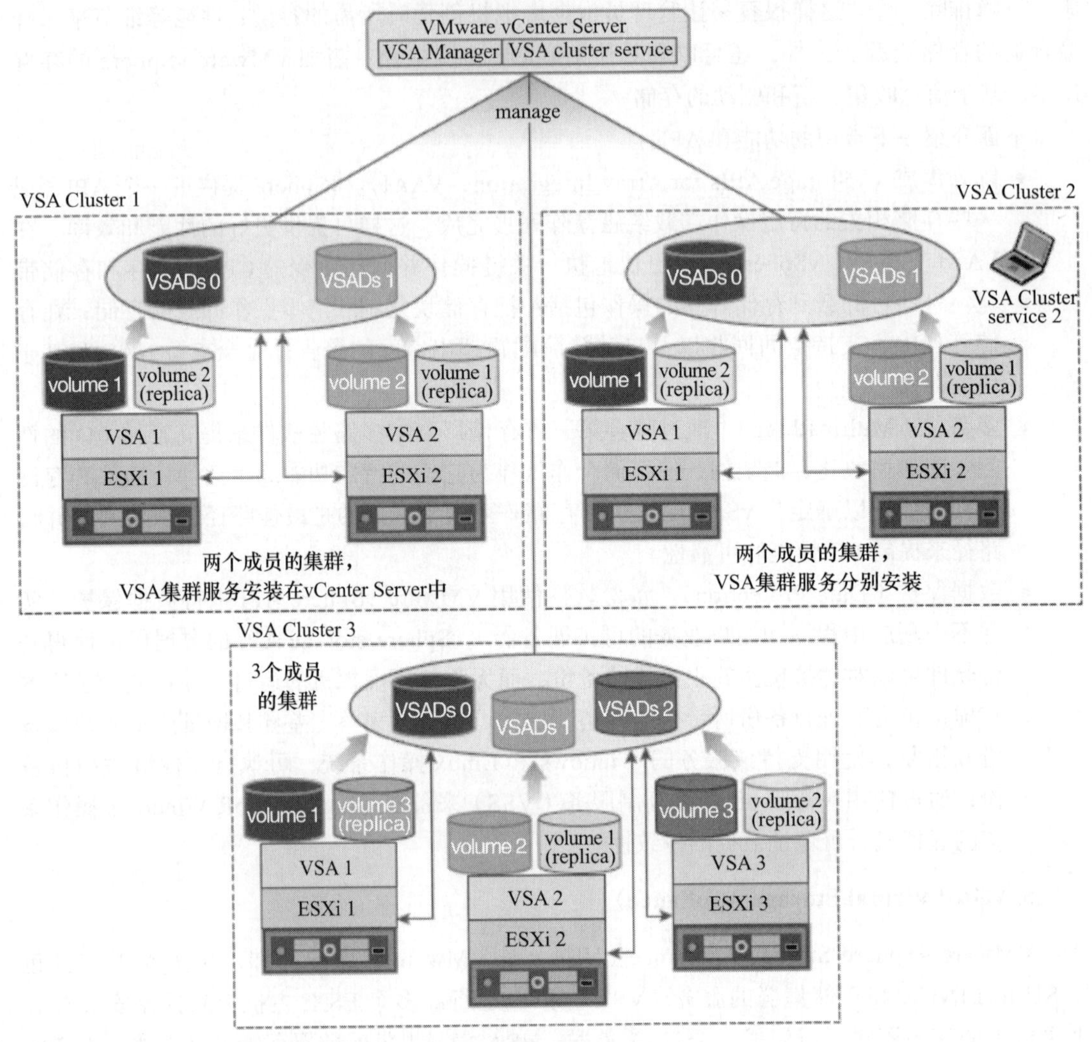

图 9-6　VSA 示例

9.2.3　VMware SDDC 的网络

VMware 在网络方面的工作也是非常强大的，在还没提供虚拟网络服务之前的标准 vSphere 配置中就集成了一些比较重要的组件和功能。

1. vSphere 标准交换机（Standard Switch）和分布式交换机（Distributed Switch）

图 9-7 给出了 vSphere 标准交换机的结构，为了提供主机和虚拟机的网络连接，连接主机的物理网卡（NIC）会连接到标准交换机的上行链路端口，虚拟机把它的网络适配器

（vNIC）连接到标准交换机的端口组中。每个端口组可使用一个或者多个物理网卡来处理它们的网络流量。如果一个端口组没有连接任何物理网卡，那么在这个端口组中的虚拟机不能通过外部网络来进行通信。也就是说如果一个端口组中的虚拟机位于不同的物理机上，这个端口组在相应的物理机上必须接上相应的物理网卡。

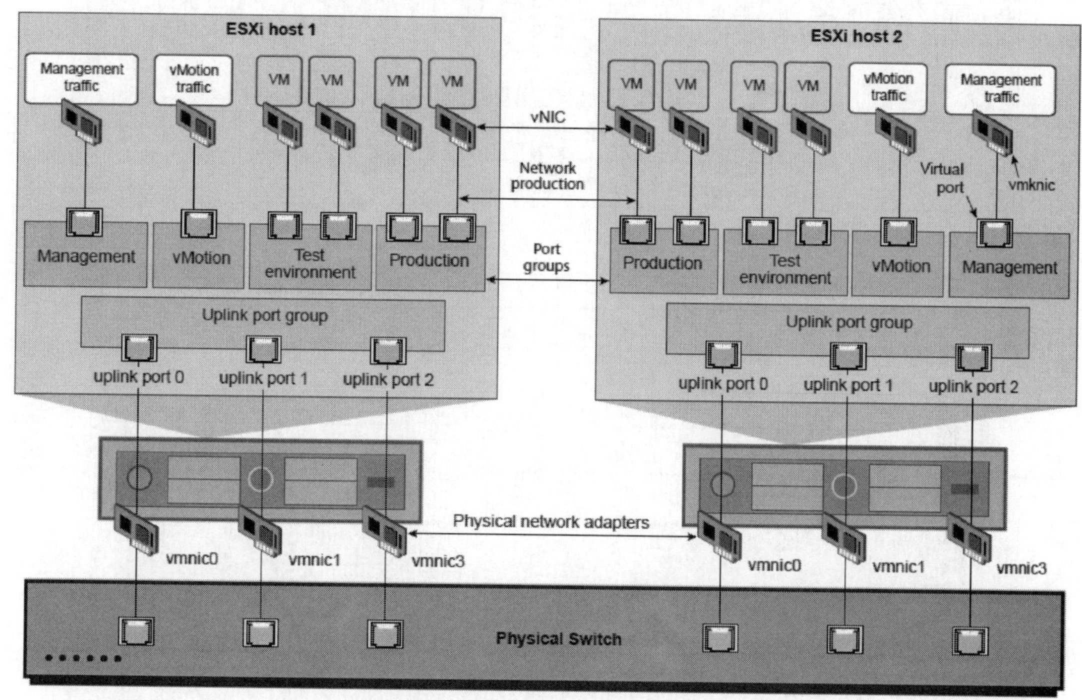

图 9-7　vSphere 标准交换机示意图

图 9-8 给出了 vSphere 分布式交换机的架构图，和标准交换机的区别在于 vSphere 分布式交换机提供集中管理和监控与该交换机相关联的所有主机的网络配置。在 vCenter Server 系统中设置分布式交换机，相关设置会传播到与该交换机相关联的所有主机上。

2. 网络资源管理

在网络资源方面，VMware 提供了一些非常有用的功能：

1）vSphere Network I/O Control：vSphere 提供了一个网络资源池，网络资源池决定了 vSphere 分布式交换机中不同类型网络的带宽。当网络 I/O 流量控制被打开的时候，网络资源的带宽被默认地分成了以下几种类型：Fault Tolerance 流量、iSCSI 流量、vMotion 流量、management 流量、vSphere Replication（VR）流量、NFS 流量和 virtual machine 流量。

2）TCP Segmentation Offload and Jumbo Frames：使用 VMkernel 网络适配器中的 TCP 分段卸载（TSO），以及 vSphere 分布式交换机或 vSphere 标准交换机上的巨型帧，可以提高虚拟机和基础架构工作负载的网络性能。

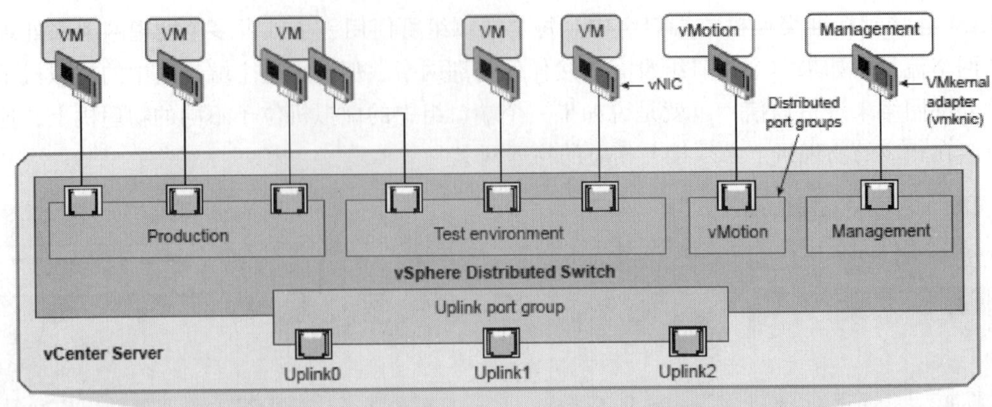

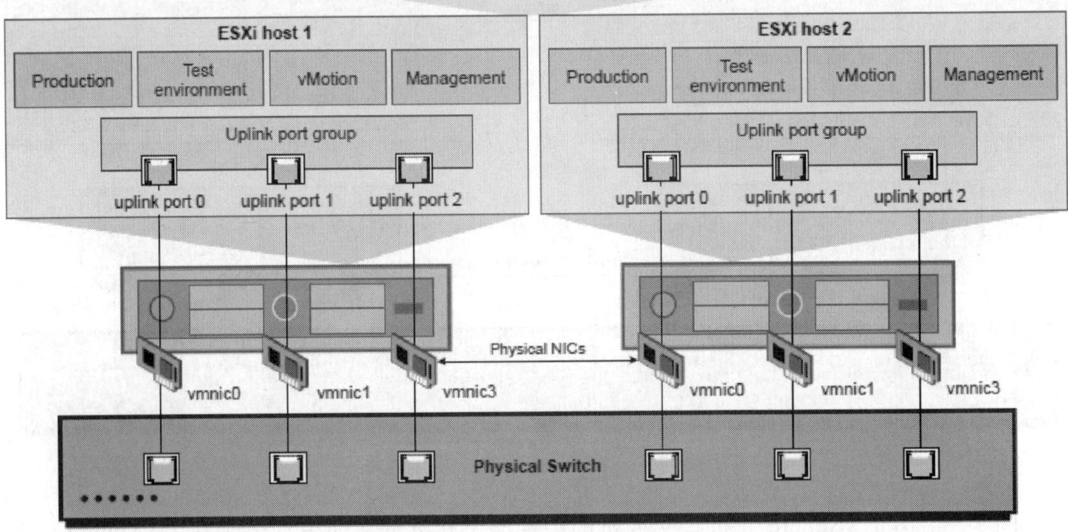

图 9-8　vSphere 分布式交换机架构图

3）Direct Path I/O：给虚拟机配置 passthrough 的设备，即让虚拟机直接访问具体的物理网卡而不是虚拟的，可以提高性能。

4）SR-IOV（Single Root I/O Virtualization）：在 vSphere 中，虚拟机可使用 SR-IOV 虚拟功能的网络，这样虚拟机和物理适配器交换数据无需使用 VMkernel 作为中介。显然绕过 VMkernel，缩短了网络延迟，提高了 CPU 效率。

3. 用户逻辑网络和数据中心网络的解耦合

SDDC 中客户所使用的网络资源应该和数据中心的网络资源分离，为此 VMware 提供了 VMware NSX，如图 9-9 所示。NSX 有以下几个关键的组件：

1）逻辑交换机（Logical Switch）：解耦合底层硬件，在虚拟环境中重现完整的 L2 和 L3 交换机的功能。

2）NSX Gateway：L2 网管负责给虚拟网络无缝连接物理的工作负载和 VLAN。

3）Logical Routing（逻辑路由）：在逻辑交换机之间提供路由功能，主要针对不同虚拟网络。

4）Logical Firewall（逻辑防火墙）：分布式防火墙，进行性能、虚拟化和身份感知以及网络活动监控。

5）Logical Load Balancer：基于 SSL 的全功能负载均衡器。

6）Logical VPN（逻辑 VPN）：负责站点到站点，以及远程的 VPN 访问。

7）NSX API：为云平台整合提供的 RESTful API。

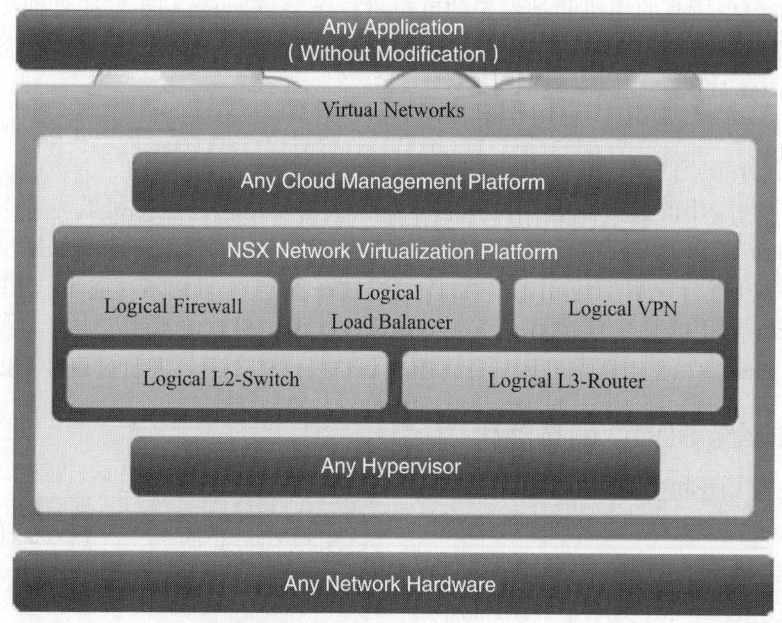

图 9-9　VMware NSX 组成

9.2.4　VMware SDDC 的高可用性和容错

停机时间，无论是计划内或计划外，都会带来相当大的成本。然而确保更高级别的可用性解决方案历来昂贵，难以实现，且难以管理。VMware 的解决方案使它实现起来更简单，成本更低。通过 vSphere，可以轻松地提高应用程序可用性的基准，提供更高级别的可用性，节省成本。总体来说，需要达到以下目标：

1）减少计划内的停机时间。一般来讲，计划内的停机时间占据了数据中心 80% 的停机时间，为了减少这一时间。VMware 提供了虚拟机的实时动态迁移（亦支持虚拟磁盘的迁移），来减少服务的中断。使用虚拟机动态迁移的好处有：减少常用维护操作的停机时间；减少计划内的维护窗口；在进行维护的时候不中断用户和相关的服务。

2）阻止计划外的停机时间。VMware 的 vSphere 提供了一系列的容错机制来降低客户应用意外的中断，如：①使用共享的存储，存放在共享存储上（诸如 Fibre Channel、iSCSI SAN、NAS）的虚拟机文件都有相关的复制机制，比如 SAN mirroring；②网卡组，减少单块网卡损坏的故障；③存储多路径（Storage Multipathing），减少存储路径的失败。

3）vSphere 的 HA 机制。使用多个 ESXi 主机组成一个集群给在虚拟机中运行的应用程序提供高可用性和快速恢复。主要的机制包括：

- 主从节点机制。一个集群中的 ESXi 主机，要么是 Master 节点，要么是 slave 节点。Master 节点的功能是监控 slave 节点的状态，监控所有在开机状态被保护的虚拟机，管理集群中所有的主机和被保护的虚拟机，作为 vCenter 和集群的管理接口汇报集群的健康状态。相比 Master 节点，slave 节点主要负责本机上虚拟机的状态，并且汇报给 Master 节点。
- 主机错误类型和侦测。侦测以下三种错误：主机功能停止；主机网络出现问题；主机和 Master 节点之间的通信中断。
- 虚拟机和应用的监控。虚拟机状态的监控，主要是通过虚拟机监控服务（主要使用 VMware Tools）监控虚拟机正常的心跳以及 I/O 的一些活动行为。如果出现异常，则对虚拟机进行重启。应用的监控必须通过一些特殊的 SDK（或者应用本来就支持 VMware 应用的监控），这样，监控应用和监控虚拟机就差不多了。

此外，vSphere HA 会对网络进行划分，监控 datastore 的心跳，并且可以和 DRS 共同使用。

9.2.5　VMware SDDC 的自动化

VMware 自动化机制（Automation）主要存在以下功能：

1）动态资源调度（Dynamic Resource Scheduling，DRS）：DRS 实际是 ESXi host 组成的功能中的一部分。根据业务优先级，实施跨主机自动负载平衡以达到资源的合理分配。

- 提供虚拟机组同时启动（Group Power On）。
- 使用虚拟机动态迁移，以达到负载平衡。比如图 9-10 给出了一个动态负载平衡的示例。图的左面说明在没有动态平衡的时候，主机 1 上运行了 6 个虚拟机，导致负载过重。系统侦测到这一情况后，VM4 和 VM5 被动态迁移到主机 2 上，VM6 被动态迁移到主机 3 上。当然 DRS 的迁移是有一定触发条件的，需要进行相关的配置。

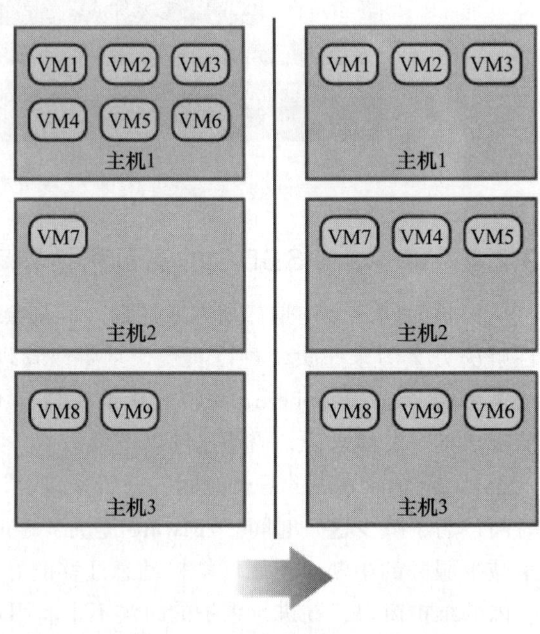

图 9-10　动态负载平衡示例

2）存储 I/O 控制（Storage I/O Control）：

vSphere 存储 I/O 可以控制集群范围的存储 I/O 优先级，从而更好地整合工作负载，并有助于减少过度服务（Over-Provisioning）产生的额外开销。主要是通过设置存储 I/O 的共享和 IOPS 的限制来实现。比如，一般的虚拟机 I/O share 的值设为 1000（Normal），IOPS 设置为 unlimited（即有多少用多少）。通过这样的机制，能够对虚拟机的 I/O 进行自动化管理，避免有些虚拟机过度使用资源。

3）配置文件驱动的存储（Profile-Driven Storage）：给存储池提供了可见的信息，让管理员可以优化和自动化存储供应。VMware 管理员通过克服前期存储配置的挑战，如容量规划、差异化的服务水平和管理能力、扩展空间的能力。就可以根据业务的需求，可扩展性地供应存储，而不是根据不同的虚拟机进行相关的个案处理。有了配置文件驱动的存储以后，每个虚拟机都有一个存储相关的配置文件，里面主要定义了需要申请的存储的一些特征，比如 SLA、可用性、性能等参数。这样管理系统（指 vSphere）就可以给虚拟机合理分配存储，并且在运行过程中进行动态调整。图 9-11 给出了一个根据虚拟机配置文件分配存储的示例。在 vSphere 管理的后台存储分为三层，性能从高到低依次是 Tier1、Tier2、Tier3。由于该虚拟机的 SLA 中的一个需求是 I/O 高性能，所以 vSphere 就把这个虚拟机分配到 Tier1 上。

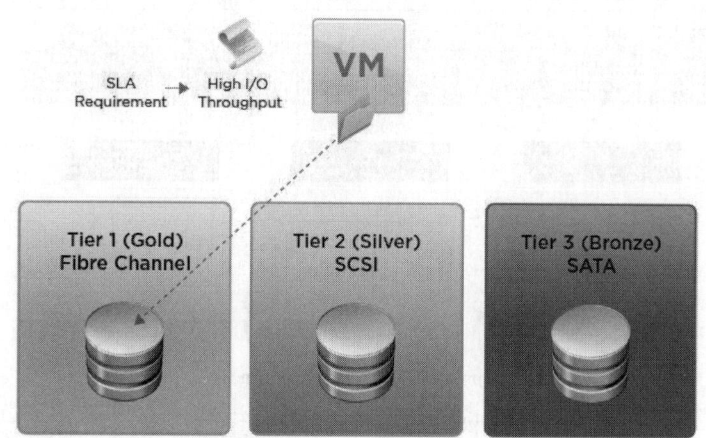

图 9-11　根据 VM 的配置文件，按需分配存储

9.2.6　VMware SDDC 的安全机制

VMware 在软件定义的计算、网络、存储等方面都有相关的安全机制解决方案，第 7 章中列举了 VMware 一些有关安全的例子，但是都比较具体。这里将主要介绍 VMware vShield 这一安全解决方案。对 SDDC 的用户而言，主要需要解决以下几个方面的挑战：应用和数据的安全性；安全的可视化和管理；规则（Compliance）遵从管理。图 9-12 给出了 vShield 隔离不同应用的效果图，在图中我们可以看到，虚拟机被划分为三个不同的区域（DMZ、Development 和 Finance）。具体来说 VMware 的 vShield 解决方案主要有以下功能：

- 超越物理安全的限制。vShield 的安全考量以虚拟机为单位。

- 简单的管理框架。vShield 提供了统一的管理框架，可以在数据中心的各个层进行安全保护，诸如在主机层、网络、应用、数据和客户端。
- 减少复杂性，去除性能瓶颈。举个例子，在 vShield 框架下，没有必要在每个虚拟机内部再安装杀毒软件。
- 改善可视化，增强规则准。vSphere 可以进行文件级别的完整性检测、rootkit 的防御以及数据丢失的防止（Data Loss Prevention，DLP）。
- 利用已有的解决方案。vShield 提供了一系列的 RESTful API，允许和第三方的安全解决方案整合。

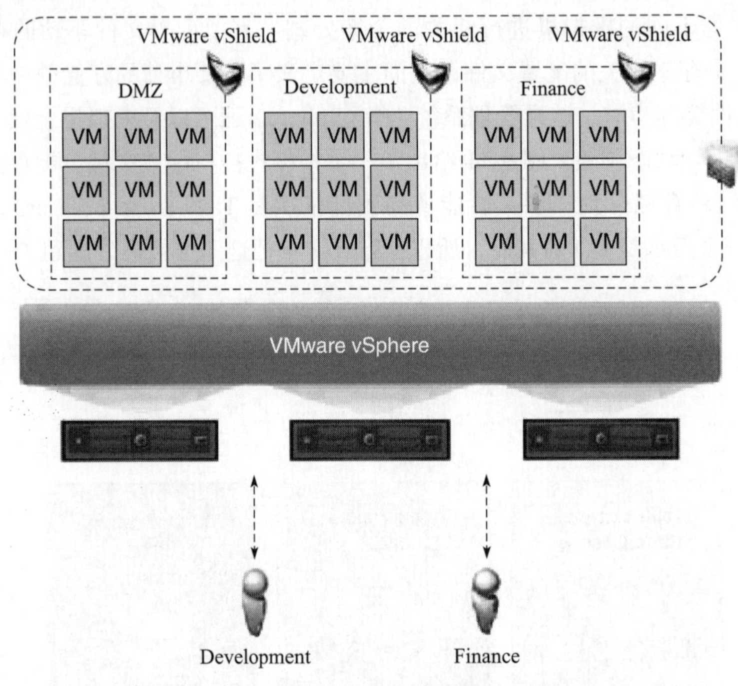

图 9-12　vShield 根据应用隔离不同虚拟机

9.2.7　VMware SDDC 的管理

VMware 的管理软件除了 vCenter、vCloud director，整合 SDDC 或者云的比较重要的软件是 vCAC（VMware vCloud Automation Center）。vCAC 的前身是 dynamicOPs Cloud Automation Center，来自于被 VMware 在 2012 年 7 月收购的 dynamicOPs 公司。

vCAC 的目标是给予企业自动化部署自己定制的 IT 服务。它为应用发布自动化提供了一个统一的解决方案，并支持各种 DevOps 的自动化工具，能够抽象多样化的基础设施服务，如图 9-13 所示。通过自助服务目录，用户可请求和管理不同的服务商、多样的云应用、基础设施以及定制服务。基于策略的管理使得用户在整个服务周期内的任务都能够得到大小合适的资源。灵活的自动化方法提供了自动化部署新 IT 服务的敏捷性，同时通过把服务映射到现有的基础设施、过程和环境中，有效地利用了现有资产。图9-14给出了vCAC管理不同云服务的示例。首先vCAC可以集成VMware的vCloud director，此外可以管理其他服务商的管理平台，例如亚马逊的云服务、微软的Windows Azure、CITRIX的Xen平台等。

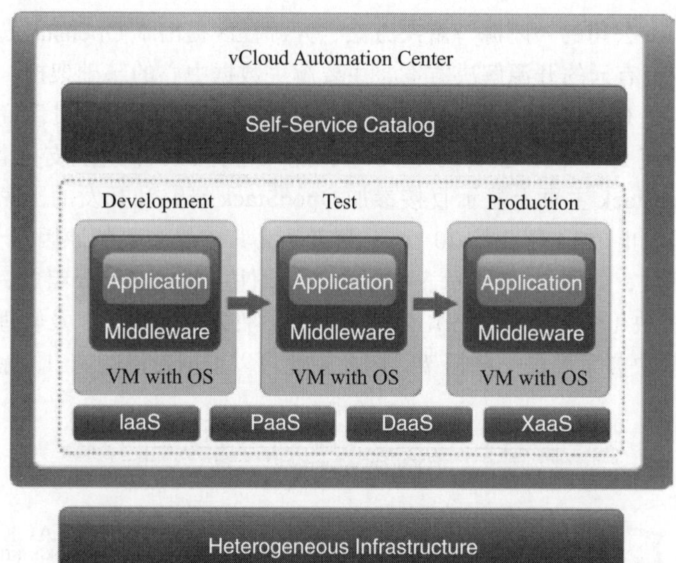

图9-13　基于vCAC的软件生命周期管理

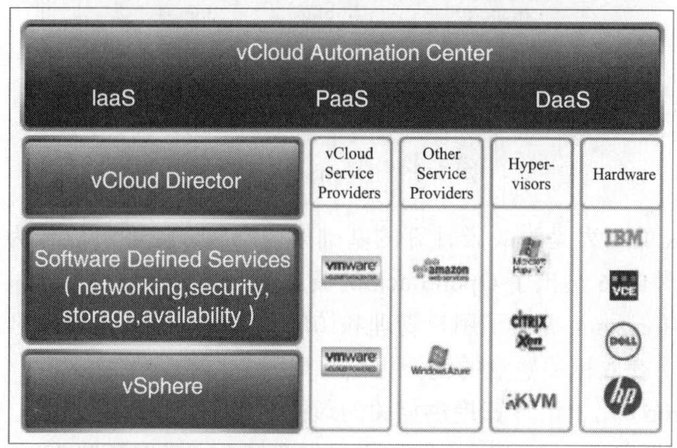

图9-14　vCAC对不同平台云服务的管理

9.2.8 VMware SDDC实现小结

本节详细介绍了VMware针对SDDC的解决方案，首先介绍了VMware在软件定义计算、存储以及网络方面的工作，接着介绍了VMware基于软件定义的资源层所提供的一些增值服务，诸如VMware的高可用性和容错性解决方案、安全解决方案、自动化解决方案，最后介绍了VMware针对多样化应用、基础机构、服务的一个单一管理工具vCAC。不难看出，VMware 对于整个 SDDC 的解决方案是自下而上、面面俱到，具有很强的竞争力。

9.3　SDDC 实例：OpenStack 解决方案

相对于 VMware 公司的"闭源"解决方案，开源社区提出了 Openstack。Openstack 是一个致力于私有云和公有云的开源解决方案，主要解决数据中心的基础架构，即 IaaS。尽管是一个开源项目，但是 OpenStack 受到了很多公司的青睐，具有众多的赞助商，其中铂金赞助商 8 个，黄金赞助商 19 个，一般赞助商 58 个，此外还有 250 个组织支持着 Openstack 的各项活动。另外 Openstack 主页上显示直接参加 OpenStack 研究和开发的国家有 132 个，人员 14 255 名（此数据截止 2014 年 2 月 20 日）。笔者认为其中最主要的原因在于，Openstack 的云基础架构比较开放，如图 9-15 所示。OpenStack 软件主要由四部分组成，计算模块（软件定义计算）、网络模块（软件定义网络）、存储模块（软件定义存储）以及管理所使用的相关的 Dashboard。这些解决方案都是一些框架，因此企业可以根据提供的 API，融入其特有的解决方案。

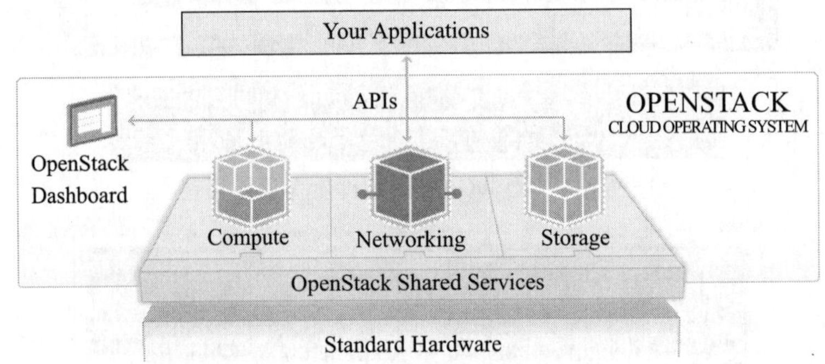

图 9-15　OpenStack 架构

虽然 Openstack 的初衷是解决云计算的基础架构问题，但亦可以作为软件定义数据中心的一个解决方案。图 9-16 给出了 OpenStack 的概念图，其中：

- 控制面板（Horizon）提供了用户管理和访问其他 Openstack 服务的 web 前端。
- 计算（Nova）获取相关磁盘的镜像提供计算服务。
- 网络（Neutron）用于给计算提供相关的虚拟网络。
- 存储：块存储（Block Storage）给计算提供存储卷；镜像存储（Image Storage）把虚拟机镜像存储在对象存储中（Swift）；身份认证（Identity Authentication）都由 keystone 完成。

图 9-17 给出了 Openstack 具体的逻辑架构图，从图中可以看到：终端用户可以通过网页界面（horizon）去访问服务，或者直接通过各个部件提供的 API；所有的服务通过统一的资源"keystone"进行认证；单个服务之间可以通过各自暴露的公共 API 通信（除非有些命令需要管理员权限）。以下几小节会简要介绍各个模块的功能。

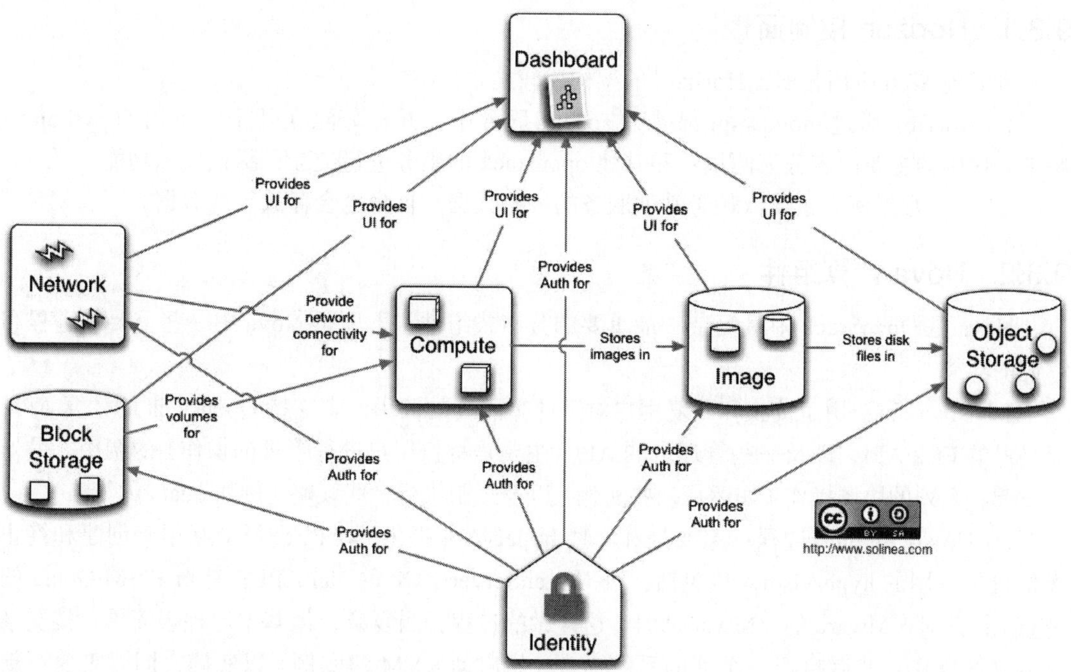

图 9-16　OpenStack 概念图

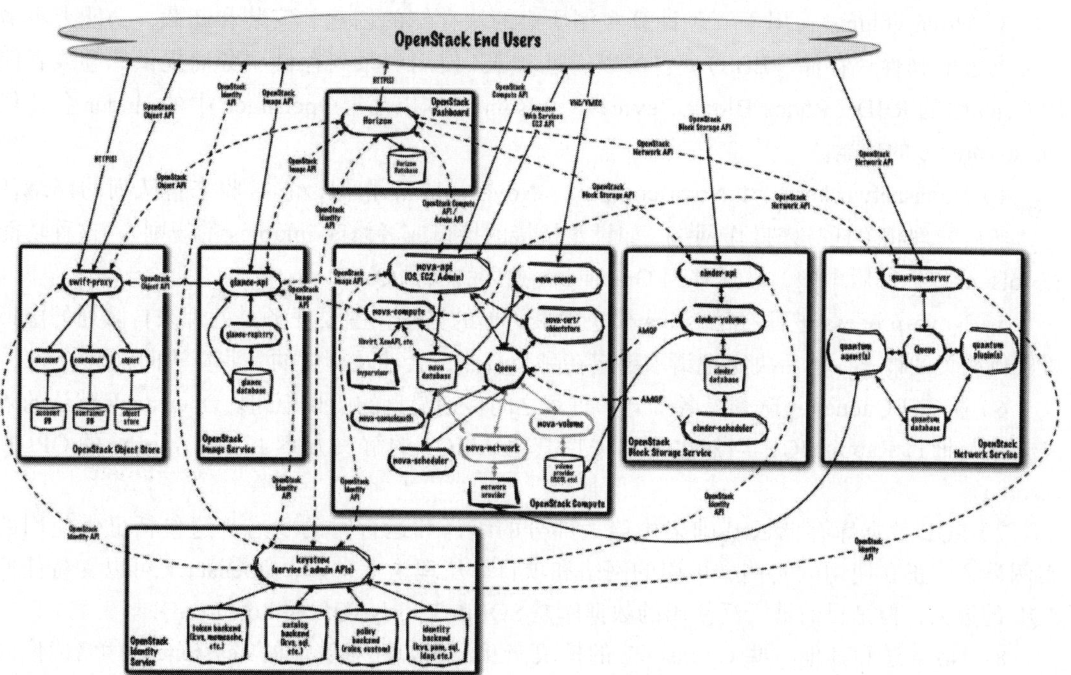

图 9-17　OpenStack 逻辑架构图

9.3.1 Horizon 控制面板

和其他 Web 应用相似，Horizon 的架构比较简单。

1）Horizon 通过 mod_wsgi 部署在 apache 服务中，并被分隔在几个可重用的 python 模块中，代码的主要内容分为两块：和其他 openstack 的服务进行交互；提供展示功能。

2）一个数据库。主要依赖于其他服务的一些数据，自身也会存放一些数据。

9.3.2 Nova 计算组件

Nova 是 OpenStack 中最复杂、最重要的分布式组件。下面是 Nova 中一些重要的进程和它们的功能。

1）Nova-api：用于接收和回复用户对于计算 API 的调用。它支持 Openstack 的计算 API、亚马逊的 EC2 API，以及一些管理员的 API（主要是特权用户进行管理的操作）的调用。另外可发起一系列的协调操作（如运行一些实例）以及强制执行一些策略（例如 quata 的策略）。

2）Nova-compute 进程：主要是和一些 hypervisor 提供的 API 进行交互用于创建和终止虚拟机。常用的 hypervisorAPI 包括：针对 XenServer/XCP 的 XenAPI；针对 KVM/Qemu 的 libvirt；针对 VMware 的 VMwareAPI。这样做的过程相当复杂，但基本原理很简单：接受来自队列的操作，然后执行一系列的系统命令（如启动 KVM 的实例）以实施，同时需要更新数据中的状态。

3）Nova-volume：用于管理计算实例所需的块存储的创建、安装和卸载，功能上类似于亚马逊的弹性块存储（EBS）。它可以通过 iSCSI 使用一系列存储服务商提供的卷或者使用 Ceph 中的 RBD（Rados Block Device）。folsom 版本以后，Openstack 中的 cinder 会替代 Nova-volume 的功能。

4）Nova-networker：和 Nova-compute、Nova-volume 相似，它接收来自队列的网络任务，然后处理相关任务来操作网络（如设定桥接的接口或者修改 iptables 的规则）。这种功能在 folsom 以后的版本中，被迁移到 Openstack 独立的项目 Quantum 中。

5）Nova-process 进程：是 Nova 模块中最简单的算法，主要任务是处理来自队列的虚拟机实例相关的请求，然后决定把请求绑定在哪个节点，会涉及调度的一些算法问题。

6）队列（Queue）：队列是各个守护进程之间传递消息的中央枢纽。Openstack 默认的解决方案是通过 RabbitMQ，当然也可以采用其他 AMQP 的解决方案（诸如 Apache 的 QPID、zeromq）。

7）SQL 数据库存储云基础架构绝大部分的编译和运行时的状态。这包括可供使用的实例类型、正在使用的实例、可用的网络和项目。从理论上来讲，Openstack 可以支持任何 SQL 的数据，但是目前被广泛使用的数据库是 SQLite3、MySQL 和 PostgreSQL。

8）Nova 还和其他一些 Openstack 的模块交互，比如针对认证的 keystone、存储镜像的 Glance、针对网页服务的 Horizon。和 Glance 的交互是中央式的，该 API 程序可以上传和查询 glance，同事 Nova-compute 可以下载镜像进行后续使用。

9.3.3 Swift 对象存储

由 Swift 提供，架构是分布式的，为了防止单点故障以及提高可扩展性。主要包括以下模块：

1）Proxy server：用于接收通过 Openstack 对象 API 或者 HTTP 来的请求。它接收处理文件的上传、元数据的修改以及容器的创建。此外，它还提供通过网页浏览器浏览文件和容器的列表。Proxy server 可以通过使用一个可选择的 cache（通常可以使用 memcache 部署）来提高性能。

2）Account server（账户管理器）：用于管理对象存储服务所定义的账户。

3）Container server（容器管理器）：用户管理对象存储服务中容器的映射（例如文件夹）。

4）其他一些周期性程序：在大型数据存储上执行周期性的维护任务。最重要的是复制服务，通过集群确保一致性和可用性。常用的一些周期性进程包括审计程序、更新程序以及回收程序。

5）有关对象存储的认证服务主要通过配置 WSGI 的中间件来实现，一般是 keystone。

9.3.4 Glance 镜像存储

Glance 的架构在 Cactus 版本之后就一直比较稳定。架构上最大的变化是在 Diaobo 版本后添加了相关的认证。总体来说 Glance 由 4 部分组成：

1）Glance-API：接收镜像相关的 API 调用，诸如镜像的发现、获取和存储。

2）Glance-registry：存储、处理以及获取镜像的元数据，诸如大小、类型等。

3）Database：用于存储镜像的元数据。和 Nova 类似，可以自行选择数据库诸如 Mysql、sqlite。

4）Storage repository：用于存储实际的镜像。在图 9-17 中，可以看到 Swift 被选作了镜像的存储，但这是可配置的。除了 Swift 之外，Glance 还支持一些常用的文件系统，例如 RBD、Amazon S3 等。必须要注意的是，有些解决方案只支持只读的存储。

5）其他周期性服务程序：如复制服务用于保持服务器的一致性和可用性。其他的服务有审计程序、更新程序、回收程序等。

9.3.5 KeyStone 身份控制

KeyStone 为 Openstack 的策略、目录、token、认证提供了单一的整合方案。

1）Keystone 处理一系列的 API 请求，其中包括提供可配置的目录、策略、token 以及相关的身份服务。

2）Keystone 支持可插拔的后端，这样就允许了以不同的方法来使用特定的服务。常用的后端支持包括 LDAP、SQL 以及键值存储。

9.3.6 Quantum 网络

Quantum（Neutron）在 Openstack 各个服务之间提供了网络连接作为一个服务，主要是针对 Nova 服务的。该服务允许用户自行建立网络，并且把建立的相关网络接口给其他分配的设备。和其他 Openstack 的服务相类似，Quantum 也是可配置的，可以使用不同的第三方插件，这些插件使用了不同的网络设备和软件。所以不同的配置，就会有所差别。图 9-17 提供了一个简单的 Linux 插件。Quantum 主要有以下几个组件：

1）Quantum-server：接收相关的 API 请求，然后传递给合适的 Quantum 插件进行处理。

2）Quantum 插件和代理：进行以下相关的操作，诸如网络端口的插拔，创建网络、子网和 IP 地址。这些插件都是不同的，依赖于不同提供商的不同技术方案。Quantum 支持很多厂商的方案，包括思科的虚拟和物理交换机，Nicira 的 NVP，NEC 的 openflow、OpenvSwitch、Linux 桥接等。

3）通用的代理：L3、DHCP和一些特殊的插件。

9.3.7 Cinder 块存储

Cinder 主要把以前 Openstack 计算中的 Nova-volume 功能剥离出来，提供了一系列块存储的 API 操作，允许操作卷、卷的类型以及卷的快照。

1）Cinder-API：处理相关的 API 请求，并把请求转到 Cinder-volume 进行相关的处理。

2）Cinder-volume：通过读写 Cinder 的数据库来保持状态以处理相关的请求，和其他进程（比如 Cinder-scheduler）通过消息队列的方式进行交互，并把最终的操作落实到所提供的块设备的硬件或者软件上。它主要通过存储服务商提供的驱动进行操作，现在支持的驱动包括 IBM、NetAPP、linux iSCSI 等。

3）Cinder-scheduler：选择最合适的存储节点，然后创建存储卷。

Cinder 的部署会在各个 Cinder 进程之间使用到消息队列机制，并且使用数据库来存储卷的状态。

从功能角度来讲，OpenStack 的针对云或者软件定义数据中心的解决方案略显稚嫩，但是由于其开放性，吸引了众多公司和开发者的添砖加瓦，因此以后的发展未可限量。

9.4 小结

本章首先介绍了实现 SDDC 解决方案的一些基本要素：软件定义化资源的能力（诸如软件定义的计算、存储、网络）、软件协调和管理平台（包括编排和自动化）、丰富的用户接口（供用户定义和选择）以构建自己的数据中心。接着，描述了分别使用 VMware 和 OpenStack 的解决方案实现 SDDC 的示例以供参考。

第 10 章 云存储应用

Chapter10

云存储（或者叫数据存储即服务）是对数据存储的一种抽象，它有一个接口可以让存储按需管理和分配。更进一步说，这类接口对存储的位置进行了抽象，因此存储是本地的或者远程的并不是很重要。云存储的基础设施引入了一类新的架构，可以在一个有着大量用户和大量不同地理分布的存储上面支持不同层次的服务。当下，数据正在不停地增长。同时，云存储也获得大家越来越多的关注和支持。

云存储目前的主要用途是存储非结构化数据，非结构化数据是当前发展最快、容量最大、对管理员挑战最大的数据。然而它并不太适合于结构化数据，结构化数据还是适合存储在传统的企业数据存储上。

用云存储技术来存储非结构化数据所带来的好处是非常显著的。首先是总体存储成本的降低。通过利用服务提供存储，用户不需要购买存储硬件，不需要管理和维护成本，这极大地消除或降低了数据中心和存储管理员这部分的成本。另外，云存储也消除了昂贵的技术更新成本。传统情况下，在购买了硬件或技术的三到五年后，用户就需要购买更新的技术来应对新的需求，这是一笔很大的开销。

利用云存储，可以减少传统存储中大量为了以后扩展和应对高峰负载而预留的，但是大部分时间却未能被有效利用的存储，其存储利用率可以达到近似 100%。除了成本的降低，云存储还有极强的可扩展性以及有能力对用户透明地处理基础负载和高峰负载。

本章将首先简单介绍云存储的典型案例，然后重点讨论云存储的实现和模式，最后介绍主要的云存储服务商。

10.1 云存储案例

下面四个不同的案例可以用来展示公有云存储的能力：

1）首要存储：云存储可以用来提供常常处于活跃状态的数据存储，也可以提供内部（On-Premises Storage）存储的扩展。具体实例包括：员工文件共享、软件即服务 SaaS 应用数据存储、虚拟服务环境操控数据存储。首要存储环境可以包括中间网关设备、加速性能的文件系统软件，也可以提供数据操控以及多用户同步功能。首要存储需要方便进行访问和管理，其数据弹性和内部存储类似，但是成本要低很多。

2）备份存储：这类存储提供对数据的保护，和传统的内部备份环境类似，但其存储环境是公有云存储。备份环境即可以包括运行在桌面或服务器上的代理，又可以包括那些通过中间网关设备传递备份数据到云上的备份服务器。备份存储需要极高的读写性能、快速恢复、合规以及弹性的管理，这些和传统的内部存储类似，但是成本同样低很多。

3）归档：对于需要长时间存储但是并不常访问的数据，需要进行归档存储。归档存储环境需要应用能够管理那些云存储服务所提供的内容之上或之外的内容。这类环境通常是一个整合软件、云存储、中间网关设备和一套解决方案。归档环境依赖于高可靠性和可用性并且成本低廉的数据存储，从而可以支持长时间的存储，并且可以满足很多数据旋转的策略。

4）内容分发：对大规模分散的消费用户进行分发数据。和首要数据存储类似，内容分发添加了数据的位置维度，保证内容的可用性，并且需要同步维护分散的数据中心之间的内容的一致性。内容分发对数据的可移动性以及数据中心的可用性有很高的要求。

10.2　云存储实现

目前市面上的云存储都各不一样。有些提供商主要关注成本，另外一些提供商更关注于可用性和性能。对任一云存储来说，都实现了一类给定的功能特性。

离开用途（Utility）的视角来谈论架构是很困难的。对于一个系统架构来说，它可以包括以下特性：成本、性能、远程访问等。因此，我们首先定义一系列的衡量云存储模型的评价标准，然后用这些标准来探索目前一些云存储架构的实现。

我们先来谈一谈通用的云存储架构，然后再介绍不同实现里面一些独特的特性。

云存储主要是在一个高度可扩展和多租户的环境里面按需分配存储资源。图 10-1 是云存储的通用架构。首先包含一个前端，用户可以通过该前端的 API 访问存储。在传统的存储系统中，这类 API 通常是 SCSI 协议，但是在云环境中，会有各种类型的协议。因此，有 Web 服务前端、file-based 文件接口前端，以及更多的传统前端（Internet SCSI 或者 iSCSI）。在前端之后的是一层中间件叫存储逻辑（Storage Logic）。这一层实现了很多功能，比如复制、数据去重复、数据放置算法。最后，后端实现了数据的物理存储。这一层中可能会有内部的协议来实现特定功能，也可以是接到物理磁盘上的传统后端。

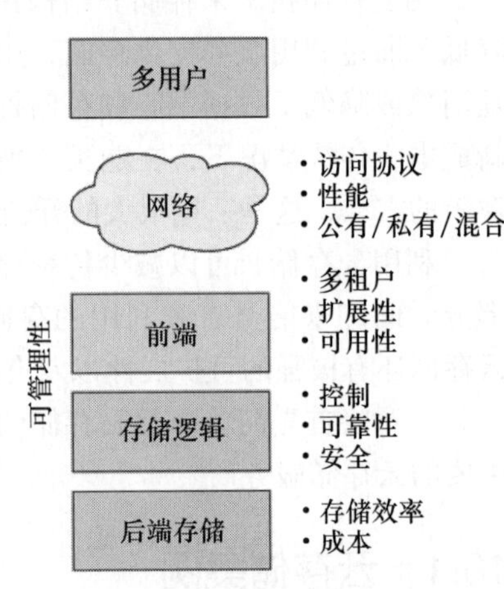

图 10-1　通用云存储架构

从图 10-2 中，我们可以看到当前的云存储架构的一些特性。这些特性被总结在表 10-1 中。

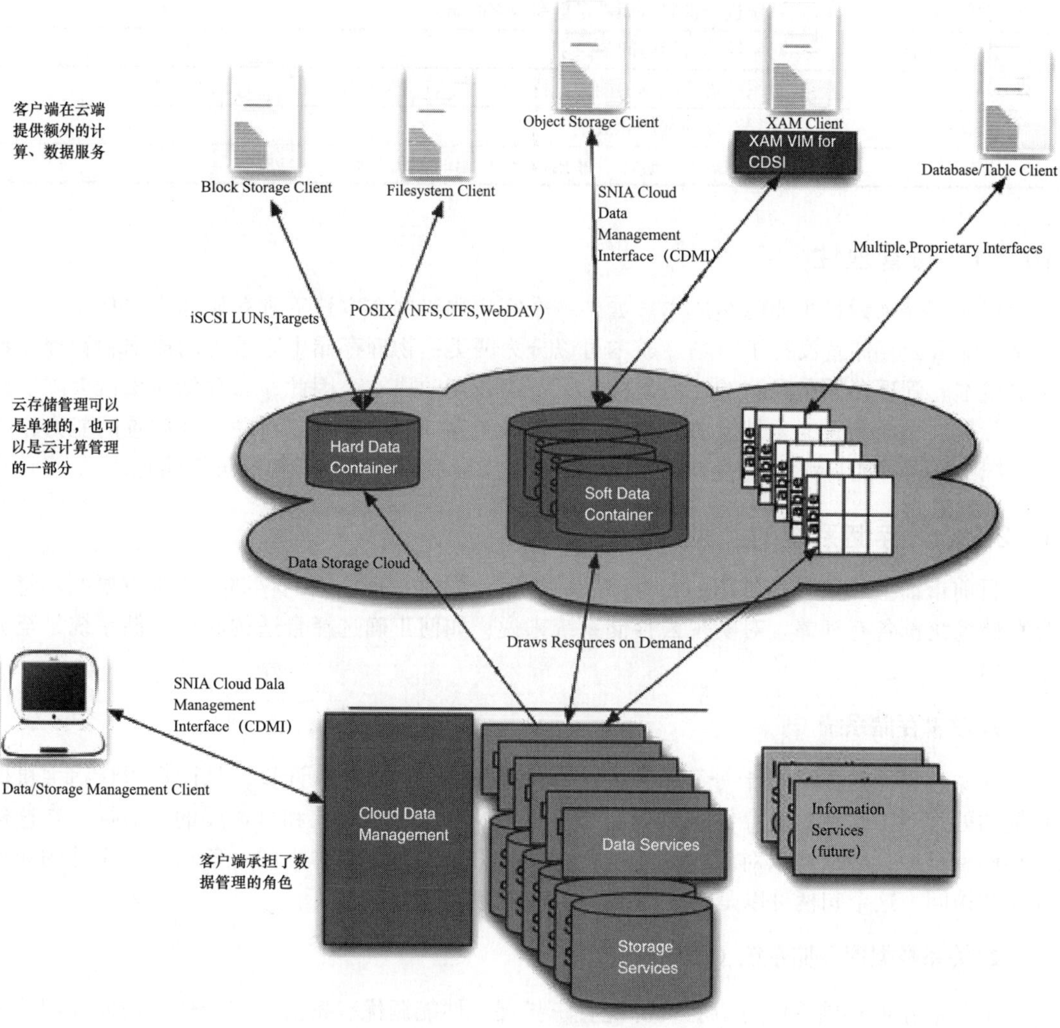

图 10-2　云存储引用模型

表 10-1　云存储特性

特　　性	描　　述
可管理性	用最少的资源管理系统的能力
存储类型	底层存储系统的类型
访问方法	访问云存储的相关协议
性能	性能评价比如说带宽和延时
多租户	对多用户或多租户的支持

（续）

特　　性	描　　述
可扩展性	系统进行扩展从而满足更高需求的能力
数据可用性	对系统的可用时间的量度
可控性	对系统进行控制的能力，特别的，比如根据成本、性能进行配置的能力
存储效率	底层存储的利用和效率
成本	存储的成本（通常用每 PB 存储使用的美元来衡量）

10.2.1 可管理性

对云存储来说最主要的是成本。如果一个客户购买并在本地管理存储和成本与在云上差不多，那么云存储就没有了市场。成本可以分为两类：物理存储生态系统的成本和管理该系统的成本。管理存储是隐藏的，但是代表了一类长期的成本。因此，云存储应该极大限度地自我管理。下面两个能力是至关重要的：当引入新存储时系统可以自动自我配置的能力，找到系统中错误并能自我治愈的能力。自动计算将来会成为云存储架构的关键角色。

10.2.2 云存储系统的类型

目前市面上有很多种可用的云存储解决方案，如何选择正确的存储是非常重要的。每一类存储系统都各有利弊。对实现云存储系统来说，如何正确选择合适的底层存储系统是至关重要的。

1. 对象存储系统

对象存储系统的动机十分简单，即让存储系统做更多的 I/O 计算，从而可以让宿主机做其他的处理性工作。对象存储有以下两个主要特性：独立的对象和可扩展的元数据。在这样的存储系统中，数据是以对象的形式进行存储和检索的。这些独立的对象被一个全球的句柄标识和访问。这个句柄可以是一个键值、Hash 或者 URL。

2. 关系数据库存储系统（RDS）

关系数据库存储系统可以将资源配置、扩展、性能调优、备份、安全性、访问控制这些操作从数据库用户转到服务提供商这边，对用户来说意味着更低的成本。因此，用户的硬件成本和能源成本也就更低。因为他们只需要会他们共享服务的那部分，而不是自己完全运行整个系统。

3. 分布式文件存储系统

分布式文件存储系统允许用户从多个地点通过计算机网络访问文件，因此多个用户或机器之间可以共享文件或者存储资源。客户节点不需要直接访问底层的块存储，而是通过网络和中间层进行交互。这样就可以根据访问列表或者能力来限制对文件系统的访问，从而设计相应的协议。

10.2.3 访问方法

云存储和传统存储最显著的区别就是它被访问的方式（见图 10-3）。大多数云存储提供商实现了多种访问方法，在这里面通过 Web 服务 API 进行访问是最普遍的。大多数 API 是在 REST 协议下实现的，也就是说在 HTTP 上基于对象开发的一种模式。REST API 是无状态的，因此简单有效。大多数云存储提供商实现了 REST API，包括 Amazon Simple Storage Service（Amazon S3）、Windows Azure 和 Mezeo Cloud Storage Platform。

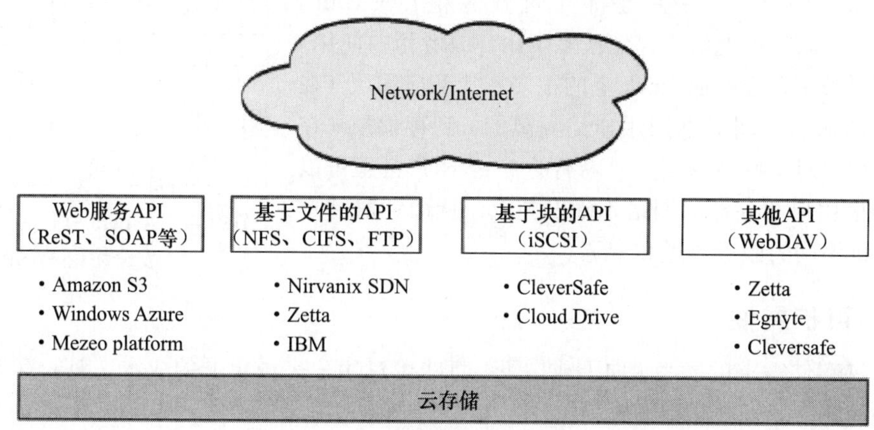

图 10-3 云存储访问方法

云服务 API 的一个问题是它们需要和具体的利用云存储的应用进行集成。因此，其他访问方法也常被用来提供即时的集成。举例来说，基于文件的协议如 NFS/Common Internet File System（CIFS）或 FTP，基于块的协议如 iSCSI。云存储提供商比如 Nirvanix、Zetta 和 Cleversafe 提供这些访问方法。

尽管上面提到的方法是最常用的，一些其他的协议也适用于云存储。比如说 Web-based Distributed Authoring and Versioning（WebDAV）。WebDAV 也是基于 HTTP，并且使得 Web 成为一个可读并可写的资源。Zetta 和 Cleversafe 提供了 WevDAV 这种方法。

很多解决方案支持并提供了多种访问协议。比如说，IBM Smart Business Storage Cloud 在同一套存储虚拟化基础设施中就同时提供了基于文件的协议（NFS、CIFS）和基于 SAN 的协议。

10.2.4 性能

对性能来说，有很多方面。但是对云存储来说，在用户和远程的云存储提供商之间传递数据的能力是最大的挑战。问题（也是 Internet 的瓶颈）在于 TCP。TCP 控制数据的流向。包的丢失、延迟到达会启动拥塞控制，会很大程度上对性能产生影响。TCP 协议适合于在全局网络中传递小数据，但是并不适合传递大数据迁移，这会大大增加 RTT 的时间。

亚马逊通过 Aspera Software移除了 TCP 协议从而解决了这一问题，开发了新的协议叫做 the Fast and Secure Protocol（FASP）来加速在大 RTT 和大量包丢失环境中的批量数据移动。这个协议利用了UDP协议。UDP协议允许宿主机来管理拥塞，可以把拥塞管理推到应用层协议FASP（见图10-4）。

利用标准的NIC(非加速),FASP有效地利用可用带宽，移除批量数据传输中基本的瓶颈。

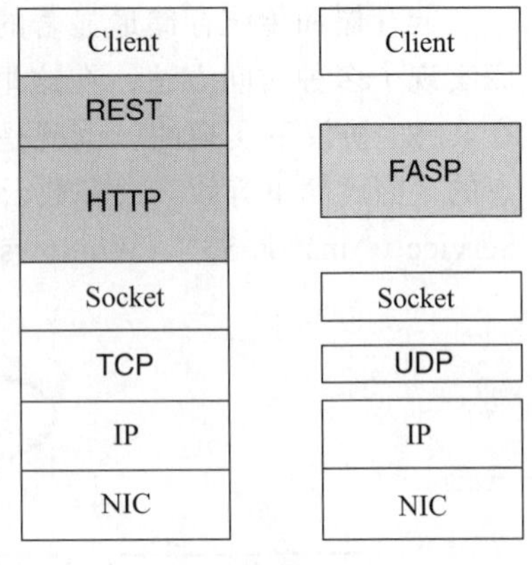

图10-4 Aspera软件公司的快递安全协议FASP

10.2.5 多租户

云存储架构的另一关键特性叫做多租户（Multi-Tenancy）。可以简单地认为存储被多个用户或者租户使用。多租户可以被用在云存储stack上的很多层，从应用层（在这里存储的命名空间对不同用户是隔离的）到存储层（在这里物理存储对某些特殊用户是隔离的）。多租户甚至可以应用到连接用户和存储的网络基础设施上，从而针对特定用户来提供不同的服务质量和带宽。

10.2.6 可扩展性

可扩展存储需求的能力（向上或向下）意味着对用户来说更低的成本，对云存储提供商来说更强的能力。

可扩展性不仅仅针对功能性的扩展（即存储本身），也针对负载的扩展（存储带宽）。云存储的另一关键特性即数据的地理分布（地理可扩展），允许数据选择存储在离用户最近的云存储数据中心里面。对于只读数据来说，数据复制和分布在云数据平台上也成为可能，这主要通过内容发布网络来完成。

在系统内部，云存储基础设施必须可以扩展。服务器和存储必须能够在不影响用户的情况下调整大小和容量。就像在可管理性那一小节所讲的，自动计算对云存储架构来说非常重要。

10.2.7 可用性

一旦云存储提供商存储了用户的数据，它就必须在用户请求这些数据的时候能将数据发给用户。因为网络中断、用户错误，以及其他事件，对用户提供一个可靠稳定的服务是非常困难的。

目前有很多新的算法和系统可以处理可用性问题，比如说信息分散。Cleversafe（一个提供私有云存储服务的公司）使用信息分散算法IDA（Information Dispersal Algorithm）来提高数据的可用性，尤其是在物理故障或者网络中断情况下。IDA算法最初是Michael Rabin在电信系统提出的。IDA算法使用Reed-Solomon码对数据进行分片，这样当数据丢失时可以进行数据重建。IDA算法允许用户自己配置数据片的数据。这样一个给定的数据对象可以被分成4个分片并且允许一个分片丢失，也可以分成20个分片并且允许8个丢失。和RAID算法类似，IDA算法可以在可容忍的错误数目下，从原始数据的子集中重建数据。具体参见图10-5。

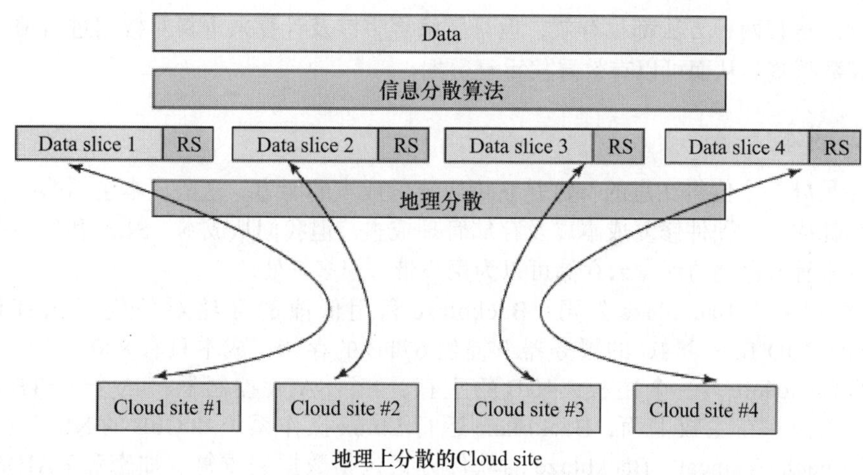

图 10-5　Cleversafe 公司提高可用性的方法

通过对数据的分片并通过 Reed-Solomon 码进行校验，数据分片可以被分发到地理分散的存储设备上。对分片数据 p 和容忍失败性 m 来说，所带来的开销是 $p/(p-m)$。因此，在图 10-5 的例子中，这一存储系统在 p=4 和 m=1 的情况下的开销为 33%。

IDA 算法的一个缺点是它的计算密集但是不能利用硬件加速。复制是另一种有用的技术，并且被很多云存储提供商所实现。尽管复制所带来的开销超过 100%，但是对提供商来说这种方法既简单又有效。

10.2.8　可控性

客户控制和管理他所存储的数据的能力，以及这种能力所带来的成本是非常重要的。很多云存储提供商对用户提供了低成本的高可控能力。

亚马逊公司实现了 RRS（Reduced Redundancy Storage），对用户来说存储成本被大大降低。数据在 Amazon S3 基础设施里进行复制，但是通过 RRS，数据被复制的次数降低了但是数据丢失的可能性也同时降低了。对于数据可以被重建并且可以在任意地方存在复本的情况下是非常理想的。Nirvanix 提供了基于策略的复制协议从而可以在更细粒度下控制如何以及在哪里存储数据。

10.2.9　效率

存储效率对云存储基础设施来说也很重要，特别是在总体成本固定的情况下。这关系着如何能够更有效地利用可用的存储资源。

为了能够让存储系统更有效，我们应尽量存储更多的数据。目前普遍的做法是对数据进行压缩（Data Reduction），这样源数据大小就减小了从而占有更少的物理空间。目前有两种办法可以完成这个功能：压缩（Compression）以及数据去重复（De-Duplication）。压缩是指通过对数据用另外一种方式重新编码来达到数据量变小的目的。去重是指把数据里面相同的部分去除掉。尽管两种方法都很有效，但是压缩更多涉及计算来重新对数据进行编码，而去重涉及计算数据签名从而可以有效寻找重复数据。

10.2.10 成本

云存储另外一个值得注意的特性是它可以降低成本的能力。这些成本包括购买存储的成本、电源功耗成本、硬件修复成本以及存储管理成本。但我们从成本、SLA 和增加存储有效性这些角度来看云存储的话，云存储可以为用户带来很多好处。

下面介绍一下 Backblaze 公司。Backblaze 利用低廉的存储对外提供云存储服务。Backblaze 的 POD 在一个 4U 的服务器下提供 67TB 的存储，成本只有 8000 美元。它包括一个 4U 的 Enclosure，一个主板，4GB 的主存，4 个 SATA 控制器，45 个 1.5TB 的 SATA 硬盘，2 个电源。在主板上面，Backblaze 运行 Linux 操作系统和 GbE 的 NIC，前端使用 HTTPS 和 Apache Tomcat。Backblaze 的软件方案包括数据去重复、加密和 RAID6 数据保护功能。根据 Backblaze 公司对 POD 的说明，我们可以削减存储的成本，让云存储变得更加可靠和有效。

10.3 云存储模式

到目前为止，我们主要都是从服务提供商的角度来介绍和讨论云存储。从用户的角度来说，云存储已经演化成三种模式：公有云存储、私有云存储及混合云存储（见图 10-6）。

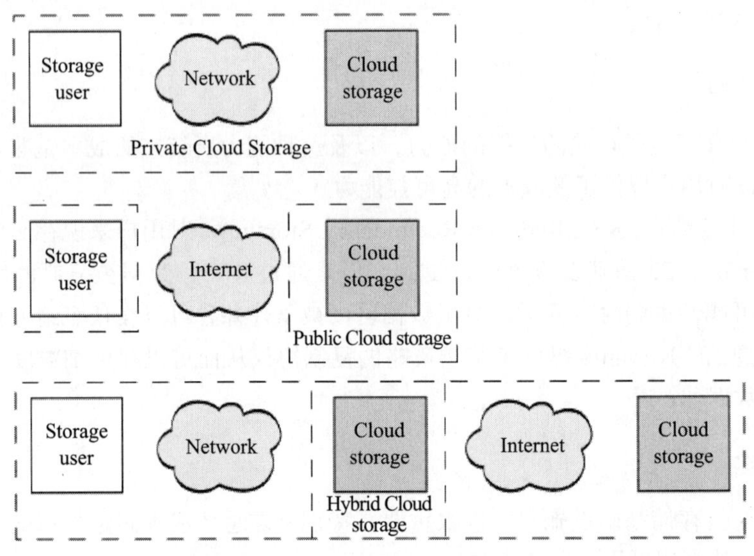

图 10-6 三种云存储模式

10.3.1 公有云存储

包括 AT&T、亚马逊、微软、Nirvanix、Rackspace、百度、金山、腾讯、360、阿里、华为、联想、中国移动等在内，越来越多的厂商开始提供公有云存储服务。这些厂商的存储基础架构通常包含低成本的直连标准化量产（Commodity）磁盘的存储节点和基于对象的分布式内容管理软件堆栈。保存在云中的数据一般通过互联网协议来访问，主要是 REST（Representational State Transfer）和 SOAP（Simple Object Access Protocol）协议。存储的韧性和冗余则是通过将每个对象存在至少两个节点上来实现。公有云存储一般是按每月每 GB 的单位计费，有的服务提供商可能会收取额外的数据传输和访问费用。

公有云存储多用于大规模多租户的场景，并为每个租户做数据、访问和安全上的相互隔离。存放在公有云的数据内容一般是静态的非核心应用数据，需要在线访问的归档数据以及备份和灾难恢复数据，而不是总在改变的活跃数据内容。对于企业用户来说，使用公有云存储的主要顾虑在于数据安全性，其次是性能。

10.3.2　私有云存储

内部或私有云存储运行在数据中心内的专用基础架构之上，很大程度上缓解了用户对于安全性和性能的顾虑，并且能提供公共云存储为用户带来的大多数好处。私有云存储通常只为单租户提供服务，不过大型企业有可能以部门或者办公室地点为依据划分多个租户。有别于公有云存储，私有云存储对可扩展性的要求适中，所以更有可能使用传统存储硬件来搭建。一个典型案例是惠普（HP）公司的私有云基础架构解决方案 CloudStart，它集成了 BladeSystem Matrix（惠普的 StorageWorks 企业虚拟阵列（EVA）系列存储阵列和云服务自动化（CSA）软件）。CloudStart 本身并不是一个完整的私有云存储解决方案，因为它缺乏必要的对外提供服务的组件。惠普的合作厂商，甚至企业自身，都可以利用 CloudStart 来搭建完整的云存储产品。

私有云存储产品的一个例子是日立数据系统云服务（Hitachi Data Systems Cloud Service），用于私有文件分层。基于日立内容管理平台软件（Hitachi Content Platform），这项云服务运行在客户的数据中心内，但是由日立来管理和控制。除了初始配置费用，用户只需按服务使用量付费。一个类似的私有云存储产品是 Nirvanix 的 hNode，它基于支撑 Nirvanix 存储交付网络（Storage Delivery Network）的技术，提供完全管理的、按需付费的数据中心内部的云存储服务。

10.3.3　混合云存储

在混合云存储环境中，用户的数据被分散在本地和外部公有云存储。因为混合云存储方案通常提供一个现场设备，它们可以提供本地高速缓存和内存，重复数据删除和数据加密。

然而，混合云存储方案必须满足一些特定的要求。从用户的角度，混合云存储必须看起来像是统一的存储资源池，并提供相关自动化机制使得活跃的和经常访问的数据被存放在本地，同时不活跃的数据被迁移到云端。而这种自动化机制一般是基于规则引擎来判断何时需要将数据从云端迁入迁出。

10.3.4　三种云存储模式比较

表 10-2 提供了三种云存储模式的各种相关属性的相互比较。

表 10-2 三种云存储模式比较

属 性	公有云存储	私有云存储	混合云存储
可扩展性	很高	有限	很高
安全性	安全，但是取决于服务提供商的衡量标准	最安全，因为所有的存储都是在数据中心内部部署	很安全，公有和私有部分的集成选项提供了额外的安全控制
性能	从低到中等	很好	较好，因为活跃数据会被存放在本地数据中心
可靠性	中等，取决于互联网连接速度和服务提供商的服务质量	高，因为所有的设备都是在数据中心内部部署	中等到高，因为只有活跃数据才会被存放在本地数据中心
成本	很低，因为按需付费的模式以及不需要在本地部署专用基础架构	好，但是需要本地资源的投入，比如数据中心空间、电力消耗以及设备冷却	比较好

每种云存储模式都有各自的优缺点。公有云存储具有高可扩展性，但是在性能上有短板。私有云存储通常具备高可靠性，但是缺乏高可扩展性。混合云存储能赋予企业更多的控制权，但是成本比较高。对于一个组织机构来说，可以根据它的特定要求以及预算来选择合适的云存储模式。

10.4 主要云存储服务提供商

10.4.1 企业级云存储

1. 亚马逊 Web 服务（AWS）

与云计算的其他很多方面一样，亚马逊 Web 服务被认为是云存储市场的领导者。AWS 的价格可以说是“行业参照点”。它的简单存储服务（S3）是基本的对象存储，而弹性块存储（EBS）则用于存储卷。AWS 也在不断创新。2012 年，AWS 发布了一个长期、低价的文档存储服务 Glacier。随后，AWS 又发布了 Redshift，这是一个基于云的数据仓库服务。AWS 是一家富于创新的企业，在不断地推出新的产品和服务，不断巩固它已有的市场领导地位。它的一些服务如 GovCloud（政府云）服务，面向一些特定的垂直行业，最显著的就是联邦政府机构，这些服务具有云存储功能与服务的广度和深度。

2. 谷歌云存储

2010 年发布的谷歌云存储主要为该公司其他云产品及服务——包括谷歌 App 引擎（应用开发平台）、谷歌计算引擎（基于云的虚拟机）和 BigQuery（大数据分析工具）等提供基础存储服务。客户通过 API 访问谷歌云存储，该服务已在欧美提供。谷歌的云存储非常适合一些富有经验的、希望设置并管理云部署的客户，尤其是一些为谷歌应用寻找大规模存储的开发人员。

3. 微软

Gartner 预测，在 AWS 之后，微软的 Windows Azure Blob 存储可能是第二大被广泛使用的云存储服务。该服务如今已有超过 1 万亿个对象，每年增长 200%，并可支持众多的存储功能，如对象存储、表存储、SQL Server 和 CDN。Azure 的 Blob 存储正在与亚马逊“竞相杀价”，谷歌和微软在过去一年中一直在降低服务价格，提供更具竞争力的价格。微软最近还收购了云存储网关厂商 StorSimple，扩充了它的存储产品线。

4. Nirvanix

作为一家纯粹的云存储提供商，Nirvanix 只专注这个市场。它只寻找数据密集存储需求是优点，但对于寻找一站式服务厂商的客户来说则是一种缺点，因为后一种厂商能够在存储平台上提供计算服务。Nirvanix 的产品有一些吸引客户的特征，包括可跨公有云、私有云或混合云提供的存储服务，以及套餐式的按月计费高级支持选项，其目标客户显然是企业客户，但这却有可能错过中小企业客户，因为后者可能更喜欢随意点菜式的定价。

5. Rackspace

Rackspace 是云存储生态系统圈内的另一家主要厂商，其 CloudFiles 服务还包含一组健壮的服务组合，如由 Akamai 提供支持的计算基础设施和 CDN 网络。对于高性能存储需求而言，它有具备高输入输出能力的 CloudBlock 存储。Rackspace 对 OpenStack 开源项目的贡献巨大，其服务紧紧跟随着 OpenStack 的发展步伐。由于其研发都在 OpenStack 环境中进行，所以 Rackspace 的公有云存储服务能够很好地与 OpenStack 的私有云集成，为客户构建混合云服务。

10.4.2　个人云存储

个人云存储（Personal Cloud Storage）是通过 Internet 上传、下载和共享个人文件的一种服务，通常称为网络 U 盘、无线 U 盘等。作为云计算的重要应用，个人云存储已经逐渐走进人们的生活，并受到广泛关注。无论是网盘类云存储还是笔记类云存储，其精彩程度都远远超出存储的界限。云存储的大发展既有大数据爆发的推动，也得益于移动终端和移动互联网的高速发展及云计算技术的逐步成熟。随着越来越多的软件和数据加速迁移到“云端”，个人云取代电脑本地存储的趋势日渐明朗。

个人云存储市场有众多竞争厂商。国外的厂商有 Dropbox、Box、亚马逊、苹果、谷歌、微软、EMC 等。国内的厂商有百度、金山、腾讯、360、阿里、华为、联想、中国移动等。

Chapter11

第 11 章 虚拟化大数据平台

大数据作为近年来的热点还在持续升温，而 Hadoop 作为大数据平台的基础和核心，实际上已经成为其代名词和业界标准。传统的 Hadoop 数据平台多是在物理机上构建、部署，虽然方案已经比较成熟，但仍然面临很多问题和挑战。随着虚拟化、软件定义等技术和概念的成熟，使用 Hadoop 构建虚拟化的大数据平台，将大数据和虚拟化结合成为新的热点。本章将结合产品实例，为读者介绍虚拟化在大数据平台上的应用。

11.1 概述

Hadoop 是一个为了处理海量数据而开发的、以分布式系统为基础的开源架构。用户可以在不了解分布式底层细节的情况下，开发分布式程序并对大数据进行处理，从而充分利用集群的威力高速运算和存储。Hadoop 拥有很多无法比拟的优势。

- **高可靠性**。通过高可用性（High Availability）、联动（Federation）等机制解决断网、服务器断电、服务停止所带来的单点失效问题。
- **高扩展性**。Hadoop 通过将存储和计算分发到不同的节点来达到并行的效果。用户可以根据需要任意增加或删除一定数量的数据节点以达到性能上的要求，最后只需要重新平衡数据。这种节点的增加或删除可以是动态的，也就是说节点是支持热部署的。这种扩展性完全优于传统数据库，而对于 MPP 数据库，其节点支持的数量也是高几个数量级的。
- **高效性**。Hadoop 处理数据尽量使用“本地”数据，用于数据处理的工具通常与数据位于相同的节点上，从而能够更快地处理数据。MapReduce 计算框架能够保证对于可以并行的算法和计算完全并行处理，这意味着 Hadoop 只需要增加节点就可以处理更多的数据或者获得更快的速度，经典的 TeraSort 排序算法对 1TB 数据进行排序也只需要几十秒。
- **高容错性**。Hadoop 能够为存储在 HDFS 上的数据自动保存多份副本，默认值是 3，并且能够自动将失败的任务重新分配。

- **处理数据多样化**。Hadoop 可以处理不同结构的数据，包括结构化、半结构化和非结构化。

不过，传统的企业数据中心要想高效地使用 Hadoop 也面临着很多挑战。

- **搭建成本高昂**。虽然 Hadoop 本身号称可以运行在任何普通的 PC 上，但如果真正想搭建企业级的数据中心，硬件上的一次性投入还是比较巨大的。而且这里讲的成本不仅包括资金上的成本，还包括机房、电力等资源。并且随着集群数量的增长，这些资源消耗和运维成本都将呈指数级增长。
- **部署和维护复杂**。对于没有或者只有很少部署 Hadoop 集群经验的工程师来说，搭建 Hadoop 集群是一件既费时又费力的工作，往往需要用天来计算工作量。由于经验的缺失，系统调优也将会十分困难。因为使用默认配置，往往不能满足真实业务的需要。同样，随着集群数量的增长，出现问题的几率会大大增加，不得不请专门的运维工程师 24 小时待命。
- **CPU 和存储等资源利用效率低下**。Hadoop 集群中，对于很多独立的主机，其 CPU 使用率往往只有 20% ~ 30%，而且 Hadoop 和非 Hadoop 负载不能直接共享资源，缺乏资源管控。
- **单点失效**。众所周知，Hadoop 的 NameNode 和 JobTracker 存在单点失效的问题，Hadoop 本身也采取不同的措施来解决这一问题，包括 HA、Federation 等。但很多相关非核心 Hadoop 模块如 Hive、HCatalog、Pig、Zookeeper 没有 HA 保障。
- **需要多租户隔离**。不同部门可能需要各自的 Hadoop 集群，但不同用户间缺乏足够的性能和安全隔离机制，无法实现配置隔离。

因此，可以尝试使用虚拟化解决以上问题，虚拟化 Hadoop 数据中心拥有以下优点：

- **价格相对低廉**。使用虚拟化构建数据中心会节省大量物理资源，包括主机、机房空间、机柜、耗电、冷气以及人力资源。如果选择云的方式，租用 AWS EMR（下文会详细介绍）大数据平台，其总拥有成本与传统数据中心相比也是较低的。
- **快速搭建、部署 Hadoop 集群**。借助虚拟机快照、模板、资源动态分配等机制，可以大大提高 Hadoop 集群的搭建、部署时间。比如 VMware 发布的 Serengeti（下文会详细介绍）使项目部署时间从天级降到分钟级。
- **为 Hadoop 提供高可用和容错能力**。虚拟化技术本身已经十分成熟，其自身高可用和容错能力可以为 Hadoop 提供额外的高可用和容错保护。
- **大幅提升 Hadoop 资源利用率**。很容易理解，将 3 ~ 4 台 CPU 利用率只有 20% ~ 30% 的物理机平移到一台虚拟机上，CPU 利用率会提高 2 ~ 3 倍。提高资源利用率的最大好处就是降低运营成本，这是所有公司都乐于看到的。
- **多租户隔离**。通过虚拟化的隔离能力，为不同部门提供 Hadoop 的计算能力，又不互相干扰和影响，在安全上也得到保证。

当然，任何技术的出现都会引来质疑，业界对虚拟化构建 Hadoop 大数据平台的质疑包括：

- 本地磁盘。本地磁盘是否可以用于虚拟化环境。有一种观点认为 Hadoop 不适合在虚拟化平台上运行，理由是 Hadoop 的特点是在本地磁盘上运行，而虚拟化都是在共享磁盘上；虚拟机增加了额外开销，在虚拟机上运行 Hadoop 性能会变慢。实际上，多数人知道 vSphere 的工作模式是将数据存储到共享磁盘，其实 vSphere 也支持本地磁盘，这完全取决于用户的应用场景。随着高带宽网络的应用，比如 10GB Ethernet、PoE，以及 iSCSI，这些担心都应该不是问题了。

- 灵活性和可扩展性。如何在集群和不同的应用程序之间灵活调度资源。
- 数据稳定。虚拟环境中，如何才能将数据跨主机和机架分发。
- 数据本地化。Hadoop 会调度计算任务附近的数据，以减少发生在数据读写上的网络 I/O。在虚拟化环境下是否可以达到同样的效果。
- 性能。虚拟化环境下的性能如何。
- 总拥有成本（TCO）。虚拟化使用大数据平台到底会不会节省成本。

以上从概念上介绍了使用虚拟化构建大数据平台的原因以及可能面临的挑战，下面结合两个真实的产品案例，相对直观地为大家介绍大数据虚拟化平台的优点和以上提到的一些问题。

11.2　VMware Serengeti

据了解，从 2012 年年初，VMware 就与 Apache Hadoop 社区展开合作，开始推广一个开源项目——Serengeti，通过把 Apache Hadoop 节点从底层物理基础架构剥离，VMware 可以将云基础架构的优势带给 Hadoop，利用 VMware 的 vSphere 平台在几分钟之内快速部署高可用的 Hadoop 集群。通过使用 VMware 的 vSphere 平台上的 Serengeti，企业用户可以简单方便地利用值得信赖且运用广泛的虚拟化平台提供的高可用性、最佳资源利用率、灵活和安全多租户等功能来确保 Hadoop 集群的可用性和可管理性。Serengeti 提供了对多个主流版本 Hadoop 的支持，包括 Apache Hadoop、Cloudera、Pivotal HD 和 Hortonworks。Serengeti 的开放架构使其很容易支持其他的 Hadoop 版本。Serengeti 拥有以下优点：

1. 快速部署，易于维护、扩展

上文提到过，部署和构建 Hadoop 集群是一件费时费力的工作，人力的消耗往往以小时甚至天来计算。而 Serengeti 可以通过简单的命令行操作，在几分钟内部署高度可用的 Hadoop 集群，包括 Apache Pig 和 Apache Hive 等常见的 Hadoop 组件。

2. 高可用和容错能力

高可用性是确保公司中一个或者多个关键应用的本地服务持续性的一组机制（如图 11-1 所示）。众所周知，Hadoop 由于单点失效，在可用性上一

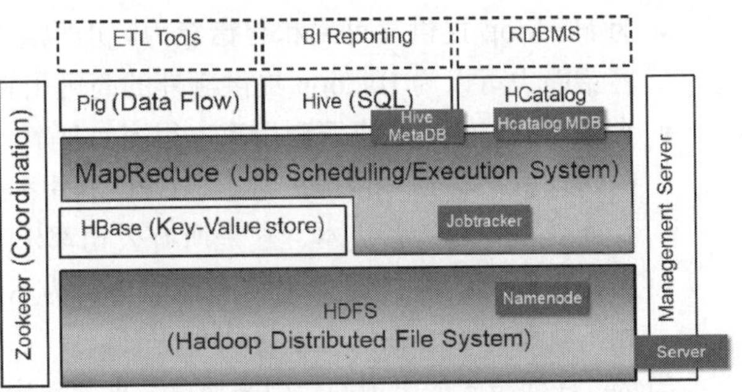

图 11-1　Hadoop 集群的高可用性

直存在问题。尽管 Apache 社区已经发布了 HA 的功能，但也仅仅是 NameNode 上的 HA，其他相关非核心 Hadoop 模块如 Hive、HCatalog 等并没有 HA 保障。而 Serengeti 是基于 VMvare vSphere 的，由于 vSphere 的 HA、FT、VMotive 等高级特性，提供 99% 以上级别的服务持续性比物理环境要容易得多，其为 Hadoop 提供了易于配置的、可供用户选择不同等级的高可用性和容错能力。

（1）VMware vMotion 降低计划死机时间

实时迁移功能（vMotion）可以在不停机的情况下将正在运行的整个虚拟机从一台物理服务器移动到另一台物理服务器。虚拟机会保留其网络标识和连接，从而确保实现无缝的迁移过程。整个过程在千兆位以太网上只需不到两秒的时间。

对于生产环境中的 Hadoop 集群来说，无论是操作系统的重启还是服务器、路由器等硬件的更新，都会带来集群的暂时关闭。这些计划内的死机往往要持续几分钟甚至几小时，显然，这是很难接受的。实时迁移功能可以通过热迁移很好地解决这一问题。

（2）VMware HA 减少非计划死机时间

HA 可以提供虚拟机中运行的大多数应用所需的可用性，并且不依赖于其中运行的操作系统和应用程序。HA 可针对虚拟化 IT 环境中的硬件和操作系统停机，提供统一且经济高效的故障切换保护。依赖于操作系统或应用的可用性解决方案需要进行复杂的设置和配置，相比之下，HA 的配置只需在 vSphere Client 界面中单击一下即可完成。HA 配置过程简单且所需的资源最少。

HA 可以监控 vSphere 主机和虚拟机，以检测到硬件和客户操作系统故障；一旦发现服务器停机，无需手动干预即可在集群中的其他 vSphere 主机上重新启动虚拟机；一旦发现操作系统故障，可通过自动重新启动虚拟机来减少应用中断时间。

硬件或操作系统上的问题有可能导致 NameNode 的故障，这种问题并不常见但总是无法预料的。HA 能自动检测任何硬件或者虚拟机上的故障，而无需任何人为干预。

（3）vSphere Fault Tolerance 提供持续性保护

Fault Tolerance（FT）通过创建始终与主虚拟机保持同步的虚拟机实时卷影实例，使应用在服务器发生故障的情况下也能够持续可用。一旦出现硬件故障，FT 就会自动触发故障转移，确保零停机并防止数据丢失。故障转移完毕，FT 会自动创建一个新的辅助虚拟机为应用提供持续保护（如图 11-2 所示）。

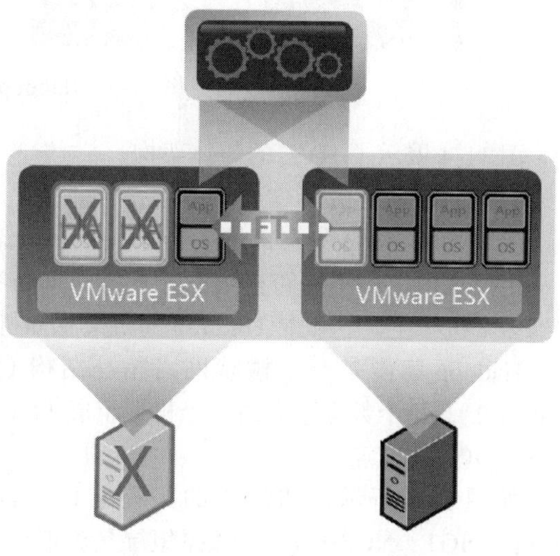

图 11-2　VMware 提供的 FT 解决方案

3. Hadoop 虚拟化扩展技术

Hadoop 虚拟化扩展技术（Hadoop Virtualization Extension，HVE）是用来扩展 Hadoop 的拓扑感知机制。它的目的是提高虚拟化的 Hadoop 集群扩展拓扑层并且细化本地相关政策的可靠性和性能。对 Hadoop 计算层的扩展，通过增加 Hadoop 垂直扩展和水平扩展的动态性，配合资源共享，最终达到优化资源利用的目的。

通常情况下，我们为了保证 Hadoop 集群数据本地化（Data Locality）的需要，会将存储（DataNode）和计算（TaskTracker）服务部署在相同节点上。这样，在使用 Hadoop 的时候有大量的节点，使用本地存储可以得到线性扩展，费用更低。但是当计算能力不足需要扩容时，增加计算节点的同时也必须增加存储节点。因此存储和计算绑定模型下，对于存储和计算节点的扩容必须同时进行，无法灵活定制，这难免会造成计算或存储资源的浪费。

如图 11-3 所示，为了对计算和存储进行分离，以达到灵活或扩容的目的，我们需要将存储（DataNode）和计算（TaskTracker）服务等分开部署在不同的节点上。这样似乎就出现了一组矛盾，纯粹的分离模型并不能保证传统的 Hadoop 数据本地性特性。HVE 技术解决了这一问题，用户可以指定将独立的计算节点虚拟机部署在存储节点所在的物理主机（Host）上，这样，虽然逻辑上计算节点已经和存储分离了，但在物理上它们仍然处于同一主机上，从而避免了其间的通信经过网络，这就是虚拟化的威力。HVE 功能会使得 Hadoop 自身对虚拟化架构感知，能够配合数据本地化的策略进行计算任务的调度。

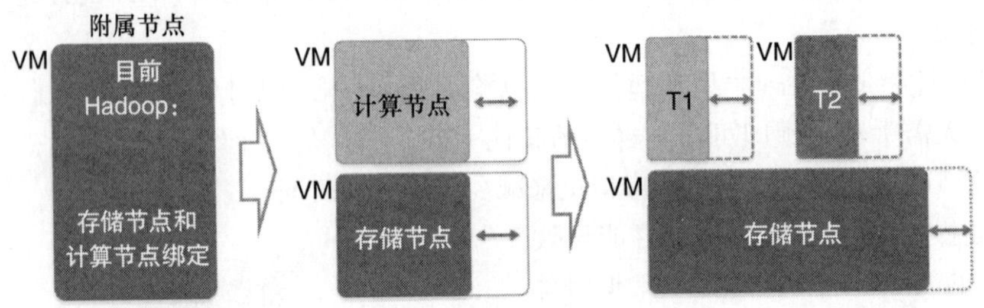

图 11-3　Hadoop 虚拟化的演变

图 11-4 展示了 HVE 的整体架构。

（1）网络拓扑扩展

传统的 Hadoop 集群部署会分布在很多机架上，不同节点之间的通信能够尽量发生在同一个机架之内，而不是跨机架。并且为了提高容错能力，名称节点会尽可能把数据块的副本放到多个机架上。这就是 Hadoop 的机架感知机制（Rack Awareness）。

Hadoop 集群是一个树状网络拓扑结构（如图 11-5 所示）。根节点下有多个数据中心（D1、D2），每个数据中心由多个机架组成（R1、R2……），而每个机架上有多个计算机（H1、H2……）(数据节点)。

如图 11-6 所示，和传统的拓扑结构不同，HVE 引入了新的概念——数据组（Node Group，NG1、NG2……）。数据组层是虚拟层，所有在同一数据组下的虚拟机都会运行在同一物理节点上。凭借着数据组上的感知技术，HVE 可以改善数据本地化策略，从而在虚拟环境下优化性能。

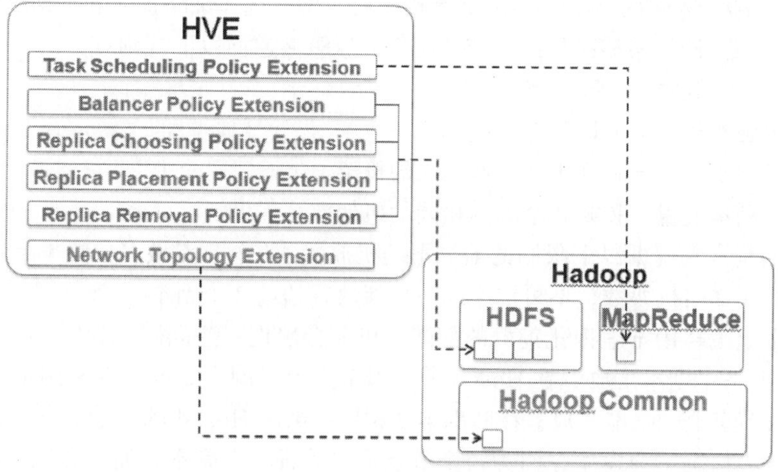

图 11-4　HVE 架构图

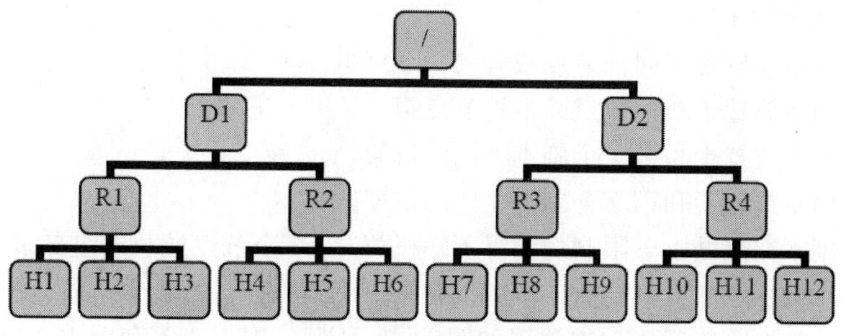

图 11-5　传统 Hadoop 集群的网络拓扑结构

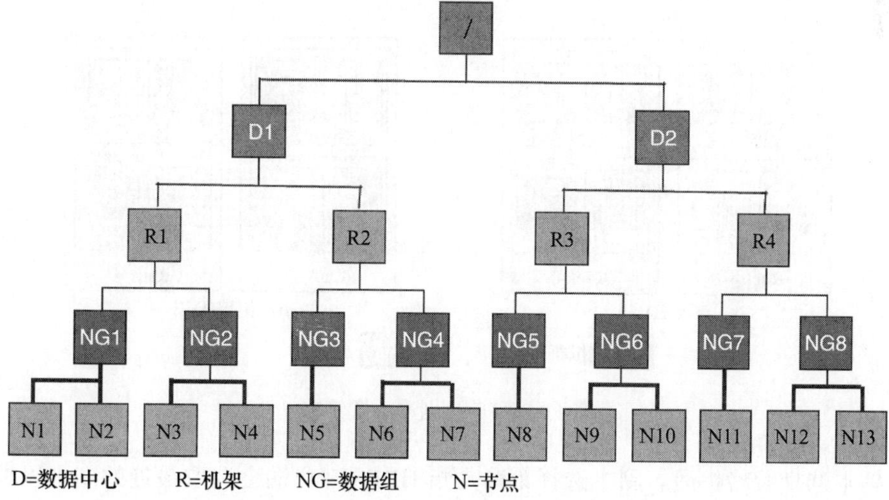

图 11-6　虚拟化 Hadoop 集群的网络拓扑结构

（2）HDFS 策略扩展

HDFS 策略扩展包括副本放置 / 删除策略扩展、副本选择策略扩展和平衡器策略扩展。

1）副本放置 / 删除策略扩展。传统的副本放置策略遵循以下规则：

- 多个副本不能放置于同一节点。
- 第 1 个副本放置于本地节点。
- 第 2 个副本放置于和第 1 个副本不同的机架。
- 第 3 个副本放置于和第 2 个副本相同的机架。
- 其余的副本在遵循以下限制的前提下随机放置：1 个节点最多放置 1 个副本；如果副本数少于 2 倍机架数，不可以在同一机架放置超过 2 个副本。

如果将以上策略用于虚拟化集群的部署，可能会出现一些问题。如图 11-7a 所示，在不用 HVE 的情况下，副本 1 放置在 Host-1 的 2 号节点上，副本 2 放置在和副本 1 不同机架的 Host-4 的 1 号节点上，副本 3 放置在和副本 2 相同机架的 Host-4 的 2 号节点上，在物理机集群部署时，这种情况不会发生，因为一个节点最多放置一个副本。而在虚拟情况下，Host-4 上不同的虚拟节点会被分配多个副本，这是符合放置策略的，但问题显而易见。鉴于此，HVE 引入了新的放置策略：

- 多个副本不能放置于同一节点或者同一节点组。
- 第 1 个副本放置于本地节点或本地节点组。
- 第 2 个副本放置于和第 1 个副本不同的机架。
- 第 3 个副本放置于和第 2 个副本相同的机架。
- 其余的副本在遵循以下限制的前提下随机放置：1 个节点或节点组最多放置 1 个副本；如果副本数少于 2 倍机架数，不可以在同一机架放置超过 2 个副本。

引入了新的放置策略后，副本放置如图 11-7b 所示，副本 3 不和副本 2 放置于同一节点组下，从而避免了同一节点死机导致多个副本失效的可能。

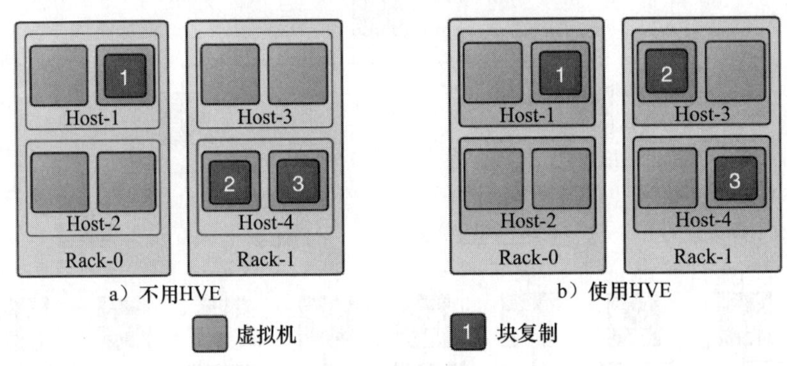

图 11-7　HVE 副本放置策略

2）副本选择策略扩展。副本选择策略是指 HDFS 客户端会选取最近的副本以求达到最优的数据读取吞吐量。该策略基于对网络拓扑图上每个副本和客户端距离的排序结果。在传统物理机部署的情况下，不同的距离分别为本地节点0，本地机架2，远端机架4。在HVE引入节点组的概念以后，不同的距离分别为本地节点0，本地节点组2，本地机架4，远端机架6。

如图11-8所示，如果没有HVE，HDFS客户端选取副本2和副本3作为副本的概率是相同的，它们都属于本地机架上的不同节点，距离为2，尽管副本2跟客户端在同一物理机上。在引入HVE以后，副本2会被客户端选择作为副本，因为副本2距离客户端的距离更近（2比4）。这样无疑会带来更好的数据读取吞吐量。

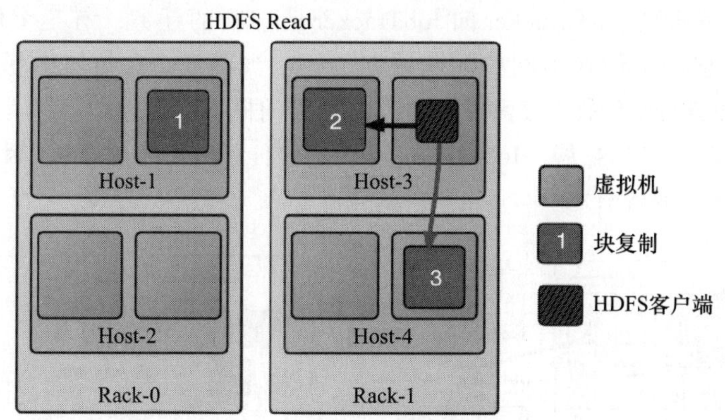

图11-8 HVE副本选择策略

3）平衡器策略扩展。平衡器策略是指Hadoop将某些高使用率的副本转发到低使用率副本上的机制。其包含了两个层面的规则：在节点层面，参与转发的节点对其间的网络占用要尽可能小；在副本层面，在不违反副本放置策略的情况下，它会检查所有合格的副本。

随着HVE引入节点组概念，平衡器策略在原有的基础上有了新的扩展。在节点层面，选择目标节点遵循以下顺序：本地节点组、本地机架、远端机架。在副本层面，如果在目标节点或者目标节点的同一机架上已经存在了相同的另一个副本，那么最好不要将该副本转发到这个节点上。

如图11-9所示，如果没有HVE，原始的平衡器策略对将副本2转发到其他两个节点的概率是相同的。但显然，将该副本转发到Host-3上的另一个节点是最好的选择。这是因为此两节点位于同一节点组下，减少了网络流量，并且保证了和之前相同的可靠性（避免了将同一副本放置于同一物理节点上）。

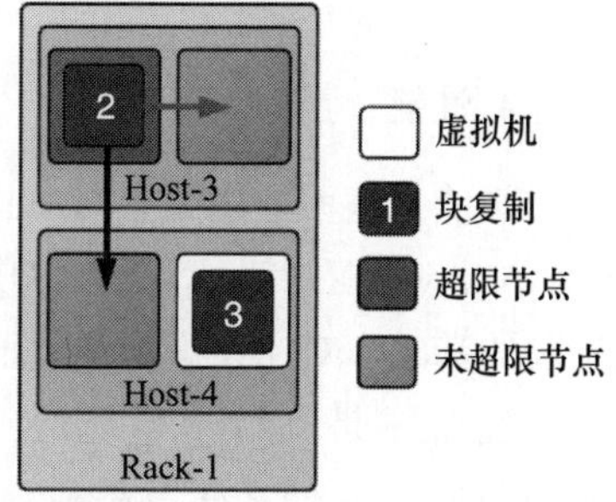

图11-9 HVE平衡器策略

（3）任务调度策略扩展

Hadoop MapReduce任务调度策略在对任务进行调度的时候，会将数据的本地化考虑进Map的任务分配。当一个MapReduce的任务被提交，JobTracker会将输入数据切分成很多个块，并建立多个任务并行地对其进行处理。在这个过程中，每个任务都会分配给其所在节点的副本。当一个 TaskTracker 有空闲的任务槽时，它会向 JobTracker 请求新的任务，而 JobTracker 会按一定的优先级为其分配任务，并且把距其最近的数据副本交给它进行处理。

在传统的任务调度策略下，JobTracker 分配任务给 TaskTracker 的顺序是：本地数据、同一机架、远端机架。HVE 对其进行了扩展，顺序变成：本地数据、本地数据组、同一机架、远端机架。下面的例子展示了这个扩展的优势。

有一个空任务槽的 TaskTracker 向 JobTracker 请求新的任务，有三个候选的任务（如图 11-10 所示）。它们工作在不同的数据块上，等待被调度。在传统的任务调度策略下，JobTracker 对将任务分配给任务 1 和任务 2 有着相同的概率，因为它们都属于同一机架但不是本地数据。随着 HVE 的扩展，JobTracker 会保证将任务分配给任务 2，因为它们处于同一本地数据组，其优先级高于处于同一机架内的任务 3。

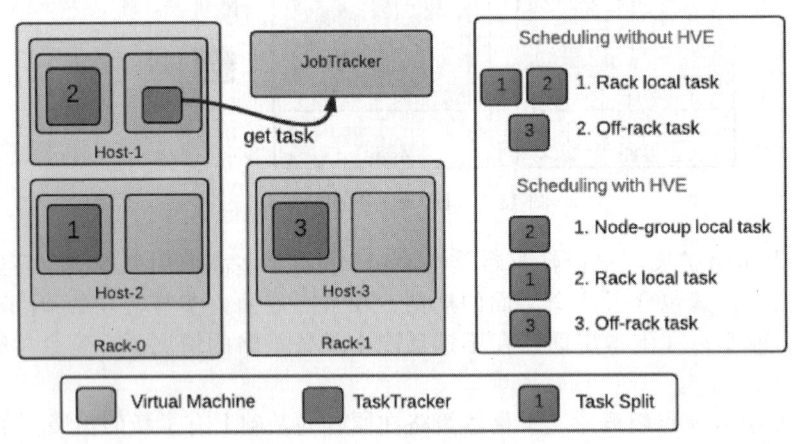

图 11-10　HVE 任务调度策略

4. 性能

性能是很多业内人士对 Hadoop 应用在虚拟化平台上提出质疑的问题所在。

VMware 在其一篇技术白皮书中对这种质疑提出了论证。文章中以 3 种常见的实例作为实验的基础，对比了虚拟环境下和真实的物理机环境下 Hadoop 的工作效率。

实验一是蒙特卡罗算法计算 π。该算法是典型的可并行算法，将任务拆分到每个 mapper 后，它们之间都是独立的，最后结果汇总到一个 reducer 里，没有大量数据的传输。该实验中，每个节点 mapper 的数量等同于 CPU 或 vCPU 的数量，因此算法的效率完全取决于 CPU 或 vCPU 的计算速度。

实验二是大数据的读写（TestDFSIO）。该实验主要测试的是数据的吞吐量，首先会向 HDFS 写入约 1TB，然后再将其读回。

实验三是经典的大数据的排序（TeraSort）。大数据排序需要考虑的因素很多，包括计算、网络、存储、I/O 等，因此被认为最能表现 Hadoop 工作量。该实验又被分为三小部分：数据生成（TeraGen）、数据排序（TeraSort）和数据验证（TeraValidate）。数据生成和数据排序有些类似，不同的是数据生成需要一些产生随机数的计算、该阶段不需要 reducer。数据排序阶段会对数据进行排序，然后将结果写入 HDFS 上。数据验证会读取数据排序后的结果，来验证结果是否全部有序。

表 11-1 和图 11-11 展示了 3 个实验的结果。

表 11-1　虚拟化 Hadoop 和传统 Hadoop 集群的性能对比表

测试基准	传统集群	虚拟机群	
		1VM	2VM
Pi	792	740	762
TestDFSIO-write	640	706	614
TestDFSIO-read	499	532	453
TeraGen 1TB	664	700	580
TeraSort 1TB	2995	3127	3110
TeraValidate 1TB	569	481	495
TeraGen 3.5TB	2328	2504	2030
TeraSort 3.5TB	13 460	14 863	12 494
TeraValidate 3.5TB	2783	2745	2552

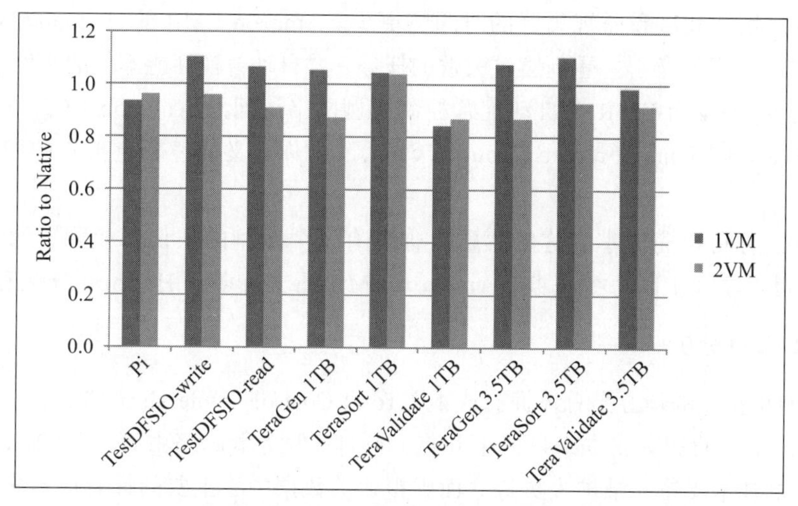

图 11-11　虚拟化 Hadoop 和传统 Hadoop 集群的性能对比柱状图

对于这 3 个实验的结果，我们完全可以得出结论：关于性能上的担心完全是没有必要的。在虚拟环境下，运行 Hadoop 任务的性能并不比真实物理机环境下差，在某些情况下甚至更强，并且随着虚拟机的增加，性能也有增加的趋势。

11.3 AWS EMR

Amazon Elastic MapReduce（Amazon EMR）是一种Web服务，它能提升企业、研究人员、数据分析师和开发人员轻松、经济、高效地掌控海量数据的能力。基于Amazon EC2技术和Amazon Simple Storage Service（Amazon S3）技术的Web规模基础设施，是一种Hadoop托管服务运行架构。Amazon EMR能即时灵活配置自身所需容量大小，执行数据密集型应用计算，完成Web索引、数据挖掘、日志文件分析、数据仓库、机器学习、财务分析、科学模拟和生物信息研究任务。Amazon EMR技术让用户专注于数据分析，无需担心费时的Hadoop集群设置、管理或调整，也无需担心所依靠的计算能力。

1. EMR的优势

1）易于使用。你可以迅速启动Amazon EMR集群，而不必担心节点调配、集群设置、Hadoop配置或集群调试。Amazon EMR会自行处理这些任务，因此你只需集中精力进行分析即可。

2）弹性。使用Amazon EMR，你可以配置一个、数百个甚至数千个任意大小的计算实例来处理数据，可以轻松增加或减少实例的数量，并且按使用情况支付费用。

3）低成本。你可以以低至每小时0.15美元的价格启动10节点Hadoop集群。因为Amazon EMR在设计理念上支持Amazon EC2竞价和预留实例，你还可以将基础实例成本节省50% ~ 80%。

4）可靠。用于调试和监视集群的时间将更少。Amazon EMR的Hadoop已经针对云进行了优化；它还会监控集群，重新尝试失败的任务，并自动替换性能不佳的实例。

5）安全。Amazon EMR会自动配置控制实例网络访问的Amazon EC2防火墙，并且你可以在Amazon Virtual Private Cloud（VPC）（由你定义的逻辑上孤立的网络）上启动集群。

6）灵活。你可以完全掌控你的集群。你拥有每个实例的根访问权限，因此可以轻松安装额外应用程序和定制每个集群。Amazon EMR还支持多个Hadoop分配和应用程序。

2. EMR TCO分析

另一个对虚拟化的担心是总体拥有成本（Total Cost of Ownership，TCO）。对于传统数据中心来说，主要的拥有成本来自以下几点：硬件（服务器、路由等）、设施（房屋、电力等）、第三方的技术支持、维护人员等。而虚拟化的数据中心主要的拥有成本来自：第三方的技术支持、维护人员、存储服务、Hadoop服务。埃森哲做过一个关于EMR和传统数据中心TCO的对比分析，表11-2是以月TCO作为基准的成本比较。虚拟化数据中心没有硬件和设施方面的成本，因为可以将更多的资源用在平台所提供的服务上，包括存储服务和Hadoop服务。

表 11-2 传统 Hadoop 和 Hadoop-AAS 的使用成本对比

Bare-metal	Monthly TCO		Hadoop-as-a-Service
	$ 21 845.04		
Staff for operation	$ 9 274.46	$ 3 091.49	Staff for operation
Technical support (third-party vendors)	$ 6 656.00	$ 1 372.27	Technical support (service providers)
Data center facility and electricity	$ 2 914.58	$ 2 063.00	Storage services
Server hardware	$ 3 000.00	$ 15 318.28	Hadoop service

EMR 提供了多种服务方式的定制。分析过程中，在资金允许的情况下，选取了三种实例类型（Instance Type），分别为标准超大（m1.xlarge）、高内存 4 倍超大（m2.4xlarge）、集群技术 8 倍超大（cc2.8xlarge）。这三种实例类型都是其所在实例族中最大的。除此之外，EMR 还提供了三种不同的付费方式：①按需租用实例（On-Demand Instance），提供以小时为颗粒度的计费单位，无需预付费，也无需承诺试用时长，并可以通过 Auto Scaling 功能自动增删所租用的虚拟资源。②预留租用实例（Reserved Instance），需要事先承诺合同时长，如一年或三年，并需要交纳一定的一次性费用，此后在实际使用中仍然按照小时计费，但是单价要比按需租用平均降低 50%。在服务等级上，预留租用也要高于按需租用，亚马逊保证预留租用用户随时可以获得其所需要的服务资源，而按需租用实例则没有这方面的保证。③现货租用实例（Spot Instance），在这种服务中，用户可以自己定价，定下用户愿意接受的最高价格，来租用 EC2 服务的闲散资源。亚马逊根据供需情况会周期性地发布即时价格，当用户最高限价高于其即时价格时，进行服务，且实际支付价格为系统即时价格；当用户最高限价低于即时价格时，系统自动终止服务，待即时价格低于用户最高限价时服务再次启动。这对于用户的预算是一个更灵活的保证方式。这种模式更适合于需要大量计算能力但对计算响应要求不高的用户，如科学计算等。当然，用户需要自行保证使用现货租用实例的应用对于随时死机具有调整能力。

本次分析中，分别采用了按需租用实例、预留租用实例和预留租用实例与现货租用实例结合的付费方式，在资金允许的情况下，使用尽可能多的租用实例。表 11-3 给出了各种实例类型和付费方式下租用实例的个数。

表 11-3 EMR TCO 分析中实例的选择

Instance type	On-demand instances (ODI)	Reserved instances (RI)	Reserved+Spot instances (RI+SI)
m1.xlarge	68	112	192
m2.4xlarge	20	41	77
cc2.8xlarge	13	28	53

一切准备就绪的情况下，该分析选取了三种常见的应用进行测试，分别为日志分

析、用户推荐引擎和文本聚类分析。图 11-12 ~ 图 11-14 是三种应用的性能分析结果。从图中可以看出，在大多数情况下，按需租用实例具有更好的 TCO，而对于另外两种方式的 TCO 没有想象中好。这个结果很好地反驳了外界对虚拟化数据中心 TCO 的质疑。

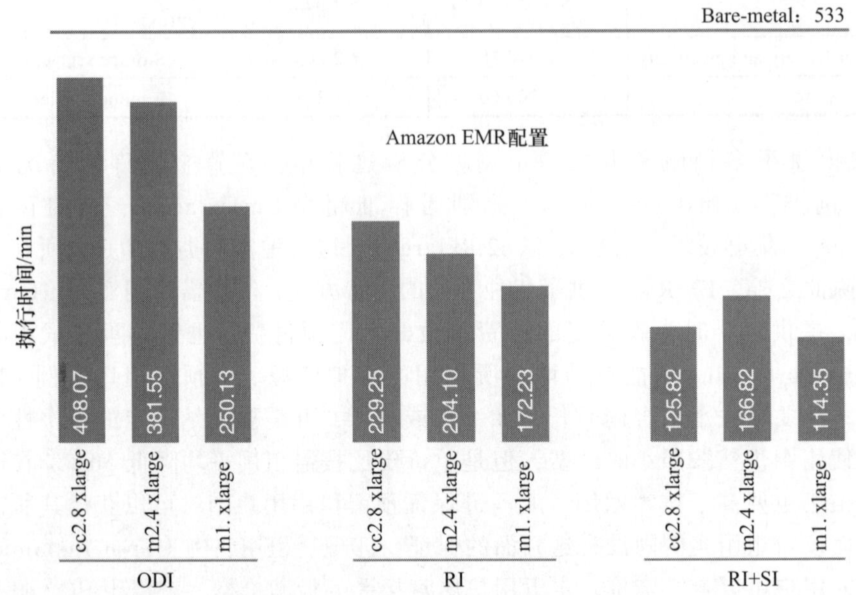

图 11-12　日志分析实验 EMR TCO 结果

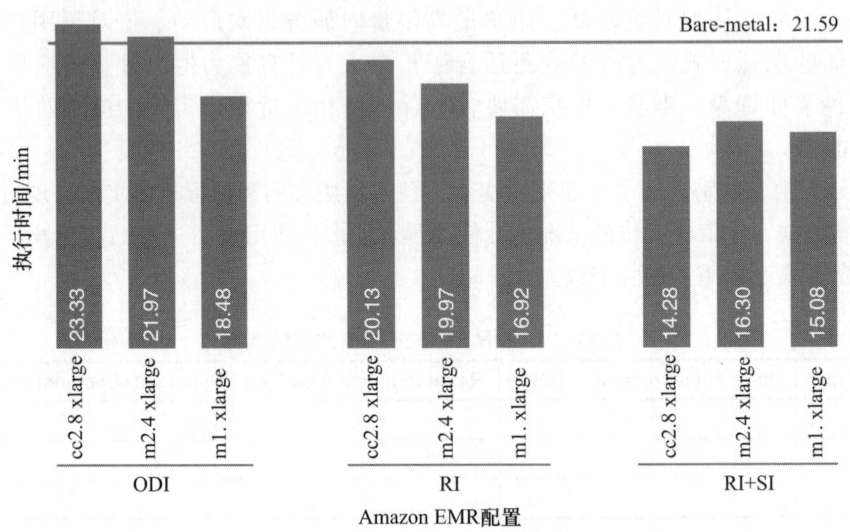

图 11-13　用户推荐引擎实验 EMR TCO 结果

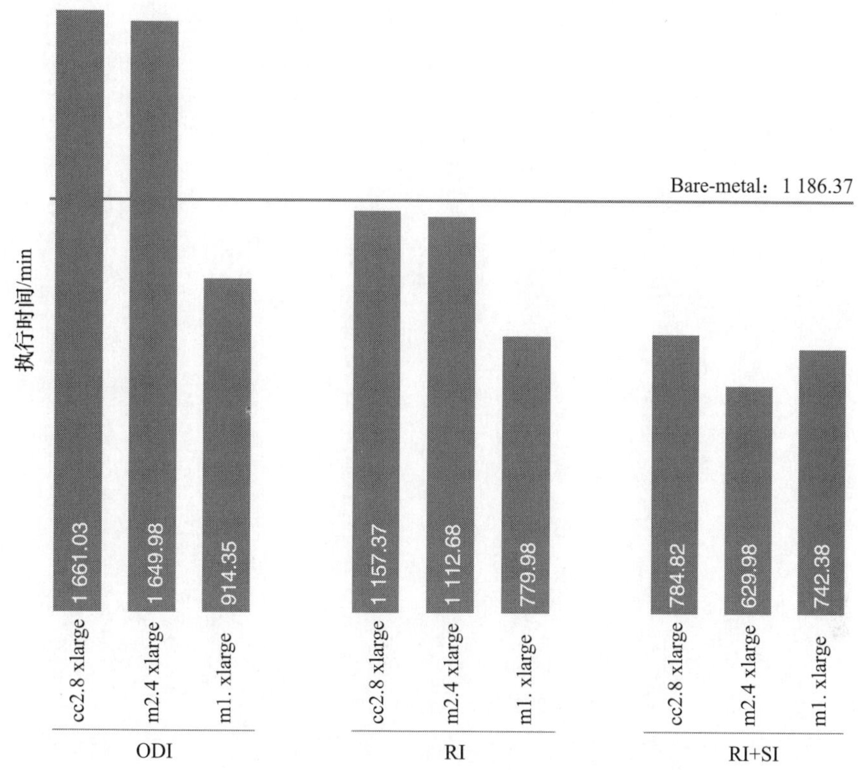

图 11-14　文本聚类分析实验 EMR TCO 结果

11.4　小结

本章讲述了使用虚拟化技术搭建 Hadoop 大数据平台的优势和可能遇到的挑战，并且结合两个产品实例加以说明。可以看出，无论是从性能的角度还是从使用成本的角度，虚拟化构建 Hadoop 大数据平台都是值得推荐和尝试的。尽管传统 Hadoop 大数据平台数据中心仍然是行业主流，但在某些领域或者某些背景下，虚拟化依然有其一席之地。毕竟，没有放之四海而皆准的技术，任何技术的选择和使用都要适合其所在背景，包括时间、地点、资金预算、人力等。而随着技术的成熟，虚拟化大数据平台必然会被广泛使用。

[illegible]

14.4 小结

[illegible]

第四部分

大型实例分析

- 第 12 章　AWS 数据中心实例
- 第 13 章　PPTV 基础平台管理体系

Chapter12

第12章 AWS数据中心实例

12.1 AWS概述

AWS（Amazon Web Service）是亚马逊提供的云服务。直到2005年，亚马逊花费十几年的时间打造了可扩展的、高可靠且有效的网上购物平台。2006年3月，开始提供第一个完全开放的AWS服务，至今亚马逊已成为拥有百万用户以及几十亿美金的云服务巨头公司，也正引领云计算的浪潮。亚马逊提供20几种不同的服务，主要有计算、网络、存储、内容配送、数据库、部署和管理、应用服务等。表12-1总结了AWS提供的主要服务。

表12-1 AWS的主要服务

功　能	AWS具体服务
计算	EC2，Elastic MapReduce，AutoScaling，Elastic Load Balancing，Elastic Beanstalk
网络	CloudFront，ELB，EIP，VPC，Amazon Virtual Private Cloud，Amazon Route 53，AWS Direct Connect
存储	Amazon Simple Storage Service（Amazon S3），EBS，Amazon Glacier，AWS Storage Gateway，AWS Import/Export
内容配送	Amazon CloudFront
数据库	Amazon Relational Database Service（Amazon RDS），Amazon DynamoDB，Amazon ElastiCache，Amazon Redshift
部署和管理	AWS Identity and Access Management（IAM），Amazon CloudWatch，AWS Elastic Beanstalk，AWS CloudFormation，AWS Data Pipeline，AWS OpsWorks
应用服务	Amazon Simple Queue Service（Amazon SQS），Amazon Simple Notification Service（Amazon SNS），Amazon Simple Workflow Service（Amazon SWF），Amazon Simple Email Service（Amazon SES），Amazon CloudSearch，Amazon Elastic Transcoder

与传统的数据中心相比，亚马逊所提供的 AWS 服务有如下特点：灵活、节约成本、可扩展性和弹性好、安全性高。灵活是指 AWS 让使用者自由选择使用其已经熟悉的程序模型、操作系统、数据库以及系统架构。节约成本是指使用 AWS，用户只需要支付他们所需要的服务，不需要预先支付或者长期支付，具体申请方法可以参考文献。可扩展性和弹性好是指用户可以快速地增加或者减少 AWS 满足应用的资源以满足客户的需求和管理的开销。安全是指提供点到点的安全和隐私。

亚马逊所提供的云服务数据中心是非常庞大的。根据 2009 年 10 月的内部消息，仅 EC2 计算服务亚马逊就提供了约 4 万台服务器。然而，亚马逊的云服务数据中心一直以来都是商业秘密，我们只能从一些网上的资料来间接获得，或者从论坛、博客上得到一些可能的猜测。本章根据我们所获得和整理的 AWS 资料，对 AWS 做一个简单的介绍，重点介绍 AWS 的计算、网络、存储和管理，部分涉及前面介绍的软件定义数据中心重要组件，根据所获得的资料，亚马逊拥有业内较早且比较领先的数据中心。通过对亚马逊的 AWS 介绍，我们希望能让读者对软件定义数据中心有一个全面的了解。

12.2 EC2 管理计算能力

12.2.1 EC2 概述

Amazon Elastic Compute Cloud（Amazon EC2）是一种 Web 服务，可在云中提供大小可调的计算容量。该服务旨在降低开发人员进行网络规模计算的难度。EC2 通过提供一个真正的虚拟计算环境，用户可以使用 Web 服务接口启动多种操作系统的实例，通过自定义应用环境加载这些实例，管理用户的网络访问权限，并根据所需系统数量运行多个映像。

12.2.2 EC2 架构

如图 12-1 所示，Amazon EC2 平台主要包含如下部分：

1. EC2 实例

AMI（Amazon Machine Image）是亚马逊虚拟机镜像文件，它是一个可以将用户的应用程序、配置等一起打包的加密机器镜像。用户创建好 AMI 后，部署在 EC2 平台上运行，称为一个 EC2 实例。每个实例自身包含一个本地存储模块（Instance Local Store)，临时存放用户数据。如果 EC2 实例运行过程中出现故障或者实例被终止，存储在其中的数据将会丢失。因此，亚马逊建议将重要的数据保存在 EBS 中以增强可靠性。

2. 弹性块存储

弹性块存储（EBS）映射为 EC2 实例上的块设备，与 EC2 配合使用。EBS 允许用户创建卷，每个卷可以作为一个设备挂载到 EC2 实例上。数据在 EBS 中存储多份，从而保证高可靠性。另外，EBS 提供了增量快照功能，可以将当前卷的状态快照增量备份到 S3 中。假设

EBS 卷有 100GB 数据，其中只有 5GB 的数据从上次快照操作以后产生了变化，那么，仅仅需要将这 5GB 变化的数据备份到 S3。

3. 弹性负载均衡

弹性负载均衡自动地将流量分发给多个 EC2 实例，并且在一定程度上支持容错。弹性负载均衡功能可以识别出应用实例的状态，当某个实例出现故障时，它会自动将流量路由到健康的实例上。

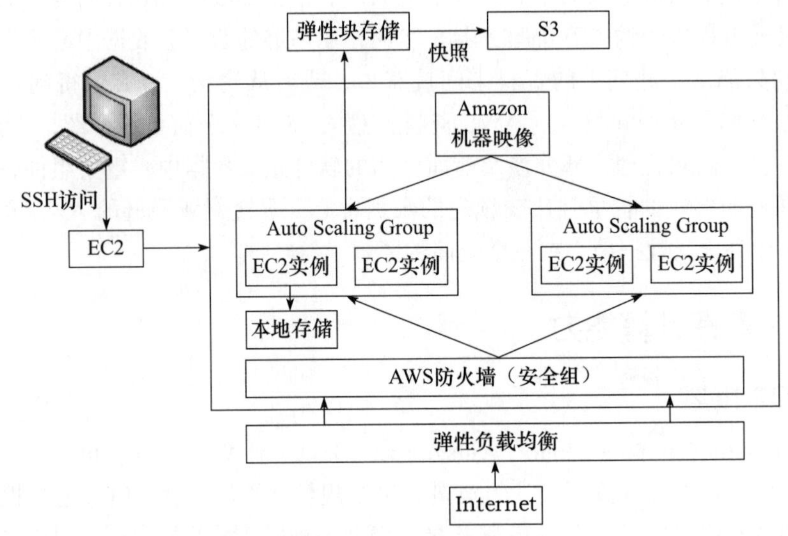

图 12-1 EC2 架构

12.2.3 EC2 存储

EC2 本地存储是实例自带的磁盘空间，但它并不是持久的，也就是说这个实例所在的节点出现故障时，相应的磁盘空间也会随之清空，本地存储上的数据随时有丢失的风险。

为了解决本地存储不可靠问题，EC2 推出了 EBS，数据在 EBS 中自动在同一个可用区域内复制多份。EBS 通过卷来组织数据，每个 EBS 卷只能挂载到一个 EC2 实例。EBS 卷并不与实例绑定，而是与用户帐号绑定。当 EC2 实例发生故障时，用户可以在新启动的 EC2 实例上重新挂载 EBS 卷。另外，EBS 能够以快照的形式将数据增量备份到 S3，而 S3 的数据分布在多个可用区域，进一步增强了可靠性。EBS 的设计原理如图 12-2 所示。

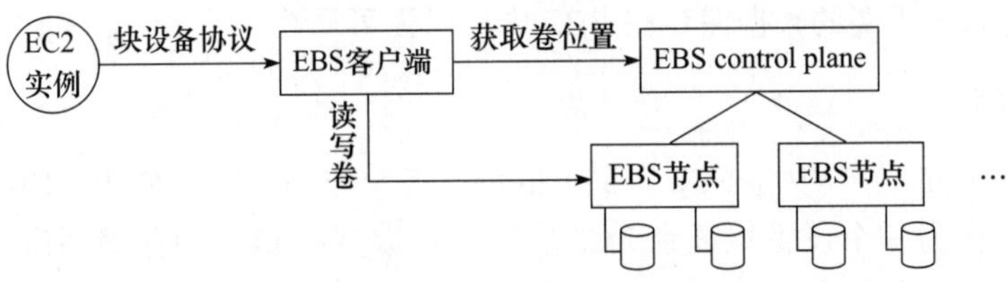

图 12-2 EBS 设计原理

12.2.4 自动缩放

自动缩放（Auto Scaling）可以根据用户自定义的条件，自动调整 EC2 的计算能力。多个 EC2 实例组成一个自动缩放组（Auto Scaling Group），当组内的实例负载过高，比如 CPU 平均使用率超过 70% 时，可以定义缩放规则自动增加 EC2 实例；同样的，当组内的实例负载过低时，可以自动缩小 EC2 实例规模以降低成本。

EC2 根据计算能力将实例分为多种类型，见表 12-2。

表 12-2 不同计算能力的实例对比

资　源	Small	Large	Extra Large	High-CPU Medium	High-CPU Extra Large
平台	32 位	64 位	64 位	64 位	64 位
CPU	1ECU	4ECU	8ECU	5ECU	20ECU
内存	1.7GB	7.5GB	15GB	1.7GB	7GB
存储容量	160GB	850GB	1690GB	350GB	1690GB

EC2 的一个计算单元称为一个 ECU(EC2 Compute Unit)，其计算能力相当于 1 个 1.0GHz 2007 Xeon 处理器。EC2 平台不支持虚拟机实例在线迁移，如果用户需要调整实例类型，EC2 内部实现时逻辑上分为两步：(a) 终止原有的 EC2 实例；(b) 根据一定的策略（比如负载）动态选择新的服务器节点启动新的 EC2 实例。自动缩放功能一般会配合弹性负载均衡功能一起使用，弹性负载均衡组件能够自动将流量转发给新实例。

12.2.5 网络路由

通过自动缩放技术，当 EC2 平台检测到某个实例出现故障时，将动态选择新的节点启动新实例，每个实例重新启动后它的公共 IP 地址都会发生变化。Internet 用户通过域名访问 EC2 实例，然而，需要一段比较长的时间才能更新公共 IP 地址与 DNS 之间的映射关系。为了解决这一问题，EC2 提供了两种方式：

1）弹性负载均衡：EC2 新实例重启后通知弹性负载均衡组件，弹性负载均衡组件能够自动将流量切换到新实例。

2）弹性 IP 地址：弹性 IP 地址和用户账号而不是和某个特定的实例绑定，EC2 用户可以将 DNS 域名设置为指向弹性 IP 地址。新实例启动时，EC2 用户只需要使用管理工具将弹性 IP 地址与新的实例关联起来，Internet 用户感觉不到任何差异。

12.2.6 EC2 实例

Amazon EC2 实例是 AWS 云平台中提供计算功能的最基本构建模块。用户可以把 EC2 实例当作可以运行应用程序的虚拟服务器或者是云主机。EC2 实例需要通过亚马逊系统映像（Amazon Machine Image，AMI）创建，并且可以选择适当的实例类型。AMI 是一种包含软件配置的模板，其定义了用户需要实例的操作环境，包括操作系统、应用软件等。用户可以选择由 AWS、用户社区或 AWS Marketplace 提供的 AMI，当然也可以使用 AWS 提供的工具创建自己的 AMI。有了 AMI 之后，用户可以基于它创建一个或数千个实例。这些实例可以有多种类型，Amazon EC2 现在已经提供超过 20 种实例类型供用户选择。一般来说，实际的计算任务对 CPU/GPU、内存、网络和存储等几个方面的需求会有所侧重，所以 AWS 根据这些指标提供不同的实例类型，从而满足用户的各种计算需求。目前 EC2 实例主要可以分为下面几大类型：

1. 微型

微型实例是成本最低的实例，可提供少量的 CPU 资源——1 个 vCPU。微型实例可在有额外的处理器资源时择机突发性提高 CPU 处理能力。微型实例很适合吞吐量较低的应用程序和需要偶尔增加计算能力的网站，但不适合长期高 CPU 性能要求的应用程序。另外，AWS 的免费使用套餐（Free Usage Tier）中包含的实例就是微型实例类型的。

2. 通用型

通用型系列包含 M1 和 M3 实例类型，这些实例类型提供了相对平衡的包括计算、内存和网络等在内的资源，是很多应用程序的良好选择。通用型实例使用 Intel Xeon 处理器，建议用于小型和中型数据库、需要附加内存和缓存集群的数据处理作业，也建议用于运行 SAP 的后端服务器、Microsoft SharePoint 和其他企业应用程序。

3. 计算优化型

计算优化型包含 C1、CC2 和 C3 实例类型，是针对可从高计算能力中获益的应用程序进行了优化。计算优化型实例的 vCPU 与内存比率比其他系列高，且每个 vCPU 的成本是所有 Amazon EC2 实例类型中最低的。我们建议用计算优化型实例运行对处理器要求比较高的应用程序。此类应用的例子包括，高流量前端集群、按需批量处理、分布式分析以及高性能科学与工程应用程序。

4. 内存优化型

内存优化型系列包含 M2 和 CR1 实例类型，并针对内存需求比较高的应用程序进行了优化。内存优化型实例使用 Intel Xeon 处理器，每 GB 内存的成本是 Amazon EC2 实例类型中最低的。我们建议将内存优化型实例用于很多数据库应用程序、内存缓存、其他分布式缓存以及较大的企业应用程序部署，如 SAP 和 Microsoft SharePoint。

5. 存储优化型

存储优化型系列包含 HI1 和 HS1 实例类型，使用 Intel Xeon 处理器，能向用户提供经过优化且适用于具有特定磁盘 I/O 和存储容量要求的应用程序的直连式存储选项。目前，有两种类型的存储优化型实例：HI1 实例和 HS1 实例。前者在存储速度上进行优化而后者在存储容量上进行优化。HI1 实例提供了超快的 SSD 支持型实例存储，能够处理超过 12 万个随机读取的 IOPS，并且这种实例经过优化，具有极高的随机 I/O 性能和较低的 IOPS 成本。

HS1 实例通过 24 个硬盘驱动为用户提供 48TB 的存储容量、高网络性能、更快的 CPU 性能（Intel Xeon E5-2650）并提供高达 2.6 GB/s 的输出性能。

6. GPU

GPU 实例系列目前包含 CG1 和 G2 两种实例。这两种实例类型提供了基于 Intel Xeon 处理器的 CPU 和基于 NVIDIA 的 GPU。CG1 实例提供了 NVIDIA Tesla M2050 GPU（“Fermi” GF100），每个提供 448 个 CUDA 核和 3GB 的显存。G2 实例提供了 NVIDIA GRID GPU（“ Kepler” GK104），每个提供 1536 个 CUDA 核和 4GB 的显存。目前的驱动程序支持 OpenGL 4.3、DirectX 9/10/11、CUDA 5.5、OpenCL 1.1 和 GRID 软件开发包等。用户可以通过使用 GPU 实例来处理复杂的视频和 3D 动画处理，实现高质量的交互式视频流体验。

12.3 可扩展的存储

AWS 所有的存储解决方案，广义上来说都是基于云端的存储服务，也就是通常所说的存储即服务（Storage as a Service）。不同于传统的物理存储使用之前需要复杂的容量规划、采购、部署等过程，云端存储服务的一个基本特征就是边用边付费（Pay as You Go）。此外使用云端存储服务的另一个好处是理论上具有无限的可扩展性，不需提前规划。AWS 为用户提供了从块存储、对象存储到备份、归档、灾难恢复的各种存储服务，其中主要的产品包括：

- **对象（Object）存储**——S3，无限的可扩展性以及高度可靠的存储。
- **块（Block）存储**——EBS，为 EC2 云计算提供的块存储（或卷存储）。
- **归档（Archive）存储**——Glacier，超低价格的对象存储，用于归档或备份。
- **云网关存储**——Storage Gateway，连接内部部署（On-Premise）的 IT 环境与 AWS 的云端存储服务（Off-Premise）。

为了满足用户存储 / 访问数据的需求，AWS 提供了多种数据导入 / 导出的解决方案。最基本的方式就是通过互联网直接访问（REST）。此外用户也可以选择通过 AWS 的 Direct Connect 服务，建立一个可连接本地设施和 AWS 的专线网络，从而达到稳定网络性能、降低带宽成本的目的。用户甚至可以选择将物理磁盘快递到亚马逊的数据中心，从而实现人工的数据传递，这称为 AWS Import/Export 服务。最后作为数据备份的一种形式，用户也可以在本地数据中心部署云网关存储，在后台连接 AWS 的云端存储服务。

12.3.1 块存储

对于运行在亚马逊云计算平台（EC2）上的用户实例来说，如果需要额外的数据存储卷，或者希望在关机之后仍然可以访问数据，就需要用到亚马逊的块存储（Elastic Block Store，EBS）服务。每一个 EBS 的存储卷都会在 AWS 的可用性区域（Availability Zone）内拥有多个数据副本，从而实现高可用性与持久性的保障。EBS 为云计算实例提供了低延时的稳定存储访问，并且具有良好的可扩展性。

使用 EBS 的时候，用户可以首先创建一个指定大小的存储卷，然后附加（Attach）到任何一个 EC2 实例上。随后用户可以在计算实例内的操作系统里看到一个新的磁盘，并在其上建立文件系统，其使用体验与增加一个物理磁盘完全一致。用户也可以基于性能和成本的综合考虑，选择对应不同服务级别的 IOPS 保障。EBS 提供了两种类型的存储：标准（Standard）卷以及 IOPS 定制（Provisioned）卷。

此外亚马逊还为 EBS 的存储卷提供了快照（Snapshot）功能，支持在任意时刻创建存储快照并保存在 S3 中（参见下一小节介绍）。EBS 的快照存储是增量式的，只有快照时刻之后发生变动的数据块，其原有的数据内容才会被保存到 S3 中（即产生计费）。此外用户也可以基于快照内容创建新的存储卷，并且可以选择更大的容量以及不同的可用性区域。

EBS 的存储卷有着内在的冗余性，因此不会出现单节点（磁盘或服务器）故障。然而相对来说 EBS 的可用性不如 S3，原因是 EBS 的数据副本都存储在同一个可用性区域内（一个数据中心或一个地理区域内多个数据中心），而 S3 的数据副本则保存在多个不同的可用性区域中，这样即使某个可用性区域由于自然灾害等原因整体瘫痪，用户的数据仍然是可以访问的。因此基于长期保护数据的考虑，为 EBS 卷创建的快照也都是保存在 S3 中的。

目前来说，并没有公开的资料表明亚马逊的 EBS 是采用何种架构设计的，但很多迹象都表明亚马逊采用了 RedHat 的集群套件，其中针对存储的就是 GNBD。与传统的数据中心不同，亚马逊并没有使用 FC SAN 或者 iSCSI 等经典的存储架构，而是基于商业化服务器搭建存储集群或者说软件定义存储。GNBD（Global Network Block Device）提供了针对 RedHat GFS 的块存储设备访问，这种访问是基于 TCP/IP 网络协议的。GFS（Global File System）是一种集群文件系统，允许集群中的多个机器同时访问一个共享的块存储设备。GNBD 有两个重要的组件：GNBD 客户端与 GNBD 服务器。GNBD 服务器运行在存储节点上，提供本地存储对外发布的服务。GNBD 客户端则运行在一个部署了 GFS 的节点上，建立到 GNBD 服务器的连接，并将其发布的某个块存储设备挂载到本地。多个 GNBD 客户端可以同时访问一个 GNBD 服务器发布的存储设备。

12.3.2 对象存储

Amazon S3 提供了基于互联网访问的对象存储，并为数据访问提供了灵活的编程接口。正如前文提到的，S3 为用户对象提供跨区域的冗余性，即在不同的可用性区域创建数据副本。S3 的数据存储过程采用强一致性的设计，在所有区域保存完副本之后才向用户返回操作成功。同时 S3 也会周期性地对数据完整性进行校验，及时监测并进行数据修复。此外 S3 也有着很好的可扩展性，在系统中增加更多的存储节点，可以增强整体的可用性、速度、吞吐率、容量等。目前，S3 已经被广泛应用于多种场合：内容存储与发布；数据分析；备份、归档和灾难恢复；网站内容托管等。

S3 的架构设计与实现可以参考 Dynamo，其中包括一致性散列、最终一致性、向量时钟等关键技术。Amazon Dynamo 发表于 2007 年的 SOSP（ACM Symposium on Operating Systems Principles）会议，是由亚马逊开发的一项内部技术，用于实现一个具有增量可扩展性、高度可用的键 - 值（Key-Value）存储系统，或者说对象存储。这项技术旨在为用户提供费用、一致性、持久性以及性能之间的一个折中选择。需要注意的是 Amazon Dynamo 并不是一项对外提供的网络服务，实际上它是作为一个内部的核心组件，用于支持亚马逊的多项网络服务，例如这里介绍的 S3。其中包括以下一些设计原则：

- 强一致性（Strong Consistency）的复制算法：写完所有副本后才返回成功，这一点与 Dynamo 的最终一致性（Eventual Consistency）设计略有不同。
- 增量的可扩展性（Incremental Scalability）：支持每次一个存储节点的扩展。
- 对称性（Symmetry）：所有的节点责任对等，在集群中不存在任何特殊节点或特殊角色。对称性能够简化系统的部署与维护。

异质性（Heterogeneity）：系统应当具有感知节点异质性的能力，即根据不同的资源和能力分配工作负载。

为了实现高可用性与持久性，Dynamo 将数据副本存储到多个不同的节点上。每一份数据都被复制到 N 个节点（S3 中是 3 个）。每一份数据都会有一个协调者，负载落在某个范围内的数据存储与复制。除了在本地存储数据，协调者还将数据复制到接下来的 N–1 个后续节点上。也就是说，每个节点都负责之前 N 个节点（包括自己）的数据副本存储。如图 12-3 所示，节点 B 将数据存储到本地，并将其复制到节点 C 和 D。从另一个角度来说，节点 D 负责存储所有落在范围（A，B]、(B，C] 以及（C，D] 内的数据。

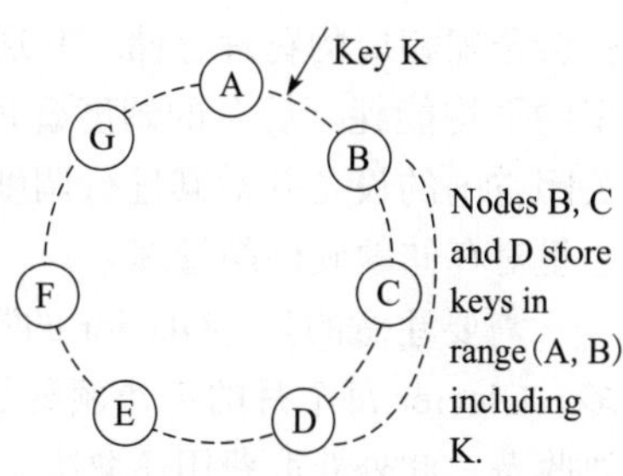

图 12-3 Dynamo：环状结构的分区与复制

此外，如果想知道更多对象存储系统的设计细节，OpenStack 的 Swift 系统是一个不错的选择。Swift 是 OpenStack 的对象存储组件，其设计实现在很大程度上参考了 S3 的设计。Swift 提供了兼容 S3 接口的实现，而且是完全开源的。

12.3.3 冷数据归档

如果用户不需要经常访问存储的数据，例如邮件归档等，那么 Amazon Glacier 就是一个更好的选择。Glacier 提供了一种特别廉价的存储服务，用于数据的备份与规定。Glacier 拥有与 S3 一样的数据持久性与安全性，但是却只需不到十分之一的价格（每 GB 每月只需 1 美分）。Glacier 专为不经常访问的数据设计，数据获取可能需要数小时，从而保证极其低廉的价格。对于传统的归档解决方案来说，Amazon Glacier 带来了一个全新的挑战：不再需要容量规划与设备采购，只要按需付费（非常低廉的价格）。

Glacier 声称运行在廉价的商业化硬件上，其实现细节并未对外公布。据一位前亚马逊员工透露的消息：

- Glacier 的硬件基于低转速的定制磁盘，由某个厂商专为亚马逊设计。
- 这些磁盘被放在亚马逊定制的机架（Rack）上，其中只有一小部分磁盘能够同时上线服务。
- 一部分磁盘被转移到其他地方，在用户需要访问数据的时候才被重新安装到机架上，这也解释了为什么需要 3 ～ 5 个小时的访问延时。

从这些线索可以看出，亚马逊花了大力气来降低数据存储的能耗，其中的架构设计涉及从硬件到软件的方方面面。低转速的定制磁盘，以及将冷数据磁盘下线乃至放进仓库等无所不用其极的手段，都可以有效地降低数据中心的能源消耗。设想一下如果要搭建一个类似的存储系统，首先我们需要许多大容量的存储，而且价格必须非常便宜。这些存储的性能并不重要，因此只需很低的转速和寻道时间。其次我们需要一个很大的仓库来放置这么多的存储，其中有相当一部分磁盘是断电甚至离线存储的（比如锁在抽屉里）。当用户需要访问数据的时候，甚至可能是由人工找到磁盘并将其插入机架提供服务。当然更加智能的办法可能是使用工业机器人搬运磁盘。

Glacier 可能利用 S3 存储来缓存用户上传的数据，这样用户就感觉不到存储性能的差异。缓存的数据随后会被逐渐转移到后端的 Glacier 专用磁盘上。一个管理数据转移的处理器会分配相应的物理存储，并通过聚合不同的数据使系统达到最大的吞吐率，从而降低写数据的平均能耗。后台的调度管理器可以通过编程的方式控制磁盘、机架直至整个数据中心，关闭空闲的设备并对其进行调度。总而言之，这里的系统架构设计完全不同于传统的数据中心里对存储软硬件的管理。

需要注意的是，Glacier 的数据获取至少需要 3 ~ 5 个小时的延时，而且费用比存储高很多。Glacier 每个月的免费额度是数据总量的 5%（分摊到每一天计算），额外的数据获取都需要收费。此外获取费用还取决于下载速度，速度越快收费越高。举例来说，如果用户有 75TB 数据，每天的免费额度就是 128 GB。假设你需要获取 140 GB 数据，有以下几种选择：① 4 小时平均下载，付费 21.6 美元；② 8 小时平均下载，付费 10.8 美元；③ 28 小时以上平均下载，免费。详细的算法参见亚马逊官网的 FAQ 页面。实际上亚马逊是鼓励用户慢速下载，从而降低系统突发负载的可能性。如果忽视了这一点，用户可能就不得不面对天价账单了。

12.3.4 云存储网关

AWS 云存储网关允许用户将本地数据上传到云端，从而满足备份、文件共享、快速灾难服务等需求。云存储网关是一个部署在用户端（例如用户数据中心里）的软件，通常运行在 VMware ESX 或 Microsoft Hyper-V 等虚拟化平台上。云存储网关将用户数据中心与亚马逊的云存储服务无缝对接，在后端将用户数据转移或备份到 S3 或 Glacier（如图 12-4 所示）。在前端，云存储网关支持各种传统的存储访问接口（iSCSI）等，用于支持用户现有的应用程序。AWS 云存储网关的设计充分考虑到对网络效率的优化，只有更新过的数据块会被上传，这样就大大减少了通过互联网传输的数据量。此外用户也可以选择 AWS Direct Connect 服务建立到亚马逊数据中心的专用网络，从而进一步增加吞吐量和减少网络费用。云存储网关支持三种配置模式：

- 网关缓存（Gateway-Cached）的存储卷：用户的数据全部存储到 Amazon S3，并且在本地缓存经常访问的数据。这种配置实际上是一种折中的方式，兼顾了访问延时与存储代价。当用户应用程序读写数据的时候，数据首先被存储在本地存储上（DAS/NAS/SAN）。本地存储在这里扮演两种角色：作为向 S3 传输数据的上传缓存；为经常访问的数据提供读缓存。

- 网关保存（Gateway-Stored）的存储卷：如果你需要对所有数据的低延时访问，所有的数据都会被保存在本地磁盘，同时数据会被逐步备份到 Amazon S3。这种配置方式实际上是一种数据备份的形式。本地存储负责所有来自应用程序的数据读取，同时作为向 S3 传输数据的上传缓存。
- 网关虚拟磁带（Gateway-VTL）：配置为 VTL 的模式，提供 iSCSI 访问接口给备份软件访问。数据实际上被存储到 Amazon S3 或 Glacier 中。

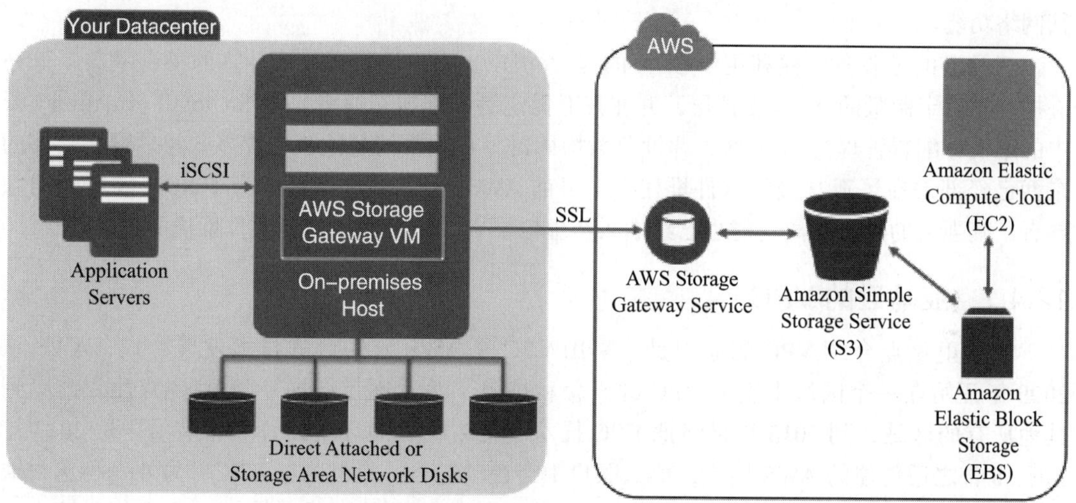

图 12-4　AWS 云存储网关

不管是基于网关缓存还是网关保存的模式，用户都可以随时对存储卷创建增量式的快照。生成的快照被保存在 Amazon S3 中，这一点类似于对 EBS 进行的快照。对于网关保存的存储卷来说，从快照恢复就相当于从历史备份中恢复。当用户从快照中恢复数据时，网关存储会从 S3 下载数据到本地存储。对于网关缓存的存储卷来说，所有的用户数据已经保存在 S3 中，快照操作相当于创建了一个新的版本。用户可以从快照中恢复最新的完整数据，这一过程中，实际上没有任何的数据需要被下载到本地存储。随后当用户进行读取操作的时候，数据才会被逐渐缓存到本地。

此外，Storage Gateway 与 EBS 之间也存在很好的衔接（通过 S3 中转）。我们可以基于 Storage Gateway 的快照创建新的存储卷，然后附加到在 EC2 云计算平台中运行的用户实例上，反之亦然。这样的整合方式可以让用户很容易地在连接内部部署（On-Premise）的 IT 环境与 AWS 的云服务（Off-Premise）之间实现数据镜像操作。

12.4　弹性十足的网络

Amazon EC2 的云计算平台为用户提供了灵活廉价的计算资源，用户能够以一种租赁方式使用云服务商提供的存储（Amazon S3）、计算（Amazon EC2）等服务，获得几乎无限的计算能力，并按需付费，这对于需要进行大量计算任务但又无力购买昂贵设备的个人和企业尤为有利，因为他们可以将应用系统中需要复杂运算的部分分离出来，外包给云去完成，提升了整体效率，节省了经费和时间。这些功能需要有强大的网络支持，事实上，不管是亚马逊的公有云 EC2 还是虚拟私有云（Virtual Private Cloud，VPC），都提供了强大的、弹性十足的网络作为用户业务的支撑，用户可以根据自己的实际业务需求来对网络按需定制和配置。

尽管亚马逊对外界透露的技术信息不是很多，但是其提供的网络功能在一定程度上几乎成了云服务网络功能的标杆，包括微软、VMware、百度、阿里巴巴等厂商都在借鉴和效仿其网络功能。

亚马逊的云服务同样利用了 SDN 的强大功能，SDN 是其弹性云计算的秘密武器。亚马逊拥有专门定制版的 XEN 虚拟层，并在其上面定制了虚拟交换机，AWS CloudFormation（云中的堆栈和配置管理）、安全区、弹性负载均衡器等功能都清楚地表明许多曾经是网络硬件的东西已经部署在了亚马逊的软件堆栈上。目前 AWS 已经借助 VPC 成为了 SDN 领域中的领导者，其强大的网络隔离功能也已经嵌入至虚拟层中并且得到了定制硬件堆栈的支持。

12.4.1 亚马逊的 VPC

在这里重点介绍 VPC 的原因是：采用 VPC 是 AWS 云平台的技术发展方向，AWS 从 2009 年开始在一个区域中引入 VPC 的概念和技术，然后逐年增加新的 VPC 特性并推广到其他所有的区域，到 2013 年最终把 VPC 技术设定为缺省的环境设置。如果用户是 2013 年 3 月 18 日之后创建的 AWS 用户，那么账户中会自动包含一个缺省的 VPC。另外一种包含缺省 VPC 的状况是在一个老账户的之前没有创建 EC2 等资源的区域中，AWS 也会提供缺省的 VPC 环境。自从 AWS 推出 VPC 功能后，EC2 的计算环境就分成了 EC2-Classic 和 EC2-VPC 两种。为给用户提供更为安全、灵活的环境，显然 EC2-VPC 的使用将越来越普遍。

亚马逊的 VPC 是一个网络层面的功能，VPC 允许用户在 AWS 云中预配置出一个逻辑隔离的部分，让用户在自己定义的虚拟网络中启动 AWS 资源。用户可以完全掌控虚拟联网环境，包括选择自有的 IP 地址范围、创建子网，以及配置路由表和网关；也可以在公司数据中心和 VPC 之间创建硬件虚拟专用网络（VPN）连接，将 AWS 云用作公司数据中心的扩展，可以说 VPC 的最大特点就是其弹性的网络。

用户可以轻松自定义 Amazon VPC 的网络配置。例如，可以为可访问 Internet 的 Web 服务器创建公有子网，而将数据库或应用程序服务器等后端系统放在不能访问 Internet 的私有子网中；也可以利用安全组和网络访问控制列表等多种安全层，帮助对各个子网中 Amazon EC2 实例的访问进行控制。

12.4.2 VPC 的特性

与 EC2-Classic 相比，EC2-VPC 提供了更多的网络特性来帮助用户实现在云中安全、快捷且定制化地部署业务，用户可以通过 VPC 提供的虚拟专用网关或称为 VPN 网关，然后把用户自己的数据中心或办公环境与 AWS 上的 VPC 环境进行连接，从而实现用户自己的内部网络通过 VPN 或 Direct Connection（DX）与 AWS 上的 VPC 环境组成一个虚拟的私有网络环境。正因如此，VPC 也是 AWS 云平台实现混合云架构的重要技术之一。

这些特性由 VPC 网络的多个数据元组成，它们对拥有现有网络的用户而言并不陌生，这些元素包括了：

- Virtual Private Cloud（VPC）：AWS 云中逻辑隔离的虚拟网络。从所选的范围内定义 VPC 的 IP 地址空间。
- 子网：VPC 的 IP 地址范围内的一个区段，其中可放入各组隔离的资源。
- Internet 网关：公有 Internet 连接中 Amazon VPC 这一端。
- NAT 实例：提供端口地址转换的 EC2 实例，以便非 EIP 实例可以通过 Internet 网关访问 Internet。
- 硬件 VPN 连接：用户的 Amazon VPC 与数据中心、家庭网络或托管位置设施之间基于硬件的 VPN 连接。
- 虚拟专用网关：VPN 连接中 Amazon VPC 这一端。
- 用户网关：VPN 连接中用户这一端。
- 路由器：路由器用于将 Internet 网关、虚拟专用网关、NAT 实例和子网相互连接。

提供的网络特性包括：

1. 实例 IP 地址的固定

传统的 EC2 实例启动之后，如果在实例停止后重新启动这个实例，实例私有的 IP 地址就会发生变化。采用 VPC 后，你不但能给实例指定分配的私有 IP 地址，而且这个地址可以在实例的生命周期中保持不变。

2. 给实例分配多个 IP 地址

传统的 EC2 实例最多只能有一个私有的 IP 地址，一个公有的 IP 地址。但是有些客户有一个实例对应多个 IP 地址的需求，这个需求可以在 VPC 环境中实现。根据实例类型的不同，在 VPC 中我们可以为实例分配不同数量的 IP 地址。

3. 定义和添加网络接口

传统的 EC2 实例只能有一个缺省的网络接口，但是对于在 VPC 中的实例，除了缺省的主网络接口（Eth0）外，还可以定义多个 ENI（Elastic Network Interface）并把它们挂接到 EC2 实例上。

4. 动态更改安全组（Security Group）

传统的 EC2 实例在运行后不能添加和删除安全组，但是对于在 VPC 中的实例，你可以方便地动态修改。VPC 中的每个实例可以最多有 5 个安全组设置。

5. 控制出站（Outbound）通信

传统 EC2 实例的安全组只能控制入站（Inbound）通信，但是对于在 VPC 中实例的安全组，你可以同时控制出站通信和入站通信。

6. 设定网络控制列表（NACL）

在 VPC 环境中，除了可以通过安全组来设定实例的访问权限外，还可以通过子网的网络控制列表来控制子网内所有实例的通信规则。安全组只对某个使用它的实例生效，而网络控制列表对其上的所有实例都有效。

7. 专用（Dedicated）硬件模式

传统的 EC2 实例只能运行在缺省的共享硬件模式下。对于部分不希望与其他用户共享硬件的客户，可以选择专用硬件模式，但是这种模式只有在 VPC 环境中才提供。

12.4.3 VPC 的应用场景

VPC 可以通过如下的四种方式和用户或者外部网络相连接，这大大丰富了 VPC 的应用场景，这些场景中，网络的弹性控制和管理是关键。

方式一：直接连接 Internet（公有子网），如图 12-5 所示。用户可以将实例推送到公开访问的子网中，它们可在其中发送和接收与 Internet 之间的通信。这种方式适用于单一层级且面向公众的 Web 应用程序，如博客或简单的网站。

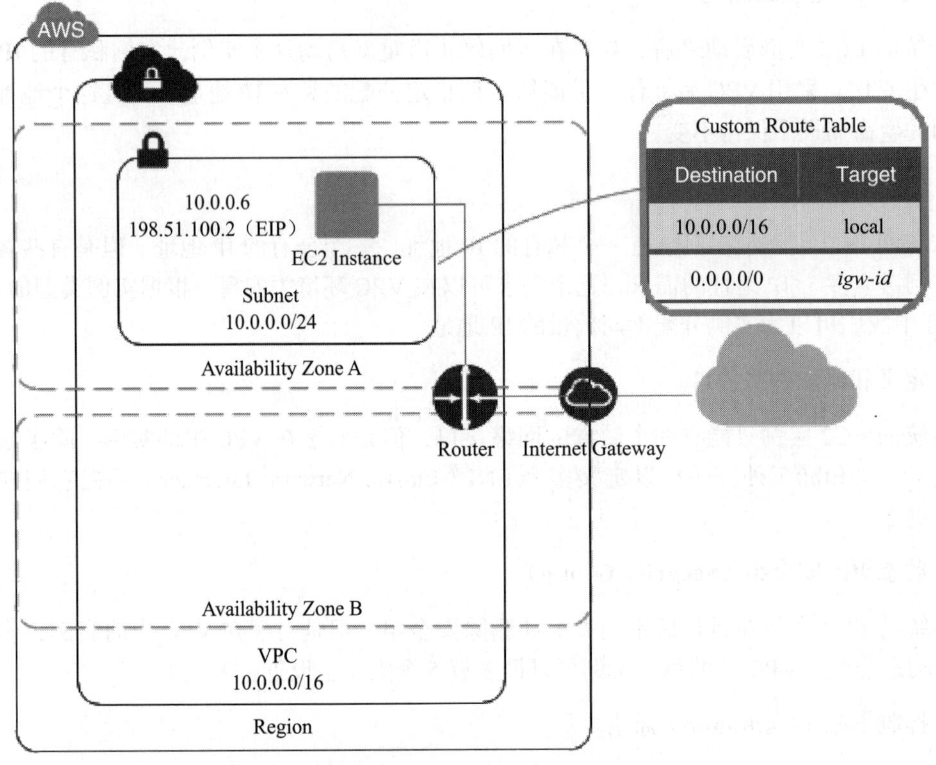

图 12-5 直接连接 Internet（公有子网）的 VPC

方式二：私有子网和公有子网并存，这个情景的配置包括一个有公有子网和私有子网的 VPC，如图 12-6 所示。常用例子是一个多层网站，其 Web 服务器位于公有子网之内，数据库服务器则位于私有子网之内。你可以设置安全性和路由，以使 Web 服务器能够与数据库服务器建立通信。公有子网中的实例可以直接从 Internet 接收入站数据流，私有子网中的实例则不可。公有子网中的实例可以直接向 Internet 发送出站数据流，私有子网中的实例则不可。但是，私有子网中的实例可以使用你在公有子网中启动的网络地址转换（NAT）实例访问 Internet。

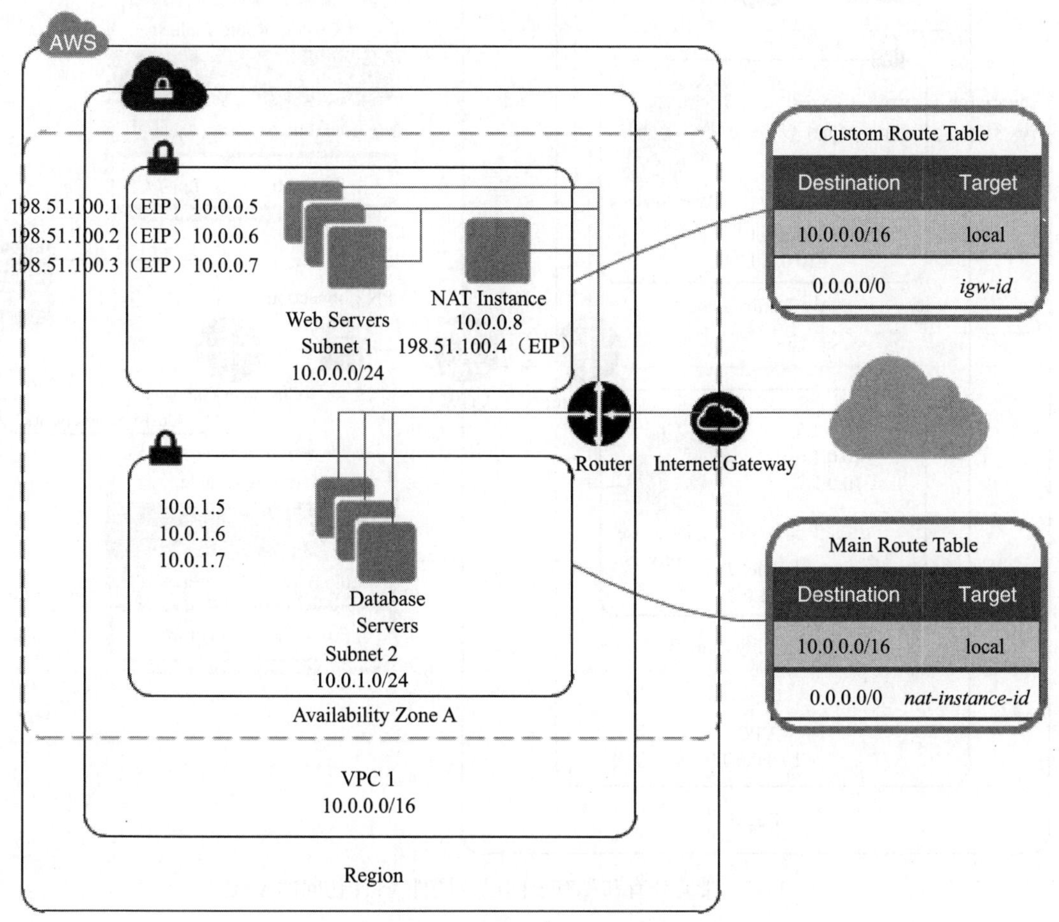

图 12-6　私有子网和公有子网并存的 VPC

方式三：带有公有和私有子网以及硬件 VPN 访问的 VPC，如图 12-7 所示，此情景的配置包括一个包含公有子网和私有子网的 VPC，以及一个虚拟专用网关。用户可以将自己的网络通过 IPsec VPN 隧道进行通信，可以在公有子网中运行有可扩展 Web 前端的多层应用程序，还能够将数据储存在通过 IPsec VPN 连接与你的网络相连的私有子网中。

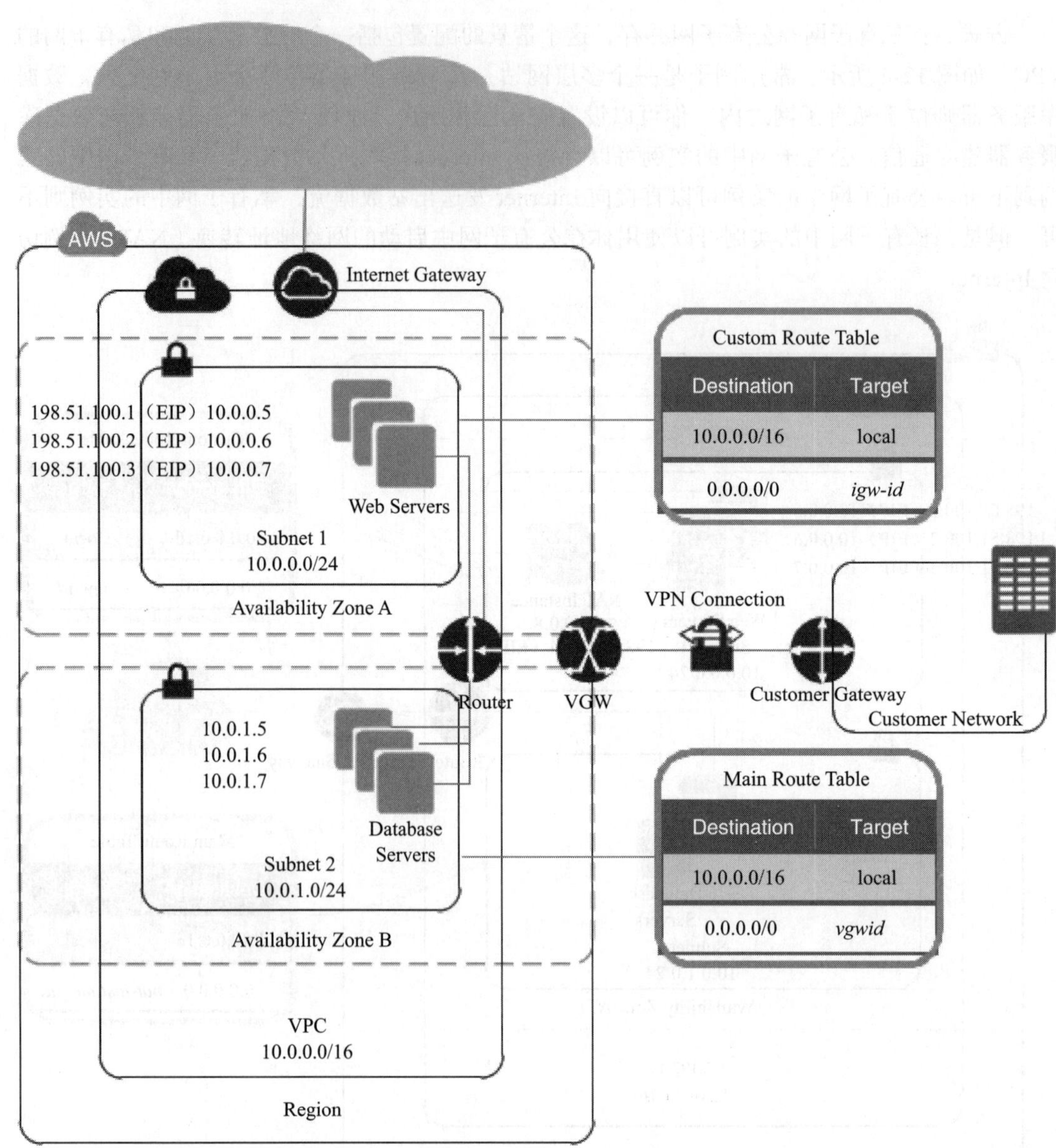

图 12-7　带有公有和私有子网以及硬件 VPN 访问的 VPC

方式四：仅带有私有子网和硬件 VPN 访问的 VPC，此情景的配置包括一个有单一私有子网的 VPC，以及一个虚拟专用网关，以允许用户将自己网络通过 IPsec VPN 隧道进行通信，而没有可以进行 Internet 通信的 Internet 网关（如图 12-8 所示）。如果用户希望利用亚马逊的基础设施将你的网络扩展到云，并且不将网络公开到 Internet，可以采用此情景。

通过以上四种方式，用户能够通过 VPC 提供的 VPN 网关，把自己的数据中心或办公环境与 AWS 上的 VPC 环境进行连接，从而实现用户自己的内部网络通过 VPN 或 Direct Connection（DX）与 AWS 上的 VPC 环境组成一个虚拟的私有网络环境。正因如此，VPC 也是 AWS 云平台实现混合云架构的重要技术之一。

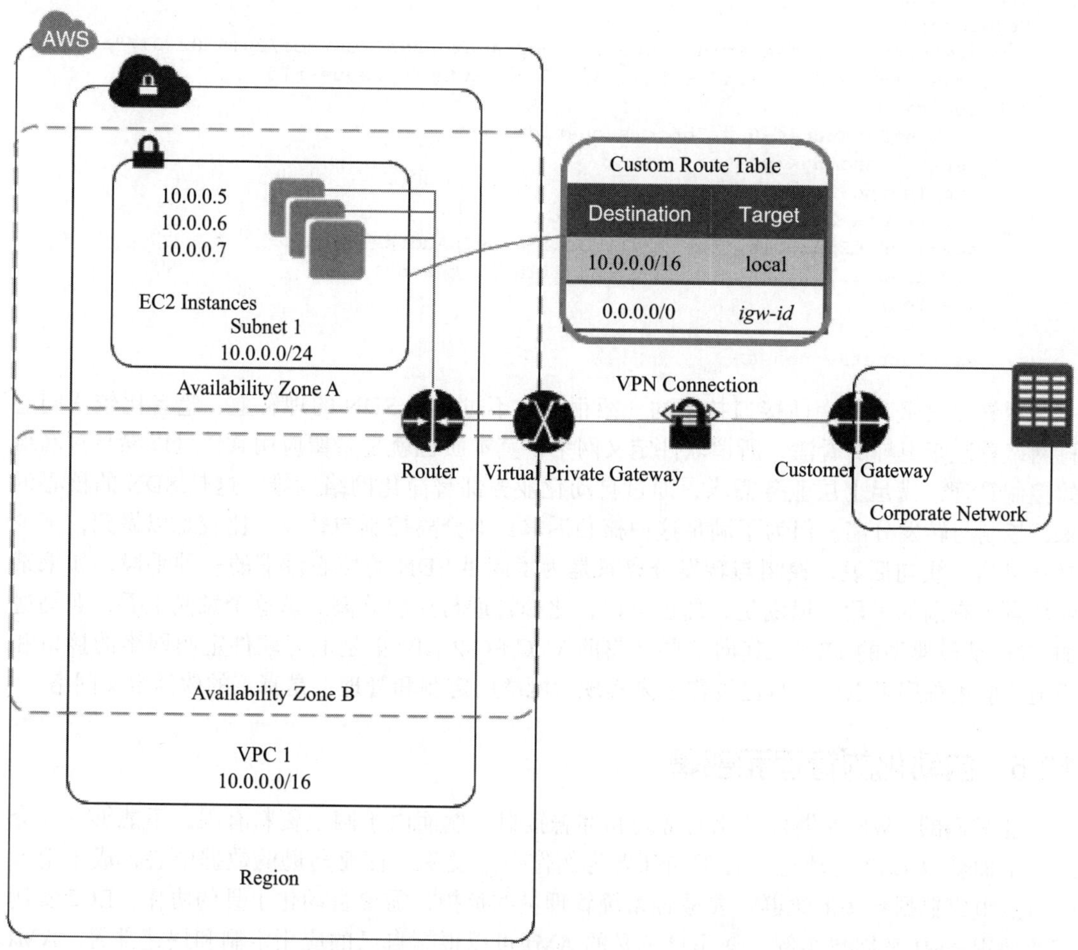

图 12-8 仅带有私有子网和硬件 VPN 访问的 VPC

12.4.4 VPC 对 SDN 的践行

包括谷歌、亚马逊在内的互联网公司一直是 SDN 技术的推动者和实践者，这也是 SDN 在今年大行其道的原因，尤其是亚马逊的 AWS 向外提供的北向 API，几乎成了业界的标准之一，比如 OpenStack 的网络组件 Neutron，就提供了对 EC2 API 的支持。亚马逊在其官方网站上提供了丰富的 API 功能介绍，用户和应用程序可以利用这些接口来实现对网络的编程和定制，实现网络的软件定义。例如，我们可以通过创建子网的 API 在指定的 ID 为 vpc-1a2b3c4d 的 VPC 中创建一个子网。

```
Request:
https: //ec2.amazonaws.com/?Action=CreateSubnet
&VpcId=vpc-1a2b3c4d
&CidrBlock=10.0.1.0/24
&AUTHPARAMS
Response:
<CreateSubnetResponse xmlns="http: //ec2.amazonaws.com/doc/2014-02-01/">
  <requestId>7a62c49f-347e-4fc4-9331-6e8eEXAMPLE</requestId>
  <subnet>
    <subnetId>subnet-9d4a7b6c</subnetId>
    <state>pending</state>
    <vpcId>vpc-1a2b3c4d</vpcId>
    <cidrBlock>10.0.1.0/24</cidrBlock>
    <availableIpAddressCount>251</availableIpAddressCount>
    <availabilityZone>us-east-1a</availabilityZone>
    <tagSet/>
  </subnet>
</CreateSubnetResponse>
```

尽管亚马逊对其南向接口技术的介绍很少，不过，在SDN的理解上，笔者比较认同盛科网络总监张卫峰的看法，所谓软件定义网络，其本质也就是希望应用软件可以参与对网络的控制管理，满足上层业务需求，通过自动化业务部署简化网络运维，这是SDN的核心诉求，控制与转发分离。但为了满足这种核心诉求，不分离控制与转发，比较难以做到，至少是不灵活。换句话说，控制与转发分离只是为了满足SDN的核心诉求的一种手段，如果某些场景中有别的手段可以满足，那也可以，比如管理与控制分离。从这个意义上看，亚马逊的VPC是最典型的SDN，其向上层暴露的VPC/EC-2 API正是上层软件定制网络的接口和通道，应用程序可以根据自己的需求来实现对网络的定制和管理，是真正的软件定义网络。

12.5 自动化的管理和部署

亚马逊的AWS提供自动化的管理和部署接口。然而由于网上资料有限，不能够一一介绍。下面就以EC2自动化的管理和部署为例作一个说明。在亚马逊的数据中心，成千上万个节点组成数据众多的集群，要减轻系统管理员的负担，需要自动化工具的协作。EC2实例需要使用AMI来创建实例，使用自定义的AMI可以根据自己的应用定制和快速部署。AMI（Amazon Machine Image）是一个模板，它包含操作系统、应用程序服务器和应用程序等配置。AMI可以分为两种：基于EBS的和基于实例存储的。前者可以在关闭后不丢失修改，而后者所有的修改都会丢失。两者的对比如表12-3所示。

表12-3 基于EBS和基于实例存储的AMI比较

特　征	基于EBS	基于实例存储
启动时间	通常少于1分钟	通常大于5分钟
大小限制	1TB	10GB
root设备位置	Amazon EBS volume	Instance storage
数据持久性	在实例失败或者终止时，数据继续存在	数据只有在实例运行时存在，非root设备可以使用Amazon EBS

（续）

特　征	基于 EBS	基于实例存储
升级	可以在实例停止时，修改实例类型、内核、内存和用户数据	实例的属性在实例的生命周期中是固定的不能修改的
费用	实例使用，Amazon EBS 卷使用，Amazon EBS 快照	实例使用，AMI 存储的 S3
AMI 的创建和捆绑	使用单一命令或调用	需要安装和使用 AMI Tools
停止状态	实例可以处于停止状态，实例会在 EBS 中持久存在	不能处于停止状态，只能处于运行或非运行状态

自动初始化依赖 EC2 提供的 meta-data 和用户提供的 user-data。meta-data 能让初始化机制得知有关这个虚拟机的动态数据，如内部 IP 地址、所在地名等。user-data 则是开机时，以期传递给 EC2 的参数。因为可以传递任意数据，所以可以很方便地用于建立自动化机制。目前，自动化部署的工具较多，常用的有 ec2-run-user-data 和 runurl。前者是一个脚本程序，可以让 AMI 在开机时试着执行 user-data。ec2-run-user-data 需要上传整个脚本，仍然不方便，而后者即 runurl 可以将脚本以 URL 的形式抓下来执行，这样只需要执行 runurl 命令即可自动将脚本下载并执行。自动化部署是 AWS 一个很重要的组成部分，当管理数量巨大的集群时，自动化部署会起到四两拨千斤的作用。

当使用自动化部署工具将虚拟机启动以后，还需要有监控和报警管理工具。针对 AWS 的 EC2 管理，出现了许多有用的监控和报警工具，如表 12-4 所示。这些工具可以帮助用户方便地查看虚拟机内部运行状态和资源使用情况。

表 12-4　EC2 虚拟机常用的监控报警管理工具

名　称	网　址	功　能
xCat	http: //xcat.sourceforge.net	远程指令执行和管理集群
Puppet	http: //www.puppetlabs.com	集中部署和管理系统
Capistrano	http: //capify.org/	部署网络应用程序
Syslog-ng	http: //www.balabit.com/network-security/syslog-ng	传送日志
Zabbix	http: //www.zabbix.com/	监控和报警
Ganglia	http: //ganglia.sourceforge.net/	监控
Cacti	http: //www.cacti.net	监控和报警
Nagios	http: //www.nagios.org/	监控和报警

除监控和报警管理功能外，EC2 的管理功能还包括弹性负载均衡（ELB）和自动延展（Auto Scaling），可以帮助用户可扩展地、高可用地使用 EC2 服务。弹性负载均衡是指根据工作流的需求以及各个节点的使用状态，合理地选择可以分配的节点进行计算资源的分配。由于 AWS 是一个跨地域的数据中心，即节点的物理位置可能分布在各个不同的地点，而且有的相隔较远，因此负载均衡器需要保证数据中心各个区域的负载均衡。负载均衡器（Load Balancer）是 ELB 的管理单位，由一个 DNS 与一到多个端口组成。负载均衡器可以把服务请求分配给同一地区不同的 EC2 虚拟机。目前，负载均衡

器是不可跨地域的。负载均衡器有健康检查功能，可以自动发现失效的节点，并合理均衡分配负载。自动延展可以帮助用户有效地管理资源。自动延展的功能包括：使用可伸缩的容量，即按照应用需求自动增加和删除资源；自动关掉出现问题的机器。自动延展管理需要定义一些功能组件：①启动设置，一个自动延展组对应一个启动设置，而该设置是动态可变的。②触发器，该组件通过实时监控，当满足一定条件时，例如磁盘快满、CPU 使用率较高，进行自动延展操作。③延展操作，可以动态地增加或者删除资源。

在安全管理方面，EC2 提供多层次的安全保护，包括宿主机操作系统、客户机操作系统、防火墙、认证的 API 调用。这些安全机制互相依赖，目的是防止未被授权的用户或系统访问 Amazon EC2 里的数据。图 12-9 显示的是 Amazon EC2 多层安全抽象图，从防火墙到客户操作系统，到 API 接口，再到宿主机的安全保护。首先，管理员使用登录宿主机管理时需要经过多层的安全认证，而这些宿主机也专为管理设置了安全保护，增强了日志和认证功能。其次，客户机完全供客户使用，AWS 没有权限控制客户机。AWS 只是提了一些安全建议给客户，包括使用 SSH2 版本以上的安全登录方式，Linux 系统不允许远程 root 用户访问等。此外，AWS 还提供自动安全更新操作，即客户可以使用亚马逊的 Linux 更新源自动进行更新和补丁操作。再次，EC2 提供防火墙保护机制，包括限制网络协议、服务端口、源 IP 地址，还提供分组的安全保护机制，例如网络服务器组可以使用 80（HTTP）且 / 或者 443（HTTPS）访问网络，应用服务器组可以使用 8000 仅访问网络服务器组，而数据库服务器组仅可通过 3306 访问应用服务器组。所有这些组仅可以通过管理员使用端口 22（SSH）访问，而且只能通过客户公司网络。启动或者终止实例以及修改防火墙参数的 API 调用也受到 EC2 的安全保护。用户只能通过授权的访问密钥进行操作，而 API 调用也通过 SSL 加密进行保护。

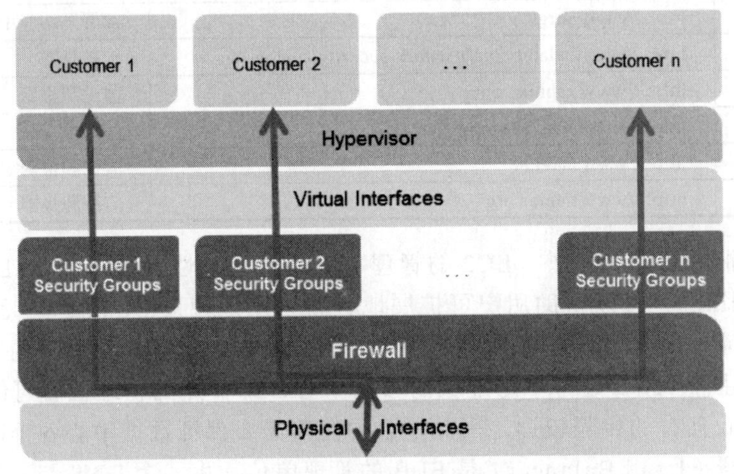

图 12-9 Amazon EC2 提供多层的安全保护

12.6 效益分析与未来发展

亚马逊的 AWS 在公有云服务市场占有较大份额，它有效解决了用户应用需求，节约了成本，提高了资源利用率。一方面，对用户而言，可以自由地定制自己的应用服务需求。另一方面，亚马逊在数据中心建立和管理方面做了大量的创造性的工作。这些工作包括了当下热门的技术，如软件定义网络、存储虚拟化等。亚马逊在此过程中也飞速发展，有研究机构预测，AWS 在 2016 年的收入将达到 100 亿美元，2020 年将高达 200 亿美元。作为云计算领域的领导者，亚马逊也受到了来自其他云计算领域竞争对手如微软、谷歌、Rackspace、Verizon、IBM、惠普等的挑战。

随着云计算的发展，还有一些问题亟待解决：①数据安全。由于所有的数据均放在云端，因此用户数据的可靠性、安全性如何保障成为了迫在眉睫的问题。尽管已经出现一些数据加密的方法对存在云端的数据进行保护，但是解决方法仍不成熟。②性能开销。由于 AWS 大量使用了虚拟机，虚拟机资源相对物理资源性能会有所下降，更重要的是，共享物理资源的虚拟机之间存在资源竞争的关系，容易引起一系列性能问题。如何提高服务的性能是另一个开放的问题。③大数据分析。现在的数据中心较传统的数据中心相比，数据量大增，其中包含了许多没有用的数据。如何在海量的数据中找到有用的信息，也是一个很有意义的研究方向。未来的几年，亚马逊将开始涉足私有云领域，而作为公有云服务商的杰出代表，如何将技术转移到私有云领域也是我们关注的一个方向。

Chapter13

第 13 章 PPTV 基础平台管理体系

13.1 系统概述

PPTV 作为全球领先的互联网视频服务提供商，面向全球提供高质量的视频服务，拥有庞大的基础设施和应用服务，在国内构建了超过 200 个数据中心，并管理和运维数千台服务器及数千个应用服务。为了应对高速的流量和业务增长，基于开放的标准和开源系统，PPTV 逐步构建了成熟的云架构体系和基于云的数据中心，实现了基于 IaaS、MaaS 和 SaaS 的高成熟度的云模型演进，构建了基于软件定义的基础设施管理体系，提供了基于弹性的资源管理和快速全局资源调控。

13.1.1 云部署模型

基于运营策略考虑，PPTV 使用基于私有云和公有云相结合的混合云部署模型。考虑国内网络环境和实际情况，国内主要以自建 IDC 为主，基于 CloudStack 构建私有云平台，而海外市场公有云成熟度比较高，大多都使用 Windows Azure 作为海外节点的云服务提供商（如图 13-1 所示）。

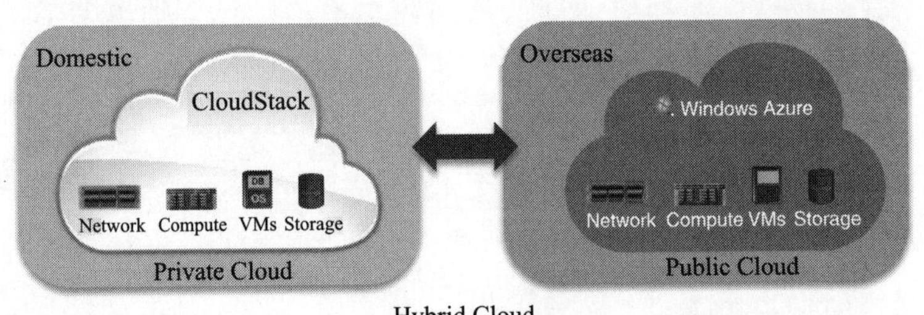

图 13-1　云部署模型

13.1.2　自建 IDC 部署概述

PPTV 在全国自建有约 200 个数据中心，其中核心业务分别部署在 4 个电信核心节点机房、2 个网通核心节点机房、3 个多线机房和 1 个 BGP 机房，CDN 业务部署在全国接近 200 个边缘节点机房。所有核心业务机房均基于 CloudStack 实现对基础设施的控制和管理，CDN 业务基于自行开发的管理系统进行统一管理和部署。基于集中式管理平台对所有自建 IDC 进行集中式的调度和管理服务，集中式的管理平台被部署在 BGP 和多线机房。部署结构如图 13-2 所示。

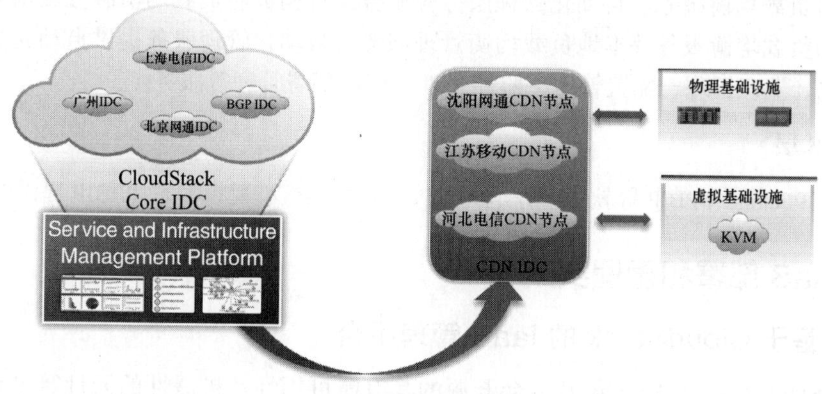

图 13-2　部署架构

13.1.3　系统架构和组成

PPTV 遵循开放 API 与开放标准，基于开源软件构建基于云的基础平台体系，其主要由 IaaS 层、MaaS 层和 SaaS 层三个层面组成，如图 13-3 所示，各层面通过统一标准化 API 进行自动化调度和集成管理，实现了高弹性、可伸缩化、可编制的服务管理和调控模式。在云平台的构建中 PPTV 使用了非常多的开源解决方案，使用 CloudStack 作为 Iaas 解决方案、OpenStack Swift 作为分布式对象存储解决方案，开源方案的使用大大加快了云平台的建设速度，并开发和定制了统一接口规范，实现了各系统之间的集成，提供了全自动化的管理能力。下面将简单描述各层面的组成和特性。

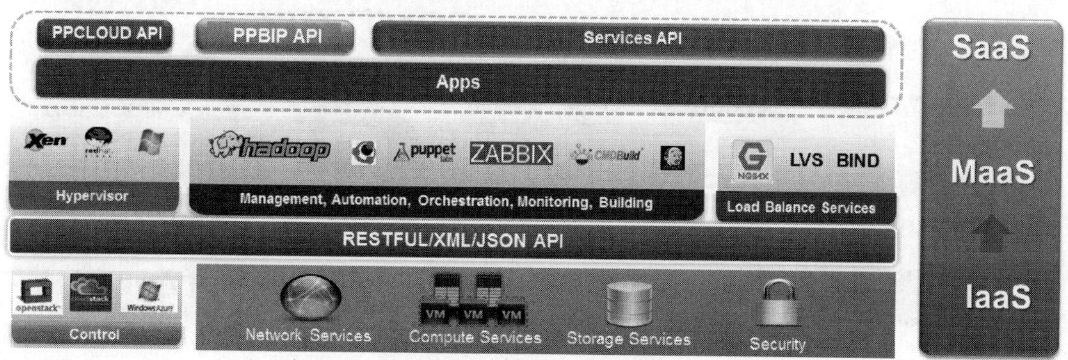

图 13-3　系统架构

1. IaaS 层

该层主要由物理硬件资源和资源控制管理软件组成。物理硬件主要有 x86 服务器和物理硬盘，基于 KVM 实现了对物理硬件的虚拟化，基于 Cloudstack 实现对计算资源和网络资源管理，基于 OpenStack Swift 实现对存储资源的管理。

2. MaaS 层

该层由负载均衡服务、自动化管理服务等服务组件构成。负载均衡服务提供全局跨区域智能解析和负载均衡服务及本地负载均衡管理服务，自动化管理服务提供自动化装机、系统服务初始化、资产管理、配置管理、监控管理、应用部署管理等服务。

3. SaaS 层

该层由 PPcloud、PPBIP 等软件服务组成。PPcloud 提供核心视频服务，PPBIP 提供大数据服务。

13.2　IaaS 部署和管理实践

13.2.1　基于 CloudStack 的 IaaS 管理平台

CloudStack 是一个 Apache 基金会开源的具有高可用性及扩展性的云计算平台。支持管理大部分主流的 hypervisor，如 KVM、XenServer、VMware、Oracle VM、Xen 等。它可以帮助用户利用自已的硬件提供类似于 Amazon EC2 那样的公共云服务，可以通过组织和协调用户的虚拟化资源，构建一个和谐的环境，兼容 Amazon EC2 API 接口。CloudStack 的前身是 Cloud.com，2011 年 7 月 Citrix 收购 Cloud. com，并将 CloudStack100% 开源。2012 年 4 月 5 日，Citrix 又宣布将其拥有的 CloudStack 开源软件交给 Apache 软件基金会管理。CloudStack 已经有了许多商用客户（如图 13-4 所示），包括 GoDaddy、英国电信、日本电报电话公司、塔塔集团、韩国电信等，英特尔、阿尔卡特－朗迅、瞻博网络、博科等也都已宣布支持 CloudStack。目前 CloudStack 已成为 Apache 基金会的顶级项目之一。

图 13-4　CloudStack 用户

1. 部署架构

基于国情和运营商分布考虑，在 CloudStack 的部署架构上 PPTV 选择多数据中心、多管理节点和集中式服务调度管理模式。如图 13-5 所示，Service Portal 部署在 BGP 机房或者多线机房，集中调度和管理所有的 CloudStack 管理节点。Service Portal 提供计算节点、网络节点和存储节点的编制管理，实现跨数据中心的调度和弹性计算。为了降低 Service Portal 的管理复杂度和运行风险，PPTV 设计了多级管理模式，一个 BGP 或者多线机房的 CloudStack 管理节点同时也负责管理多个较小数据中心 CloudStack 节点，Service Portal 采用代理模式进行管理，降低管理复杂度和耦合度。

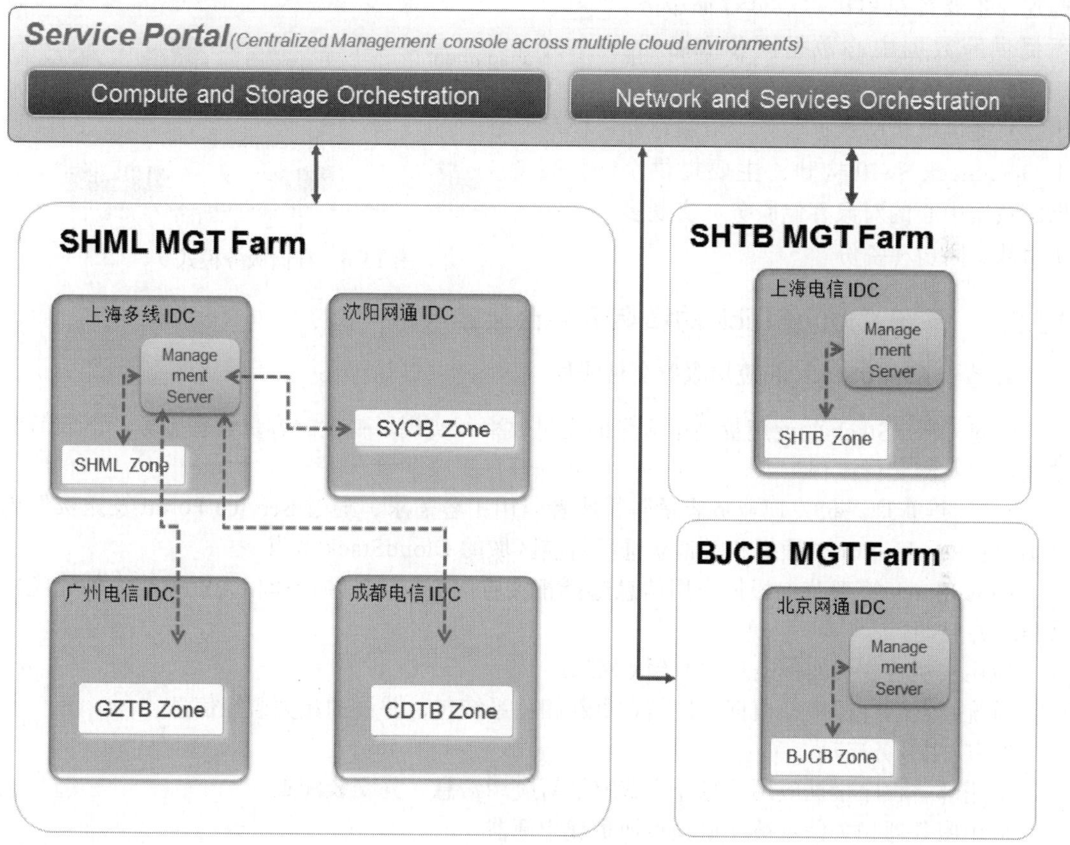

图 13-5 CloudStack 部署架构

2. 计算节点

使用 KVM 作为虚拟化管理程序，宿主机 OS 为 CentOS 6.2，内核版本为 Linux 2.6.32。

3. 网络节点

基于性能和稳定性考虑，使用 CloudStack 基础网络模式并创建多个逻辑网络。

4. 存储服务

考虑到业务场景和应用规模，使用本地存储作为 CloudStack 主存储，OpenStack Swift 和 NFS 作为 CloudStack 二级存储。

13.2.2 存储服务

存储服务主要提供分布式文件系统、HDFS、对象存储服务。如图 13-6 所示，分布式文件系统使用 Moosefs 构建，主要提供单机房数据存储服务，不提供跨数据中心数据同步和备份。HDFS 为大数据平台数据分析和计算使用，只提供单机房数据服务。对象存储由 OpenStack Swift 构建，主要提供全局跨数据中心的对象存储服务，实现多机房数据同步和备份。

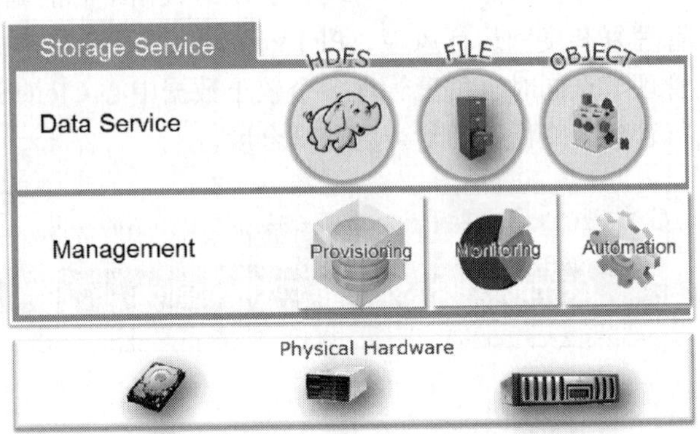

图 13-6 存储服务模式

13.2.3 基于 CloudStack 的私有云平台最佳实践

1. 基于 CloudStack 的应用服务交付流程

通过 CloudStack 的使用提高了应用的交付效率，实现了弹性的容量管理服务。下面简要描述应用实例交付流程。

1）运维管理人员发现业务容量告警或者应用扩容需求，通过 Service Portal 发送实例创建需求，Service Portal 根据相关请求选择对应区域的 CloudStack 节点。

CloudStack 管理节点根据应用信息选择相关应用 Image，并选择相关资源池，创建应用实例，并启动。

应用实例将相关实例信息注册到 CMDB。

系统配置管理程序，根据应用信息更新相关系统包，并添加相关监控信息。

2）应用服务启动。

应用部署程序根据应用信息仓库获取最新应用信息，并安装配置。

应用服务器相关信息被注册到本地负载均衡器。

3）服务上线。

应用服务器相关信息被注册到全局负载均衡器，应用服务提供线上服务。

2. 基于 CloudStack 的 IaaS 平台带来益处

通过使用 CloudStack 构建 IaaS 平台后，提高了 PPTV 应用的交付速度和效率，降低了管理复杂度。如图 13-7 所示，通过 CloudStack 平台的交付使用，简化了应用交付流程，实现了自助服务管理模式，降低了应用部署复杂度，实现了计算资源的弹性化。

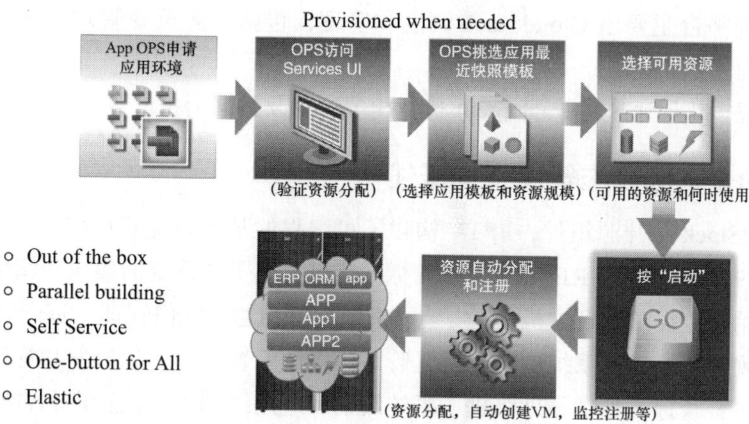

图 13-7 基于云的应用交付流程

13.3 MaaS 管理和基础服务体系

13.3.1 MaaS 管理架构

云基础设施管理主要由基础设施和服务编制管理平台、CloudStack 服务管理平台和物理及虚拟化层组成，如图 13-8 所示。

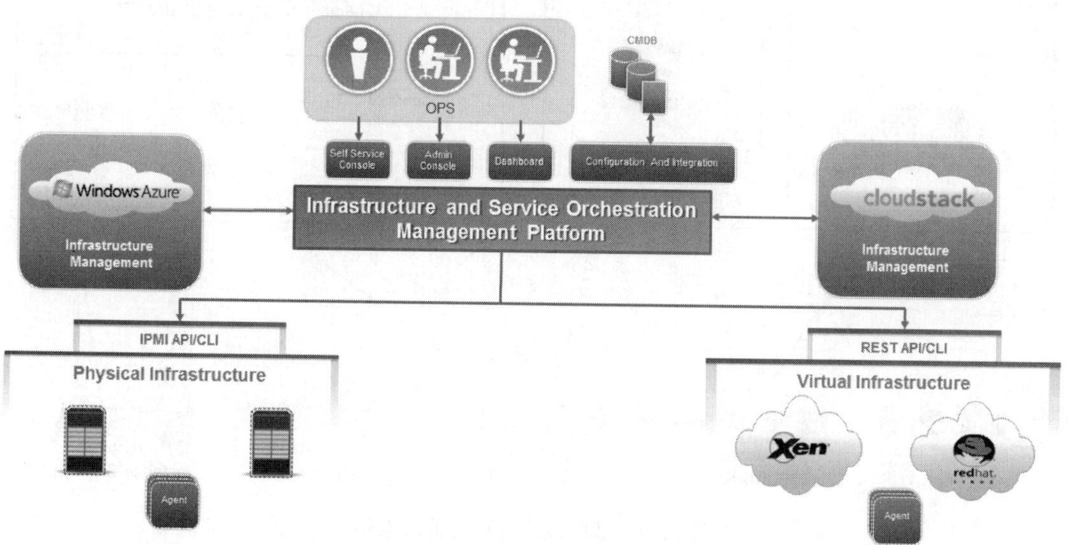

图 13-8 云基础设施管理架构

- 基础设施和服务编制管理平台由配置管理、监控管理、运维管理、资产管理、负载均衡管理、工作流管理等系统组成。提供自动装机、自动监控、资产管理、配置管理、自助服务管理、容量管理等服务。通过编制管理系统提供自动或者手动的服务交付，实现了弹性的资源管理。

- 服务管理平台主要由 CloudStack 调度和管理，包括计算资源管理、网络资源和存储资源管理。
- 物理及虚拟化层通过客户端 agent 执行相关命令及数据上报。

13.3.2 自动化基础设施管理架构概述

基于 CloudStack 等开源组件，PPTV 构建了可编程的基础设施管理体系，主要由四部分组成，如图 13-9 所示，基于 RESTFUL/CLI 标准接口实现了各系统的集成和调度。

- 系统初始化：提供物理主机 OS 安装、虚拟主机创建、镜像管理、资产管理服务。
- 系统配置管理：提供系统初始化配置管理和应用配置管理，包分发和管理。
- 监控和告警管理：提供硬件级别、系统级别、应用级别的监控管理和告警服务管理。
- 服务编制管理：协调多个组件多步协作执行和管理。

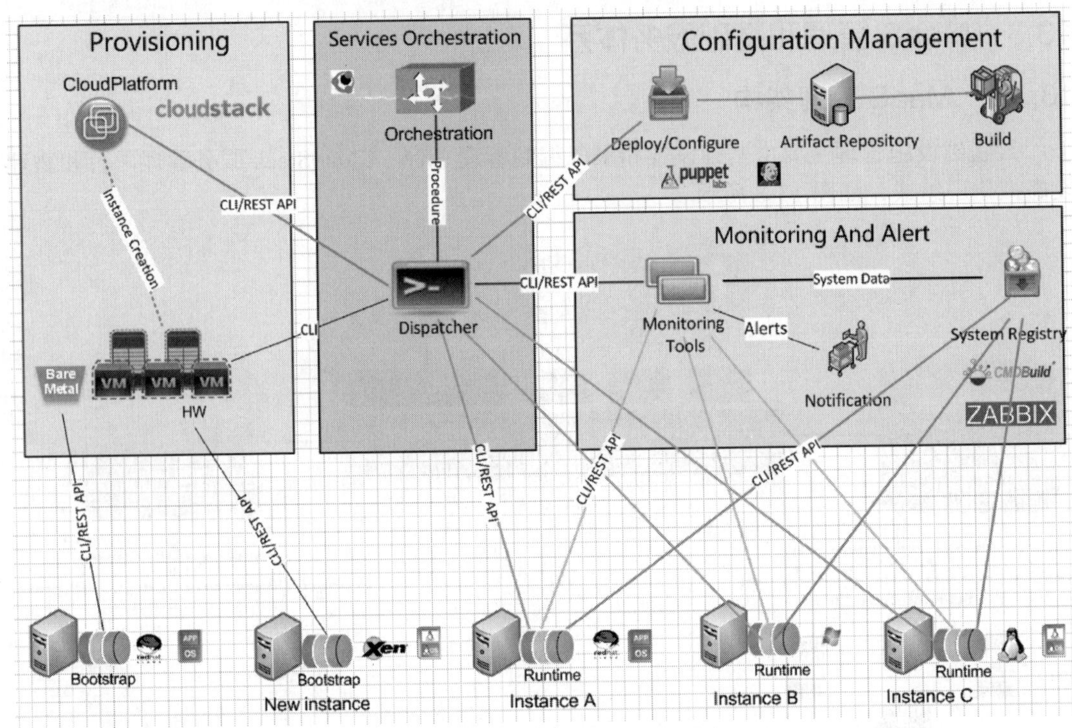

图 13-9 基础设施自动化管理架构

13.3.3 开源工具链

在基础设施自动化管理中 PPTV 使用了大量开源软件，开源软件的使用缩短了平台开发和建设周期，如图 13-10 所示，下面是各服务层使用到的开源软件。

- 系统初始化：Cobbler、CloudStack、Koan

- 配置管理：Puppet、SaltStack
- 配置管理数据库：Cmdbuild
- 资产管理：RackTable、OCS
- 服务编制管理：ControlTier、SaltStack
- 应用服务部署：ControlTier、GLU
- 负载均衡：Bind、LVS、Haproxy、Nginx、Twemproxy
- 分布式文件系统：MooseFS
- 分布式对象存储系统：OpenStack Swift
- 监控系统：Zabbix、Cacti

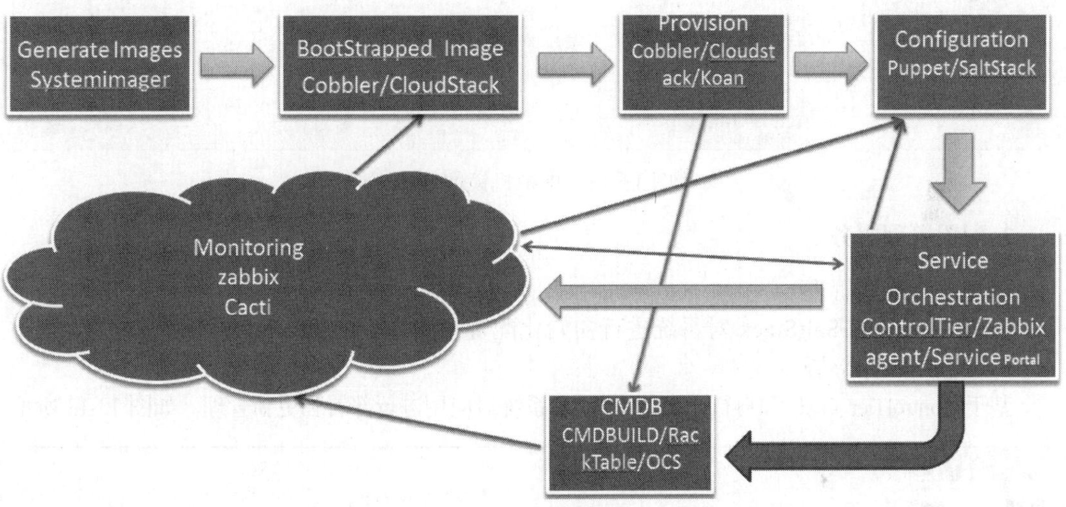

图 13-10 开源工具链

1. 系统初始化服务

系统初始化服务包括物理主机发现服务、装机服务和虚拟机管理服务。

1）物理主机 OS 由管理平台调用 Cobbler 进行安装和配置，通过 Rsync 协议对全网 ISO 镜像同步更新和管理，Cobbler 部署架构如图 13-11 所示。

2）虚拟主机基于 CloudStack 进行管理和维护，虚拟机镜像在各应用系统更新后会自动创建和生成。虚拟机镜像管理如图 13-12 所示。

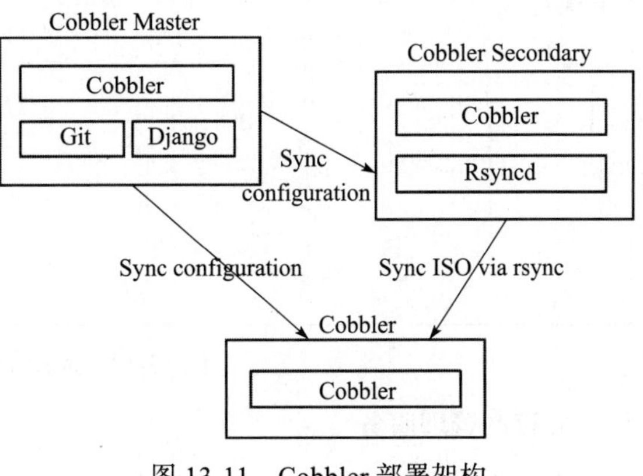

图 13-11 Cobbler 部署架构

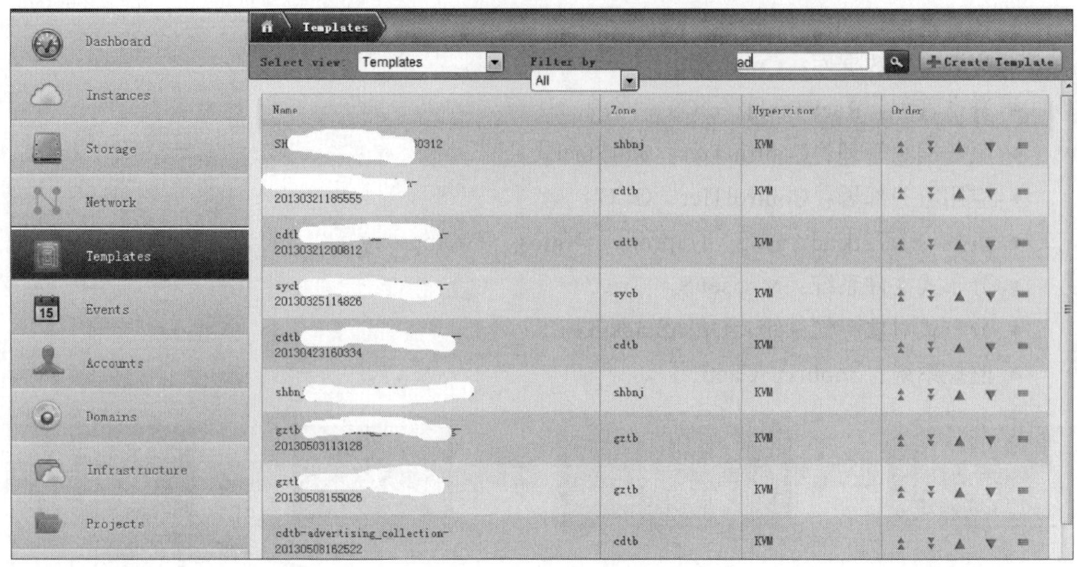

图 13-12　虚拟机镜像管理

2. 配置管理服务

（1）系统配置管理

使用 Puppet 和 SaltStack 对系统进行初始化配置和管理。

（2）应用服务部署

基于 ControlTier、GLU 和自行研发的 Release 系统对应用进行部署和更新管理。如图 13-13 所示。

PPTV 发布系统　　当前用户：　[退出]

代码更新：变更列表、代码发布、权限查看、权限管理

静态资源发布

变更列表

变更ID	环境	部署类型	部署模块	提交人	提交时间	状态	操作人	操作时间	查看
4184	线上	JAVA	[illegible]	[illegible]	[illegible]	待上线	[illegible]	未操作	查看
4183	线上	JAVA	[illegible]	[illegible]	[illegible]	上线完成	许颖 XiaotongXu	[illegible]	查看
4182	线上	Package	[illegible]	[illegible]	[illegible]	上线完成	[illegible]	[illegible]	查看
4181	线上	Package	[illegible]	[illegible]	[illegible]	上线完成	[illegible]	[illegible]	查看
4180	线上	JAVA	[illegible]	[illegible]	[illegible]	上线完成	李炜	[illegible]	查看
4179	线上	JAVA	[illegible]	[illegible]	[illegible]	上线完成	[illegible]	[illegible]	查看
4178	线上	JAVA	[illegible]	[illegible]	[illegible]	上线完成	[illegible]	[illegible]	查看
4177	线上	JAVA	[illegible]	[illegible]	[illegible]	上线完成	[illegible]	[illegible]	查看
4176	线上	JAVA	[illegible]	[illegible]	[illegible]	待上线	[illegible]	[illegible]	查看
4175	线上	JAVA	[illegible]	[illegible]	[illegible]	上线完成	[illegible]	[illegible]	查看
4174	线上	Package	[illegible]	张安	[illegible]	上线完成	张安	[illegible]	查看
4173	线上	Package	upload	[illegible]	[illegible]	上线完成	[illegible]	[illegible]	查看

图 13-13　应用部署管理 console

3. 资产管理服务

资产管理服务由资产管理系统和配置管理数据库组成，资产管理通过客户端 agent 定

时抓取和发现新的资产变化。Racktable 管理物理设备和虚拟设备区域分布等详细信息，OCS 提供软硬件组成和许可管理等信息，配置管理数据记录所有的基础设施配置信息，如图 13-14 所示。

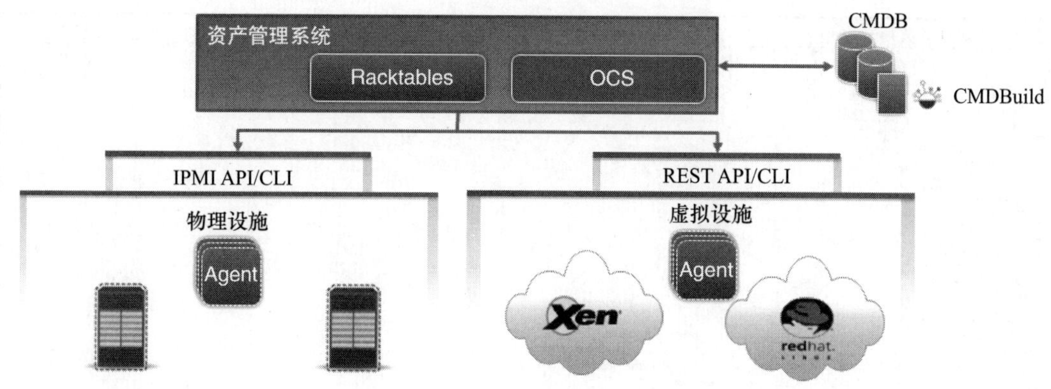

图 13-14　资产管理系统结构图

4. 负载均衡管理

负载均衡系统由全局负载均衡器和本地负载均衡器组成，全局负载均衡器提供基于运营商策略和基于地理信息的智能调度解析服务，本地负载均衡器由四层（LVS）负载均衡器和七层负载均衡器组成，提供单数据中心的负载均衡服务，如图 13-15 所示。LB 管理平台负责管理所有节点负载均衡器的配置和变更管理。

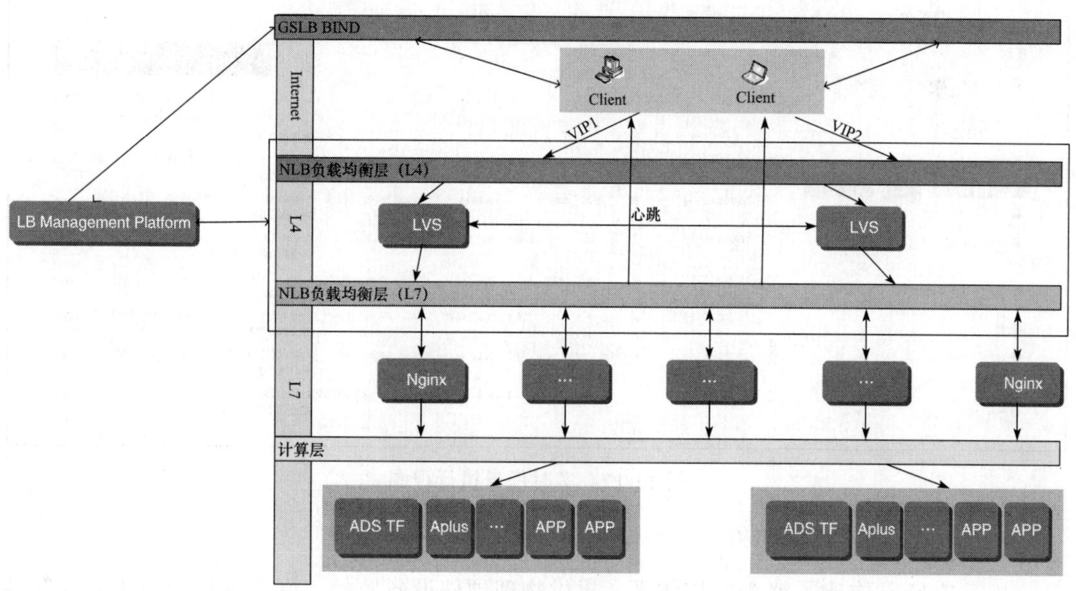

图 13-15　负载均衡系统架构

5. 服务编制管理

服务编制管理平台主要提供跨系统、跨区域的任务执行和调度。

1）通过 ControlTier 对计划任务调度和执行，工作流定义和管理，如图 13-16 所示。

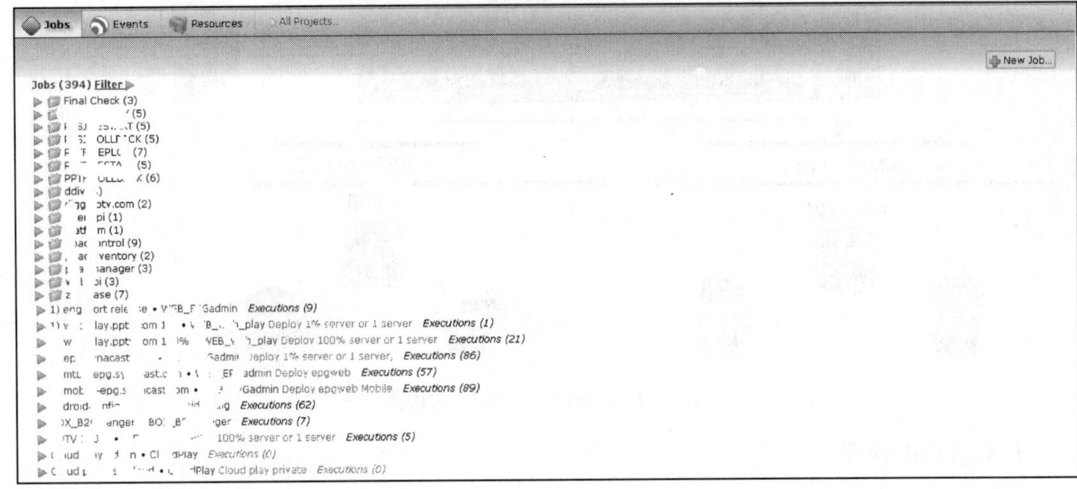

图 13-16 计划任务调度和执行

2）通过 SaltStack 对实时任务进行调度和执行，如图 13-17 所示。

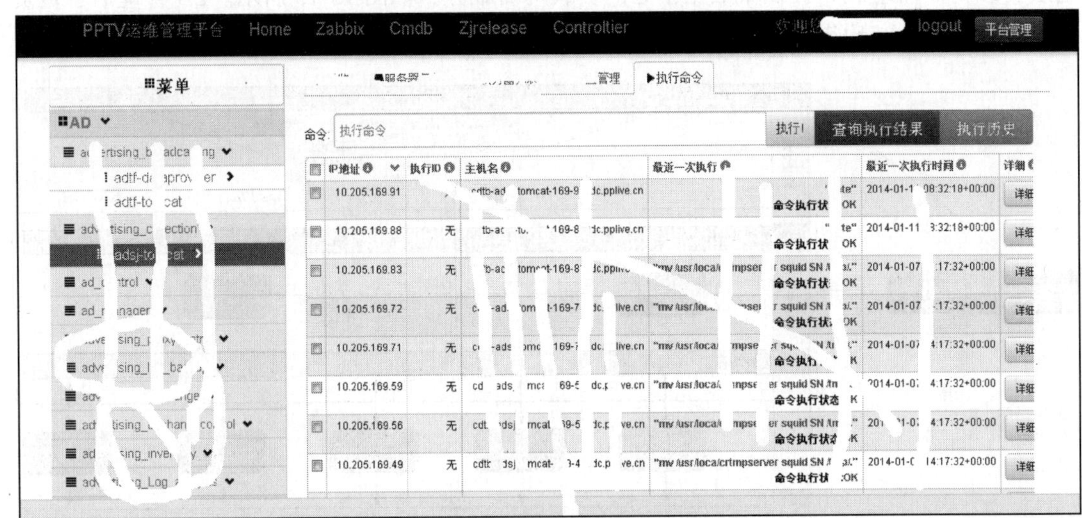

图 13-17 实时任务执行视图

6. 分布式监控和告警服务

基于 Zabbix 构建了整个监控体系，提供物理硬件设备监控、网络流量和应用系统等各层面监控。

如图 13-18，Zabbix Agent 被安装在实例端，每个机房内 agent 将数据传送到该机房的 Zabbix Proxy，Zabbix Proxy 将数据汇集后传送到位于 BGP 机房或者多线机房的 Zabbix Server。

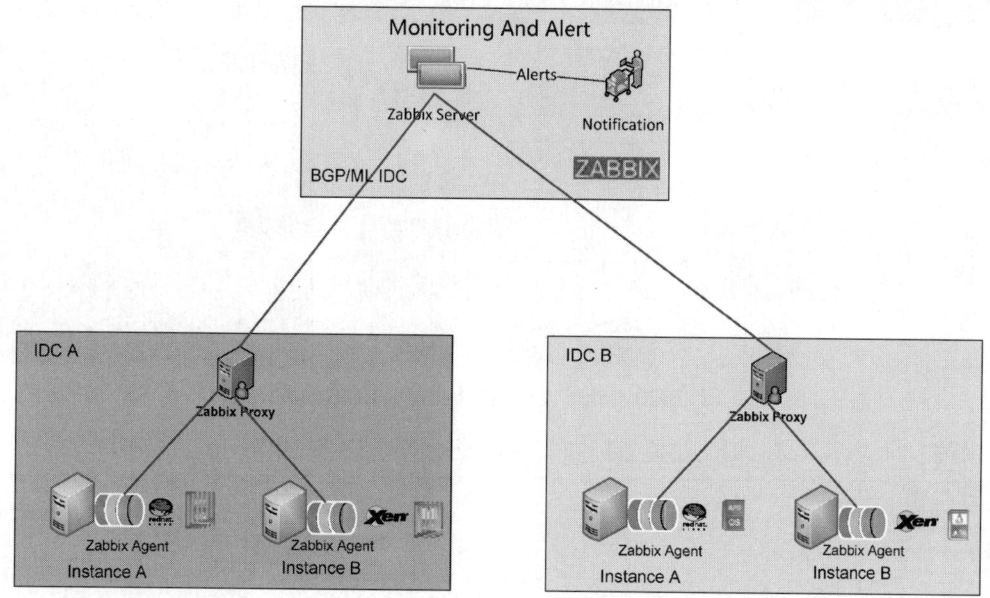

图 13-18　监控部署架构

7. 分布式缓存服务

PPTV 基于 Redis 构建了分布式内存缓存服务，提供跨数据中心的缓存服务。

（1）单机房部署

基于不同服务策略提供两种 Redis 集群服务，如图 13-19。

1）读写分离的 Master 和 Slave 服务，前端负载均衡器对请求进行读写分离，Master 通过同步机制将数据同步到 Slave，通过 Zookeeper 管理主从状态，当 Master 死机后，集群中一台 Slave 会自动升级为 Master。

2）通过一致性 Hash 算法实现跨 Redis 集群读写数据分布。

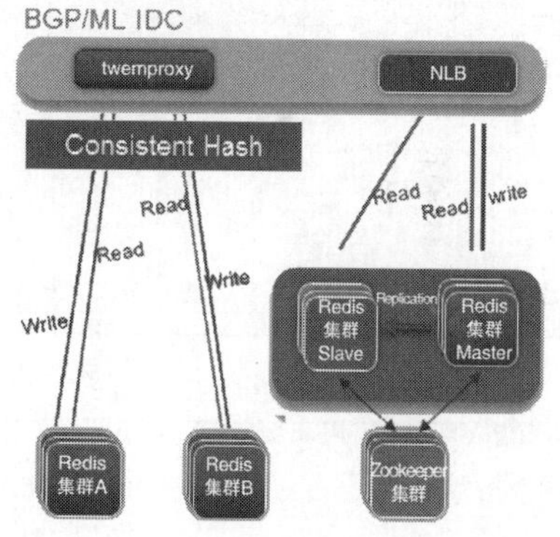

图 13-19　分布式存储单机房部署架构

（2）多机房部署

通过 GSLB 对读写请求进行调度，写请求调度到中心节点机房，考虑到运营商的互连互通性，写入节点被部署在 BGP 或者多线机房。所有数据同步通过一级节点逐步同步到其他机房二级写入点，如图 13-20 所示。

（3）监控和管理

基于基础设施监控平台对 Redis 实例进行监控和容量管理，通过云管理平台实现对 Redis 实例的弹性管理。

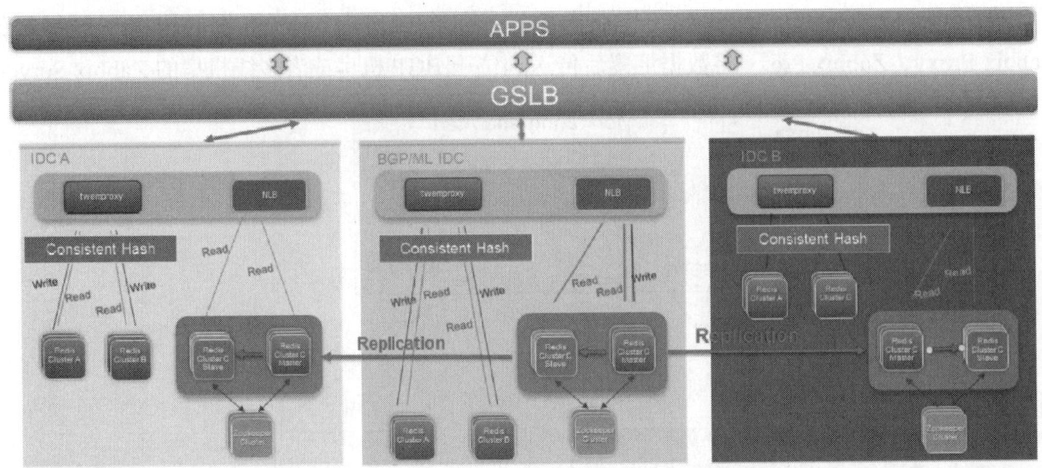

图 13-20 分布式存储多机房全局部署模式

图 13-21 显示 Redis 相关监控指标和监控告警项，图 13-22 为 Redis 监控视图。

appendfsync on port 6379	16 Feb 2014 22:02:01	everysec	-	Histor
appendonly on port 6379	16 Feb 2014 22:02:02	no	-	Histor
auto-aof-rewrite-min-size on port 6379	16 Feb 2014 22:02:03	67108864	-	Graph
auto-aof-rewrite-percentage on port 6379	16 Feb 2014 22:02:04	100	-	Graph
Biggest client input buffer on port 6379	17 Feb 2014 11:26:09	0	-	Graph
dbfilename on port 6379	16 Feb 2014 22:02:13	redis6379.rdb	-	Histor
dir on port 6379	16 Feb 2014 22:02:14	/home/data/redis6379	-	Histor
Generate stats information to be analyzed	17 Feb 2014 11:27:00	0	-	Graph
hash-max-zipmap-entries on port 6379	16 Feb 2014 22:02:17	512	-	Graph
hash-max-zipmap-value on port 6379	16 Feb 2014 22:02:19	64	-	Graph
list-max-ziplist-entries on port 6379	16 Feb 2014 22:02:23	512	-	Graph
list-max-ziplist-value on port 6379	16 Feb 2014 22:02:24	64	-	Graph
Longese client output list on port 6379	17 Feb 2014 11:26:10	0	-	Graph
masterauth on port 6379	16 Feb 2014 22:02:28	-1	-	Histor
master_link_status on port 6379	16 Feb 2014 22:02:29	up	-	Histor
maxmemory on port 6379	17 Feb 2014 11:02:32	3221225472	-	Graph
maxmemory-policy on port 6379	16 Feb 2014 22:02:30	noeviction	-	Histor
maxmemory-samples on port 6379	16 Feb 2014 22:02:31	3	-	Graph
Memmory fragmentation ratio on port 6379	17 Feb 2014 11:26:33	1.03	-	Graph
no-appendfsync-on-rewrite on port 6379	16 Feb 2014 22:02:34	no	-	Histor
Number of bgrewriteaof in progress on port 6379	17 Feb 2014 11:26:06	0	-	Graph
Number of bgsave in progress on port 6379	17 Feb 2014 11:26:06	0	-	Graph
Number of clients that are blocked on port 6379	17 Feb 2014 11:26:07	0	-	Graph

图 13-21 Redis 监控指标

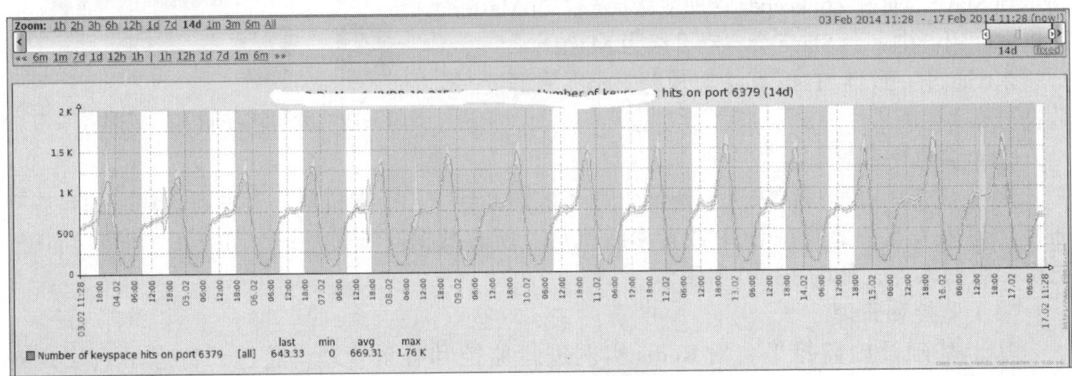

图 13-22 Redis 监控视图

参考文献

[1] Herrod S. The software-defined datacenter meets VMworld [EB/OL]. http: //blogs.vmware.com/vmware/2012/08/the-software-defined-datacenter-meets-vmworld.html.

[2] Smith E J，Uhlig R. Virtual machines:architectures，implementations and applications [EB/OL]. http: //www.hotchips.org/wp-content/uploads/hc_archives/hc17/1_Sun/HC17.T1P2.pdf.

[3] Understanding full virtualization，paravirtualization and hardware assist [EB/OL]. VMware White Paper，2007.

[4] Agesen O，Garthwaite A，Sheld J，et al. The evolution of an x86 virtual machine monitor [C]. ACM，2010，44 (4).

[5] Rik van Riel. Virtualization architecture and KVM [EB/OL]. Red Hat，2012. http: //surriel.com/system/files/KVM-Architecture-Chile-2012.pdf.

[6] Popek J G，Goldberg P R. Formal requirements for virtualizable third generation architectures [C]. Communications of the ACM，1974，17 (7)：412-421.

[7] Jinho Hwang，Sai Zeng，Wu F Y，et al. A component-based performance comparison of four hypervisors [C]. Proceedings of the 2013 IFIP/IEEE International Symposium on Integrated Network Management，2013：269-276.

[8] 英特尔开源软件技术中心，复旦大学并行处理研究所 . 系统虚拟化——原理与实现 [M]. 北京：清华大学出版社，2009.

[9] Understanding Memory Resource Management in VMware ESX Server [EB/OL]. VMware White Paper，2009.

[10] Mahalingam Mallik，Brunner Rich. I/O Virtualization (IOV) For Dummies [EB/OL]. VMWare World，2007.

[11] 李超，董青，戴华东 . 基于 SR-IOV 的 IO 虚拟化技术 [J]. 电脑与信息技术，2010，18 (5)：1-5.

[12] Jiang Yunhong. Intel Virtualization Technology for Directed I/O Futures: A Detailed Look at Platform

Support or I/O Virtualization [Z]. Intel Development Forum, 2006.

[13] PCI-SIG SR-IOV primer, an introduction to SR-IOV technology [Z]. Intel, 2011.

[14] SR-IOV [EB/OL]. http: //www.pcisig.com/specifications/iov/single_root/.

[15] MR-IOV [EB/OL]. http: //www.pcisig.com/specifications/iov/multi-root/.

[16] Oglesby Ron, Herold Scott. VMWare ESX Server : advanced technical design guide [M].US : BrianMadden.com Publishing Group, 2005.

[17] The architecture of VMware ESXi [EB/OL]. VMware White Paper, 2008.

[18] Performance best practices for VMware vSphere 4.0 [EB/OL]. VMware White Paper.

[19] Performance of VMware VMI [EB/OL]. VMware White Paper, 2008.

[20] VMware ESX Server 2 architecture and performance implications [EB/OL]. VMware White Paper, 2005.

[21] Storage I/O control technical overview and considerations for deployment [EB/OL]. VMware White Paper, 2010.

[22] Oracle VM Server & Xen architecture : knowledge is power [EB/OL]. https: //community.emc.com/community/connect/everything_oracle/blog/2011/12/15/oracle-vm-server-xen-architecture-knowledge-is-power.

[23] How does Xen work? [Z]. 2009.

[24] Xen networking [EB/OL]. http: //wiki.xen.org/wiki/Xen_Networking.

[25] Xen [EB/OL]. http: //en.wikipedia.org/wiki/Xen.

[26] Matei Mihai. HVM Xen architecture [EB/OL]. 2009. http: //www.2virt.com/blog/?p=122.

[27] Choice of toolstacks [EB/OL]. 2013. http: //wiki.xen.org/wiki/Choice_of_Toolstacks.

[28] Chisnall D. The definitive guide to the Xen hyperviso [M]. New Jersey: Prentice Hall, 2007.

[29] Dragovic B, Fraser K, Hand S, et al. Xen and the art of virtualization [C]. Proceedings of the ACM Symposium on Operating Systems Principles, 2003.

[30] 胡冷非，李小勇. 基于 Xen 的 I/O 准虚拟化研究 [J]. 计算机工程，2009，35 (23)：258-262.

[31] Storage area network [EB/OL]. http: //de.wikipedia.org/wiki/Storage_Area_Network.

[32] Network attached storage [EB/OL]. http: //upload.wikimedia.org/wikipedia/de/2/29/NAS.png.

[33] Hollis C. Considering VSAN [EB/OL]. http: //chucksblog.emc.com/chucks_blog/2013/08/considering-vsan.html.

[34] ViPR software-defined storage : virtualize everything [EB/OL]. http: //www.emc.com/data-center-management/vipr/index.htm.

[35] Under the covers : storage virtualization platform re-imagined [EB/OL]. http: //virtualgeek.typepad.com/virtual_geek/2013/05/storage-virtualization-platform-re-imagined.html.

[36] Lionetti C. SMI-S manage all the things [EB/OL]. http: //www.snia.org/sites/default/files2/SPDEcon2013/presentations/Open Source and Management/ChrisLionetti_SMI-S_Manage_All_the_Things.pdf.

[37] Hollis C. Software-defined storage and the potential for disruption [EB/OL]. http: //chucksblog.emc.com/chucks_blog/2013/02/software-defined-storage-and-the-potential-for-disruption.html.

[38] RAID [EB/OL]. http: //zh.wikipedia.org/wiki/RAID.

[39] RAIN architecture scales storage [EB/OL]. http: //www.networkworld.com/news/tech/2004/0209 techupdate. html?page=1.

[40] 王佳. Erasure code在分布式存储系统中的研究[EB/OL]. http: //wenku.baidu.com/link?url=as_GYbMGitQNzgqmUiO9u8EABbsAm2nRp0Awkf62pLXuyr0yha-CsmWJNlBWnTo_KVXa7qcYmi8C5k_m9lNxKLAVI0lNFTl0UMAzrlM5rYG.

[41] IDC's worldwide software-based (software-defined) storage taxonomy，2013 [EB/OL]. IDC. http: //www.idc.com/getdoc.jsp?containerId=240500.

[42] NetApp clustered data ONTAP 8.2-an introduction [EB/OL]. NetApp. http: //www.netapp.com/us/system/pdf-reader.aspx?cc=us&m=tr-3982.pdf&pdfUri=tcm：10-60249.

[43] Data ONTAP [EB/OL]. http: //www.netapp.com/us/products/platform-os/data-ontap-8/.

[44] IBM SmartCloud Virtual Storage Center [EB/OL]. IBM. http: //public.dhe.ibm.com/common/ssi/ecm/en/tid14094usen/TID14094USEN.PDF.

[45] IBM Virtual Storage Center [EB/OL]. http: //www-03.ibm.com/software/products/en/vsc/.

[46] HP StoreVirtual Storage [EB/OL]. http: //www8.hp.com/us/en/products/data-storage/data-storage-products.html?compURI=1225885#.Uxfsg_mSwsp.

[47] Nexenta [EB/OL]. http: //www.nexenta.com/corp/products/sds.

[48] VMWare vSAN [EB/OL]. http: //www.vmware.com/products/virtual-san/.

[49] DataCore [EB/OL]. http: //www.datacore.com/.

[50] Coraid EtherCloud [EB/OL]. http: //www.coraid.com/products/storage_management_automation.

[51] Atlantis computing ILIO USX [EB/OL]. http: //www.atlantiscomputing.com/products/usx.

[52] ScaleIO ECS in the enterprise data cente [EB/OL]. http: //www.scaleio.com/images/scaleio/pdf/ScaleIO_Enterprise_DC_Brief.pdf.

[53] EMC ScaleIO overview [EB/OL]. http: //www.slideshare.net/walshe1/emc-scaleio-overview.

[54] ScaleIO ECS Demo [EB/OL]. http: //www.youtube.com/watch?v=fzC2m7oJ6UI.

[55] OpenDaylight：the start of something big for SDN [EB/OL]. http: //blogs.cisco.com/datacenter/opendaylight-the-start-of-something-big-for-sdn/.

[56] Network function virtualization (NFV)：Overview [EB/OL]. Ixia. http: //www.ixiacom.com/solutions/nfv-test/.

[57] Lasser RaabInbar. Introducing Cisco ONE Enterprise Networks Architecture Supporting the Internet of Everything [EB/OL]. http: //blogs.cisco.com/enterprise/introducing-cisco-one-enterprise-networks-architecture-supporting-the-internet-of-everything/.

[58] NSX overview [EB/OL]. VMware. http: //www.vmware.com/products/nsx.

[59] Juniper Contrail [EB/OL]. Juniper. http: //www.juniper.net/cn/zh/products-services/sdn/.

[60] Brocade VCS Fabric Technical Architecture [EB/OL]. Brocade. http: //www.brocade.com/downloads/documents/technical_briefs/vcs-technical-architecture-tb.pdf.

[61] BigSwitch SDN [EB/OL]. BigSwitch. http: //www.bigswitch.com/.

[62] B4：experience with a globally-deployed software defined WAN [EB/OL]. Google. http: //wenku.

baidu.com/link?url=X84vKbYm5v_MnDfdVrf8R4JqX6oTWjZQ8-ZNGa2p518dM9ABI9q_zSxsaditkRfCa6bTsYnJpKd9zxXp5o0PApaWx8ij-7q1H-XoC-Bd1UW

[63] OpenFlow - enabling innovation in your network [EB/OL]. http: //archive.openflow.org/.

[64] Nicira networks：disruptive network virtualization [Z].Stanford University.

[65] White Papers [EB/OL]. ONF. https: //www.opennetworking.org/sdn-resources/sdn-library/whitepapers.

[66] 刘新民 . 基于多租户的云计算 Overlay 网络 [EB/OL]. http: //www.h3c.com.cn/About_H3C/Company_Publication/IP_Lh/2013/04/Home/Catalog/201309/796466_30008_0.htm.

[67] VXLAN overview：Cisco Nexus 9000 Series Switches [EB/OL]. Cisco. http: //www.cisco.com/c/en/us/products/collateral/switches/nexus-9000-series-switches/white-paper-c11-729383.html.

[68] 郑叶来，陈世峻 . 分布式云数据中心的建设与管理 [M]. 北京：清华大学出版社，2013.

[69] OpenStack architecture [EB/OL]. OpenStack. http: //docs.openstack.org/training-guides/content/module001-ch004-openstack-architecture.html.

[70] Jones Sarah，Ross Seamus，Ruusalepp Raivo，et al. Data audit framework methodology. [EB/OL]. HATII at the University of Glasgow，2009. http: //www.data-audit.eu/DAF_Methodology.pdf.

[71] SrinivasanK S M，Andrews C R，Zhou Yuanyuan，et al. Flashback：a lightweight extension for rollback and deterministic replay for software debugging [C]. USENIX Annual Technical Conference，2004：29-44.

[72] Smirnov Alexey，Chiueh Tzi-cker.DIRA：automatic detection，identification，and repair of control-hijacking attacks [C]. NDSS Symposium，2005.

[73] 林允溥 . AWS 云端企业实战圣经 [M]. 北京：清华大学出版社，2012.

[74] Harzog Bernd. The virtualization practice [EB/OL]. http: //www.virtualizationpractice.com/software-defined-data-center-analytics-21481/.

[75] Cisco virtualized multi-tenant data center solution overview 2.0 [EB/OL]. Cisco，2010. http: //www.cisco.com/c/en/us/solutions/collateral/data-center-virtualization/data-center-virtualization/solution_overview_c22-602978.pdf.

[76] Securing multi-tenancy and cloud computing [Z]. Juniper，2012.

[77] Primer：multi-tenant network for the private cloud [EB/OL]. 2010. http: //searchnetworking.techtarget.com/tutorial/Primer-Multi-tenant-network-for-the-private-cloud.

[78] Wang Zhi，Jiang Xuxian. HyperSafe：a lightweight approach to provide lifetime hypervisor control-flow integrity [C]. Proceedings of the 2010 IEEE Symposium on Security and Privacy，2010：380-395.

[79] Zhang Fengzhe，Chen Jin，Chen Haibo，et al. CloudVisor：retrofitting protection of virtual machines in multi-tenant cloud with nested virtualization [C]. Proceedings of the Twenty-Third ACM Symposium on Operating Systems Principles，2011：203-216.

[80] EMC's unified storage and multitenancy [EB/OL]. EMC，2010. http: //www.emc.com/collateral/hardware/white-papers/h8094-unified-storage-multitenancy-wp.pdf.

[81] Designing secure multi-tenancy into virtualized data centers [EB/OL]. Cisco. http: //www.cisco.com/c/en/us/td/docs/solutions/Enterprise/Data_Center/Virtualization/securecldg.html.

[82] Architecture for managing clouds：a white paper from the Open Cloud Standards Incubator [EB/OL]. http: //www.dmtf.org/sites/default/files/standards/documents/DSP-IS0102_1.0.0.pdf.

[83] Cloud infrastructure management interface [EB/OL]. http: //dmtf.org/sites/default/files/TechNoteCIMIv6_comments_10.31.12_0.pdf.

[84] Virtualization MANagement(VMAN)initiative：DMTF standards for virtualization management [EB/OL]. http: //dmtf.org/sites/default/files/VMAN_Overview%20Document_2010.pdf.

[85] VSphere resource management，ESXi 5.5，vCenter Server 5.5 [EB/OL]. http: //pubs.vmware.com/vsphere-55/topic/com.vmware.ICbase/PDF/vsphere-esxi-vcenter-server-55-resource-management-guide.pdf.

[86] Understanding memory resource management in VMware ESX Server [EB/OL]. http: //www.vmware.com/files/pdf/perf-vsphere-memory_management.pdf.

[87] VMware vCloud architecture toolkit，architecting a VMware vCloud [EB/OL]. http: //www.vmware.com/files/pdf/vcat/Architecting-VMware-vCloud.pdf.

[88] VMware vCloud architecture toolkit，consuming a VMware vCloud [EB/OL]. http: //www.vmware.com/files/pdf/vcat/Consuming-VMware-vCloud.pdf.

[89] VMware vCloud architecture toolkit，operating a VMware vCloud [EB/OL]. http: //www.vmware.com/files/pdf/vcat/Operating-VMware-vCloud.pdf.

[90] VMware vCloud Director resource allocation models [EB/OL]. http: //www.vmware.com/files/pdf/techpaper/vCloud_Director_Resource_Allocation-USLET.pdf.

[91] 范玉顺.工作流管理技术基础[M].北京：清华大学出版社，2001.

[92] Wil Van Der Aalst，Kees Van Hee. 工作流管理：模型、方法和系统[M].王建民，闻立杰，等译.北京：清华大学出版社，2004.

[93] vCloud architecture-technology mapping [EB/OL]. VMware. http: //download3.vmware.com/vcat/vcat31_documentation_center/index.html#page/Architecting%20a%20vCloud/3a%20Architecting%20a%20VMware%20vCloud.2.006.html.

[94] Ziembicki David，Cushner Aaron，Rynes Andreas，et al. Microsoft system center：designing orchestrator runbooks [M]. US：Microsoft Press，2013：16-20.

[95] Timothy E Levin，Cynthia E Irvine，Terry V Benzel，et al. Design principles and guidelines for security [Z].

[96] http: //en.wikipedia.org/wiki/Principle_of_least_privilege.

[97] http: //en.wikipedia.org/wiki/Physical_security.

[98] Goldberg R P. Survey of virtual machine research [J]. Computer，1974，7：34-45.

[99] Goldberg R P. Architecture of virtual machines [C]. Proceedings of the Workshop on Virtual Computer Systems，1973.

[100] Chen P M，Noble B D. When virtual is better than real [C]. Proceedings of the Eighth Workshop on Hot Topics in Operating Systems，2001.

[101] Barham Paul, Dragovic Boris, Fraser Keir, et al. Xen and the art of virtualization [C]. Proceedings of the Nineteenth ACM Symposium on Operating Systems Principles, 2003.

[102] Waldspurger A Carl. Memory resource management in VMware ESX Server [C]. SIGOPS Oper. Syst. Rev., 2002, 36: 181-194.

[103] Avi Kivity, Yaniv Kamay, Dor Laor, et al. KVM : the Linux virtual machine monitor [C]. Proceedings of the Linux Symposium, 2007, 1: 225-230.

[104] Keller Eric, Szefer Jakub, Rexford Jennifer, et al. NoHype : virtualized cloud infrastructure without the virtualization [C]. Proceedings of the 37th Annual International Symposium on Computer Architecture, 2010, 38 (7): 350-361.

[105] Garfinkel Tal, Rosenblum Mendel.When virtual is harder than real : security challenges in virtual machine based computing environments [C]. Proceedings of the 10th Conference on Hot Topics in Operating Systems, 2005.

[106] Windows Azure [EB/OL]. http: //www.windowsazure.com/en-us/.

[107] Google AppEngine [EB/OL]. https: //appengine.google.com/.

[108] Google CloudPlatform [EB/OL]. http: //cloud.google.com/.

[109] Sina AppEngine [EB/OL]. http: //sae.sina.com.cn/.

[110] Cloud Foundry [EB/OL]. http: // www.cloudfoundry.com.

[111] http: //www.trustedcomputinggroup.org.

[112] http: //en.wikipedia.org/wiki/Blue_Pill_ (software).

[113] King S T, Chen P M. SubVirt : implementing malware with virtual machines [C]. Proceedings of the 2006 IEEE Symposium on Security and Privacy, 2006: 314-327.

[114] Garfinkel Tal, Pfaff Ben, Chow Jim, et al. Terra : a virtual machine-based platform for trusted computing [C]. Proceedings of the Nineteenth ACM Symposium on Operating Systems Principles, 2003: 193-206.

[115] Sailer Reiner, Zhang Xiaolan, Jaeger Trent, et al. Design and implementation of a TCG-based Integrity Measurement Architecture [C]. Proceedings of the 13th Conference on USENIX Security Symposium, 2004.

[116] McCune J M , Parno B, Perrig A. Minimal {TCB} code execution (extended abstract)[C]. Proceedings of the IEEE Symposium on Security and Privacy, 2007: 267-272.

[117] McCune J M, Parno B J, Perrig A, et al. Flicker: an execution infrastructure for TCB minimization [C]. Proceedings of the 3rd ACM SIGOPS/EuroSys European Conference on Computer Systems, 2008, 42(4): 315-328.

[118] Klein Gerwin, Elphinstone Kevin, Heiser Gernot, et al. SeL4: formal verification of an OS kernel[C] Proceedings of the ACM SIGOPS 22Nd Symposium on Operating Systems Principles, 2009 : 207-220.

[119] McCune J M, Li Yanlin, Qu Ning, et al. TrustVisor: efficient TCB reduction and attestation [C]. Proceedings of the 2010 IEEE Symposium on Security and Privacy, 2010: 143-158.

[120] Murray Derek Gordon, Milos Grzegorz, Hand Steven. Improving Xen security through disaggregation

[C]. Proceedings of the Fourth ACM SIGPLAN/SIGOPS International Conference on Virtual Execution Environments, 2008.

[121] Zhang Fengzhe, Chen Jin, Chen Haibo, et al. CloudVisor: retrofitting protection of virtual machines in multi-tenant cloud with nested virtualization [C]. Proceedings of the Twenty-Third ACM Symposium on Operating Systems Principles, 2011: 203-216.

[122] Wang Zhi, Jiang Xuxian. HyperSafe: a lightweight approach to provide lifetime hypervisor control-flow integrity [C]. Proceedings of the 2010 IEEE Symposium on Security and Privacy, 2010: 380-395.

[123] http: //en.wikipedia.org/wiki/Side_channel_attack.

[124] http: //en.wikipedia.org/wiki/Covert_channel.

[125] Ristenpart Thomas, Tromer Eran, Shacham Hovav, et al. Hey, you, get off of my cloud: exploring information leakage in third-party compute clouds [C]. Proceedings of the 16th ACM Conference on Computer and Communications Security, 2009: 199-212.

[126] Amazon [EB/OL]. http: // aws.amazon.com/ec2/.

[127] Zhang Yinqian, Juels A, Oprea A, et al. HomeAlone: co-residency detection in the cloud via side-channel analysis [C]. Proceedings of the 2011 IEEE Symposium on Security and Privacy, 2011: 313-328.

[128] Kim Taesoo, Peinado Marcus, Mainar-Ruiz Gloria. STEALTHMEM: system-level protection against cache-based side channel attacks in the cloud [C]. Proceedings of the 21st USENIX Conference on Security Symposium, 2012.

[129] Zhang Yinqian, Juels A, Reiter M K, et al. Cross-VM side channels and their use to extract private keys [C]. Proceedings of the 2012 ACM Conference on Computer and Communications Security, 2012: 305-316.

[130] Wu Zhenyu, Xu Zhang, Wang Haining. Whispers in the hyper-space: high-speed covert channel attacks in the cloud [C]. Proceedings of the 21st USENIX Conference on Security Symposium, 2012.

[131] Yang Ziye, Fang Haifeng, Wu Yingjun, et al. Understanding the Effects of Hypervisor I/O Scheduling for Virtual Machine Performance Interference [C]. Proceedings of the 2012 IEEE 4th International Conference on Cloud Computing Technology and Science (CloudCom), 2012: 34-41.

[132] Yang Ziye, Chen Ping. Exploring virtual machine covert channel via I/O performance interference [C]. Cloud Computing and Big Data (CloudCom-Asia), 2013.

[133] http: //software.intel.com/en-us/articles/intel-virtualization-technology-for-directed-io-vt-d-enhancing-intel-platforms-for-efficient-virtualization-of-io-devices.

[134] PCI-SIG SR-IOV primer: an introduction to SR-IOV technology [EB/OL]. Intel.http: //www.intel.com/content/www/us/en/pci-express/pci-sig-sr-iov-primer-sr-iov-technology-paper.html.

[135] Shinagawa Takahiro, Eiraku Hideki, Tanimoto Kouichi, et al. BitVisor: a thin hypervisor for enforcing I/O device security [C]. Proceedings of the 2009 ACM SIGPLAN/SIGOPS International

Conference on Virtual Execution Environments, 2009: 121-130.

[136] Seshadri Arvind, Luk Mark, Shi Elaine, et al. Pioneer : verifying code integrity and enforcing untampered code execution on legacy systems [C]. Proceedings of the Twentieth ACM Symposium on Operating Systems Principles, 2005, 39 (5): 1-16.

[137] Seshadri Arvind, Luk Mark, Qu Ning, et al. SecVisor : a tiny hypervisor to provide lifetime kernel code integrity for commodity OSes [C]. Proceedings of Twenty-first ACM SIGOPS Symposium on Operating Systems Principles, 2007, 41: 335-350.

[138] Riley Ryan, Jiang Xuxian, Xu Dongyan. Guest-transparent prevention of kernel rootkits with VMM-based memory shadowing [C]. Proceedings of the 11th International Symposium on Recent Advances in Intrusion Detection, 2008, 5230: 1-20.

[139] Jiang Xuxian, Wang Xinyuan, Xu Dongyan. Stealthy malware detection through Vmm-based "out-of-the-box" semantic view reconstruction [C]. Proceedings of the 14th ACM Conference on Computer and Communications Security, 2007.

[140] Chen Haibo, Zhang Fengzhe, Chen Cheng, et al. Tamper-resistant execution in an untrusted operating system using a virtual machine monitor [Z]. Fudan PPI, 2007.

[141] Chen Xiaoxin, Garfinkel Tal, Lewis C E, et al. Overshadow : a virtualization-based approach to retrofitting protection in commodity operating systems [C]. Proceedings of the 13th International Conference on Architectural Support for Programming Languages and Operating Systems, 2008 : 2-13.

[142] Suh G Edward, Clarke Dwaine, Gassend Blaise, et al. AEGIS : architecture for tamper-evident and tamper-resistant processing [C]. Proceedings of the 17th Annual International Conference on Supercomputing, 2003.

[143] VSphere security [EB/OL]. VMware. http: //pubs.vmware.com/vsphere-50/topic/com.vmware.ICbase/PDF/vsphere-esxi-vcenter-server-50-security-guide.pdf.

[144] G Somasundaram, Alok Shrivastava. Information storage and management : Storing, managing, and Protecting Digitial Information in Classic, Virtualized, and Cloud Environments [M]. Second Edition. New Jersey: Wiley, 2012.

[145] Juels A, Kaliski B S, Jr. Pors : proofs of retrievability for large files [C]. Proceedings of the 14th ACM Conference on Computer and Communications Security, 2007: 584-597.

[146] Marten van Dijk, Ari Juels, Alina Oprea, et al. Hourglass schemes: how to prove that cloud files are encrypted [C]. ACM Conference on Computer and Communications Security, 2012: 265-280.

[147] LDAP [EB/OL]. http: //en.wikipedia.org/wiki/Lightweight_Directory_Access_Protocol.

[148] Active Directory [EB/OL] .http: //en.wikipedia.org/wiki/Active_Directory.

[149] ScaleIO [EB/OL]. http: //www.scaleio.com/.

[150] Openflow [EB/OL]. http: //www.openflow.org/.

[151] VLAN [EB/OL]. VLAN. http: //en.wikipedia.org/wiki/Virtual_LAN.

[152] Chowdhury N M Mosharaf Kabir, Boutaba Raouf. A survey of network virtualization [J]. Comput. Netw., 2010, 54 (5): 862-876.

[153] Natarajan S, Wolf T. Security issues in network virtualization for the future Internet [C]. Proceedings of the 2012 International Conference on Computing, Networking and Communications (ICNC), 2010: 537-543.

[154] Cabuk Serdar, Dalton Chris I, Edwards Aled, et al. A comparative study on secure network virtualization [R/OL]. 2008. http: //www.hpl.hp.com/techreports/2008/HPL-2008-57.pdf.

[155] Keller E, Lee R B, Rexford J. Accountability in hosted virtual networks [C]. Proceedings of the 1st ACM Workshop on Virtualized Infrastructure Systems and Architectures, 2009.

[156] NVO3 security framework [EB/OL]. http: //datatracker.ietf.org/doc/draft-wei-nvo3-security-framework/?include_text=1.

[157] VMware NSX [EB/OL]. https: //www.vmware.com/products/nsx/.

[158] VMware NSX network virtualization design guide [EB/OL]. http: //www.vmware.com/files/pdf/products/nsx/vmw-nsx-network-virtualization-design-guide.pdf.

[159] VXLAN : a framework for overlaying virtualized layer 2 networks over layer 3 networks [EB/OL]. http: //datatracker.ietf.org/doc/draft-mahalingam-dutt-dcops-vxlan/.

[160] Aveksa identity and access management platform release notes [Z]. Aveksa.

[161] High availability [EB/OL] .http: //en.wikipedia.org/wiki/High_availability.

[162] Ulrik Franke, Pontus Johnson, Johan König, et al. Availability of enterprise IT systems – an expert-based Bayesian model [C]. Proc. Fourth International Workshop on Software Quality and Maintainability (WSQM), 2010.

[163] High availability cluster [EB/OL] .http: //en.wikipedia.org/wiki/High-availability_cluster.

[164] VMware vSphere with operations management : high availability [EB/OL] .VMware. http: //www.vmware.com/products/vsphere/features-high-availability.

[165] Vsphere high availability (HA) technical deepdive [EB/OL]. Yellow Bricks.http: //www.yellow-bricks.com/vmware-high-availability-deepdiv/.

[166] VMware vSphere with operations management : app HA [EB/OL] .VMware. http: //www.vmware.com/products/vsphere/features/application-HA.html.

[167] VMware vSphere with operations management : fault tolerance [EB/OL] .VMware. http: //www.vmware.com/products/vsphere/features/fault-tolerance.html.

[168] Protecting mission-critical workloads with VMware fault tolerance [EB/OL] .VMware. http: //www.vmware.com/files/pdf/resources/ft_virtualization_wp.pdf.

[169] VPLEX – virtualization and private cloud [EB/OL] .EMC. http: //www.emc.com/storage/vplex/vplex.htm.

[170] VPLEX – virtualization and private cloud – details [EB/OL] .EMC. http: //www.emc.com/storage/vplex/vplex.htm#!details.

[171] VPLEX architecture deployment [EB/OL] .EMC. http: //www.emc.com/collateral/hardware/technical-documentation/h7113-vplex-architecture-deployment.pdf.

[172] ScaleIO [EB/OL] .http: //www.scaleio.com.

[173] The care and feeding of VXLAN [EB/OL] .Coding Relic. http: //codingrelic.geekhold.com/2011/09/

care-and-feeding-of-vxlan.html.

[174] Do we really need Stateless Transport Tunneling（STT）[EB/OL] . http: //blog.ipspace.net/2012/03/do-we-really-need-stateless-transport.html.

[175] Nicira，VMware. NVP user guide，version 3.2.

[176] Using VPLEX Metro with VMware High Availability and Fault Tolerance for Ultimate Availability [EB/OL] .VMware.http: //www.emc.com/collateral/software/white-papers/h11065-vplex-with-vmware-ft-ha.pdf.

[177] Lo Jack. Availability in a software-defined datacenter [EB/OL] . VMware. http: //cto.vmware.com/availability-in-a-software-defined-datacenter/.

[178] VMware vSphere replication：efficient virtual machine replication [EB/OL] . VMware. http: //www.vmware.com/products/vsphere/features/replication.html.

[179] VMware vCenter Site Recovery Manager：disaster recovery automation solution [EB/OL] . VMware. http: //www.vmware.com/products/site-recovery-manager/.

[180] OpenStack high availability guide [EB/OL] . OpenStack. http: //docs.openstack.org/high-availability-guide/content/.

[181] HAProxy-the reliable，high performance TCP/HTTP load balancer [EB/OL] . HAProxy. http: //haproxy.1wt.eu/.

[182] Cluster labs-the home of pacemaker [EB/OL] . http: //clusterlabs.org/.

[183] DRBD：what is DRBD [EB/OL] . http: //www.drbd.org/.

[184] Software defined datacenter [EB/OL] . http: //en.wikipedia.org/wiki/Software-defined_data_center.

[185] VMware SDDC [EB/OL] . http: // www.vmware.com/software-defined-datacenter.

[186] OpenStack [EB/OL] . https: //www.openstack.org/.

[187] VCloud Suite [EB/OL] . http: //www.vmware.com/products/vcloud-suite/.

[188] VCloud Hybrid Service [EB/OL] . http: //www.vmware.com/products/vcloud-hybrid-service/.

[189] VCloud Datacenter Services [EB/OL] . http: //www.vmware.com/products/vcloud-hybrid-service/.

[102] VCloud Powered Services [EB/OL] . http: //www.vmware.com/cloud-computing/public-cloud/vcloud-powered-services/overview.html.

[191] VMware vSphere documentation [EB/OL] . https: //www.vmware.com/support/pubs/vsphere-esxi-vcenter-server-pubs.html.

[192] VSphere 5.5 datasheet [EB/OL] . http: //www.vmware.com/files/pdf/products/vsphere/VMware-vSphere-Datasheet.pdf.

[192] Configuration maximums for VMware vSphere 5.5 [EB/OL] . https: //www.vmware.com/pdf/vsphere5/r55/vsphere-55-configuration-maximums.pdf.

[194] VSphere resource management [EB/OL] . http: //pubs.vmware.com/vsphere-55/topic/com.vmware.ICbase/PDF/vsphere-esxi-vcenter-server-55-resource-management-guide.pdf.

[195] VSphere storage guide [EB/OL] . http: //pubs.vmware.com/vsphere-55/topic/com.vmware.ICbase/PDF/vsphere-esxi-vcenter-server-55-storage-guide.pdf.

[196] VMware vSphere Storage Apis - Array Integration（VAAI）[EB/OL] . http: //www.vmware.com/

files/pdf/techpaper/VMware-vSphere-Storage-API-Array-Integration.pdf.

[197] VMware vSphere appliance [EB/OL]. http: //pubs.vmware.com/vsphere-55/topic/com.vmware.ICbase/PDF/vsphere-storage-appliance-55-install-administration-guide.pdf.

[198] VSphere networking [EB/OL]. http: //pubs.vmware.com/vsphere-55/topic/com.vmware.ICbase/PDF/vsphere-esxi-vcenter-server-55-networking-guide.pdf.

[199] VMware NSX datasheet [EB/OL]. http: //www.vmware.com/files/pdf/products/nsx/VMware-NSX-Datasheet.pdf.

[200] VSphere availability [EB/OL]. http: //pubs.vmware.com/vsphere-55/topic/com.vmware.ICbase/PDF/vsphere-esxi-vcenter-server-55-availability-guide.pdf.

[201] Mashtizadeh Ali, Celebi Emré, Garfinkel Tal, et al. The design and evolution of live storage migration in VMware ESX [C]. Proceedings of the 2011 USENIX Conference on USENIX Annual Technical Conference, 2011: 14.

[202] Profile driven storage [EB/OL]. https: //www.vmware.com/files/images/vsphere_imgs/vmw-dgrm-vsphere-profile-driven-storage-116-3-lg.jpg.

[203] VMware vShield [EB/OL]. http: //www.vmware.com/files/pdf/vmware-vshield_br-en.pdf.

[204] VMware vCloud Automation Center [EB/OL]. http: //www.vmware.com/files/pdf/vcloud/vmware-vcloud-automation-center-datasheet.pdf.

[205] DynamicOPs [EB/OL]. http: //en.wikipedia.org/wiki/DynamicOps.

[206] Companies which join the OpenStack [EB/OL]. https: //www.openstack.org/foundation/companies/.

[207] 数据中心 2013 硬件重构 & 软件定义 [EB/OL]. 2013. http: //www.valleytalk.org/wp-content/uploads/2014/01/Datacenter2013.pdf.

[208] Overview of Amazon Web Services [EB/OL]. 2012. http: //media.amazonwebservices.com/AWS_Overview.pdf.

[209] Setting up a free Minecraft server in the cloud – part 1 [EB/OL]. 2012. http: //www.blog.gartonhill.com/setting-up-a-free-minecraft-server-in-the-cloud-part-1/.

[210] Bias Randy. Amazon's EC2 generating 220M+ annually [EB/OL]. 2009. http: //cloudscaling.com/blog/cloud-computing/amazons-ec2-generating-220m-annually/.

[211] Amazon EC2 underlying architecture [EB/OL]. http: //openfoo.org/blog/amazon_ec2_underlying_architecture.html.

[212] GNBD overview [EB/OL]. https: //www.centos.org/docs/5/html/Cluster_Suite_Overview/s1-gnbd-overview-CSO.html.

[213] Giuseppe DeCandia, Deniz Hastorun, Madan Jampani, et al. Dynamo: Amazon's Highly Available Key-Value Store [C]. Proceedings of the 21st ACM Symposium on Operating Systems Principles, 2007: 205-220.

[214] Amazon Glacier [EB/OL]. Hacker News. https: //news.ycombinator.com/item?id=4411536.

[215] Glacier FAQs [EB/OL]. http: //aws.amazon.com/glacier/faqs.

[216] AWS storage gateway product details [EB/OL]. http: //aws.amazon.com/storagegateway/details/.

[217] AWS storage gateway [EB/OL]. http: //aws.amazon.com/storagegateway/?nc1=h_l2_sc.

[218] 为什么我们推荐 VPC [EB/OL]. http: //blog.csdn.net/awschina/article/details/17560459.

[219] Scenarios for Amazon VPC [EB/OL]. http: //docs.aws.amazon.com/AmazonVPC/latest/UserGuide/VPC_Scenarios.html.

[220] CreateSubnet [EB/OL]. http: //docs.aws.amazon.com/AWSEC2/latest/APIReference/ApiReference-query-CreateSubnet.html.

[221] 张卫峰. 深度解析 SDN：利益、战略、技术、实践 [M]. 北京：电子工业出版社，2014.

[222] Pylyp Tania. The future of the cloud：will AWS continue to dominate? [EB/OL]. 2013. http: //blog.backupify.com/2013/05/09/the-future-of-the-cloud-will-aws-continue-to-dominate/.

[223] http: //aws.amazon.com/whitepapers/.

[224] Nikhil Bhatia.Performance evaluation of Intel EPT hardware assist [EB/OL]. http: //blogs.vmware.com/performance/2009/03/performance-evaluation-of-intel-ept-hardware-assist-.html.

[225] VMware ESXi 5.0 Operations Guide [EB/OL]. VMware Technical White Paper，2011.

[226] Intelligent Queueing Technologies for Virtualization [EB/OL]. Intel White Paper.

[227] KVM – KERNEL BASED VIRTUAL MACHINE [Z]. 2009.

[228] Mallik Mahalingam. I/O Architectures for Virtualization [Z]. VMworld 2006.

[229] Xen Overview [EB/OL]. http: //wiki.xen.org/wiki/Xen_Overview.

[230] Bugnion Edouard，et al. Bringing virtualization to the x86 architecture with the original VMware workstation [Z]. ACM，2012.

[231] McKeown N，Anderson T，Balakrishnan H，et al. OpenFlow：enabling innovation in campus networks [J]. SIGCOMM Comput. Commun. Rev，2008，38 (2)：69-74.

[232] Greene K. TR10：Software-defined networking [J]. MIT Technology Review，2009.

[233] Open networking foundation [EB/OL]. 2011. https: //www.opennetworking.org.

[234] Duffly J. OpenFlow opens new doors for networks [EB/OL]. Network World 2011.http: //www.networkworld.com/news/2011/041411-open-flow.html.

[235] Clean state program [EB/OL]. Stanford University. http: //cleanslate.stanford.edu/.

[236] Ethane：a security management architecture [EB/OL]. 2006. http: //yuba.stanford.edu/ethane/.

[237] Martin Casado，Michael J Freedman，Justin Pettit，et al. Ethane：taking control of the enterprise [J]. SIGCOMM Comput. Commun. Rev.，2007：1-12.

[238] Enterprise GENI：creating the on ramp to GENI testbeds [EB/OL]. 2008. http: //www.geni.net/?p=1463.

[239] Software-Defined Networking (SDN) definition [EB/OL]. https: //www.opennetworking.org/sdn-resources/sdn-definition.

[240] Open networking foundation [EB/OL]. http: //en.wikipedia.org/wiki/Open_Networking_Foundation.

[241] OpenFlow Google [EB/OL]. http: //www.opennetsummit.org/archives/apr12/hoelzle-tue-openflow.pdf.

[242] Rob Sherwoodet，Glen Gibb，Kok-Kiong Yap，et al，. FlowVisor：a network virtualization layer

[Z]. Stanford University，2009.

[243] Software-Defined Networking：The new norm for networks [EB/OL]. ONF White Paper，2012.

[244] OpenDaylight-an open source community and meritocracy for software-defined networking [EB/OL]. http: //storage.pardot.com/6342/91786/opendaylight_open_community_and_meritocracy_for_sdn_v3.pdf.

[245] Kerner S M. OpenDaylight open source SDN project loses big switch [EB/OL]. http: //www.enterprisenetworkingplanet.com/datacenter/opendaylight-open-source-sdn-project-loses-big-switch.html.

[246] 高辉. 让用户来主导 SDN [EB/OL]. http: //network.cnw.com.cn/network-carrier-ethernet/htm 2013/20130516_269964. shtml.

[247] 左青云，陈鸣，赵广松，等. 基于 OpenFlow 的 SDN 技术研究 [J]. 软件学报，2013，24（5）：1078-1097.

[248] 雷葆华，王峰，王茜，等. SDN 核心技术剖析和实战指南 [M]. 北京：电子工业出版社，2013.

[249] VMware/Nicira NVP Deep Dive [EB/OL]. https: //www.openstack.org/summit/portland-2013/session-videos/presentation/vmware-nicira-nvp-deep-dive.

[250] Learning NVP [EB/OL]. http: //blog.scottlowe.org/.

[251] Vmware vCloud Suite: standard, advanced and enterprise editions.

[252] Microsoft private cloud：a comparative look at functionality，benefits，and economics.

[253] 微软云计算数据中心与自动化管理白皮书.

[254] Glossary for System Center 2012 R2 Orchestrator.

[255] Administering System Center 2012 R2 Orchestrator.

[256] Microsoft TechEd [EB/OL]. http: //channel9.msdn.com/events/TechEd/#fbid=AL3QrtNQngo.

[257] 赵文，胡文惠，张世琨，等. 工作流元模型的研究与应用 [J]. 软件学报，2003，14（6）：1052-1059.

[258] 柴学智. 面向云计算的工作流系统设计与实现 [D]. 上海交通大学，2011.

推荐阅读